工业和信息化**精品系列教材**
嵌入式技术

嵌入式
技术与应用开发项目教程

STM32版 | 微课版 | 第2版

郭志勇 陈正振 / 主编
马艳梅 李征 彭瑾 / 副主编

Embedded Technology and Application Development

人民邮电出版社
北京

图书在版编目（CIP）数据

嵌入式技术与应用开发项目教程 ： STM32 版 ： 微课版 / 郭志勇，陈正振主编. -- 2 版. -- 北京 ： 人民邮电出版社，2025. -- (工业和信息化精品系列教材).

ISBN 978-7-115-65579-0

Ⅰ. TP332

中国国家版本馆 CIP 数据核字第 2024JF8108 号

内 容 提 要

本书采用基于 ARM Cortex-M3 的 STM32 芯片进行编写，包括 8 个项目、19 个任务、17 个技能训练，分别介绍 LED 控制设计、流水灯控制设计、数码管显示控制设计、按键与中断控制设计、定时器应用设计、串行通信设计、模数转换设计及嵌入式智能车设计等内容，涵盖嵌入式系统的基本知识和嵌入式应用开发的基本内容。

本书结合“岗课赛证”融通综合育人精神，采用“任务驱动、做中学”的编写思路，贯穿融入全国职业院校技能大赛（高职组）“嵌入式技术应用开发”赛项关键知识点，每个任务将相关知识和职业岗位基本技能融合，把知识、技能的学习与任务完成过程相结合。

本书配有微课视频、电子课件、电子教案、习题答案、试卷、项目源程序和仿真电路、综合应用项目、“嵌入式技术应用开发”赛项电路和源程序、STM32 开发资源等教学资源，读者可以从人邮教育社区免费下载。

本书可作为高等院校嵌入式技术应用、物联网应用技术、应用电子技术、智能产品开发与应用、智能控制技术等电子信息类专业嵌入式技术相关课程的教材，也可作为广大智能电子产品工程技术人员和爱好者的参考书。

◆ 主　　编　郭志勇　陈正振
副 主 编　马艳梅　李　征　彭　瑾
责任编辑　刘　尉
责任印制　王　郁　焦志炜

◆ 人民邮电出版社出版发行　　北京市丰台区成寿寺路 11 号
邮编　100164　　电子邮件　315@ptpress.com.cn
网址　https://www.ptpress.com.cn
三河市祥达印刷包装有限公司印刷

◆ 开本：787×1092　1/16
印张：19.5　　2025 年 1 月第 2 版
字数：438 千字　　2025 年 1 月河北第 2 次印刷

定价：69.80 元

读者服务热线：(010)81055256　印装质量热线：(010)81055316
反盗版热线：(010)81055315
广告经营许可证：京东市监广登字 20170147 号

编委会

杨　俊　武汉职业技术学院
杨庆虎　贵州城市职业学院
杨思阳　黔东南民族职业技术学院
吴和群　呼和浩特职业学院
吴勇帑　重庆三峡职业学院
汪丹丹　安徽城市管理职业学院
张　彬　重庆航天职业技术学院
张伟玲　郑州职业技术学院
陈晓宝　烟台汽车工程职业学院
林　洁　金华职业技术大学
郎璐红　芜湖职业技术学院
孟建明　山东电子职业技术学院
胡　正　湖南交通职业技术学院
胡秀娥　菏泽职业学院
袁文博　内蒙古电子信息职业技术学院
钱　锋　安徽水利水电职业技术学院
彭　瑾　安徽水利水电职业技术学院
舒　望　湖南汽车工程职业学院
熊　异　湖南铁道职业技术学院
滕丽丽　济南职业学院
韩振花　淄博职业学院
袁科新　山东商业职业技术学院
宋艳丽　辽宁机电职业技术学院
王　宇　山西工程职业学院
鲜昊宏　成都职业技术学院
王　磊　乌鲁木齐职业大学

前言

近年来，嵌入式技术飞速发展，在工业控制、智能仪表、智能家居、无人驾驶、智能机器人、汽车电子、医疗电子、军工电子、消费类电子、智能终端等领域应用非常广泛。本书紧随嵌入式技术领域的最新发展趋势，在《嵌入式技术与应用开发项目教程（STM32 版）》的基础上，进行了改进，进一步展现本书的特色。

（1）落实立德树人，加强素养教育。本书结合党的二十大精神，融入科学精神和爱国情怀等元素，注重挖掘其中的素养教育要素，弘扬精益求精的专业精神、职业精神和工匠精神，将“为学”和“为人”相结合。

（2）深化校企合作，实现双元开发。本书由省级教学名师和企业工程师共同开发，为使职业内容更紧密地结合工作实际，书中将编程平台从 Keil μVision4 升级为 Keil μVision5，将嵌入式核心板更换为 STM32F103ZET6 开发板（主要包括 STM32F103ZET6 核心板、RS-232 接口、RS-485 接口、Micro USB 接口、CAN 总线、数码管模块、LED 模块、按键模块、蜂鸣器模块、JTAG 仿真器接口、4.3 英寸 TFT LCD 显示接口及 I/O 扩展接口等），并增加了温度采集远程监控等任务和串口调试工具。

（3）加强产教融合，培养创新能力。在项目八中，更新了全国职业院校技能大赛（高职组）“嵌入式技术应用开发”赛项最新知识点，增强读者用理论知识分析问题、解决问题的能力，培养读者勇于探索的创新精神和爱国主义精神。

（4）优化云端资源，支持线上线下混合式教学。本书针对重点、难点知识点，增加了微课视频、教学资源包、Proteus 仿真案例等云端资源，实现了线上线下混合式教学，使读者学习有参考、练习有标准、交流有渠道。

本书顺应现代高等教育指导思想的发展潮流，突出技能培养在课程中的主体地位，用任务引领理论，使理论从属于技能实践。本书使用基于 ARM Cortex-M3 的 STM32 芯片，共 8 个项目、19 个任务、17 个技能训练。前 7 个项目主要介绍嵌入式系统的基本知识，嵌入式系统的编程入门及用 C 语言进行程序设计、运行、调试等内容，培养读者分析问题和解决问题的能力。最后 1 个项目主要围绕全国职业院校技能大赛（高职组）“嵌入式技术应用开发”赛项的竞赛平台（嵌入式智能车），介绍嵌入式智能车的停止、前进、后退、左转、右转、速度和循迹等控制，以及对道闸、LED 显示（计时器）、烽火台报警等标志物控制，并完成光强度测量和超声波测距等任务，培养读者嵌入式技术应用开发的能力。

本书建议教学学时为 60～90 学时，参考学时分配为：项目一为 6～10 学时，项目二为 6～10 学时，项目三为 6～8 学时，项目四为 8～10 学时，项目五为 8～10 学时，项目六为 6～10 学时，项目七为 4～8 学时，项目八为 16～24 学时。

本书由安徽电子信息职业技术学院的省级教学名师郭志勇及广西交通职业技术学院的陈

正振担任主编，对本书的编写思路与大纲进行了总体规划，指导全书的编写，并承担全书的统稿工作；淮南职业技术学院的马艳梅、安徽电子信息职业技术学院的李征及安徽水利水电职业技术学院的彭瑾担任副主编。百科荣创（北京）科技发展有限公司石浪、黄文昌、杨贵明等技术人员提供全国职业院校技能大赛（高职组）“嵌入式技术应用开发”赛项中的典型应用项目，并对本书的编写提供了宝贵的参考意见和相关课程资源。项目一由陈正振编写，项目二由马艳梅编写，项目三由彭瑾编写，项目四由李征编写，项目五由安徽城市管理职业学院的汪丹丹编写，项目六由金华职业技术大学的林洁编写，项目七由郭志勇编写，项目八由安徽电子信息职业技术学院的陈昕编写。参加本书电路调试、程序调试、校对等工作的人员还有郑其、刘自强、钱政、杨振宇、郭丽等。

由于编者水平有限，书中难免存在疏漏之处，敬请专家和广大读者批评指正。

编者

2024 年 1 月

目录

项目一

项目二

项目三

数码管显示控制设计……75

项目四

按键与中断控制设计……108

项目五

项目六

项目七

项目八

项目一 LED控制设计

01

学习目标

能力目标	建立基于 STM32 固件库的工程模板，通过 C 语言程序完成嵌入式 STM32 芯片输出控制，实现对 LED 控制的设计、运行与调试。
知识目标	1. 知道嵌入式系统的基本概念，了解 STM32 固件库。 2. 会新建 Keil μVision5 工程并进行工程配置与编译，能构建任何一款 STM32 的基本框架。 3. 利用 STM32 的 GPIO，实现 LED 控制和 LED 闪烁控制。
素养目标	培养读者的爱国主义情怀和精益求精的工匠精神，激发读者对嵌入式技术与应用开发课程学习的兴趣。

1.1 任务 1　新建一个基于 STM32 固件库的工程模板

任务要求

建立一个基于 STM32 固件库的 Keil μVision5 工程模板，以后每次新建工程时，可以直接通过复制使用该模板。

1.1.1 新建基于 STM32 固件库的 Keil μVision5 工程模板

本书使用的是 Keil μVision5，Keil μVision5 向后兼容了之前的版本，以前的项目同样可以在 Keil μVision5 上进行开发。Keil μVision5 是一款功能强大的编程软件，加强了针对 Cortex-M 微控制器开发的支持，新增包管理器功能，支持 LwIP，其 SWD 接口下载速度是 Keil μVision4 的 5 倍。

新建基于 STM32 固件库的 Keil μVision5 工程模板

1. 新建工程模板目录

下面介绍新建基于 STM32 固件库的工程模板目录的步骤，本书使用的是 3.5 版本的 STM32 固件库。

（1）在计算机的某个盘下新建一个“任务 1 STM32_ Project 工程模板”目录，将其作为基于 STM32 固件库的工程模板目录。

（2）在“任务 1 STM32_Project 工程模板”目录下，新建 4 个子目录，分别命名为 CORE、FWLib、OBJ 及 USER，如图 1-1 所示。

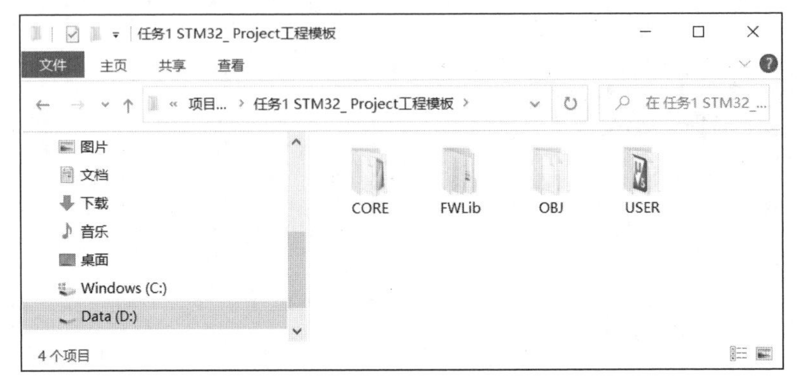

图 1-1 “任务 1 STM32_Project 工程模板”目录

其中，CORE 子目录用来存放核心文件和启动文件；FWLib 子目录用来存放 ST 公司官方提供的库函数源码文件；OBJ 子目录用来存放编译过程文件及“.hex”文件；USER 子目录除了用来存放工程文件，还用来存放主文件 main.c，以及 system_stm32f10x.c、stm32f10x.s 等文件。另外，很多人喜欢把 USER 子目录命名为 Project 子目录，将工程文件等都保存到 Project 子目录中。

（3）将官方固件库“Libraries\STM32F10x_StdPeriph_Driver”中的 inc 和 src 子目录复制到 FWLib 子目录中，如图 1-2 所示。

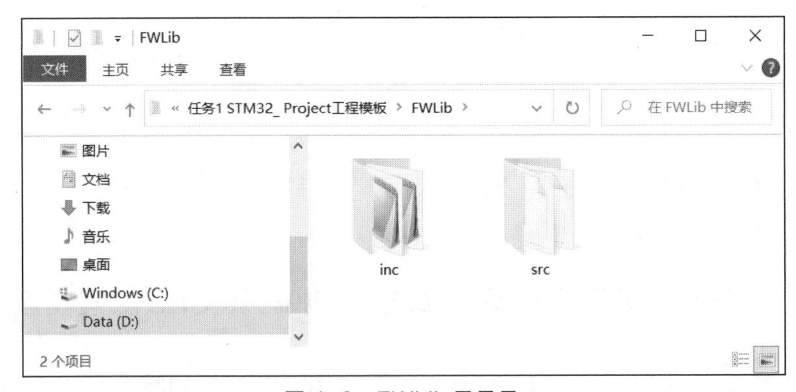

图 1-2 FWLib 子目录

注：图中的文件名称是实际操作过程中的工程文件名称。

其中，inc 子目录用于存放固件库的“.h”文件，src 子目录用于存放固件库的“.c”文件。每个外围设备（简称外设）都对应一个“.h”文件和一个“.c”文件。

（4）将官方固件库“Libraries\CMSIS\CM3\CoreSupport”中的 core_cm3.c 和 core_cm3.h 文件，以及官方固件库“Libraries\CMSIS\CM3\DeviceSupport\ST\STM32F10x\ startup\arm”中的 startup_stm32f10x_ld.s 文件复制到 CORE 子目录中，如图 1-3 所示。

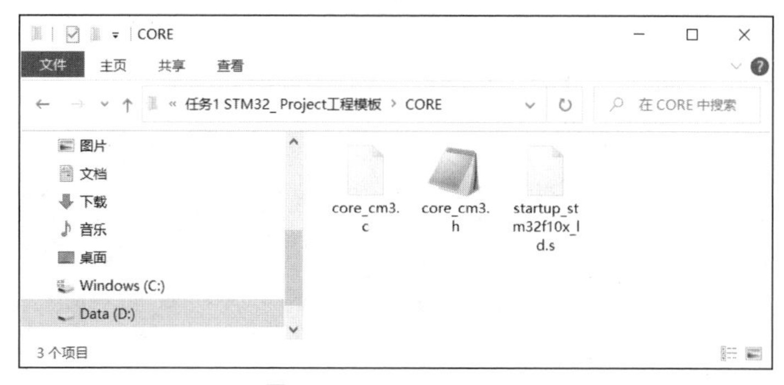

图 1-3　CORE 子目录

注：图中的文件名称是实际操作过程中的工程文件名称。

注意　本项目采用 STM32F103R6，该芯片的 Flash（闪存）大小是 32 KB，属于小容量产品，所以启动文件使用 startup_stm32f10x_ld.s 文件。若采用其他容量的芯片，可以使用 startup_stm32f10x_md.s 或 startup_stm32f10x_hd.s 文件作为启动文件。

（5）将官方固件库"Libraries\CMSIS\CM3\DeviceSupport\ST\STM32F10x"中的 stm32f10x.h、system_stm32f10x.c、system_stm32f110x.h 文件，以及官方固件库"Project\STM32F10x_StdPeriph_Template"中的 stm32f10x_conf.h、stm32f10x_it.c、stm32f10x_it.h 文件复制到 USER 子目录中，如图 1-4 所示。

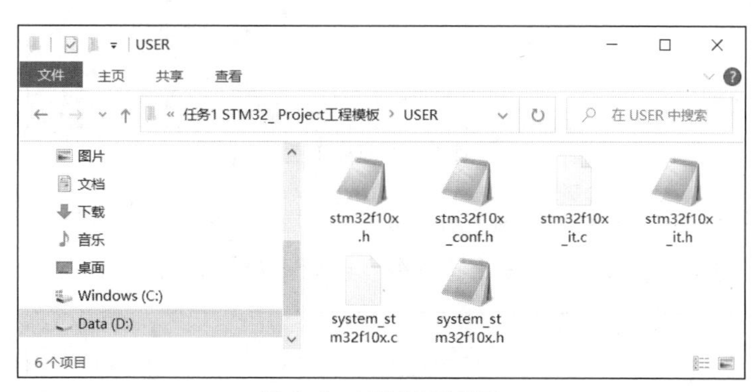

图 1-4　USER 子目录

注：图中的文件名称是实际操作过程中的工程文件名称。

通过前面几个步骤，可以将需要的官方固件库的相关文件复制到了"任务 1 STM32_Project 工程模板"目录中。在后面的任务中，直接复制工程模板目录，然后将其修改成需要的名字即可使用。

2. 新建 Keil μVision5 工程模板

新建 STM32_Project 工程的步骤如下。

（1）打开 Keil μVision5。有两种方法可以打开 Keil μVision5：第一种方法是双击桌面上的 Keil μVision5 图标；第二种方法是从桌面左下方的"开始"菜单中打开 Keil μVision5。进入 Keil μVision5 集成开发环境，如图 1-5 所示。

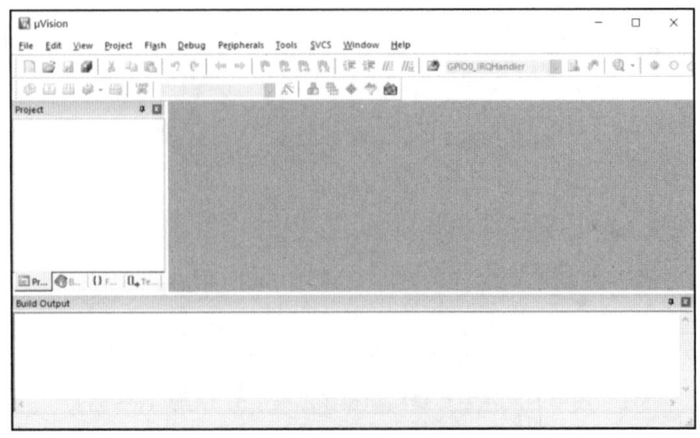

图 1-5　Keil µVision5 集成开发环境

（2）单击“Project”→“New µVision Project”，新建工程，如图 1-6 所示。

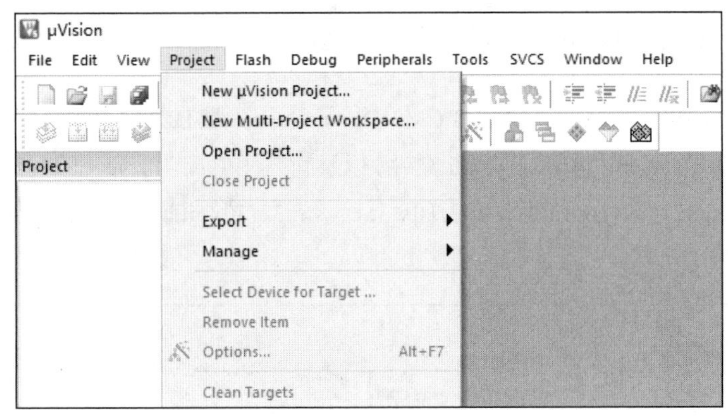

图 1-6　新建工程

然后将目录定位到“任务 1 STM32_Project 工程模板\USER”，工程文件都保存在这里。将工程命名为“STM32_Project”，单击“保存”按钮，如图 1-7 所示。

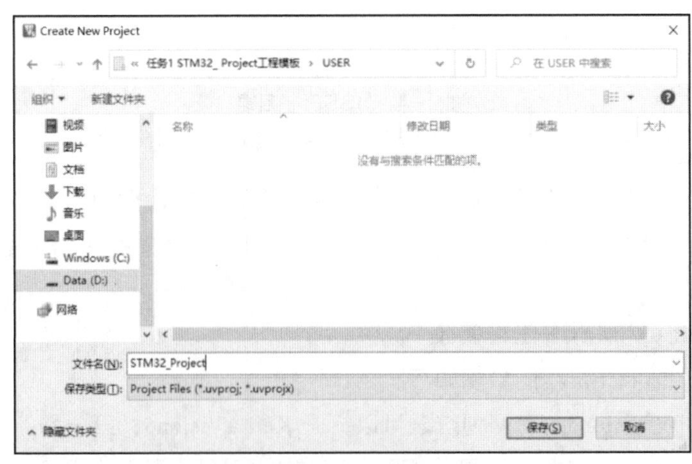

图 1-7　保存新建工程

注：图中的文件名称是实际操作过程中的工程文件名称。

（3）之后会弹出“Select Device for Target ‘Target1’”对话框，本项目使用的是 STM32F103R6，这里选择“STMicroelectronics”下面的“STM32F103R6”即可，如图 1-8 所示。如果使用的是其他系列的芯片，选择相应的型号就可以了。

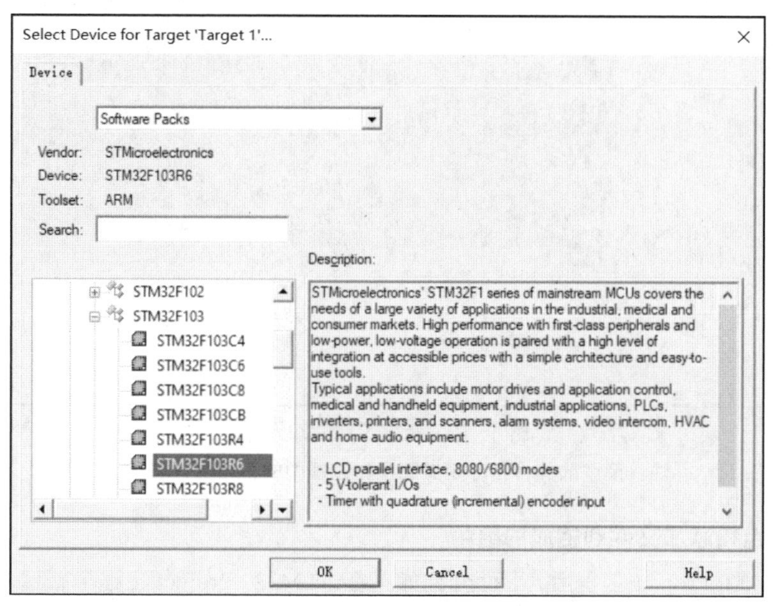

图 1-8　选择芯片型号

（4）单击“OK”按钮，弹出“Manage Run-Time Environment”对话框，单击“CMSIS”，选择“CORE”，如图 1-9 所示。

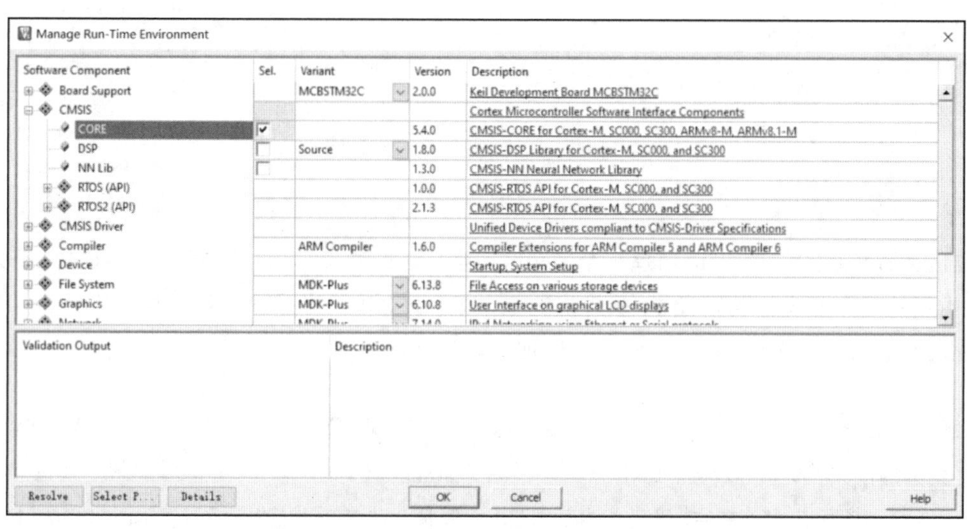

图 1-9　选择“CMSIS”中的“CORE”

这个步骤非常重要，若不完成，编译时会出现错误。如果这个步骤没有做，可以单击工具栏中的 ◈ 按钮，在弹出的“Manage Run-Time Environment”对话框中完成。

现在我们就可以看到新建工程后的界面，如图 1-10 所示。

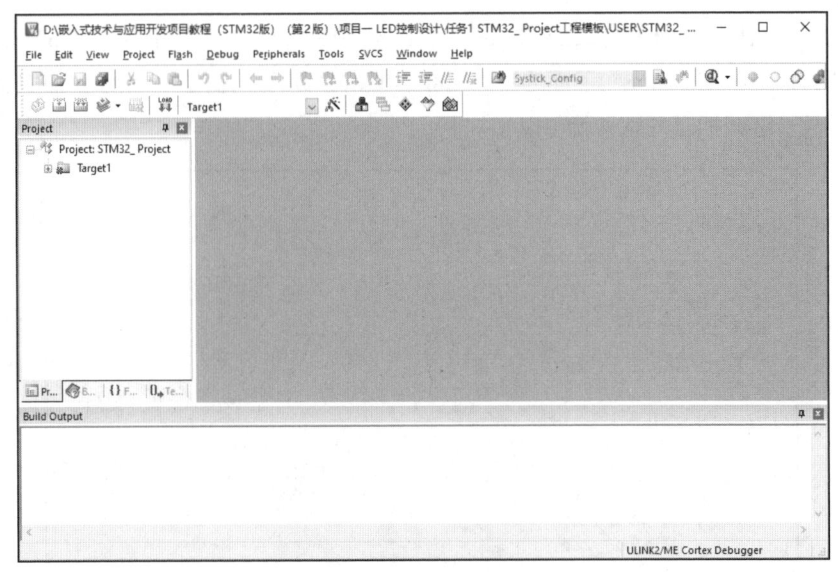

图 1-10　新建工程后的界面

注：图中的文件名称是实际操作过程中的工程文件名称。

3. 新建组和添加文件到相应的组中

建好 STM32_Project 工程后，下面介绍如何在 STM32_ Project 工程下新建 USER、CORE 和 FWLib 组，并添加文件到相应的组中。

（1）在图 1-10 所示的界面中，通过工具栏中的按钮（或“File”菜单）新建一个文件，并将其保存为 main.c。主文件 main.c 一定要放在 USER 组里面。在该文件中输入如下代码。

```
1.  #include "stm32f10x.h"
2.  int main(void)
3.  {
4.      while(1)
5.      {
6.                ;          //以后可以在这里添加相关代码
7.      }
8.  }
```

#include "stm32f10x.h"语句是一个“文件包含”处理语句。stm32f10x.h 是 STM32 开发中非常重要的一个头文件，就像 51 单片机的 reg52.h 头文件一样，通常包含在主文件中。这里的 main()函数是一个空函数，方便以后添加需要的代码。

注意　stm32f10x.h 是 3.5 及以后版本的 STM32 固件库统一使用的头文件。2.0 版本的 STM32 固件库中的 stm32f10x_lib.h 头文件换成了 stm32f10x.h 头文件，规范了代码，不再需要那么多的头文件了。使用高版本的 STM32 固件库进行编译时，将找不到 stm32f10x_lib.h 头文件。

（2）在 USER 子目录中打开 STM32_Project 工程，然后右击“Project”窗格中的“Target1”，在弹出的快捷菜单中选择“Manage Project Items”选项，如图 1-11 所示。

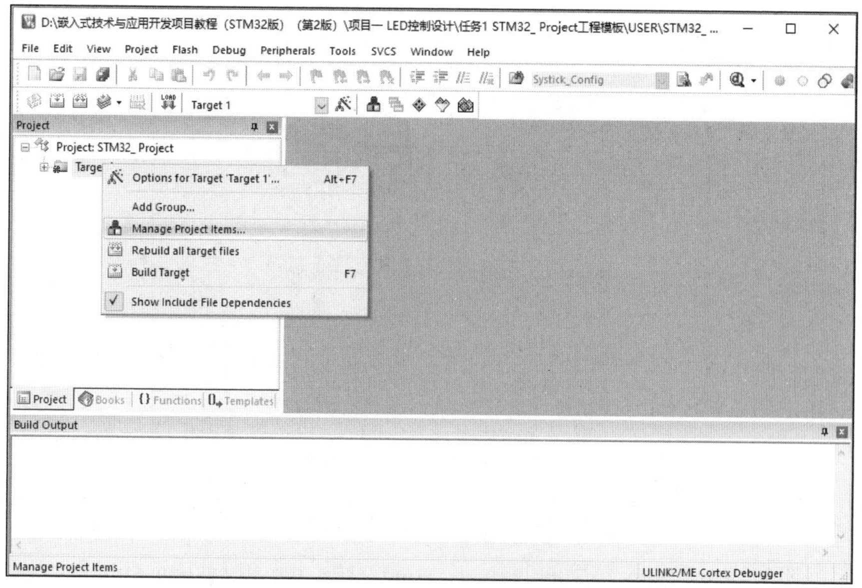

图 1-11 选择“Manage Project Items”选项

注：图中的文件名称是实际操作过程中的工程文件名称。

（3）弹出图 1-12 所示的“Manage Project Items”对话框。

也可直接单击工具栏中的按钮，弹出“Manage Project Items”对话框。

（4）先把“Project Targets”栏下的“Target1”修改为“STM32_Project”，把“Groups”栏下的“Source Group1”删除。然后在“Groups”栏中单击“新建”按钮（也可以双击下面的空白处），新建 USER、CORE 和 FWLib 组，如图 1-13 所示。

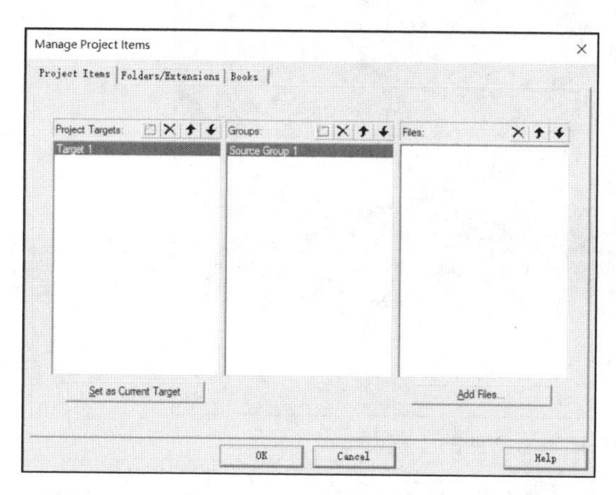

图 1-12 “Manage Project Items”对话框

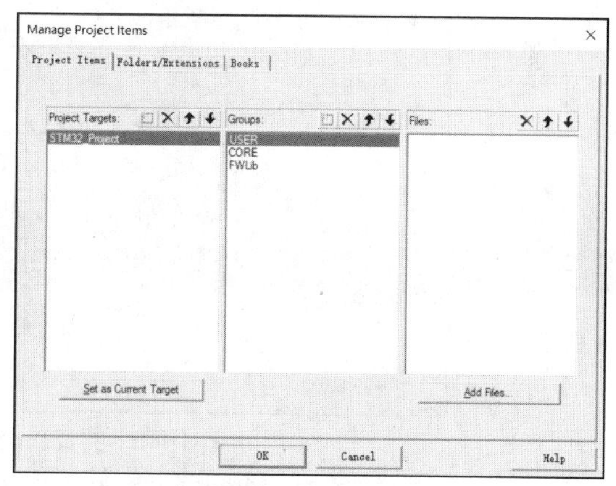

图 1-13 新建组

（5）往 USER、CORE 和 FWLib 组里面添加需要的文件。

先选中“Groups”栏下的“FWLib”，然后单击“Add Files”按钮，弹出“Add Files to Group ‘USER’”对话框，定位到工程目录的 FWLib\src 子目录。把里面的所有文件都选中（按 Ctrl+A 组合键），然后单击“Add”按钮，把选中的文件都添加到 FWLib 组中，最后单击“Close”按钮，就可以看到“Files”栏下面出现了我们添加的所有文件，如图 1-14 所示。

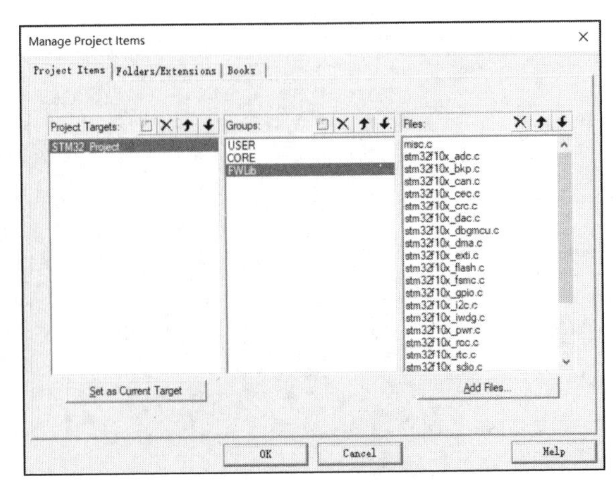

图 1-14　FWLib 组里添加的文件

用同样的方法，添加 CORE 子目录里面的 core_cm3.c 和 startup_stm32f10x_ld.s 文件到相应的组中，添加 USER 子目录里面的 main.c、stm32f10x_it.c 和 system_stm32f10x.c 文件到相应的组中。

这样，需要添加的文件都被添加到相应的组中了，最后单击“OK”按钮。这时会发现在“STM32_Project”下多了 3 个组和其中添加的文件，如图 1-15 所示。

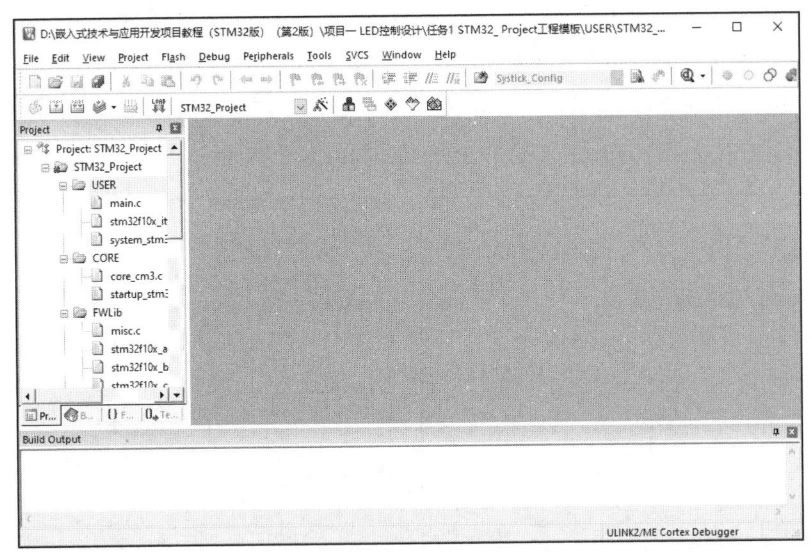

图 1-15　完成新建组和添加文件的工程

注：图中的文件名称是实际操作过程中的工程文件名称。

注意　● 为方便后面使用，我们把所有外设的库文件都添加到工程中了，这样就不用每次增加外设时都添加相应的库文件了。这样做的缺点就是当工程太大时，编译速度会变慢。

● 本任务只用了 GPIO（General Purpose Input Output，通用输入输出），所以可以只添加 stm32f10x_gpio.c 文件，其他的不用添加。

4. 工程配置与编译

至此，新建的基于 STM32 固件库的 Keil μVision5 工程就基本完成了。接下来进行工程配置与编译。

（1）单击工具栏中的“Target Options”按钮，弹出“Options for Target 'STM32_ Project'”对话框，选择“C/C++”选项卡，添加要编译的文件的路径。这个步骤非常重要，务必添加正确的路径，否则会出现编译错误。“C/C++”选项卡的配置界面如图 1-16 所示。

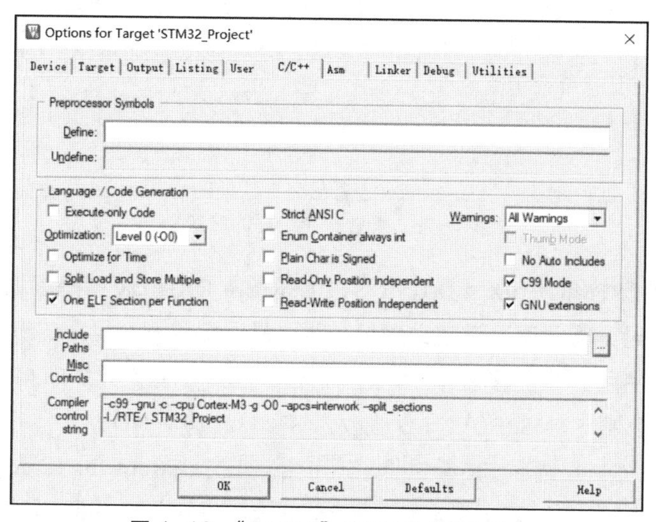

图 1-16 “C/C++”选项卡的配置界面

（2）单击“Include Paths”最右边的按钮，弹出“Folder Setup”对话框，然后把 CORE、FWLib 和 USER 子目录都添加进去，如图 1-17 所示。此操作是为了设定编译器的头文件包含路径，在以后的任务中会经常用到。

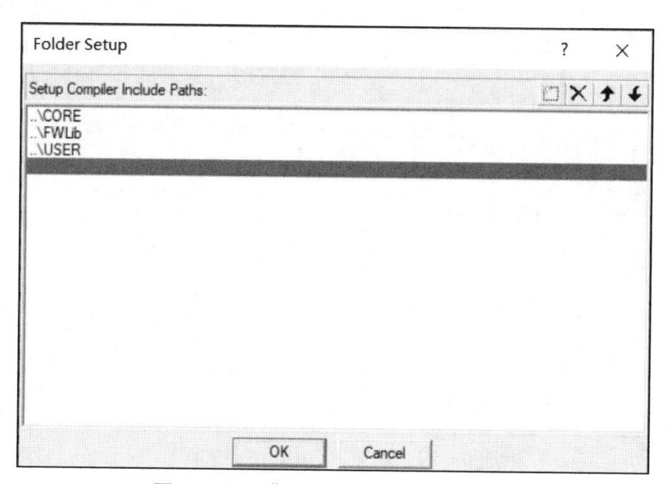

图 1-17 “Folder Setup”对话框

还需要在“Define”文本框中填写“STM32F10X_LD,USE_STDPERIPH_ DRIVER”，以配置一个全局的宏定义，如图 1-18 所示。

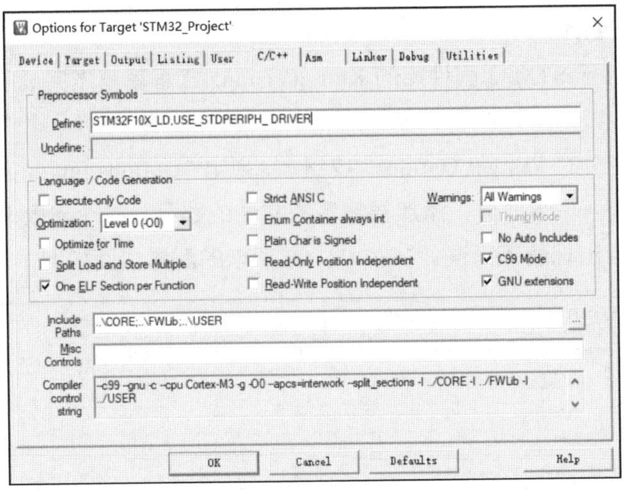

图 1-18　配置一个全局的宏定义

之所以要填写“STM32F10X_LD,USE_STDPERIPH_DRIVER”，是因为 3.5 版本的库函数在配置和选择外设时，需要通过宏定义进行，所以需要配置一个全局的宏定义，否则工程编译时会出错。如果使用中等容量芯片，就把 STM32F10X_LD 修改为 STM32F10X_MD；如果使用大容量芯片，就把 STM32F10X_LD 修改为 STM32F10X_HD。

（3）设置完“C/C++”选项卡，单击“OK”按钮，在“Options for Target 'STM32_ Project'”对话框中，选择“Output”选项卡。先勾选“Create HEX File”复选框；再单击“Select Folder for Objects”按钮，弹出“Browse for Folder”对话框，如图 1-19 所示。在对话框中选中“OBJ”子目录，单击“OK”按钮。以后工程编译的 HEX 文件及垃圾文件就会放到 OBJ 子目录里面，这样就可以保持工程简洁。

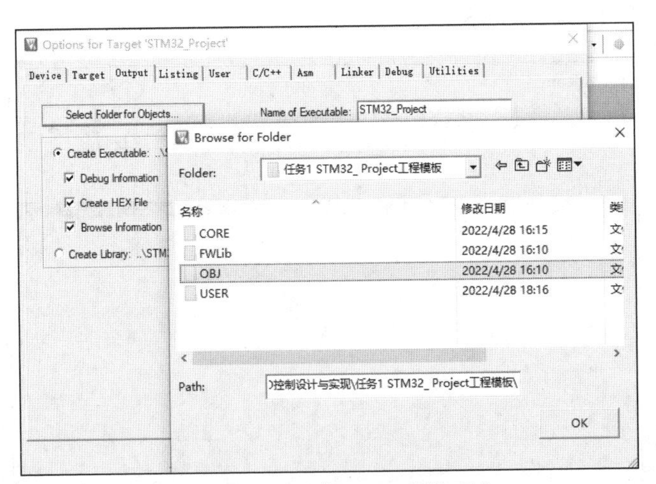

图 1-19　配置“Output”选项卡

（4）单击“OK”按钮，关闭“Options for Target' STM32_Project'”对话框，然后单击工具栏中的“Rebuild”按钮，对工程进行编译，如图 1-20 所示，若编译发生错误，要进行分析检查，直到编译正确为止。

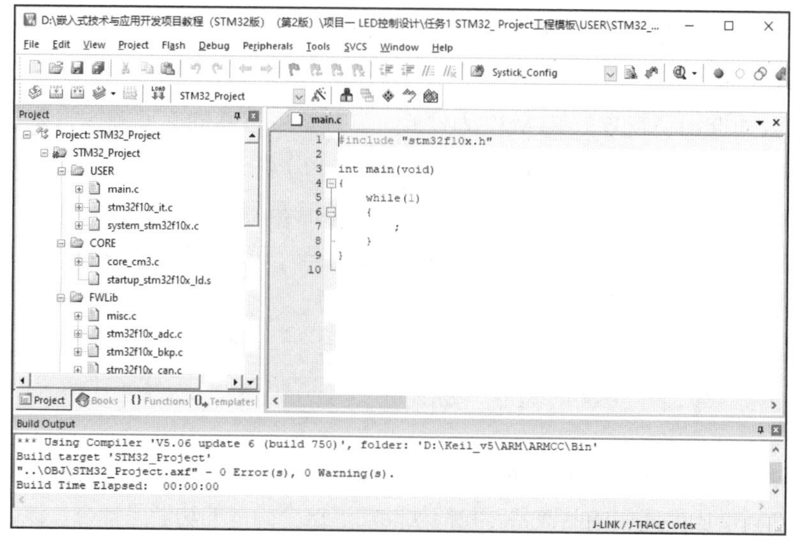

图 1-20 工程编译

注：图中的文件名称是实际操作过程中的工程文件名称。

对工程进行第一次编译时，不管工程中的文件有没有被编译过，都会对工程中的所有文件重新进行编译并生成可执行文件，因此编译时间较长。若只需要编译工程中上次修改的文件，单击工具栏中的“Build”按钮即可。

另外，在主文件 main.c 的最后一定要加上一个回车符，否则编译时会有警告信息。

注意 基于 STM32 固件库的 Keil μVision5 工程已经配置完成了，可将其作为开发的工程模板。以后开发项目时直接复制，再把编写的主文件和其他文件添加进来就可以了，这为以后的开发工作带来了极大便利。

1.1.2 认识 STM32 固件库

ST 公司为了方便用户开发应用程序，提供了一套丰富的 STM32 固件库。什么是 STM32 固件库？在 STM32 固件库开发中，固件库与寄存器有什么区别和联系？

认识 STM32 固件库

1. STM32 固件库开发与寄存器开发的关系

从 C51 单片机开发转入 STM32 开发时，由于我们习惯了 C51 单片机的寄存器开发方式，突然要使用 STM32 固件库开发，会不知道如何下手。下面通过一个简单的例子来说明 STM32 固件库开发与寄存器开发的关系。

在寄存器开发中，我们若想控制某些 I/O 口的状态，可以直接操作寄存器，如下所示。

```
P2=0x0fe;
```

而在 STM32 固件库开发中，我们同样可以直接操作寄存器，如下所示。

```
GPIOx->BRR = 0x00fe;
```

由于 STM32 有数百个寄存器，初学者要想很快地掌握每个寄存器的用法并能正确使用是非常困难的。

于是 ST 公司推出了官方的 STM32 固件库，将这些寄存器的底层操作封装起来，提供一整套应用程序接口（Application Program Interface，API）供开发人员调用。在大多数场合下，开发人员不需要知道操作的是哪个寄存器，只需要知道调用哪些函数即可。

在上面的例子中，直接操作 STM32 的 BRR 寄存器，可以实现电平控制。STM32 固件库中封装了一个函数，具体如下。

```
1.  void GPIO_ResetBits(GPIO_TypeDef* GPIOx, uint16_t GPIO_Pin)
2.  {
3.          GPIOx->BRR = GPIO_Pin;
4.  }
```

这时，开发人员就不需要操作 BRR 寄存器了，知道如何使用 GPIO_ResetBits()函数就可以了。另外，通过 STM32 固件库中的函数名，我们就能知道这个函数的功能是什么、该怎么使用。

2. STM32 固件库与 CMSIS

STM32 固件库是函数的集合，其作用是向下与寄存器直接“打交道”，向上提供用户调用函数的 API。那么对这些函数有什么要求呢？这就涉及 CMSIS 的基础知识。

ARM 是一个芯片设计公司，它负责的是芯片内核的架构设计。而 TI、ST 等公司，只是芯片生产公司，主要根据 ARM 公司提供的芯片内核标准来设计自己的芯片。虽然芯片由芯片生产公司设计，但是芯片内核要服从 ARM 公司提出的 Cortex-M3 内核标准。芯片生产公司每卖出一片芯片，需要向 ARM 公司交纳一定的专利费，获得对应的标准授权。

所以，所有基于 Cortex-M3 的芯片的内核结构都是一样的，只是在存储器容量、片上外设、端口数量、串口数量及其他模块上有所区别，芯片生产公司可以根据自己的需求来设计这些资源。同一家公司设计的多种基于 Cortex-M3 的芯片的片上外设也会有很大的区别，如 STM32F103RBT 和 STM32F103ZET 在片上外设方面就有很大的区别。

为了保证软件能基本兼容不同芯片生产公司生产的基于 Cortex-M3 的芯片，ARM 公司和芯片生产公司共同提出了一套标准——CMSIS（Cortex Microcontroller Software Interface Standard，Cortex 微控制器软件接口标准）。ST 官方库（STM32 固件库）就是根据这套标准设计的。CMSIS 分为 3 个基本功能层。

（1）核内外设访问层：定义处理器内部寄存器的地址及功能函数，由 ARM 公司提供。

（2）中间件访问层：定义访问中间件的通用 API，由 ARM 公司提供。

（3）外设访问层：定义硬件寄存器的地址及外设的访问函数。

CMSIS 向下负责与内核和各个外设直接“打交道”，向上负责提供实时操作系统用户程序调用的函数接口。如果没有 CMSIS，那么各个芯片生产公司就会设计自己喜欢的风格的库函数，而 CMSIS 就是强制规定的，芯片生产公司的库函数必须按照 CMSIS 来设计。

另外，CMSIS 还对各个外设驱动文件的文件名称规范化、函数名称规范化等做了一系列规定。比如前面用到的 GPIO_ResetBits()函数，其名字是不能随便定义的，必须遵循 CMSIS。

又如，在使用 STM32 芯片时，首先要进行系统初始化。CMSIS 规定系统初始化函数必须为 SystemInit()，所以各个芯片生产公司在设计自己的库函数时，都必须用 SystemInit()函数对系统进行初始化。

我们可以通过 STM32 固件库与 CMSIS 认识到，借助别人的力量能使自己更加强大、奋起直追。

1.1.3 STM32 固件库的关键子目录和文件

STM32 固件库是不断完善升级的，目前存在多个不同的版本，本书使用的是 3.5 版本的 STM32 固件库（截至本书完稿时为最新版本）。STM32 固件库的目录结构如图 1-21 所示。

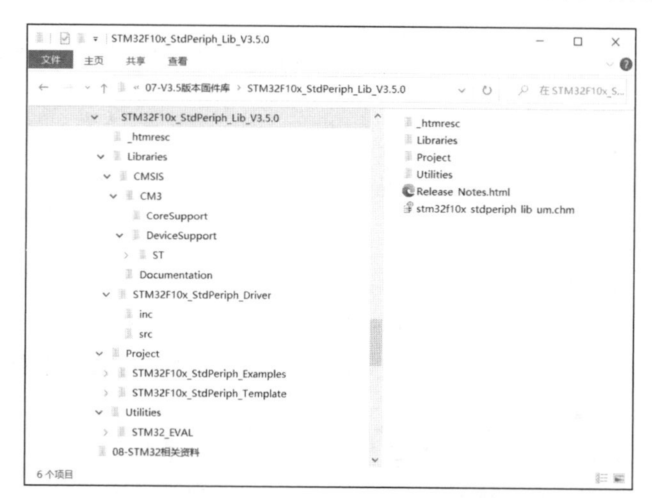

STM32 固件库的关键子目录和文件

图 1-21　STM32 固件库的目录结构

从图 1-21 可以看出，解压缩后的 STM32F10x_StdPeriph_Lib_V3.5.0 目录下包含 STM32 固件库的全部文件。

其中，Release_Notes.html 文件说明了该固件库的文件相比之前版本有何改动，stm32f10x stdperiph lib um.chm 文件是 STM32 固件库的英文帮助文档，在开发过程中，这个文档会经常用到。

1. STM32 固件库的关键子目录

STM32 固件库的关键子目录主要有 Libraries 和 Project。另外，_htmresc 子目录用于存放 ST 公司的图标，Utilities 子目录用于存放官方评估板的一些对应源码，与开发完全无关。

（1）Libraries 子目录

Libraries 子目录中有 CMSIS 子目录和 STM32F10x_StdPeriph_Driver 子目录，这两个子目录包含 STM32 固件库的所有核心子目录和文件，主要包含大量的头文件、源文件和系统文件，是开发时必须使用的。Libraries 子目录的目录结构如图 1-22 所示。

CMSIS 子目录用于存放启动文件。STM32F10x_StdPeriph_Driver 子目录用于存放 STM32 固件库的源码文件，其下的 inc 子目录用于存放 stm32f10x_xxx.h 头文件，无须改动；src 子目录用于存放 stm32f10x_xxx.c 源文件。

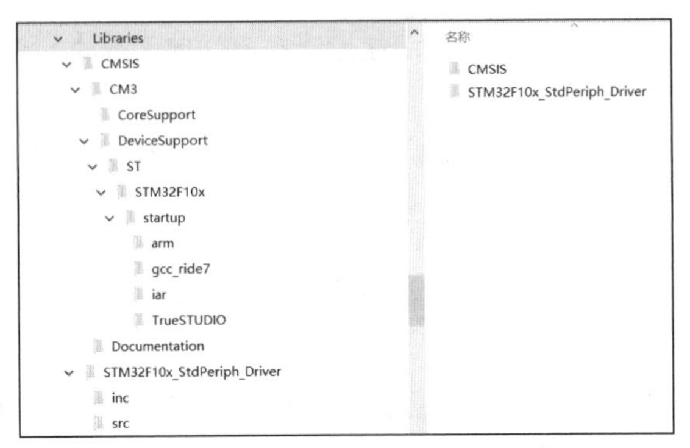

图 1-22　Libraries 的目录结构

每一个“.c”文件和一个相应的“.h”文件对应，这些文件也是 STM32 固件库的核心文件，即每个外设对应一组文件。

（2）Project 子目录

Project 子目录中有 STM32F10x_StdPeriph_Examples 和 STM32F10x_StdPeriph_ Template 子目录。

STM32F10x_StdPeriph_Examples 子目录用于存放 ST 公司提供的固件实例源码，包含几乎所有 STM32F10x 外设的详细使用源码。在以后的开发过程中，可以修改这个官方提供的参考实例，以快速驱动自己的外设。很多开发板的实例也都参考了官方提供的实例源码，这些源码对以后的学习非常重要。

STM32F10x_StdPeriph_Template 子目录用于存放工程模板。

2. STM32 固件库的关键文件

下面着重介绍 STM32 固件库的几个关键文件。

（1）core_cm3.c 和 core_cm3.h 文件

core_cm3.c 和 core_cm3.h 文件位于 Libraries\CMSIS\CM3\CoreSupport 子目录下，分别是核内外设访问层的源文件和头文件，用于提供进入 Cortex-M3 内核的接口。这两个文件是由 ARM 公司提供的 CMSIS 核心文件，对所有 Cortex-M3 内核的芯片都一样，永远都不需要修改。

（2）STM32F10x 子目录中的 3 个文件

DeviceSupport 和 CoreSupport 子目录是同一级的，STM32F10x 子目录放在 DeviceSupport 子目录下。STM32F10x 子目录主要用于存放一些启动文件、比较基础的寄存器定义文件及中断向量定义文件。

在 STM32F10x 子目录下有 3 个文件：system_stm32f10x.c、system_stm32f10x.h、stm32f10x.h。这 3 个文件是外设访问层的源文件和头文件。

system_stm32f10x.c 文件和对应的 system_stm32f10x.h 文件的功能是设置系统和总线时钟，其中有一个非常重要的 SystemInit()函数（在系统启动时都会被调用），该函数用来设置系统的整个时钟系统。这也就是用户不需要配置时钟，程序就能运行的原因。

system_stm32f10x.h 文件相当重要，主要包含 STM32F10x 系列所有外设寄存器的定义、位定义、中断向量表、存储空间的地址映射等。只要进行 STM32 开发，就要查看这个文件相关的定义。打开这个文件时可以看到，里面有非常多的结构体及宏定义。

（3）启动文件

在 STM32F10x 子目录中还有一个 startup 子目录，里面存放的是启动文件。在 startup\arm 子目录中，我们可以看到 8 个以 startup 开头的“.s”文件，如图 1-23 所示。

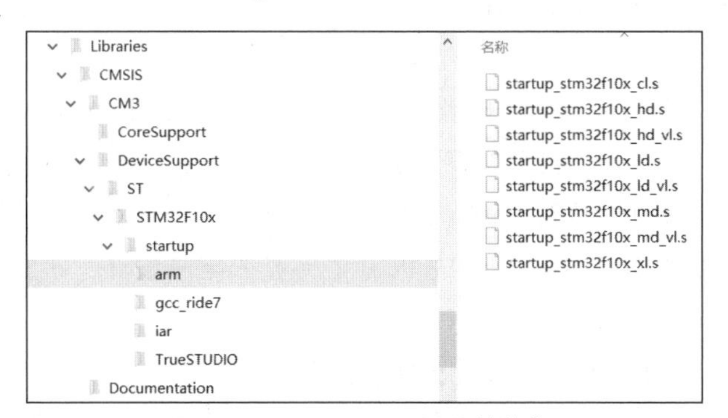

图 1-23　startup 子目录的结构

从图 1-23 中可以看出，共有 8 个启动文件，不同容量（容量是指 Flash 的容量）的芯片，对应的启动文件也不一样。在 STM32F103 系列芯片中，主要使用其中 3 个启动文件。

- startup_stm32f10x_ld.s：适用于小容量芯片，Flash 容量小于等于 32 KB。
- startup_stm32f10x_md.s：适用于中等容量芯片，Flash 容量范围为 64KB ~ 128 KB。
- startup_stm32f10x_hd.s：适用于大容量芯片，Flash 容量大于等于 256 KB。

本项目采用 STM32F103R6，其 Flash 容量是 32 KB，属于小容量芯片，所以选择 startup_stm32f10x_ld.s 启动文件。

那么，启动文件到底有什么作用呢？

启动文件主要用于进行堆栈等的初始化、中断向量及中断函数定义，还要引导程序进入 main()函数。

（4）STM32F10x_StdPeriph_Template 子目录中的 3 个文件

在 Project\STM32F10x_StdPeriph_Template 子目录中有 3 个关键文件：stm32f10x_it.c、stm32f10x_it.h 和 stm32f10x_conf.h。

stm32f10x_it.c 和 stm32f10x_it.h 是外设中断函数文件，用来编写中断服务函数，用户可以相应地加入自己的中断程序代码。

stm32f10x_conf.h 是固件库配置文件，有很多#include。在建立工程时，可以注释掉一些不用的外设头文件，只选择固件库使用的外设头文件。

1.2　任务 2　LED 点亮控制

任务要求

使用 STM32F103R6，其 PB8 引脚接 LED（Light Emitting Diode，发光二极管）的阴极，通过 C 语言程序控制，从 PB8 引脚输出低电平，点亮 LED。

1.2.1 用 Proteus 设计第一个 STM32 的 LED 控制电路

1. Proteus 简介

用 Proteus 设计第一个 STM32 的 LED 控制电路

本书使用的 Proteus 8.6 Professional 是一款 EDA（Electronic Design Automation，电子设计自动化）工具（仿真软件），支持 STM32 Cortex-M3 系列的仿真，是目前世界上唯一将电路仿真软件、PCB（Printed Circuit Board，印制电路板）设计软件和虚拟模型仿真软件三合一的设计平台。它实现了在计算机上从原理图与电路设计、电路分析与仿真、单片机代码级调试与仿真、系统测试与功能验证到形成 PCB 的完整的电子设计、研发过程，真正实现了从概念到产品的完整设计。

2. STM32 的 LED 控制电路设计分析与实现

Proteus 8.6 Professional 只支持 STM32 Cortex-M3 系列的 6 种型号芯片，本任务选择 STM32F103R6，该芯片由 ST 公司生产。

LED 加正向电压发光，否则不发光。LED 电路设计一般采用的方法是：阳极接高电平，阴极接输出控制引脚。当该引脚输出低电平时，LED 点亮；当该引脚输出高电平时，LED 熄灭。这样我们只需编程控制该引脚，就可以控制 LED 的亮或灭。

按照任务要求，LED 点亮控制的电路可由 STM32F103R6 和 LED 电路构成。LED 阳极通过 100 Ω 限流电阻后连接高电平（电源），电阻在这里起到了限流分压的作用。STM32F103R6 的 PB8 引脚连接 LED 阴极，PB8 引脚输出低电平时，LED 点亮；PB8 引脚输出高电平时，LED 熄灭。STM32 的 LED 控制电路如图 1-24 所示。

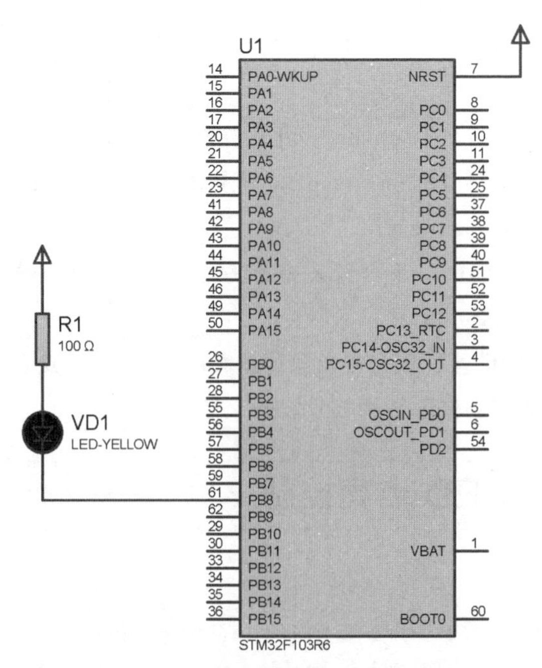

图 1-24 STM32 的 LED 控制电路

3. 用 Proteus 设计 STM32 的 LED 控制电路

这里介绍两种打开 Proteus 的方法：第一种方法是双击桌面上的 Proteus 8.6 Professional 图标；第二种方法是从屏幕左下方的“开始”菜单中打开 Proteus 8 Professional。Proteus 8.6 Professional 主页如图 1-25 所示。

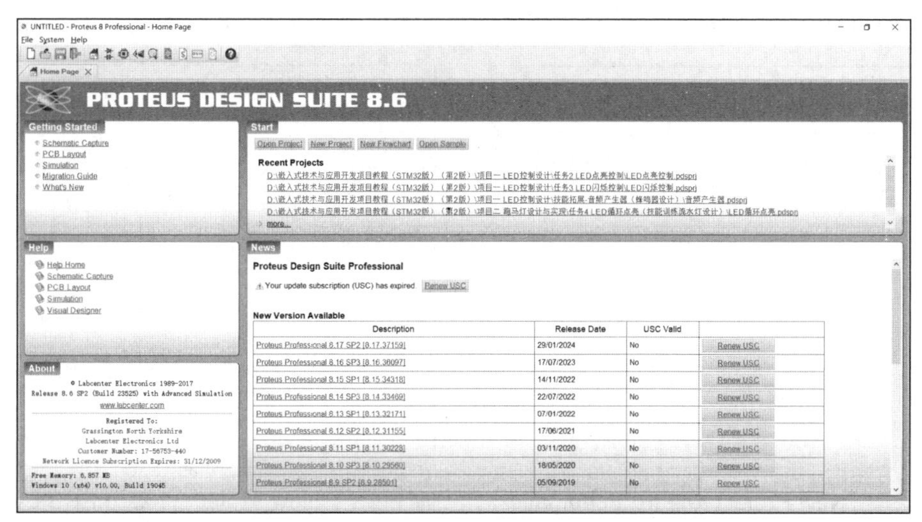

图 1-25　Proteus 8.6 Professional 主页
注：图中的文件名称是实际操作过程中的工程文件名称。

（1）新建 Proteus 工程

在设计原理图之前，必须先新建一个 Proteus 工程。由于本书没有涉及 PCB 的绘制，所以这里新建一个带有原理图和无 PCB 的 Proteus 工程。

单击 Proteus 8.6 Professional 主页顶部的“New Project”按钮，弹出“New Project Wizard:Start”对话框，在“Name”文本框中输入新建工程名“LED 点亮控制”，并选择新建工程保存的路径，如图 1-26 所示。

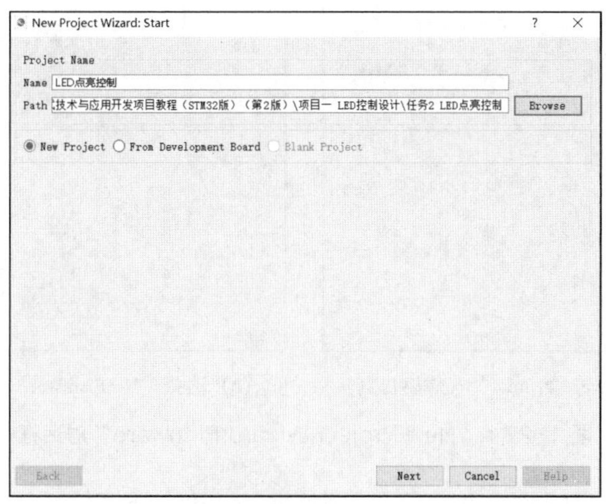

图 1-26　“New Project Wizard:Start”对话框
注：图中的文件名称是实际操作过程中的工程文件名称。

单击“Next”按钮，弹出“New Project Wizard:Schematic Design”对话框，如果不需要绘制原理图，可直接选择“Do not create a schematic”。本任务从模板中创建原理图，先选择“Create a schematic from the selected template”，然后选择默认的“DEFAULT”模板，如图 1-27 所示。

单击“Next”按钮，弹出“New Project Wizard:PCB Layout”对话框，因为不需要进行 PCB 设计，直接选择“Do not create a PCB layout”，如图 1-28 所示。

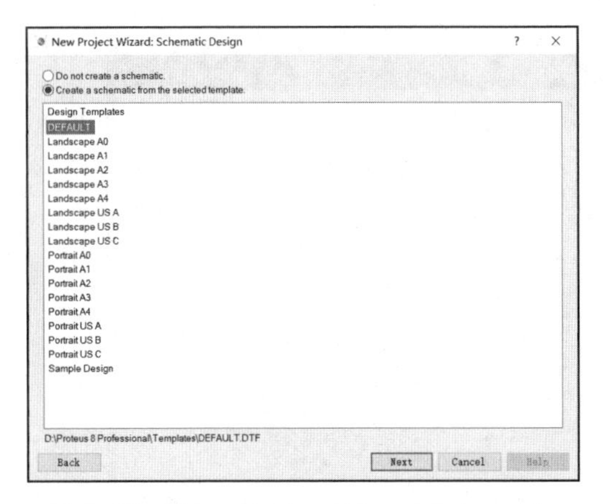

图 1-27 “New Project Wizard:Schematic Design”对话框

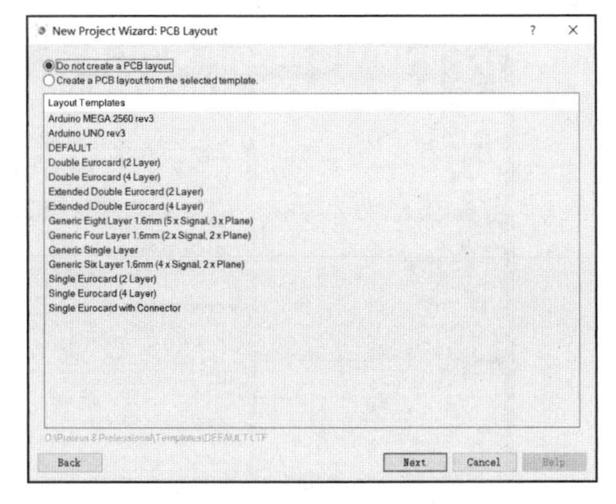

图 1-28 “New Project Wizard:PCB Layout”对话框

单击“Next”按钮，弹出“New Project Wizard:Firmware”对话框。

① 若需要仿真，则按照以下步骤进行操作。

在“New Project Wizard:Firmware”对话框中，选择“Create Firmware Project”，并设置“Family”（系列）为“Cortex-M3”，“Controller”（控制器）为“STM32F103R6”，“Compiler”（编译器）为“GCC for ARM（not configured）”，也就是在此设计外部代码编译器，如图 1-29（a）所示。

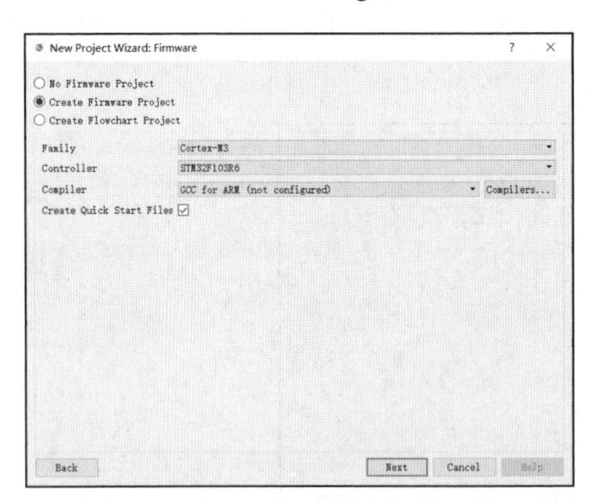

（a）选择“Create Firmware Project”（需要仿真）

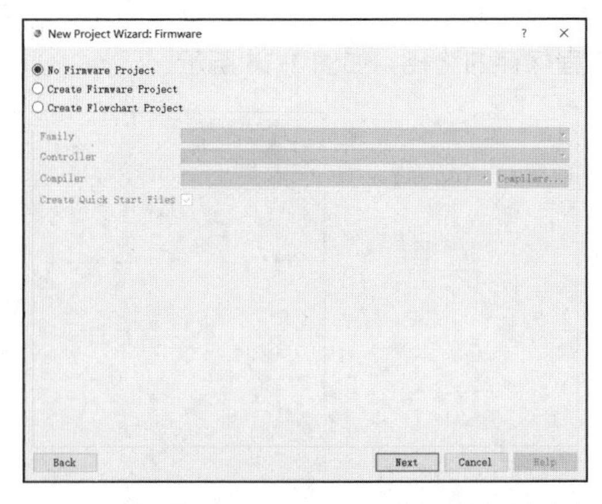

（b）选择“No Firmware Project”（不需要仿真）

图 1-29 “New Project Wizard:Firmware”对话框

单击图 1-29（a）中的“Next”按钮，弹出“New Project Wizard:Summary”对话框，如图 1-30（a）所示。

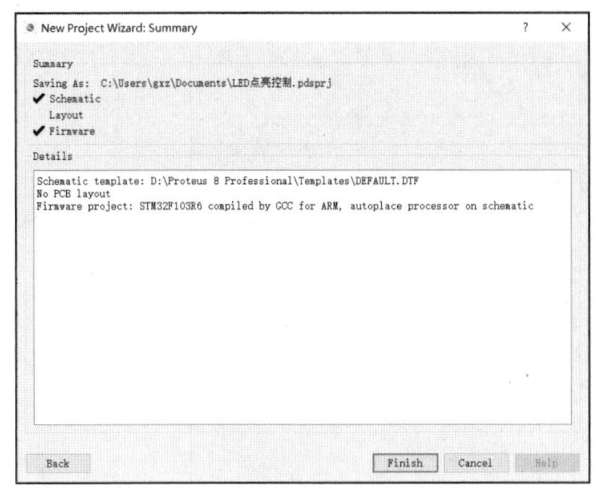

（a）选择原理图和仿真

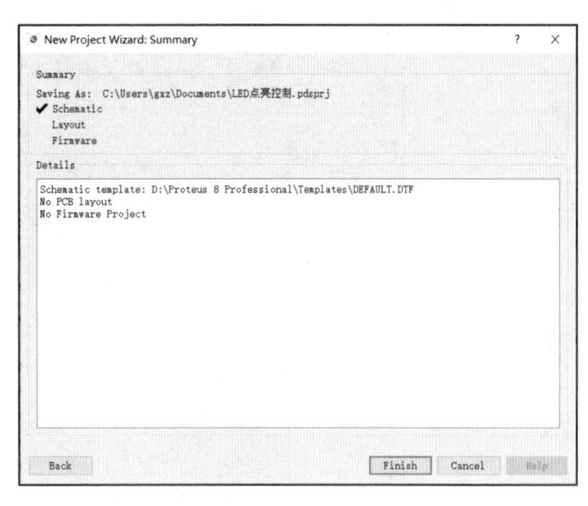

（b）选择原理图

图 1-30 “New Project Wizard:Summary”对话框

在图 1-30（a）中，先选择“Schematic”“Firmware”，然后单击“Finish”按钮，就完成带有“Schematic Capture”（电路图绘制）和“Source Code”（源码）选项卡的新建工程，如图 1-31 所示。

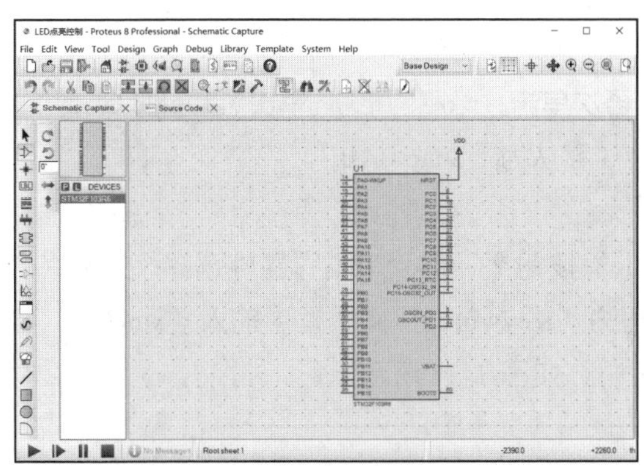

（a）“Schematic Capture”选项卡

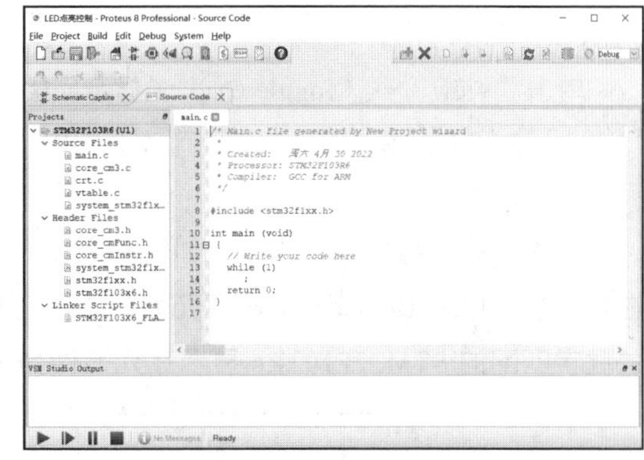

（b）“Source Code”选项卡

图 1-31 “Schematic Capture”和“Source Code”选项卡

Proteus 8.0 或以上版本都自带源码编辑器、编译器，不再需要外部文本编辑器。开发人员只要在源码编辑器中把自己所写的源码添加进去就可以了，如图 1-31（b）所示。由于这部分内容不是本书重点，这里只简单介绍一下。

② 若不需要仿真，则按照以下步骤进行操作。

在“New Project Wizard:Firmware”对话框中直接选择“No Firmware Project”，如图 1-29（b）所示。

单击图 1-29（b）所示的“Next”按钮，弹出“New Project Wizard:Summary”对话框，如图 1-30（b）所示。

在图 1-30（b）中，先选择“Schematic”，然后单击“Finish”按钮，就完成带有“Schematic Capture”（电路图绘制）选项卡的新建工程，如图 1-32 所示。

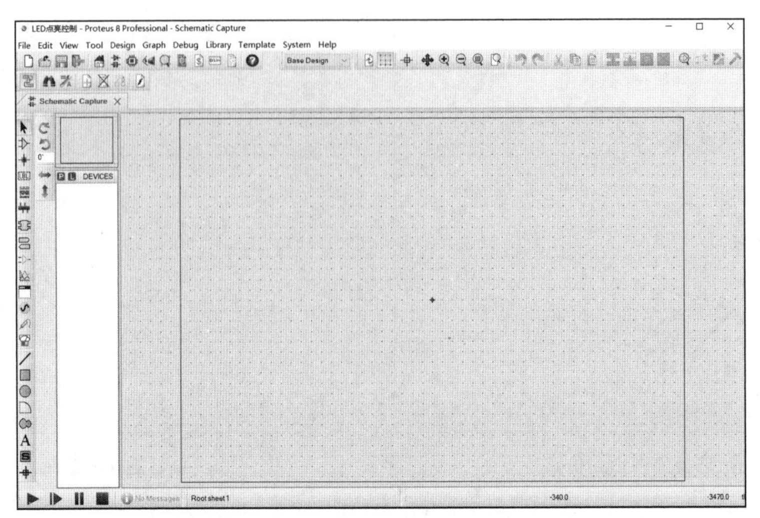

图 1-32 “Schematic Capture”选项卡

（2）设置图纸尺寸

单击“System”→“Set Sheet Sizes”，在弹出的“Sheet Size Configuration”对话框中选择 A4 图纸尺寸或自定义尺寸后单击“OK”按钮。

（3）设置网格

单击“View”→“Toggle Grid”，显示网格（再次单击，隐藏网格）。单击“Toggle Grid”→“Snap ××th”（或“Snap ×.×in”），可改变网格单位，默认为“Snap 0.1in”。

（4）添加元器件

单击模式选择工具栏中的“Component Mode”按钮，然后单击“器件选择”按钮 P，在弹出的“Pick Devices”（选取元器件）对话框的“Keywords”文本框中输入“stm32”，与关键字匹配的 STM32F103R6 显示在元器件列表中，如图 1-33 所示。

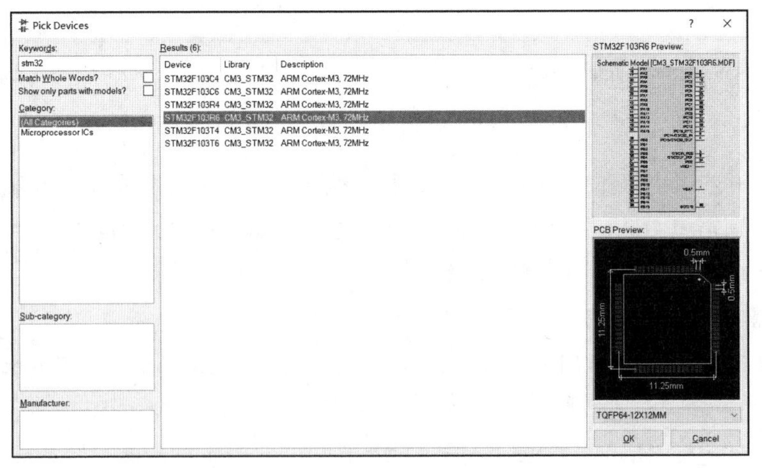

图 1-33 “Pick Devices”对话框

然后双击选中的 STM32F103R6，即可将其加入“DEVICES”窗口，单击“OK”按钮完成元器件的选取。

用同样的方法可以添加其他元器件。在本任务中，需要添加 STM32F103R6、RES（电阻）、LED-YELLOW（黄色 LED）等元器件。

注意 任何一款基于 Cortex-M3 的芯片，其内核结构都是一样的，本书内容不影响学习其他基于 Cortex-M3 的芯片。

（5）放置元器件

单击对象选择器窗口的 STM32F103R6，该元器件的名字变为蓝底白字，预览窗口显示 STM32F103R6。

单击方向工具栏中的按钮可以实现元器件的左旋转、右旋转、水平和垂直翻转，以调整元器件的摆放方向。

单击编辑区某一位置，即可放置 STM32F103R6。

然后，参考上述放置 STM32F103R6 的步骤，依照图 1-24 所示内容放置其他元器件。

（6）调整元器件位置

在要移动的元器件上单击，元器件变为红色（表明被选中），在被选中的元器件外单击，即可撤销选中。

按住鼠标左键并拖动被选中的元器件，移到编辑区某一位置后松开鼠标左键，即可完成元器件的移动；在被选中的元器件上右击，利用弹出的快捷菜单可实现元器件的旋转和翻转，以及删除元器件。

按照上述方法，依照图 1-24 所示的元器件位置，可以对已放置的元器件进行位置调整。

（7）放置终端

单击模式选择工具栏中的“Terminals Mode”按钮，再单击对象选择器窗口的电源终端 POWER，该终端名背景变为蓝色，预览窗口也将显示该终端；单击方向工具栏中的“左旋转”按钮，电源终端逆时针旋转 90°；单击编辑区某一位置，即可放置一个终端。可以用同样的方法放置接地终端 GROUND。

（8）连线

当鼠标指针接近元器件的引脚时，该点会自动出现一个小红方块，表明可以自动连接到该点。依照图 1-24 所示内容，单击要连线的元器件的起点和终点，完成连线。

（9）属性设置

在电阻 R1 上右击，弹出快捷菜单，单击“Edit Propertise”（编辑属性）选项，弹出“Edit Component”（编辑元件）对话框，如图 1-34 所示。

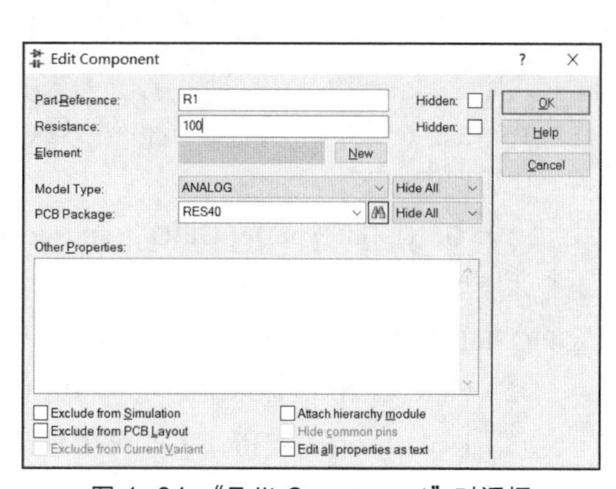

图 1-34 “Edit Component”对话框

将电阻值设为“100”，单击“OK”按钮完成电阻 R1 属性的设置。用同样的方法设置其他元器件的属性。

至此，STM32 的 LED 控制电路就设计完成了。在后面的任务中，设计 Proteus 仿真电路时再涉及以上步骤，就不进行详细说明了。

电路的设计需要考虑如何提高电子电路的稳定性，除了元器件、设计等技术方面以外，我们应着重培养自己的职业技术操守、精益求精的工匠精神。

1.2.2 开发第一个基于工程模板的 Keil μVision5 工程

前面的任务已经建立了基于 STM32 固件库的 Keil μVision5 工程模板，我们如何利用工程模板来开发“LED 点亮控制”工程呢？

开发第一个基于工程模板的 Keil μVision5 工程

1. 移植工程模板

（1）将“任务 1 STM32_ Project 工程模板”目录名修改为“任务 2 LED 点亮控制”。

（2）在 USER 子目录中，把“STM32_Project.uvprojx”工程名修改为“leddl.uvprojx”。

2. 编写基于库函数的“LED 点亮控制”的控制代码

将 USER 子目录中的“main.c”文件名修改为“leddl.c”，在该文件中删除原代码并输入如下代码。

```
1.  #include "stm32f10x.h"
2.  int main(void)
3.  {
4.      GPIO_InitTypeDef  GPIO_InitStructure;
5.      RCC_APB2PeriphClockCmd(RCC_APB2Periph_GPIOB, ENABLE);//使能 GPIOB 时钟
6.      GPIO_InitStructure.GPIO_Pin = GPIO_Pin_8;          //配置 PB8 引脚
7.      GPIO_InitStructure.GPIO_Mode = GPIO_Mode_Out_PP;//配置 PB8 引脚为推挽输出
8.      GPIO_InitStructure.GPIO_Speed = GPIO_Speed_50MHz;  //GPIOB 频率为 50 MHz
9.      GPIO_Init(GPIOB, &GPIO_InitStructure);              //初始化 PB8 引脚
10.     GPIO_SetBits(GPIOB,GPIO_Pin_8);              //PB8 引脚输出高电平，LED 熄灭
11.         while(1)
12.         {
13.             GPIO_ResetBits(GPIOB,GPIO_Pin_8);//PB8 引脚输出低电平，LED 点亮
14.     }
15. }
```

代码说明如下。

（1）“GPIO_InitTypeDef GPIO_InitStructure;”语句声明了一个结构体 GPIO_InitStructure，结构体原型由 GPIO_InitTypeDef 确定。设置完 GPIO_InitStructure 里面的内容，就可以执行“GPIO_Init(GPIOB, &GPIO_InitStructure);”语句，对 PB8 引脚进行初始化。

（2）GPIO_SetBits()和 GPIO_ResetBits()是库函数，可以对多个 I/O 口同时置 1 或置 0。

（3）Keil μVision5 支持 C++风格的注释，可以用“//”进行注释，也可以用“/*……*/”进行注释。“//”注释只对本行有效，书写比较方便。所以在只需要一行注释的时候，往往采用这种格式。“//”注释可以单独写在一行上，也可以写在一条语句之后。

3. 添加主文件 leddl.c 到工程与编译工程

完成 leddl.c 主文件的编写后，打开 leddl.uvprojx 工程。先把工程模板里原来的 main.c 主文件移出工程；然后在图 1-13 所示的“Manage Project Items”对话框中，把“Project Targets”栏下的“STM32_Project”修改为“Leddl”；再按图 1-14，把 leddl.c 主文件添加到 USER 组里面，即可建立“LED 点亮控制”工程。

最后，单击“Rebuild”按钮对工程进行编译，生成 leddl.hex 目标代码文件。若编译时发生错误，要进行分析检查，直到编译正确。修改之后再次编译，只需单击工具栏中的“Build”按钮即可，如图 1-35 所示。

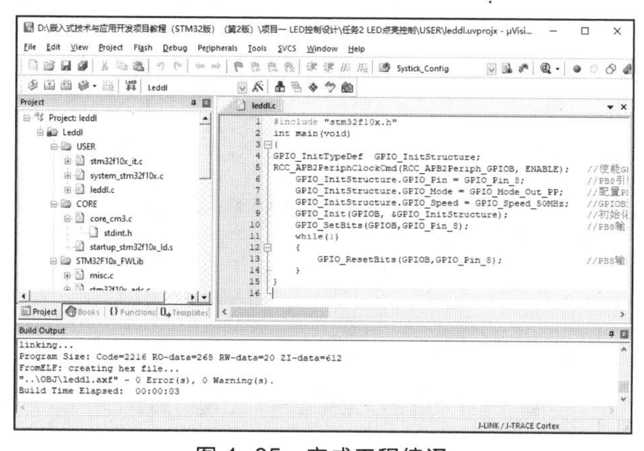

图 1-35 完成工程编译

注：图中的文件名称是实际操作过程中的工程文件名称。

4. Keil μVision5 和 Proteus 联合调试

打开“LED 点亮控制”工程，双击 STM32F103R6，在弹出的“Edit Component”对话框中单击“Program File”右侧的按钮，在弹出的“Select File Name”对话框中选中前面编译生成的 leddl.hex 文件，然后单击“打开”按钮，完成加载目标代码文件，如图 1-36 所示。

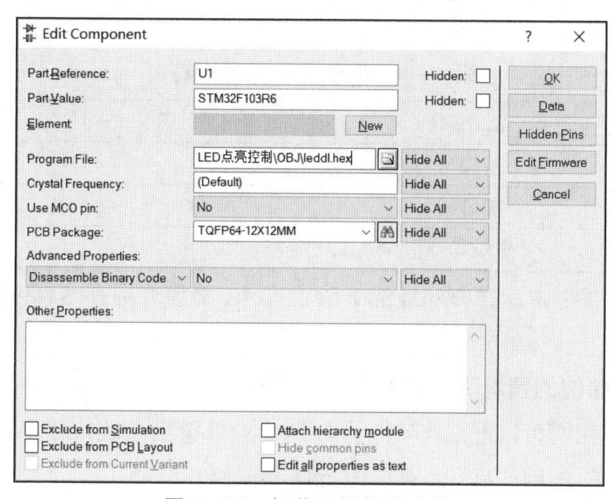

图 1-36 加载目标代码文件

单击仿真工具栏中的“运行”按钮▶，STM32F103R6 全速运行。观察 LED 是否点亮，若 LED 点亮，则说明“LED 点亮控制”工程是正确的，如图 1-37 所示。

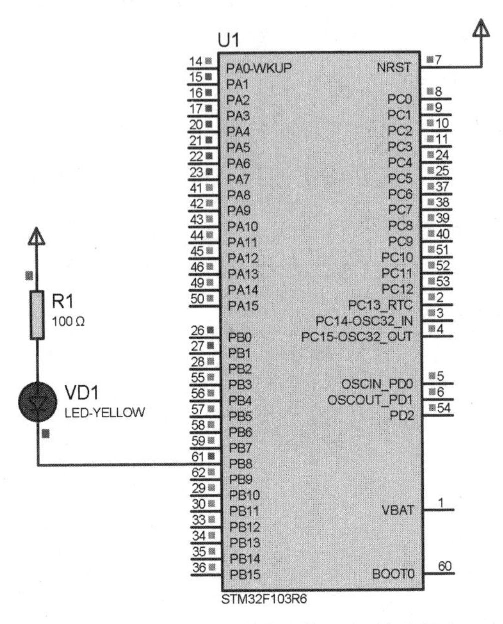

图 1-37 “LED 点亮控制”工程仿真运行

通过正确的电路和程序设计，能让 STM32F103R6 控制的 LED 点亮。在人生道路上，我们一定要树立正确的世界观、人生观和远大理想，并朝目标努力，以点亮自己的人生之灯。

1.2.3 位操作

位操作是指对基本类型变量在位级别上进行的操作。C 语言支持表 1-1 所示的 6 种进行位操作的运算符。

表 1-1 C 语言支持的运算符

<table>
<tr><th>运 算 符</th><th>含 义</th><th>运 算 符</th><th>含 义</th></tr>
<tr><td>&</td><td>按位与</td><td>~</td><td>取反</td></tr>
<tr><td>|</td><td>按位或</td><td><<</td><td>左移</td></tr>
<tr><td>^</td><td>按位异或</td><td>>></td><td>右移</td></tr>
</table>

下面我们围绕表 1-1 中运算符对应的 6 种位操作，着重介绍在 STM32 开发中使用位操作的相关关键技术。

1. 在不改变其他位的情况下，对某几个位赋值

针对这种情况，我们可以把“&”和“|”两个运算符结合起来使用，步骤如下。

（1）对需要设置的位用“&”运算符进行清零操作。

（2）用“|”运算符赋值。

例如，在初始化时，若配置 PD8 引脚为推挽输出、频率为 50 MHz，需将 GPIOD->CRH 的 0～3 位设置为 3（即二进制数 0011），这时可先对寄存器的 0～3 位进行“&”运算。

```
GPIOD->CRH&=0xFFFFFFF0;                //清除原来的设置，同时不影响其他位设置
```

再与需要设置的值进行“|”运算。

```
GPIOD->CRH|=0x00000003;                //设置 0～3 位的值为 3，不改变其他位的值
```

2. 使用移位操作，提高代码的可读性

移位操作在 STM32 开发中也非常重要。例如，在初始化时，若需要使能 GPIOD 时钟，就可使用移位操作来实现。使能 PORTD 时钟的语句如下。

```
RCC->APB2ENR|=1<<5;
```

这个左移位操作，就是将 RCC->APB2ENR 寄存器的第 5 位设置为 1，使能 PORTD 时钟。为什么要通过左移而不是直接设置一个固定的值来对寄存器进行操作呢？其实，这样做是为了提高代码的可读性及可重用性。读者可以很直观地看到，这行代码是将第 5 位设置为 1。如果写成：

```
RCC->APB2ENR =0x00000020;
```

这样的代码可读性及可重用性都很差。类似这样的代码很多，如：

```
GPIOD->ODR|=1<<8;             //PD8 引脚输出高电平，不改变其他位
```

这样的代码一目了然，“8”说明这是第 8 位，也就是 PD8，“1”说明设置为 1。

类似地，使能 GPIOD 和 GPIOE 时钟，语句如下。

```
RCC->APB2ENR|=3<<5;
```

3. 取反位操作的应用

SR 寄存器的每一位都代表一个状态。在某个时刻，我们希望设置某一位为 0，同时其他位都保留为 1，简单的做法是直接给寄存器设置一个值。

```
TIMx->SR=0xF7FF;
```

上述代码设置第 11 位为 0，但代码可读性很差，也可以写成以下形式。

```
#define TIM_FLAG_Update ((uint16_t)0x0001)
TIMx->SR &=~(TIM_FLAG_Update <<11);
```

在上面的代码中，读者可以从第一条语句看出，宏定义了 TIM_FLAG_Update 第 0 位是 1，其他位是 0；第二条语句让 TIM_FLAG_Update 左移 11 位取反，第 11 位就为 0，其他位都为 1；最后通过按位与操作，使第 11 位为 0，其他位保持不变。这样，读者就能很容易地看明白代码，代码的可读性也就非常强。

1.3 认识 STM32

1.3.1 嵌入式系统简介

嵌入式系统简介

1. 嵌入式系统的定义

嵌入式系统（Embedded System）是一种完全嵌入受控元器件内部，为

特定应用而设计的专用计算机系统。根据电气电子工程师学会（Institute of Electrical and Electrontics Engineers，IEEE）的定义，嵌入式系统是控制、监视、辅助设备和机器或用于工厂运作的设备。

目前，国内普遍认同的嵌入式系统的定义是：以应用为中心，以计算机技术为基础，软硬件可裁剪，适应应用系统对功能、可靠性、成本、体积、功耗等严格要求的专用计算机系统。

嵌入式系统与通用计算机系统的本质区别在于系统的应用不同，嵌入式系统是将一个计算机系统嵌入对象中。这个对象可能是庞大的机器，也可能是小巧的手持设备，用户并不关心计算机系统的存在。

在理解嵌入式系统的定义时，读者不要将嵌入式系统与嵌入式设备混淆。嵌入式设备是指内部有嵌入式系统的设备。例如，内含嵌入式系统的家用电器、仪器仪表、工控单元、机器人、手机等。

2. 嵌入式系统的组成

根据嵌入式系统的定义可知，嵌入式系统是一种专用的计算机系统，作为装置或设备的一部分，具有嵌入性、专用性与计算机系统这 3 个基本要素。只要满足这 3 个基本要素的计算机系统，都可称为嵌入式系统。

嵌入式系统一般是由嵌入式处理器、存储器、I/O 设备和软件（嵌入式设备的应用软件和操作系统是紧密结合的）4 个部分组成的。嵌入式系统与通用计算机系统的区别如表 1-2 所示。

表 1-2　嵌入式系统与通用计算机系统的区别

序号	嵌入式系统	通用计算机系统
1	专用计算机	通用计算机
2	按功能需求而设计	基本统一的设计标准
3	MCS-51、AVR、ARM、DSP、FPGA 等可供选择	x86 体系处理器
4	μC/OS-Ⅱ、μClinux、Android 等嵌入式操作系统可供选择	Windows/Linux 操作系统
5	匮乏的存储资源，以 KB 或 MB 为存储单位	极其丰富的存储资源，可扩展到 TB 量级的存储容量
6	极其丰富的外设接口	有限集成的外设接口

3. 嵌入式系统的特点

嵌入式系统是面向用户、面向产品、面向应用的，它与应用紧密结合，具有很强的专用性，必须结合实际需求对计算机系统进行合理的裁剪。与通用计算机系统相比，嵌入式系统具有如下几个特点。

（1）嵌入式系统面向特定应用

嵌入式系统中的 CPU 是专门为特定应用设计的，具有功耗低、体积小、集成度高等特点，能够把通用 CPU 中许多由板卡完成的任务集成在芯片内部，从而有利于整个系统趋于小型化。

（2）嵌入式系统要求软件固态化存储

固态化存储是为了提高运行速度和系统可靠性。嵌入式系统中的软件一般都固化在存储器芯片中。

（3）嵌入式系统的硬件和软件都必须具备高度可定制性

嵌入式系统必须根据应用需求对软硬件进行裁剪，以满足应用系统的功能、可靠性、成本、体积等要求。

（4）嵌入式系统的生命周期较长

嵌入式系统和具体应用是有机结合在一起的，它的升级换代也是和具体产品同步进行的。因此，嵌入式系统产品一旦进入市场，就具有较长的生命周期。

（5）嵌入式系统开发时需要开发工具和环境

嵌入式系统本身并不具备进一步开发的能力。在设计完成以后，用户通常也不能对其中的程序、功能进行修改，必须借助一套专用的开发工具和环境才能进行开发。开发时往往有主机和目标机的概念，主机用于程序的开发，目标机作为最后的执行机，两者在开发时需要结合进行。

1.3.2 ARM Cortex-M3 处理器

嵌入式系统的核心部件是各种类型的嵌入式处理器。目前全世界的嵌入式处理器已经有 1000 多种，体系结构有 30 多个系列。没有哪种嵌入式处理器可以主导市场，嵌入式处理器的选择是根据具体的应用决定的。

ARM Cortex-M3
处理器

1. ARM 是什么

ARM 可以认为是一个公司的名字，也可以认为是对一类微处理器的通称，还可以认为是一种技术的名字。

20 世纪 90 年代初，Advanced RISC Machines Limited 公司（简称 ARM 公司）成立于英国剑桥。ARM 公司是专门从事基于精简指令集计算机（Reduced Instruction Set Computer，RISC）芯片技术开发的公司。ARM 公司设计了大量高性能、低成本、低功耗的 RISC 处理器，以及配套的相关技术和软件。ARM 公司既不生产芯片也不销售芯片，主要出售芯片设计技术标准的授权，是知识产权（Intellectual Property，IP）供应商。

芯片生产公司可以从 ARM 公司购买其设计的 ARM 处理器核，然后根据各自不同的应用领域，加入适当的外围电路，从而形成自己的 ARM 微处理器并使其进入市场。目前，全世界几十家大型芯片生产公司都在使用 ARM 公司的授权，这使得 ARM 技术获得了更多的第三方开发工具、制造技术、软件的支持，又使其整个系统成本降低，产品更容易进入市场，更具有竞争力。

目前，采用 ARM 技术知识产权核（IP 核）的处理器，即通常所说的 ARM 处理器，已遍及工业控制元器件、消费类电子产品、通信系统、网络系统、数字信号处理器（Digital Signal Processor，DSP）、无线移动应用等各类产品市场，在低功耗、低成本和高性能的嵌入式系统应用领域中处于领先地位。

我们一定要意识到“科技兴则民族兴，科技强则国家强，核心技术是国之重器”。

2. ARM的Cortex系列处理器

ARM的Cortex系列处理器基于ARMv7架构，分为Cortex-A、Cortex-R和Cortex-M这3类。在命名方式上，基于ARMv7架构的ARM处理器已经不再沿用过去的数字命名方式，如ARM 7、ARM 9、ARM 11，而是冠以Cortex的代号。

（1）基于ARMv7-A架构的处理器称为“Cortex-A系列”，主要用于高性能场合，是针对日益增长的运行Linux、Windows CE和Symbian操作系统的消费者娱乐和无线产品设计与实现的。

（2）基于ARMv7-R架构的处理器称为“Cortex-R系列”，主要用于实时性（Real-time）要求高的场合，针对需要运行实时操作系统来控制应用的系统，包括汽车电子、网络和影像系统。

（3）基于ARMv7-M架构的处理器称为“Cortex-M系列”，主要用于微控制器（Microcontroller Unit，MCU）领域，是为那些对功耗和成本非常敏感，同时性能要求不断增加的嵌入式应用（如微控制器系统、汽车电子与车身控制系统、各种家电、工业控制元器件、医疗器械、玩具和无线网络等）设计与实现的。

3. Cortex-M3

Cortex-M3包括处理器内核、内嵌向量中断控制器（Nested Vectored Interrupt Controller，NVIC）、存储器保护单元（Memory Protection Unit，MPU）、总线接口单元和跟踪调试单元等，其具有的性能如下。

（1）Cortex-M3使用3级流水线哈佛架构，运用分支预测、单周期乘法和硬件除法等功能，实现了1.25 DMIPS/MHz的出色运算效率。

与0.9 DMIPS/MHz的ARM 7和1.1 DMIPS/ MHz的ARM 9相比，Cortex-M3的功耗仅为0.19 mW/MHz。DMIPS（Dhrystone Million Instructions executed Per Second）主要用于测算每秒执行多少百万条整数运算指令。其中，MIPS（Million Instructions executed Per Second）表示每秒执行百万条指令，用来计算一秒内系统的处理能力，即每秒执行了多少百万条指令。

（2）采用专门面向C语言设计的Thumb-2指令集，最大限度地降低了汇编语言的使用。而且Thumb-2指令集允许用户在C语言代码层面维护和修改应用程序，使得C语言代码部分非常易于重用。可以说，Cortex-M3无须使用任何汇编语言，这使得新产品的开发更易于实现，产品上市时间也大为缩短。

Thumb-2指令集免去了Thumb和ARM代码的互相切换，性能得到了提高。结合非对齐数据存储和位处理等特性，可在一个单一指令中实现读取、修改、编写功能，以8位、16位元器件所需的存储空间实现32位元器件的性能。

（3）具有单周期乘法和乘法累加硬件除法、指令。

（4）准确、快速的中断处理，永不超过12个周期，最快仅需6个周期。内置的NVIC通过末尾连锁即尾链（Tail-chaining）技术提供了确定的、低延迟的中断处理，并可以设置多达

240 个中断，可为中断较为集中的汽车应用实现可靠的操作。对于工业控制应用，MPU 通过使用特权访问模式可以实现安全操作。

（5）Flash 修补和断点单元、数据观察点和跟踪单元、仪器测量跟踪宏单元和嵌入式跟踪宏单元，为嵌入式元器件提供了廉价的调试和跟踪技术。

（6）扩展时钟门控（Clock Gating）技术和内置的 3 种睡眠模式，适用于低功耗的无线设计领域。

因此，Cortex-M3 是专门为那些对成本和功耗非常敏感，但同时对性能要求相当高的应用而设计的。凭借缩小的内核、出色的中断延迟、集成的系统部件、灵活的硬件配置、快速的系统调试和简易的软件编程，Cortex-M3 将成为广大嵌入式系统（从复杂的片上系统到低端微控制器）的理想解决方案，基于 Cortex-M3 的系统设计可以更快地投入市场。

1.3.3 STM32 系列处理器

STM32 系列处理器是由 ST 公司以 Cortex-M3 为内核开发的 32 位处理器，专为高性能、低成本、低功耗的嵌入式应用而设计。目前，STM32 系列处理器有以下几个不同系列。

STM32 系列处理器

1. STM32F101xx 基本型系列处理器

STM32F101xx 基本型系列处理器使用高性能的 32 位 Cortex-M3 的 RISC 内核，工作频率为 36 MHz，内置高速存储器 [高达 128 KB 的 Flash 和 16 KB 的静态随机存储器（Static Random Access Memory，SRAM）]，提供各种外设和连接两条 APB 总线的 I/O 口。

所有型号的元器件都包含 1 个 12 位模数转换器（Analog to Digital Converter，ADC）和 3 个通用 16 位定时器，还包含标准的通信接口：2 个 IIC 接口、2 个 SPI（串行外设接口）和 3 个 USART 串口。

2. STM32F102xx USB 基本型系列处理器

STM32F102xx USB 基本型系列处理器使用高性能的 32 位 Cortex-M3 的 RISC 内核的 USB（通用串行总线）接入微控制器，工作频率为 48 MHz，内置高速存储器（高达 128 KB 的 Flash 和 16 KB 的 SRAM），提供各种外设和连接两条 APB 的 I/O 口。

所有型号的元器件都包含 1 个 12 位 ADC 和 3 个通用 16 位定时器，还包含标准的通信接口：2 个 IIC 接口、2 个 SPI、1 个 USB 接口和 3 个 USART 串口。

3. STM32F103xx 增强型系列处理器

STM32F103xx 增强型系列处理器使用高性能的 32 位 Cortex-M3 的 RISC 内核，工作频率为 72 MHz，内置高速存储器（高达 512 KB 的 Flash 和 64 KB 的 SRAM），提供各种外设和连接两条 APB 总线的 I/O 口。

所有型号的元器件都包含 2 个 12 位 ADC、1 个高级定时器、3 个通用 16 位定时器和 1 个脉冲宽度调制（Pulse Width Modulation，PWM）定时器，还包含标准和先进的通信接口：2 个 IIC 接口（SMBus/PMBus）、2 个 SPI（18 Mbit/s）、3 个 USART 串口（4.5 Mbit/s）、1 个

USB 接口（2.0 标准接口）和 1 个控制器局域网（Controller Area Network，CAN）接口。

该系列处理器按片内内存的大小可分为三大类：小容量（16 KB 和 32 KB）、中等容量（64 KB 和 128 KB）、大容量（256 KB、384 KB 和 512 KB）。

4. STM32F105/107xx 互联型系列处理器

STM32F105/107xx 互联型系列处理器使用高性能的 32 位 Cortex-M3 的 RISC 内核，工作频率为 72 MHz，内置高速存储器（高达 256 KB 的 Flash 和 64 KB 的 SRAM），提供各种外设和连接两条 APB 总线的 I/O 口。

所有型号的元器件都包含 2 个 12 位 ADC、4 个通用 16 位定时器，还包含标准和先进的通信接口：2 个 IIC 接口（SMBus/PMBus）、3 个 SPI（18 Mbit/s）、5 个 USART 串口、1 个 USB OTG 全速接口和 2 个 CAN 接口。STM32F107xx 互联型系列处理器还包括以太网接口。

STM32F105/107xx 互联型系列处理器具有丰富的外设配置和为低功耗应用设计的一组完整的节电模式，适用于多种应用，具体如下。

（1）电力电子系统。

（2）电机驱动、应用控制系统。

（3）医疗、手持设备。

（4）PC 游戏外设、GPS 平台。

（5）可编程逻辑控制器（Programmable Logic Controller，PLC）、变频器等工业应用。

（6）扫描仪、打印机。

（7）报警系统、视频对讲系统。

（8）暖气通风系统、空调系统、LED 条屏控制系统。

5. STM32F103 系列产品的命名规则

STM32F103 系列产品是按照“STM32F103xxyy”格式来命名的，具体含义如下。

（1）产品系列：STM32 是基于 Cortex-M3 内核设计的 32 位处理器。

（2）产品类型：F 代表通用类型。

（3）产品子系列：101 代表基本型、102 代表 USB 基本型（USB 全速设备）、103 代表增强型、105 或 107 代表互联型。

（4）引脚数目（第一个 x）：T 代表 36 个引脚、C 代表 48 个引脚、R 代表 64 个引脚、V 代表 100 个引脚、Z 代表 144 个引脚。

（5）Flash 容量（第二个 x）：4 代表 16 KB、6 代表 32 KB、8 代表 64 KB、B 代表 128 KB、C 代表 256 KB、D 代表 384 KB、E 代表 512 KB。

（6）封装（第一个 y）：H 代表 BGA、T 代表 LQFP、U 代表 VFQFPN、Y 代表 WLCSP64。

（7）温度范围（第二个 y）：6 代表工业级温度范围为−40℃ ~ 85℃、7 代表工业级温度范围为−40℃ ~ 105℃。

例如，STM32F103VCT6 是基于 Cortex-M3 内核设计的 32 位处理器，属于通用类型和增强型子系列，有 100 个引脚，Flash 容量为 256 KB，采用的是 LQFP，工业级温度范围是−40℃ ~ 85℃。

1.4 任务 3 LED 闪烁控制

任务要求

在任务 2 的基础上，编写程序，控制 STM32F103R6 的 PB8 引脚，交替输出高电平和低电平，完成 LED 闪烁控制程序的设计与实现。

1.4.1 LED 闪烁控制设计与实现

LED 闪烁控制电路与任务 2 的电路一样，LED 的阳极通过 100 Ω 限流电阻连接到电源上，PB8 引脚接 LED 的阴极。

LED 闪烁控制设计与实现

1. LED 闪烁功能实现分析

LED 的阳极通过 100 Ω 限流电阻连接到电源上，PB8 引脚接 LED 的阴极。PB8 引脚输出低电平时，LED 点亮；PB8 输出高电平时，LED 熄灭。LED 闪烁功能实现过程如下。

（1）PB8 引脚输出低电平，LED 点亮。

（2）延时。

（3）PB8 引脚输出高电平，LED 熄灭。

（4）延时。

（5）循环第（1）至第（4）步，这样就可以实现 LED 闪烁。

2. 移植工程模板

（1）将“任务 1 STM32_Project 工程模板”目录名修改为“任务 3 LED 闪烁控制”。

（2）在 USER 子目录中，把“STM32_Project.uvprojx”工程名修改为“ledss.uvprojx”。

（3）将 USER 子目录中的“main.c”文件名修改为“ledss.c”。

3. LED 闪烁控制程序设计

根据以上分析，编写 LED 闪烁控制主文件 ledss.c，LED 闪烁控制的主要代码如下。

```
1.  #include "stm32f10x.h"
2.  void Delay(unsigned int count)                          //延时函数
3.  {
4.      unsigned int i;
5.      for(;count!=0;count--)
6.          {
7.              i=5000;
8.              while(i--);
9.      }
10. }
11. int main(void)
12. {
13.     GPIO_InitTypeDef  GPIO_InitStructure;
14.     RCC_APB2PeriphClockCmd(RCC_APB2Periph_GPIOB, ENABLE);   //使能 GPIOB 时钟
15.         GPIO_InitStructure.GPIO_Pin = GPIO_Pin_8;           //配置 PB8 引脚
```

```
16.          GPIO_InitStructure.GPIO_Mode = GPIO_Mode_Out_PP;//配置 PB8 引脚为推挽输出
17.          GPIO_InitStructure.GPIO_Speed = GPIO_Speed_50MHz;//GPIOB 频率为 50 MHz
18.      GPIO_Init(GPIOB, &GPIO_InitStructure);          //初始化 PB8 引脚
19.      GPIO_SetBits(GPIOB,GPIO_Pin_8);             //PB8 引脚输出高电平，LED 熄灭
20.      while(1)
21.      {
22.              GPIO_ResetBits(GPIOB,GPIO_Pin_8);//PB8 引脚输出低电平，LED 点亮
23.              Delay(100);                          //延时，保持点亮一段时间
24.              GPIO_SetBits(GPIOB,GPIO_Pin_8);
25.              Delay(100);                          //延时，保持熄灭一段时间
26.      }
27. }
```

代码说明如下。

由于 STM32 执行指令的速度非常快，如果不设置延时，LED 点亮之后马上就会熄灭，熄灭之后马上又会点亮。由于人眼存在视觉暂留效应，根本无法分辨。所以我们在控制 LED 闪烁的时候需要延迟一段时间，否则就看不到 LED 闪烁的效果。

4. 工程编译与调试

参考任务 2 把 ledss.c 主文件添加到工程里面，把“Project Targets”栏下的“STM32_Project”修改为“Ledss”，完成 LED 闪烁控制工程的搭建、配置。

单击“Rebuild”按钮对工程进行编译，生成 ledss.hex 目标代码文件。若编译时发生错误，要进行分析检查，直到编译正确。

注意 LED 闪烁控制工程的搭建、配置、编译、代码烧录及运行调试等操作与任务 2 基本一样，读者可以参考任务 2 进行操作，若有不一样的会单独加以说明。

烧录 ledss.hex 目标代码文件到 STM32F103R6，单击仿真工具栏中的“运行”按钮，观察 LED 是否闪烁。若运行结果与任务要求不一致，要对电路和程序进行分析检查，直到运行正确。

1.4.2 extern 声明

C 语言中的 extern 可以置于变量/函数前，表示该变量/函数已在其他文件中定义过，用于提示编译器，遇到此变量/函数时在其他文件中寻找其定义，如：

extern 声明

```
extern u16 USART_RX_STA;
```

这个语句用于声明 USART_RX_STA 变量在其他文件中已经定义过了，在这里要使用到。所以，肯定可以在其他文件的某个地方找到该变量的定义语句。

```
u16 USART_RX_STA;
```

注意 extern 可以多次声明变量/函数，因为这个变量/函数可以在多个文件中使用，但只能定义一次这个变量/函数。

下面通过一段代码来说明 extern 的使用方法。在 main.c 文件中定义全局变量 id，id 的初

始化是在 main.c 文件中进行的。main.c 文件内容如下：

```
1.  u8  id;                              //只允许定义一次
2.  main()
3.  {
4.      id=1;
5.      printf("d%",id);                 //id=1
6.      test();
7.      printf("d%",id);                 //id=2
8.  }
```

如果在 test.c 文件的 test（void)函数中也要使用变量 id，这个时候就需要在 test.c 文件中声明变量 id 是外部定义的。如果不声明，变量 id 的作用域不包括 test.c 文件。test.c 文件中的代码如下。

```
1.  extern  u8  id;        //声明变量 id 是在外部定义的，声明可以在多个文件中进行
2.  void test(void)
3.  {
4.          id=2;
5.  }
```

在 test.c 文件中声明变量 id 是在函数 test(void)外部定义的，就可以使用变量 id 了。

1.4.3 文件包含命令

合理使用文件包含命令编写的程序便于阅读、修改、移植和调试，也有利于模块化程序设计。

文件包含命令

文件包含命令的一般形式如下。

```
#include "文件名"
```

或者如下。

```
#include <文件名>
```

其中，文件名是扩展名通常为“.h”的头文件。

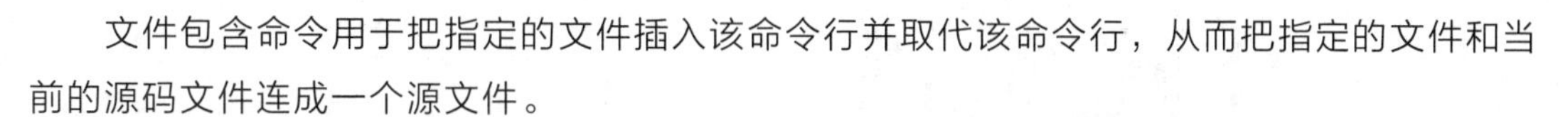

文件包含命令用于把指定的文件插入该命令行并取代该命令行，从而把指定的文件和当前的源码文件连成一个源文件。

在程序设计中，文件包含命令是很有用的。一个大程序可以分为多个模块，由多个程序员分别编程。有些公用的符号常量或宏定义等可单独组成一个文件，在其他文件的开头用文件包含命令包含该文件即可使用。这样可避免在每个文件开头都去编写那些公用的符号常量或宏定义，从而节省时间，并减少出错。

文件包含命令使用说明如下。

（1）文件包含命令中的文件名可用双引号引起来，也可用尖括号括起来，具体如下。

```
#include "stm32f10x.h"
```

或者如下。

```
#include <LED.h>
```

这两种形式是有区别的：使用尖括号表示在包含文件目录（用户在设置环境时设置的

include 目录）中查找文件，而不在当前源文件目录中查找文件；使用双引号则表示首先在当前源文件目录中查找文件，若未找到才到包含文件目录中查找。

用户编程时可根据文件所在的目录来选择某一种命令形式。

（2）一个文件包含命令只能指定一个被包含的文件，若要包含多个文件，则需使用多个文件包含命令。

（3）文件包含命令允许嵌套，即在一个被包含的文件中可以包含另一个文件。

【技能训练 1-1】音频产生器

如何利用前面实现的 LED 闪烁控制部分来完成音频产生器的设计与实现呢？

1. 音频产生器电路

音频产生器电路由 STM32F103R6、电阻、扬声器和三极管 2N3392 组成，其中，VT1 的基极经电阻 R1 接到 PC5 引脚，如图 1-38 所示。

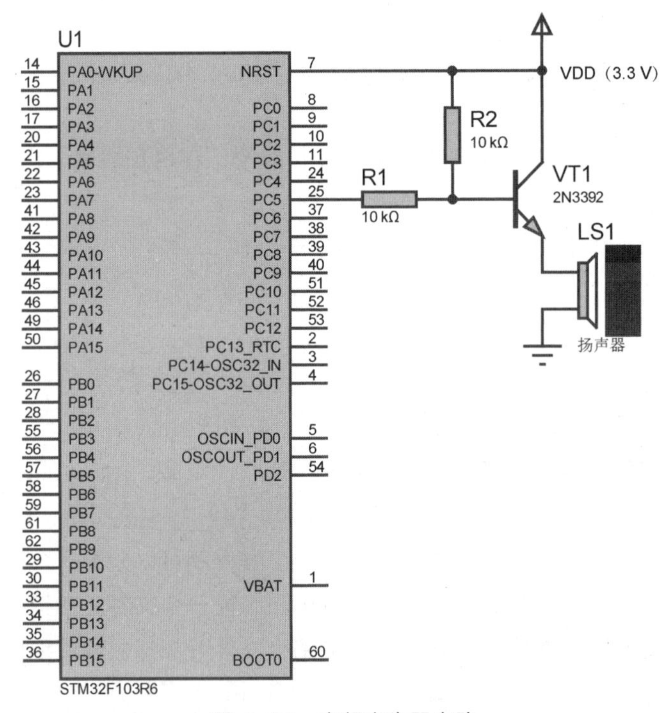

图 1-38 音频产生器电路

2. 编写音频产生器程序

音频产生器程序和任务 3 的 LED 闪烁控制程序基本一样，主文件 ypcsq.c 可参考如下程序。

```
1.   #include "stm32f10x.h"
2.   void Delay(unsigned int count)                              //延时函数
3.   {
```

```
4.        unsigned int i;
5.        for(;count!=0;count--)
6.        {
7.                i=5000;
8.                while(i--);
9.        }
10. }
11. int main(void)
12. {
13.           GPIO_InitTypeDef  GPIO_InitStructure;
14.       RCC_APB2PeriphClockCmd(RCC_APB2Periph_GPIOC, ENABLE);//使能 GPIOC 时钟
15.       GPIO_InitStructure.GPIO_Pin = GPIO_Pin_5;          //配置 PC5 引脚
16.       GPIO_InitStructure.GPIO_Mode = GPIO_Mode_Out_PP; //配置 PC5 引脚为推挽输出
17.       GPIO_InitStructure.GPIO_Speed = GPIO_Speed_50MHz;  //GPIOB 频率为 50 MHz
18.       GPIO_Init(GPIOC, &GPIO_InitStructure);             //初始化 PC5 引脚
19.           GPIO_SetBits(GPIOC,GPIO_Pin_5);                //PC5 引脚输出高电平
20.       while(1)
21.       {
22.               GPIO_ResetBits(GPIOC,GPIO_Pin_5);          //PC5 引脚输出低电平
23.               Delay(10);                                 //延时
24.               GPIO_SetBits(GPIOC,GPIO_Pin_5);            //PC5 引脚输出高电平
25.               Delay(10);
26.           }
27. }
```

3. 工程编译与调试

把 ypcsq.c 主文件添加到工程里面，修改工程名为“ypcsq”，完成音频产生器工程的搭建、配置。单击“Rebuild”按钮对工程进行编译，生成 ypcsq.hex 目标代码文件。若编译时发生错误，要进行分析检查，直到编译正确。

最后加载 ypcsq.hex 目标代码文件到 STM32F103R6，单击仿真工具栏中的“运行”按钮，观察运行结果是否与要求一致。如不一致，则要对电路和程序进行分析检查，直到运行正确。

关键知识点小结

1. Proteus 能在计算机上实现从原理图与电路设计、电路分析与仿真、单片机代码级调试与仿真、系统测试与功能验证到形成 PCB 的完整的电子设计、研发过程。

2. CMSIS 即 Cortex 微控制器软件接口标准，向下负责与内核和各个外设直接“打交道”，向上负责提供实时操作系统用户程序调用的函数接口。芯片生产公司的库函数必须按照 CMSIS 来设计。

3. STM32 固件库是函数的集合，其作用是向下负责与寄存器直接“打交道”，向上提供用户调用函数的 API。

4. STM32 固件库的关键子目录主要有 Libraries 和 Project。

（1）Libraries 子目录中有 CMSIS 子目录和 STM32F10x_StdPeriph_Driver 子目录，这两个子目录包含 STM32 固件库的所有核心子目录和文件，主要包含大量的头文件、源文件和系统文件，是开发时必须使用的。

其中，CMSIS 子目录用于存放启动文件，STM32F10x_StdPeriph_Driver 子目录下面有用于存放 stm32f10x_xxx.h 头文件（无须改动）的 inc 子目录和用于存放 stm32f10x_xxx.c 源文件的 src 子目录。

（2）Project 子目录下面存放的是用于存放 ST 公司提供的固件实例源码（包含几乎所有 STM32F10x 外设的详细使用源码）的 STM32F10x_StdPeriph_Examples 子目录，以及用于存放工程模板的 STM32F10x_StdPeriph_Template 子目录。

5. STM32 固件库有以下几个关键文件。

（1）core_cm3.c 和 core_cm3.h 文件是由 ARM 公司提供的 CMSIS 核心文件，位于 Libraries\CMSIS\CM3\CoreSupport 子目录下，它们分别是核内外设访问层的源文件和头文件，提供进入 Cortex-M3 内核的接口。

（2）system_stm32f10x.c、system_stm32f10x.h 及 stm32f10x.h 文件存放在 Libraries\CMSIS\CM3\DeviceSupport\ST\STM32F10x 子目录下，它们是启动文件、比较基础的寄存器定义文件及中断向量定义文件。

system_stm32f10x.c 文件和对应的 system_stm32f10x.h 文件用于设置系统及总线时钟。stm32f10x.h 文件相当重要，主要包含 STM32F10x 系列所有外设寄存器的定义、位定义、中断向量表、存储空间的地址映射等。

（3）启动文件存放在 Libraries\CMSIS\CM3\DeviceSupport\ST\STM32F10x\startup\arm 子目录下。启动文件是按芯片容量来选择的，小容量芯片使用 startup_stm32f10x_ld.s、中等容量芯片使用 startup_ stm32f10x_md.s、大容量芯片使用 startup_stm32f10x_hd.s。

（4）在 STM32F10x_StdPeriph_Template 子目录下面有 3 个关键文件。

stm32f10x_it.c 和 stm32f10x_it.h 是外设中断函数文件，用来编写中断服务函数，用户可以相应地加入自己的中断程序代码。

stm32f10x_conf.h 是固件库配置文件，有很多#include。在建立工程时，可以注释掉一些不用的外设头文件，只选择固件库使用的外设头文件。

6. 新建基于 STM32 固件库的 Keil μVision5 工程模板的步骤如下：先在 STM32_Project 工程目录下建立 USER、CORE、OBJ 及 FWLib 子目录；然后把固件库相关子目录和文件分别复制到 USER、CORE 及 FWLib 子目录中；再新建 STM32_Project 工程模板，新建组和添加文件到相应的组中；最后对 STM32_Project 工程模板进行配置与编译。

7. 嵌入式系统是一种完全嵌入受控元器件内部，为特定应用而设计的专用计算机系统。根据 IEEE 的定义，嵌入式系统是控制、监视、辅助设备和机器或用于工厂运作的设备。

8. 嵌入式系统一般由嵌入式处理器、存储器、I/O 设备和软件（嵌入式设备的应用软件和操作系统是紧密结合的）4 个部分组成。

9. 嵌入式系统具有面向特定应用、要求软件固态化存储、硬件和软件必须具备高度可定制性、生命周期较长，以及开发时需要特定开发工具和环境等特点。

10. ARM的Cortex系列处理器是基于ARM 7架构的，分为Cortex-A、Cortex-R和Cortex-M这3类。在命名方式上，基于ARM 7架构的ARM处理器已经不再沿用过去的数字命名方式，如ARM 7、ARM 9、ARM 11，而是冠以Cortex的代号。

11. Cortex-M3包括处理器内核、NVIC、MPU、总线接口单元和跟踪调试单元等。

12. STM32系列处理器是由ST公司以Cortex-M3为内核开发的32位处理器，专为高性能、低成本、低功耗的嵌入式应用而设计。

问题与讨论

1-1 简述嵌入式系统的定义。

1-2 嵌入式系统具有哪些特点?

1-3 Cortex-M3由哪几个部分组成?

1-4 简述STM32F103系列产品的命名规则。

1-5 简述STM32固件库开发与寄存器开发之间的关系。

1-6 简述STM32固件库与CMSIS之间的关系。

1-7 STM32固件库的关键子目录有哪些? 这些子目录下分别有哪些文件?

1-8 STM32固件库的关键文件有哪些?

1-9 简述新建基于STM32固件库的Keil μVision5工程模板的步骤。

1-10 通过自主学习和举一反三，使用基于STM32固件库的工程模板，完成控制两个LED交替闪烁的电路设计和程序设计、运行与调试。

项目二 流水灯控制设计

02

学习目标

能力目标	能利用 GPIO 的寄存器和库函数，通过程序控制 STM32F103R6 的 GPIO 输出，实现流水灯控制的电路设计和程序设计、运行与调试。
知识目标	1. 知道 Cortex-M3 寄存器。 2. 知道使用寄存器和库函数配置 STM32 的 GPIO 的方法。 3. 会使用 STM32 的 GPIO 端口，实现 LED 循环点亮控制和流水灯控制。
素养目标	加深读者对中华优秀传统文化的了解，坚定文化自信，培养读者对科研的探索精神，激发读者投身到科技报国的事业中。

2.1 任务 4 LED 循环点亮控制

任务要求

使用 STM32F103R6 的 PB8、PB9、PB10 和 PB11 引脚分别接 4 个 LED 的阴极，通过程序控制 4 个 LED 循环点亮。

2.1.1 认识 STM32 的 I/O 口

如何控制 LED 循环点亮，关键在于如何控制 STM32 的 I/O 口，这是熟练掌握 STM32 的第一步。

认识 STM32 的 I/O 口

1. STM32 的 I/O 口的 8 种模式

相比 51 单片机的 I/O 口，STM32 的 I/O 口要复杂得多，所以使用起来也困难很多。STM32 的 I/O 口可以由软件配置成如下 8 种模式。

① 浮空输入：IN_FLOATING。

② 上拉输入：IPU。

③ 下拉输入：IPD。

④ 模拟输入：AIN。

⑤ 开漏（Open-Drain）输出：Out_OD。

⑥ 推挽（Push-Pull）输出：Out_PP。

⑦ 复用功能的推挽输出：AF_PP。

⑧ 复用功能的开漏输出：AF_OD。

每个 I/O 口都可以自由编程，单 I/O 口寄存器必须按 32 位字被访问。STM32 的很多 I/O 口都是 5 V 兼容的，这些 I/O 口在与 5 V 的外设连接时很有优势。具体哪些 I/O 口是 5 V 兼容的，可以从该芯片的数据手册的引脚描述部分查到（I/O Level 为 FT 就代表 I/O 口是 5 V 兼容的）。

2. STM32 的 I/O 口寄存器

STM32 的每个 I/O 口都由以下 7 个寄存器来控制。

① 2 个 32 位的端口配置寄存器 CRL 和 CRH。

② 2 个 32 位的数据寄存器 IDR 和 ODR。

③ 1 个 32 位的置位/复位寄存器 BSRR。

④ 1 个 32 位的复位寄存器 BRR。

⑤ 1 个 32 位的锁存寄存器 LCKR。

下面介绍常用的几个 I/O 口寄存器。

（1）I/O 口低配置寄存器 CRL

CRL 寄存器用来控制低 8 位 I/O 口（A ~ G）的模式和输出频率。每个 I/O 口占用 CRL 寄存器的 4 位，高两位为 CNF，低两位为 MODE。STM32 的 I/O 口位配置如表 2-1 所示。

表 2-1 STM32 的 I/O 口位配置

<table>
<tr><th colspan="2">配置模式</th><th>CNF1</th><th>CNF0</th><th>MODE1</th><th>MODE0</th><th>GPIOxODR 寄存器</th></tr>
<tr><td rowspan="2">通用输出</td><td>推挽输出</td><td rowspan="2">0</td><td>0</td><td colspan="2" rowspan="4">01
10
11
见表 2-2</td><td>0 或 1</td></tr>
<tr><td>开漏输出</td><td>1</td><td>0 或 1</td></tr>
<tr><td rowspan="2">复用功能输出</td><td>推挽输出</td><td rowspan="2">1</td><td>0</td><td>不使用</td></tr>
<tr><td>开漏输出</td><td>1</td><td>不使用</td></tr>
<tr><td rowspan="4">输入</td><td>模拟输入</td><td rowspan="2">0</td><td>0</td><td colspan="2" rowspan="4">00</td><td>不使用</td></tr>
<tr><td>浮空输入</td><td>1</td><td>不使用</td></tr>
<tr><td>下拉输入</td><td rowspan="2">1</td><td rowspan="2">0</td><td>0</td></tr>
<tr><td>上拉输入</td><td>1</td></tr>
</table>

STM32 的 I/O 口输出频率配置如表 2-2 所示。

表 2-2 STM32 的 I/O 口输出频率配置

MODE[1:0]	含 义
00	保留
01	最大输出频率为 10 MHz
10	最大输出频率为 2 MHz
11	最大输出频率为 50 MHz

在 STM32 固件库的 stm32f10x_gpio.h 头文件中，对 I/O 口的模式和输出频率配置的定义如下。

I/O 口模式的 GPIOMode_TypeDef 枚举类型定义如下。

```
1.  typedef enum
2.  {
3.      GPIO_Mode_AIN = 0x0,
4.      GPIO_Mode_IN_FLOATING = 0x04,
5.      GPIO_Mode_IPD = 0x28,
6.      GPIO_Mode_IPU = 0x48,
7.      GPIO_Mode_Out_OD = 0x14,
8.      GPIO_Mode_Out_PP = 0x10,
9.      GPIO_Mode_AF_OD = 0x1C,
10.     GPIO_Mode_AF_PP = 0x18
11. }GPIOMode_TypeDef;
```

I/O 口输出频率的 GPIOSpeed_TypeDef 枚举类型定义如下。

```
1.  typedef enum
2.  {
3.      GPIO_Speed_10MHz = 1,
4.      GPIO_Speed_2MHz,
5.      GPIO_Speed_50MHz
6.  }GPIOSpeed_TypeDef;
```

据此，可以进一步对 CRL 寄存器进行描述，如图 2-1 所示。

31	30	29	28	27	26	25	24	23	22	21	20	19	18	17	16
CNF7[1:0]		MODE7[1:0]		CNF6[1:0]		MODE6[1:0]		CNF5[1:0]		MODE5[1:0]		CNF4[1:0]		MODE4[1:0]	
rw	rw	rw	rw	rw	rw	rw	rw	rw	rw	rw	rw	rw	rw	rw	rw
15	**14**	**13**	**12**	**11**	**10**	**9**	**8**	**7**	**6**	**5**	**4**	**3**	**2**	**1**	**0**
CNF3[1:0]		MODE3[1:0]		CNF2[1:0]		MODE2[1:0]		CNF1[1:0]		MODE1[1:0]		CNF0[1:0]		MODE0[1:0]	
rw	rw	rw	rw	rw	rw	rw	rw	rw	rw	rw	rw	rw	rw	rw	rw

位	描述
位 31:30 27:26 23:22 19:18 15:14 11:10 7:6 3:2	**CNFy[1:0]：** 端口 x的配置位 y（y=0～7）。 软件通过这些位配置相应的 I/O口，请参考表 2-1。 在输入模式（MODE[1:0]=00）。 00表示模拟输入模式。 01表示浮空输入模式（复位后的状态）。 10表示上拉/下拉输入模式。 11表示保留。 在输出模式（MODE[1:0]>00）。 00表示通用推挽输出模式。 01表示通用开漏输出模式。 10表示复用功能推挽输出模式。 11表示复用功能开漏输出模式
位 29:28 25:24 21:20 17:16 13:12 9:8 5:4 1:0	**MODEy[1:0]：** 端口 x的模式位。 软件通过这些位配置相应的 I/O口，请参考表 2-1。 00表示输入模式（复位后的状态）。 01表示输出模式，最大 输出频率为10MHz。 10表示输出模式，最大输出频率为 2MHz。 11表示输出模式，最大输出频率为 50MHz

图 2-1　CRL 寄存器各位的描述

该寄存器的复位值为 0x44444444。从图 2-1 中可以看到，复位值用于配置端口为浮空输入。

注意 几个常用的配置如下。

① 0x04 表示模拟输入（作为 ADC）。

② 0x03 表示推挽输出（作为输出口，输出频率为 50 MHz）。

③ 0x08 表示上拉/下拉输入（作为输入口）。

④ 0x0B 表示复用功能输出（使用 I/O 口的复用功能，输出频率为 50 MHz）。

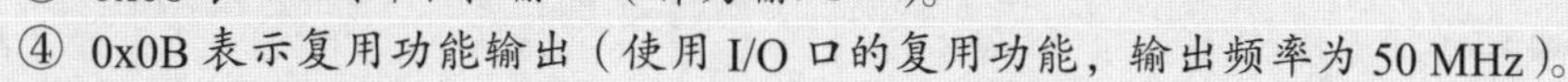

（2）I/O 口高配置寄存器 CRH

CRH 寄存器的作用和 CRL 寄存器类似，只是 CRL 寄存器控制的是低 8 位 I/O 口，而 CRH 寄存器控制的是高 8 位 I/O 口。这里对 CRH 寄存器就不进行详细介绍了。

例如，设置 GPIOC 的 11 位为上拉输入，12 位为推挽输出，输出频率为 50 MHz。采用寄存器设置，代码如下。

```
1.  GPIOC->CRH&=0xFFF00FFF;        //清除这 2 个位原来的设置，不影响其他位的设置
2.  GPIOC->CRH|=0x00038000;        //设置 PC11 引脚为上拉/下拉输入，PC12 引脚为推挽输出，输出频率为 50MHz
3.  GPIOC->ODR=1<<11;              //设置 PC11 引脚为 1，使得 PC11 引脚为上拉输入
```

如表 2-1 和表 2-2 所示，通过上述语句的配置，我们就设置了 PC11 引脚为上拉输入，PC12 引脚为推挽输出，输出频率为 50 MHz。

若采用 stm32f10x_gpio.c 文件中的 GPIO_Init()函数设置，代码如下。

```
1.  GPIO_InitTypeDef  GPIO_InitStructure;
2.  GPIO_InitStructure.GPIO_Pin = GPIO_Pin_12;          //设置 PC12 引脚
3.  GPIO_InitStructure.GPIO_Mode = GPIO_Mode_Out_PP;  //设置 PC12 引脚为推挽输出模式
4.  GPIO_InitStructure.GPIO_Speed=GPIO_Speed_50MHz;  //PC12 引脚的输出频率为 50 MHz
5.  GPIO_Init(GPIOC, &GPIO_InitStructure);
6.  GPIO_InitStructure.GPIO_Pin = GPIO_Pin_11;          //设置 PC11 引脚
7.  GPIO_InitStructure.GPIO_Mode = GPIO_Mode_IPU;  //设置 PC11 引脚为上拉输入模式
8.  GPIO_Init(GPIOC, &GPIO_InitStructure);
```

（3）I/O 口输入数据寄存器 IDR

IDR 是一个 I/O 口输入数据寄存器，只用了低 16 位。该寄存器为只读寄存器，并且只能以 16 位的形式读出。该寄存器各位描述如图 2-2 所示。

31	30	29	28	27	26	25	24	23	22	21	20	19	18	17	16
保留															

15	14	13	12	11	10	9	8	7	6	5	4	3	2	1	0
IDR15	IDR14	IDR13	IDR12	IDR11	IDR10	IDR9	IDR8	IDR7	IDR6	IDR5	IDR4	IDR3	IDR2	IDR1	IDR0
r	r	r	r	r	r	r	r	r	r	r	r	r	r	r	r

位	描述
位 31:16	保留，始终读为 0
位 15:0	**IDRy[15:0]：** 端口输入数据（y = 0~15）。 这些位只能读并只能以字（16 位）的形式读出，读出的值为对应 I/O 口的状态

图 2-2 IDR 寄存器各位的描述

要想知道某个 I/O 口的状态，只要读 IDR 寄存器，再看某个位的状态就可以了，使用起来是比较简单的。

例如，读取 GPIOA（PA）的状态的代码如下。

```
temp = GPIOA->IDR;
```

又如，读取 PA4 引脚的状态的代码如下。

```
bitstatus = GPIOx->IDR & 0x10;
```

那么，如何使用库函数来读取 GPIOA 和 PA4 引脚的状态呢？可使用 stm32f10x_gpio.c 文件中的 GPIO_ReadInputData()与 GPIO_ReadInputDataBit()函数来实现，代码如下。

```
1.temp = GPIO_ReadInputData(GPIOA);                    //读取 GPIOA 的状态
2.bitstatus = GPIO_ReadInputDataBit(GPIOA, GPIO_Pin_4);    //读取 PA4 引脚的状态
```

（4）I/O 口输出数据寄存器 ODR

ODR 是一个 I/O 口输出数据寄存器，也只用了低 16 位。该寄存器各位描述如图 2-3 所示。

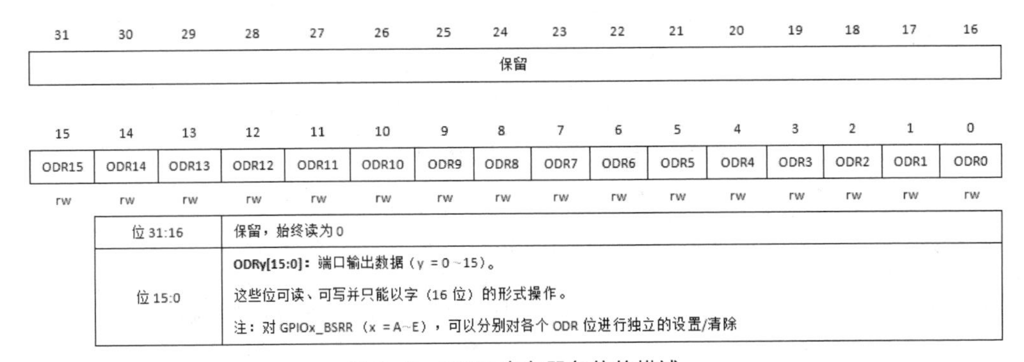

位 31:16	保留，始终读为 0
位 15:0	ODRy[15:0]：端口输出数据（y = 0～15）。 这些位可读、可写并只能以字（16 位）的形式操作。 注：对 GPIOx_BSRR（x = A～E），可以分别对各个 ODR 位进行独立的设置/清除

图 2-3　ODR 寄存器各位的描述

ODR 为可读写寄存器，从该寄存器中读出来的数据可以用于判断当前 I/O 口的输出状态。向该寄存器写数据，可以控制某个 I/O 口的输出电平。

例如，控制 GPIOD 的 PD8～PD11 引脚输出高电平的代码如下。

```
GPIOD->ODR = 0x0f00;
```

那么，如何使用库函数来控制 GPIOD 的 PD8～PD11 引脚输出高电平呢？可使用 stm32f10x_gpio.c 文件中的 GPIO_Write()函数来实现，代码如下。

```
GPIO_Write(GPIOD, 0x0f00);             //PD8～PD11 引脚输出高电平
```

（5）I/O 口置位/复位寄存器 BSRR

BSRR 是一个 I/O 口置位/复位寄存器，该寄存器与 ODR 寄存器的作用类似，都可以用来设置 GPIO 的输出位是 1 还是 0。该寄存器各位描述如图 2-4 所示。

由图 2-4 可以看出，BSRR 寄存器的高 16 位用于复位，低 16 位用于置位。

例如，控制 GPIOD 的 PD8 输出高电平的代码如下。

```
GPIOx->BSRR = 0x0100;
```

或者如下。

```
GPIOx->BSRR = 1<<8;
```

31	30	29	28	27	26	25	24	23	22	21	20	19	18	17	16
BR15	BR14	BR13	BR12	BR11	BR10	BR9	BR8	BR7	BR6	BR5	BR4	BR3	BR2	BR1	BR0
w	w	w	w	w	w	w	w	w	w	w	w	w	w	w	w
15	14	13	12	11	10	9	8	7	6	5	4	3	2	1	0
BS15	BS14	BS13	BS12	BS11	BS10	BS9	BS8	BS7	BS6	BS5	BS4	BS3	BS2	BS1	BS0
w	w	w	w	w	w	w	w	w	w	w	w	w	w	w	w

位	描述
位 31:16	BRy：清除 GPIOx 的位 y（y=0~15）(GPIOx Resetbity)。 这些位只能写，并只能以字（16 位）的形式进行操作。 0：对对应的 ODRy 位不产生影响。 1：设置对应的 ODRy 位为 0。 注：如果同时设置了 BSy 和 BRy 的对应位，BSy 位起作用
位 15:0	BSy：设置 GPIOx 的位 y（y=0~15）(GPIOx Resetbity)。 这些位只能写，并只能以字（16 位）的形式进行操作。 0：对对应的 ODRy 位不产生影响。 1：设置对应的 ODRy 位为 1

图 2-4　BSRR 寄存器各位的描述

又如，控制 GPIOD 的 PD8 引脚输出低电平的代码如下。

```
GPIOx->BSRR = 1<<(16+8);
```

那么，如何使用库函数来控制 GPIOD 的 PD8 引脚输出高电平呢？可使用 stm32f10x_gpio.c 文件中的 GPIO_SetBits()函数来实现，代码如下。

```
GPIO_SetBits(GPIOD, 0x0100);      //PD8 引脚输出高电平
```

（6）I/O 口复位寄存器 BRR

BRR 是一个 I/O 口复位寄存器，只用了低 16 位。该寄存器各位描述如图 2-5 所示。

31	30	29	28	27	26	25	24	23	22	21	20	19	18	17	16
保留															
15	14	13	12	11	10	9	8	7	6	5	4	3	2	1	0
BR15	BR14	BR13	BR12	BR11	BR10	BR9	BR8	BR7	BR6	BR5	BR4	BR3	BR2	BR1	BR0
w	w	w	w	w	w	w	w	w	w	w	w	w	w	w	w

位	描述
位 31:16	保留
位 15:0	BRy：清除端口 x 的位 y（y = 0~15）。 这些位只能写并只能以字（16 位）的形式操作。 0：对对应的 ODRy 位不产生影响。 1：设置对应的 ODRy 位为 0

图 2-5　BRR 寄存器各位的描述

由于 BRR 寄存器的使用方法与 BSRR 寄存器中高 16 位的使用方法一样，这里就不详细介绍了。

3. STM32 的 I/O 口操作

在前文，我们对 STM32 的 I/O 口寄存器进行了详细的介绍。现介绍 I/O 口的操作步骤，具体如下。

① 调用 RCC_APB2PeriphClockCmd()函数，使能 I/O 口时钟。

② 调用 GPIO_Init()函数，初始化 I/O 口参数。

③ 使用 I/O 口操作方法，对 I/O 口进行各种操作。

比较寄存器开发和库函数开发这两种方式，不难发现：寄存器开发的优点是直接操作寄存器，运行效率高。缺点则是开发难度大，开发周期长；代码可阅读性和可移植性差；后期维护难度高。库函数开发的优点是开发难度较小，开发周期短；代码可阅读性和可移植性强；后期维护难度低。库函数开发的缺点是运行效率比寄存器开发略低。其实，库函数开发的实质还是寄存器开发，因为库函数是 ST 公司对寄存器的进一步封装。正如《荀子•儒效》曰：“千举万变，其道一也。”是选择寄存器开发？还是选择库函数开发？针对不同的目的有不同的学习方案，做到因时制宜，与时俱进，但无论采取什么方案，变换多少手法，体现的根本原则始终如一。

2.1.2 STM32 的 GPIO 初始化和输入/输出函数

1. 初始化函数

STM32 的 GPIO 初始化和输入/输出函数

（1）RCC_APB2PeriphClockCmd()函数

RCC_APB2PeriphClockCmd()函数的功能是使能 GPIOx 对应的外设时钟。若使能 GPIOB 和 GPIOC 对应的外设时钟，代码如下。

```
RCC_APB2PeriphClockCmd(RCC_APB2Periph_GPIOB|RCC_APB2Periph_GPIOC,ENABLE);
```

其中，RCC_APB2Periph_GPIOB 和 RCC_APB2Periph_GPIOC 是在 stm32f10x_rcc.h 头文件中定义的。定义 RCC_APB2Periph_GPIOA～RCC_APB2Periph_GPIOG 的代码如下。

```
1.  #define RCC_APB2Periph_GPIOA      ((uint32_t)0x00000004)
2.  #define RCC_APB2Periph_GPIOB      ((uint32_t)0x00000008)
3.  #define RCC_APB2Periph_GPIOC      ((uint32_t)0x00000010)
4.  #define RCC_APB2Periph_GPIOD      ((uint32_t)0x00000020)
5.  #define RCC_APB2Periph_GPIOE      ((uint32_t)0x00000040)
6.  #define RCC_APB2Periph_GPIOF      ((uint32_t)0x00000080)
7.  #define RCC_APB2Periph_GPIOG      ((uint32_t)0x00000100)
```

RCC_APB2PeriphClockCmd()函数是在固件库的 stm32f10x_rcc.c 文件中定义的。

（2）GPIO_Init()函数

GPIO_Init()函数的功能是初始化（配置）GPIO 的模式和频率，也就是设置相应 GPIO 中 CRL 和 CRH 寄存器的值。该函数原型如下。

```
void GPIO_Init(GPIO_TypeDef* GPIOx, GPIO_InitTypeDef* GPIO_InitStruct);
```

第一个参数是 GPIO_TypeDef 类型指针变量，用于确定是哪一个 GPIO，GPIOx 取值为 GPIOA、GPIOB、GPIOC、GPIOD、GPIOE、GPIOF 和 GPIOG。

第二个参数是 GPIO_InitTypeDef 类型指针变量，用于确定 GPIOx 的对应引脚及该引脚的模式和输出最大频率。

GPIO_Init()函数是在固件库的 stm32f10x_gpi0.c 文件中定义的。

2. 输入/输出函数

（1）GPIO_ReadInputDataBit()函数

GPIO_ReadInputDataBit()函数的功能是读取指定 I/O 口的某个引脚的输入值，也就是读取 IDR 寄存器相应位的值。该函数原型如下。

```
uint8_t GPIO_ReadInputDataBit(GPIO_TypeDef* GPIOx, uint16_t GPIO_Pin);
```

第一个参数与 GPIO_Init()函数的一样，第二个参数是读取 GPIOx 的某个引脚的输入值。如读取 GPIOA.6（即 PA6）引脚的输入值的代码如下。

```
GPIO_ReadInputDataBit(GPIOA, GPIO_Pin_6);
```

（2）GPIO_ReadInputData()函数

GPIO_ReadInputData()函数的功能是读取指定 I/O 口 16 个引脚的输入值，也就是读取 IDR 寄存器的值。该函数原型如下。

```
uint16_t GPIO_ReadInputData(GPIO_TypeDef* GPIOx);
```

例如，读取 GPIOB 输入值的代码如下。

```
temp = GPIO_ReadInputData(GPIOB);
```

而采用 IDR 寄存器读取 GPIOB 输入值的代码如下。

```
temp = GPIOB->IDR;
```

（3）GPIO_ReadOutputDataBit()和 GPIO_ReadOutputData()函数

GPIO_ReadOutputDataBit()函数的功能是读取指定 I/O 口某个引脚的输出值，也就是读取 ODR 寄存器相应位的值。该函数原型如下。

```
uint8_t GPIO_ReadOutputDataBit(GPIO_TypeDef* GPIOx, uint16_t GPIO_Pin);
```

GPIO_ReadOutputData()函数的功能是读取指定 I/O 口 16 个引脚的输出值，也就是读取 ODR 寄存器的值。该函数原型如下。

```
uint16_t GPIO_ReadOutputData(GPIO_TypeDef* GPIOx);
```

例如，读取 GPIOE.5 引脚的输出值的代码如下。

```
GPIO_ReadOutputDataBit(GPIOE, GPIO_Pin_5);
```

读取 GPIOE 所有引脚的输出值的代码如下。

```
GPIO_ReadOutputData(GPIOE);
```

（4）GPIO_SetBits()和 GPIO_ResetBits()函数

GPIO_SetBits()和 GPIO_ResetBits()函数的功能是设置指定 I/O 口的引脚输出高电平和低电平，也就是设置 BSRR、BRR 寄存器的值。该函数原型如下。

```
1.  void GPIO_SetBits(GPIO_TypeDef* GPIOx, uint16_t GPIO_Pin);
2.  void GPIO_ResetBits(GPIO_TypeDef* GPIOx, uint16_t GPIO_Pin);
```

例如，设置 GPIOC.8 引脚输出高电平的代码如下。

```
GPIO_SetBits (GPIOC, GPIO_Pin_8);
```

设置 GPIOC.9 引脚输出低电平的代码如下。

```
GPIO_ResetBits (GPIOC, GPIO_Pin_9);
```

（5）GPIO_WriteBit()和 GPIO_Write()函数

GPIO_WriteBit()函数的功能是向指定 I/O 口的引脚写 0 或者写 1，也就是向 ODR 寄存器相应位写 0 或者写 1。该函数原型如下。

```
void GPIO_WriteBit(GPIO_TypeDef* GPIOx, uint16_t GPIO_Pin, BitAction BitVal);
```

GPIO_Write()函数的功能是向指定 I/O 口写数据，也就是向 ODR 寄存器写数据。该函数原型如下。

```
void GPIO_Write(GPIO_TypeDef* GPIOx, uint16_t PortVal);
```

例如，向 PC8 引脚写 1 的代码如下。

```
GPIO_WriteBit(GPIOC, GPIO_Pin_8, 1);
```

向 GPIOC 写 0x0FFFE 的代码如下。

```
GPIO_Write(GPIOC, 0x0FFFE);
```

注意 GPIO_WriteBit()函数与 GPIO_SetBits()函数有什么区别呢？
GPIO_WriteBit()函数是对 I/O 口的一个引脚进行写操作，可以写 0 或者写 1；而 GPIO_SetBits()函数可以对 I/O 口的多个引脚同时进行置位。

下面的代码更好地说明了 GPIO_WriteBit()函数与 GPIO_SetBits()函数的区别。

```
1.  GPIO_WriteBit(GPIOA,GPIO_Pin_8 , 0);              //只能对一个引脚置 0 或置 1
2.  GPIO_SetBits(GPIOD, GPIO_Pin_5 | GPIO_Pin_6);     //可以同时对多个引脚置 1
```

（1）~（5）中的函数都是在固件库 stm32f10x_gpi0.c 文件中定义的。

2.1.3 LED 循环点亮控制设计

1. LED 循环点亮控制电路设计

根据任务要求，4 个 LED 采用的是共阳极接法，其阴极分别接在 STM32F103R6 的 PB8、PB9、PB10 和 PB11 引脚上。LED 循环点亮控制电路如图 2-6 所示。

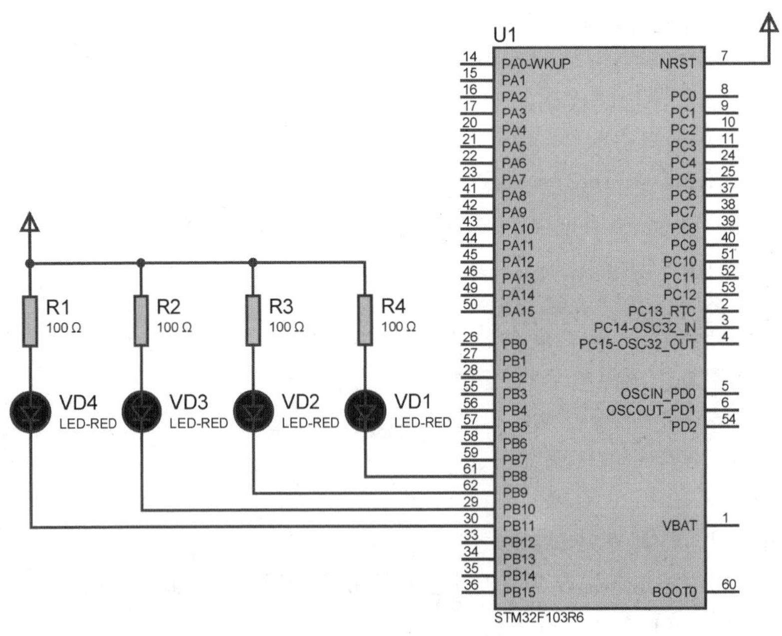

LED 循环点亮控制设计

图 2-6 LED 循环点亮控制电路

2. LED 循环点亮功能实现分析

我们如何控制 STM32F103R6 的 PB8、PB9、PB10 和 PB11 引脚的输出电平，实现 LED

循环点亮呢？由于 LED 循环点亮控制电路的 LED 采用共阳极接法，我们可以通过引脚输出“0”和“1”来控制 LED 的亮和灭。

例如，若 GPIOB 输出 0x0FEFF（1111111011111111B），则 PB8 引脚输出低电平“0”，VD1 点亮；若 GPIOB 输出 0x0F7FF（1111011111111111B），则 PB11 引脚输出高电平“1”，VD4 点亮。LED 循环点亮功能的实现过程如下。

（1）VD1 点亮：GPIOB 输出 0x0FEFF，取反为 0x0100，初始控制码为 0x0100。

（2）VD2 点亮：GPIOB 输出 0x0FDFF，取反为 0x0200，控制码为 0x0200。

（3）VD3 点亮：GPIOB 输出 0x0FBFF，取反为 0x0400，控制码为 0x0400。

（4）VD4 点亮：GPIOB 输出 0x0F7FF，取反为 0x0800，控制码为 0x0600。

（5）重复第（1）步至第（4）步，就可以实现 LED 循环点亮。

从以上分析可以看出，只要将控制码从 GPIOB 输出，就能点亮相应的 LED。那么下一个控制码如何获得呢？其方法是把上一个控制码左移一位得到下一个控制码。

3. 通过工程模板移植，建立 LED 循环点亮控制工程

（1）将“任务 1 STM32_Project 工程模板”目录名修改为“任务 4 LED 循环点亮控制”。

（2）在 USER 子目录下，把“STM32_Project.uvprojx”工程名修改为“ledxhdl.uvprojx”。

4. 编写主文件 ledxhdl.c

将 USER 目录下面的“main.c”文件名修改为“ledxhdl.c”，在该文件中删除原代码并输入如下代码。

```
1.  #include "stm32f10x.h"
2.  uint16_t  temp, i;
3.  void Delay(unsigned int count)                              //延时函数
4.  {
5.      unsigned int i;
6.      for(;count!=0;count--)
7.      {
8.              i=5000;
9.              while(i--);
10.     }
11. }
12. void main(void)
13. {
14.     GPIO_InitTypeDef  GPIO_InitStructure;
15.     RCC_APB2PeriphClockCmd(RCC_APB2Periph_GPIOB, ENABLE);//使能 GPIOB 时钟
16.         GPIO_InitStructure.GPIO_Pin =
17.         GPIO_Pin_8|GPIO_Pin_9|GPIO_Pin_10|GPIO_Pin_11; //配置 PB8～PB11 引脚
18.         GPIO_InitStructure.GPIO_Mode = GPIO_Mode_Out_PP;
19.     GPIO_InitStructure.GPIO_Speed = GPIO_Speed_50MHz;
20.     GPIO_Init(GPIOB, &GPIO_InitStructure);          //初始化 PB8～PB11 引脚
21.     while(1)
22.     {
23.             temp=0x0100;                            //设置初始控制码
24.             for(i=0;i<4;i++)
25.             {
26.                 GPIO_Write(GPIOB,~temp); //向 GPIOB 写点亮 LED 的控制码
```

```
27.                     Delay(100);
28.                     temp=temp<<1;        //上一个控制码左移一位，获得下一个控制码
29.                 }
30.             }
31. }
```

代码说明如下。

（1）“GPIO_Write(GPIOB, ~ temp);”语句将初始控制码 0x0100 取反（其值为 0x0FEFF）后，从 GPIOB 输出，使得 PB8 引脚为低电平，点亮 VD1，其他位为高电平；然后延迟一段时间；让上一个控制码左移一位，获得下一个控制码；再对控制码取反后输出到 GPIOB，这样就实现“LED 循环点亮”的效果了。

（2）uint16_t 是在 stdint.h 头文件里定义的。用 typedef 定义了 unsigned short int 数据类型的别名是 uint16_t，代码如下。

```
typedef unsigned short int uint16_t;
```

以后就可以用 uint16_t 代替 unsigned short int，这样编写程序就更加方便了。其他定义还有 uint8_t、int8_t 及 int16_t 等，可以在 stdint.h 头文件中查看。

5. 工程编译与调试

参考任务 2 的方法把 ledxhdl.c 主文件添加到工程里面，把“Project Targets”栏下的“STM32_Project”修改为“Ledxhdl”，完成 ledxhdl 工程的搭建、配置。

然后单击“Rebuild”按钮对工程进行编译，生成 ledxhdl.hex 目标代码文件。若编译时发生错误，要进行分析检查，直到编译正确。

最后加载 ledxhdl.hex 目标代码文件到 STM32F103R6，单击仿真工具栏中的“运行”按钮，观察 LED 是否能循环点亮。若运行结果与任务要求不一致，要对电路和程序进行分析检查，直到运行正确。

【技能训练 2-1】GPIO_SetBits()和 GPIO_ResetBits()函数应用

我们如何利用 GPIO_SetBits()和 GPIO_ResetBits()函数来完成 LED 循环点亮控制呢？

前面已经介绍了 GPIO_SetBits()和 GPIO_ResetBits()函数，为了进一步认识这两个函数，下面分别使用 GPIO_Pin_x 和控制码，通过 GPIO_SetBits()和 GPIO_ResetBits()函数来实现 LED 循环点亮控制。

GPIO_SetBits()和 GPIO_ResetBits()函数应用

（1）使用 GPIO_Pin_x（x 的取值范围是 0 ~ 31），实现 LED 循环点亮控制。

由于 GPIO_SetBits()函数可以同时对多个 I/O 口进行置位，因此可使用 GPIO_Pin_x 来实现 LED 循环点亮控制，代码如下。

```
1.  ……              //这一段代码与任务 4 的相同
2.  while(1)
3.  {
4.          GPIO_SetBits(GPIOB,GPIO_Pin_8|GPIO_Pin_9|GPIO_Pin_10|GPIO_Pin_11);
5.      GPIO_ResetBits(GPIOB,GPIO_Pin_8);         //PB8 引脚输出低电平，VD1 点亮
6.      Delay(100);
```

```
7.      GPIO_SetBits(GPIOB,GPIO_Pin_8|GPIO_Pin_9|GPIO_Pin_10|GPIO_Pin_11);
8.      GPIO_ResetBits(GPIOB,GPIO_Pin_9);        //PB9 引脚输出低电平，VD2 点亮
9.      Delay(100);
10.         GPIO_SetBits(GPIOB,GPIO_Pin_8|GPIO_Pin_9|GPIO_Pin_10|GPIO_Pin_11);
11.         GPIO_ResetBits(GPIOB,GPIO_Pin_10);   //PB10 引脚输出低电平，VD3 点亮
12.     Delay(100);
13.         GPIO_SetBits(GPIOB,GPIO_Pin_8|GPIO_Pin_9|GPIO_Pin_10|GPIO_Pin_11);
14.         GPIO_ResetBits(GPIOB,GPIO_Pin_11);   //PB11 引脚输出低电平，VD4 点亮
15.     Delay(100);
16. }
```

（2）使用控制码，实现 LED 循环点亮控制。

首先分析 GPIO_Pin_x 到底是什么。打开 stm32f10x_gpio.h 头文件，可以看到关于 GPIO_Pin_x 的定义。定义 GPIO_Pin_x 的代码如下。

```
1.  #define  GPIO_Pin_0          ((uint16_t)0x0001)    //选择引脚 0 的值
2.  #define  GPIO_Pin_1          ((uint16_t)0x0002)    //选择引脚 1 的值
3.  #define  GPIO_Pin_2          ((uint16_t)0x0004)    //选择引脚 2 的值
4.  #define  GPIO_Pin_3          ((uint16_t)0x0008)    //选择引脚 3 的值
5.  #define  GPIO_Pin_4          ((uint16_t)0x0010)    //选择引脚 4 的值
6.  #define  GPIO_Pin_5          ((uint16_t)0x0020)    //选择引脚 5 的值
7.  #define  GPIO_Pin_6          ((uint16_t)0x0040)    //选择引脚 6 的值
8.  #define  GPIO_Pin_7          ((uint16_t)0x0080)    //选择引脚 7 的值
9.  #define  GPIO_Pin_8          ((uint16_t)0x0100)    //选择引脚 8 的值
10. #define  GPIO_Pin_9          ((uint16_t)0x0200)    //选择引脚 9 的值
11. #define  GPIO_Pin_10         ((uint16_t)0x0400)    //选择引脚 10 的值
12. #define  GPIO_Pin_11         ((uint16_t)0x0800)    //选择引脚 11 的值
13. #define  GPIO_Pin_12         ((uint16_t)0x1000)    //选择引脚 12 的值
14. #define  GPIO_Pin_13         ((uint16_t)0x2000)    //选择引脚 13 的值
15. #define  GPIO_Pin_14         ((uint16_t)0x4000)    //选择引脚 14 的值
16. #define  GPIO_Pin_15         ((uint16_t)0x8000)    //选择引脚 15 的值
17. #define  GPIO_Pin_All        ((uint16_t)0xFFFF)    //选择所有引脚的值
```

可以看出，初始控制码是 0x0100，选择的是引脚 8；控制码左移一位，可获得下一个控制码，即选择下一个引脚；0xFFFF 表示选择所有引脚。

使用控制码实现 LED 循环点亮控制，代码如下。

```
1.  ……                                          //这一段代码与任务 4 的相同
2.  while(1)
3.  {
4.      temp=0x0100;                            //设置初始控制码
5.      for(i=0;i<4;i++)
6.      {
7.          GPIO_SetBits(GPIOB,0x0FFFF);//GPIOB 输出高电平，4 个 LED 熄灭
8.          GPIO_ResetBits(GPIOB,temp);//控制码对应的 GPIOB 引脚上的 LED 点亮
9.          Delay(100);
10.         temp=temp<<1;        //上一个控制码左移一位，获得下一个控制码
```

```
11.      }
12. }
```

对比以上两种方法，使用 for 语句，通过控制码实现 LED 循环点亮控制，操作就变得简单多了。比如控制 8 个 LED 循环点亮，只要让 for 语句循环 8 次即可。

2.2 Cortex-M3 的编程模式

2.2.1 Cortex-M3 的工作模式及工作状态

Cortex-M3 采用 ARMv7-M 架构，它能执行所有的 16 位 Thumb 指令集和基本的 32 位 Thumb-2 指令集，但不能执行 ARM 指令集。

Cortex-M3 的工作模式及工作状态

Thumb-2 指令集在 Thumb 指令集上进行了大量的改进，与 Thumb 指令集相比，它具有更高的代码密度并提供 16/32 位指令的更高性能。

1. Cortex-M3 的工作模式

Cortex-M3 支持线程（Thread）模式和处理（Handler）模式两种工作模式。

Cortex-M3 在复位时进入线程模式，从异常返回时也进入线程模式。特权和用户（非特权）代码能够在线程模式下运行。

当系统产生异常时，Cortex-M3 进入处理模式。在处理模式下的所有代码都必须是特权代码。

针对 Cortex-M3 的工作模式，进一步说明如下。

（1）线程模式和处理模式用于区别正在执行的代码的类型。处理模式下的代码为异常处理程序的代码，线程模式下的代码为普通应用程序的代码。

（2）特权级和用户级这两种特权级别是对存储器访问提供的一种保护机制。

在特权级下，程序可以访问所有范围的存储器，并且能够执行所有指令；在用户级下，程序不能访问系统控制的区域，且禁止使用 MSR 指令访问特殊功能寄存器（APSR 除外），如果访问，则会报错。

（3）在线程模式下，Cortex-M3 可以是特权级，也可以是用户级；但在处理模式下，总是特权级。

（4）复位后，Cortex-M3 处于线程模式和特权级。

例如，LED 循环点亮主程序运行时，Cortex-M3 处于线程模式。这时串口有数据传输过来，串口发生中断，转入中断服务程序，就进入了处理模式。从串口中断中返回后，继续控制 LED 循环点亮，又回到线程模式。

2. Cortex-M3 的工作状态

Cortex-M3 可以在 Thumb 和 Debug 两种操作状态下工作。

（1）Thumb 状态：正常执行 16 位和 32 位半字对齐的 Thumb 指令集和 Thumb-2 指令集所处的状态。

（2）Debug（调试）状态：处理器停止并进行调试时，进入该状态，也就是调试时的状态。

2.2.2 Cortex-M3 的寄存器

Cortex-M3 的寄存器

Cortex-M3 的寄存器对于编程非常重要，尤其是进行 μC/OS 移植且需要写汇编程序的时候，必须直接操作这些寄存器，因此需要熟悉这些寄存器。Cortex-M3 的寄存器如表 2-3 所示。

表 2-3　Cortex-M3 的寄存器

寄存器		名　称	说　明
R0		通用寄存器（16 位 Thumb 指令集和 32 位 Thumb-2 指令集都可以访问）	
R1			
R2			
R3			
R4			
R5			
R6			
R7			
R8		通用寄存器（32 位 Thumb-2 指令集可以访问）	
R9			
R10			
R11			
R12			
R13	MSP	主堆栈指针	用于操作系统内核和堆栈处理
	PSP	进程堆栈指针	用于应用程序
R14		链接寄存器	用于存放子程序返回地址
R15		程序计数器	用于存放程序地址
程序状态寄存器组 xPSR	APSR	ALU 标志寄存器	用于存放上一条指令结果的标志位，包括 N、Z、C、V、Q 位
	IPSR	中断号寄存器	用于存放中断号
	EPSR	执行状态寄存器	含 T 位，在 Cortex-M3 中 T 位必须是 1。含 ICI 位，用于记录即将传送的寄存器是哪一个
中断屏蔽寄存器组	PRIMASK	中断关闭寄存器	为 1 时用于关闭所有可屏蔽异常
	FAULTMASK	异常关闭寄存器	为 1 时用于屏蔽除 NMI 外的所有异常
	BASEPRI	屏蔽优先级寄存器	用于定义屏蔽优先级的阈值，所有优先级号大于等于该值的中断都被关闭
CONTROL		控制寄存器	用于定义特权级别，选择堆栈指针

从表 2-3 中可以看出，Cortex-M3 包括寄存器 R0～R15 及一些特殊功能寄存器。其中，R0～

R12是通用寄存器，但是绝大多数的16位Thumb指令集只能使用R0～R7（低组寄存器），而32位的Thumb-2指令集则可以访问所有通用寄存器；R13作为堆栈指针（Stack Pointer，SP），有两个，但在同一时刻只能看到一个；特殊功能寄存器有预定义的功能，必须通过专用的指令来访问。

1. 通用寄存器

（1）通用寄存器R0～R7

R0～R7也被称为低组寄存器，所有指令都能访问它们。它们的字长全是32位，复位后的初始值是不可预知的。

（2）通用寄存器R8～R12

R8～R12也被称为高组寄存器，这是因为只有很少的16位Thumb指令集能访问它们，32位的Thumb-2指令集则不受限制。它们的字长也是32位，且复位后的初始值也是不可预知的。

2. 堆栈指针R13

在Cortex-M3中，有主堆栈指针和进程堆栈指针两个堆栈指针。在系统复位之后，所有代码都使用主堆栈指针。

堆栈指针R13是分组寄存器，用于在主堆栈指针和进程堆栈指针之间进行切换，在任何时候只有一个堆栈指针可见。

（1）主堆栈指针（Main Stack Pointer，MSP），也可写成SP_main，是复位后默认使用的堆栈指针，供操作系统内核、异常服务程序及所有需要特权访问的应用程序使用。

（2）进程堆栈指针（Process Stack Pointer，PSP），也可写成SP_process，用于常规的应用程序（普通的用户线程中）。

注意 *并不是每个应用程序都必须使用两个堆栈指针。简单的应用程序使用一个主堆栈指针就可以了。*

在Cortex-M3中，有专门的负责堆栈操作的PUSH指令和POP指令（默认使用的是堆栈指针，即R13）。这两条指令的汇编语言语法如下，其注释采用汇编语言的格式。

```
1.  PUSH {R0}              ; *(--R13)=R0，R13是long*指针
2.  POP {R0}               ; R0= *R13++
```

第一条指令在把新数据PUSH入堆栈之前，堆栈指针先减1（也就是修改指针，使指针指向空的单元，即指向栈顶），再将新数据PUSH入堆栈。这就是所谓的“向下生长的满栈”。Cortex-M3中的堆栈就采用这种方式。第二条指令先把数据POP出堆栈，然后堆栈指针加1，使得堆栈指针始终指向栈顶。

程序在进入一个子程序后，要做的第一件事就是先把寄存器的值PUSH入堆栈中，在子程序退出前再把寄存器的值POP出堆栈（POP出的是PUSH入堆栈的那些寄存器的值）。另外，PUSH和POP还能一次操作多个寄存器，代码如下所示。

```
1.  subroutine_1
2.  PUSH {R0-R7, R12, R14}        ;保存寄存器列表
3.  ……                            ;进行处理
4.  POP {R0-R7, R12, R14}         ;恢复寄存器列表
5.  BX R14                        ;返回到主程序
```

寄存器的 PUSH 和 POP 操作永远都是 4 字节对齐的，也就是说，它们的地址最低 4 位必须是 0x0、0x4、0x8、0xc……最低 2 位都是 0。

3. 链接寄存器 R14

R14（或写成 LR）是链接寄存器。在调用子程序时，R14 用于存放返回地址。例如，在使用 BL 指令时，就自动填充 LR 的值。

```
1.  main                    ;主程序
2.      ……                  ;带链接的跳转
3.      BL  function1       ;使用带链接的跳转指令转移到 function1 子程序
4.                          ;PC=function1，并且 LR=main 的下一条指令地址
5.      ……
6.  function1
7.      ……                  ;function1 的代码
8.      BX  LR              ;子程序返回
```

尽管 PC 的 LSB 总是 0（因为代码至少是字对齐的），但是 LR 的 LSB 是可读写的。由于现在还有 Cortex-M3 支持 Thumb 状态和 Thumb-2 状态，可以使用位 0 来指示 Thumb 状态和 Thumb-2 状态。为了方便汇编程序移植，Cortex-M3 还需要允许 LSB 可读写。

4. 程序计数器 R15

R15 是程序计数器，里面存放的是程序的地址。在汇编代码中也可以使用 PC 来访问程序计数器。由于 Cortex-M3 内部使用了指令流水线，读 PC 时返回的值是当前指令的地址+4。例如以下代码。

```
0x1000: MOV R0, PC          ;R0 = 0x1004
```

2.2.3 Cortex-M3 的特殊功能寄存器

Cortex-M3 的特殊功能寄存器包括以下几种。

Cortex-M3 的
特殊功能寄存器

（1）程序状态寄存器组（xPSR）。

（2）中断屏蔽寄存器组（PRIMASK、FAULTMASK 和 BASEPRI）。

（3）控制寄存器（CONTROL）。

特殊功能寄存器没有存储器地址，只能被专用的 MSR 和 MRS 指令访问，如下所示。

```
1.  MRS <gp_reg>, <special_reg>         ;读取特殊功能寄存器的值到通用寄存器中
2.  MSR <special_reg>, <gp_reg>         ;将通用寄存器的值写入特殊功能寄存器中
```

1. 程序状态寄存器组

程序状态寄存器组包括如下子状态寄存器。

（1）ALU 标志寄存器（APSR）。

（2）中断号寄存器（IPSR）。

（3）执行状态寄存器（EPSR）。

通过 MRS 和 MSR 指令，这 3 个寄存器既可以单独访问，也可以组合访问（可以 2 个或 3 个组合在一起），如表 2-4 所示。

表 2-4　Cortex-M3 中的程序状态寄存器组

	31	30	29	28	27	26:25	24	23:20	19:16	15:10	9	8	7	6	5	4:0
APSR	N	Z	C	V	Q											
IPSR												中断号				
EPSR						ICI/IT	T			ICI/IT						

当 3 个寄存器组合访问时，使用的名字为 xPSR，如表 2-5 所示。

表 2-5　组合后的程序状态寄存器组

	31	30	29	28	27	26:25	24	23:20	19:16	15:10	9	8	7	6	5	4:0
xPSR	N	Z	C	V	Q	ICI/IT	T			ICI/IT		中断号				

2. 中断屏蔽寄存器组

PRIMASK、FAULTMASK 和 BASEPRI 这 3 个寄存器是 Cortex-M3 的中断屏蔽寄存器，用于控制异常的响应和关闭，如表 2-6 所示。

表 2-6　Cortex-M3 的中断屏蔽寄存器

名　称	功能描述
PRIMASK	只有 1 位的寄存器。该寄存器置 1 时，关闭所有可屏蔽的异常，只剩下 NMI 和 hard fault 可以响应。默认值是 0，表示没有关闭中断
FAULTMASK	只有 1 位的寄存器。该寄存器置 1 时，关闭所有其他的异常（包括中断和 fault），只有 NMI 可以响应。默认值是 0，表示没有关闭中断
BASEPRI	最多有 9 位（由表示优先级的位数决定）的寄存器。该寄存器定义了屏蔽优先级的阈值。当被设成某个值后，所有优先级号大于等于此值的中断都被关闭（优先级号越大，优先级越低）。当被设成 0 时，不关闭任何中断。默认值也是 0

PRIMASK 和 BASEPRI 用于暂时关闭中断，FAULTMASK 被操作系统用于暂时关闭 fault 处理机能。因为在任务崩溃时，常常会伴随着一大堆 fault，通常不需要响应这些 fault。总之，FAULTMASK 就是专门留给操作系统使用的。

要访问 PRIMASK、FAULTMASK 及 BASEPRI，同样要使用 MRS 和 MSR 指令，具体如下。

```
1.   MRS R0, BASEPRI          ;读取 BASEPRI 到 R0 中
2.   MRS R0, FAULTMASK
3.   MRS R0, PRIMASK
4.   MSR BASEPRI, R0          ;将 BASEPRI 写入 R0
5.   MSR FAULTMASK, R0
6.   MSR PRIMASK, R0
```

另外，为了能快速地开启和关闭中断，Cortex-M3 还专门设置了 CPS 指令，该指令有以下 4 种用法。

```
1.   CPSID I          ;PRIMASK=1，关闭中断
2.   CPSIE I          ;PRIMASK=0，开启中断
3.   CPSID F          ;FAULTMASK=1，关闭异常
4.   CPSIE F          ;FAULTMASK=0 ，开启异常
```

这 4 个快速开启和关闭中断的指令在 STM32 固件库的 core_cm3.h 头文件中有定义，代码如下。

```
1.  static  __INLINE  void  __enable__irq()  { __ASM volatile ("cpsie i"); }
2.  static  __INLINE  void  __disable_irq()  { __ASM volatile ("cpsid i"); }
3.  static  __INLINE  void  __enable_fault_irq()  { __ASM volatile ("cpsie f"); }
4.  static  __INLINE  void  __disable_fault_irq()  { __ASM volatile ("cpsid f"); }
```

下面以__disable_irq()函数为例进行说明。

（1）static 关键字主要用于限定__disable_irq()函数的有效范围。

（2）__INLINE 关键字表示__disable_irq()函数是内联函数，与#define 的功能差不多。在编译时，会在调用__disable_irq()函数的地方直接用{__ASM volatile("cpsid i");替换。这样做可以提高执行速度，减少调用函数时所占用的时间（调用函数需要完成保存当前环境到堆栈并且改变 PC 指针、函数退出后恢复环境等一系列操作）。

（3）__ASM 表示后面使用的是汇编语言，这就是所谓的混编。

（4）volatile 表示通知编译器，后面的代码不用优化了。

3. 控制寄存器（CONTROL）

控制寄存器（CONTROL）不仅用于定义特权级别，还用于选择当前使用的是哪一个堆栈指针，如表 2-7 所示。

表 2-7　Cortex-M3 的控制寄存器

位	说明
CONTROL[1]	0 表示选择主堆栈指针 MSP； 1 表示选择进程堆栈指针 PSP
CONTROL[0]	0 表示特权级的线程模式； 1 表示用户级的线程模式

CONTROL 有 2 位，CONTROL[0]为 0 表示处于特权级，为 1 表示处于用户级。只有在特权级，才可以将其修改为 1，即进入用户级的线程模式。CONTROL[1]为 0 表示选择主堆栈指针 MSP，为 1 表示选择进程堆栈指针 PSP。

CONTROL 也是通过 MRS 和 MSR 指令来操作的，具体如下。

```
1.  MRS R0, CONTROL
2.  MSR CONTROL, R0
```

另外，当 Cortex-M3 复位进入线程模式后，代码均为特权级的；当 Cortex-M3 处于线程模式时，可以从特权级切换到用户级，但不能从用户级返回到特权级；在线程模式下，只有进行异常处理时，Cortex-M3 才进入处理模式，才能由用户级切换到特权级。

2.3　任务 5　流水灯设计与实现

任务要求

使用 STM32F103R6 的 PB0～PB9 引脚分别接 10 个 LED 的阴极，通过程序控制实现流水灯效果设计与调试。流水灯效果就是先让 LED 一个一个地点亮，直至全部点亮；再让 LED

一个一个地熄灭；循环上述过程。

2.3.1 流水灯电路设计

根据任务要求，流水灯电路设计与任务 4 的电路设计基本一样，区别只是使用了排阻和排型 LED，如图 2-7 所示。

RESPACK-7 排阻把 7 个电阻加工到一个元器件里面，其中一个引脚是由 7 个电阻一端并接在一起构成的。LED-BARGRAPH-GRN 排型 LED 把 10 个绿色 LED 加工到一个元器件里面，1～10 引脚是 LED 的阳极，11～20 引脚是 LED 的阴极。

在进行电路设计时常常选择使用排阻和排型 LED，主要是为了节省电路板面积，方便安装和生产。

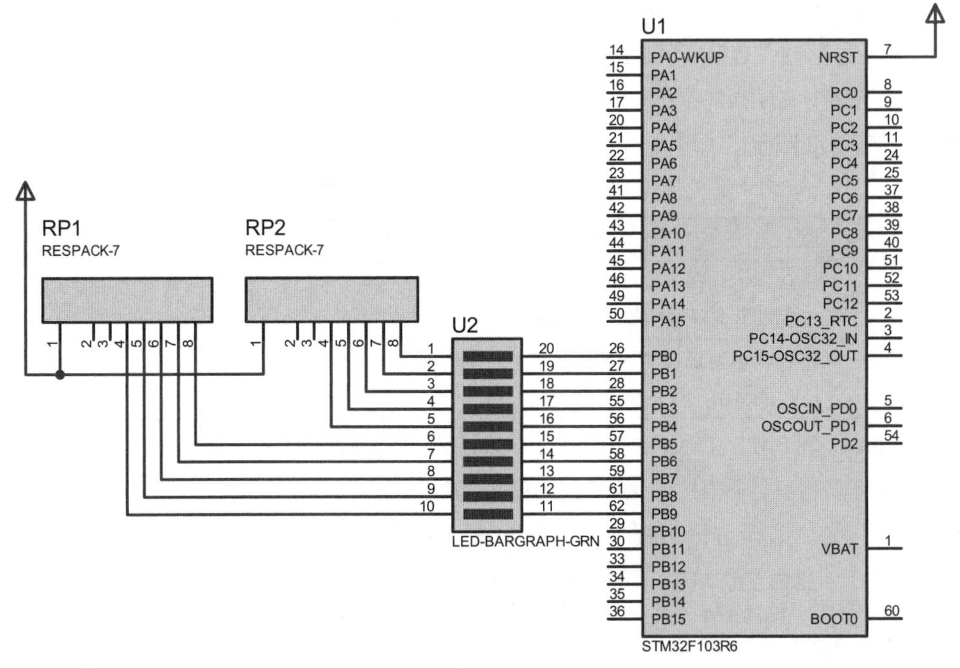

图 2-7 流水灯电路

2.3.2 流水灯程序设计、运行与调试

1. 流水灯实现分析

我们通过编写程序来控制 STM32F103R6 的 PB0～PB9 引脚电平的高低变化，进而控制 10 个 LED 的亮与灭，也就是实现流水灯效果。

（1）LED 一个一个地点亮，直至全部点亮，其效果实现过程如下。

LED1 点亮：GPIOB 输出初始控制码 0x0FFFE（1111111111111110B）。

LED1 和 LED2 点亮：GPIOB 输出控制码 0x0FFFC（1111111111111100B）。

LED1、LED2 和 LED3 点亮：GPIOB 输出控制码 0x0FFF8（1111111111111000B）。

……

10 个 LED 全部点亮：GPIOB 输出控制码 0x0FC00（1111110000000000B）。

从以上分析可以看出，只要将控制码从 GPIOB 输出，就可以点亮相应的 LED。控制码左移一位，即可获得下一个控制码。

（2）LED 一个一个地熄灭，直至全部熄灭，其效果实现过程如下。

LED10 熄灭：GPIOD 输出初始控制码 0x0FE00（1111111000000000B）。

LED10 和 LED9 熄灭：GPIOD 输出控制码 0x0FF00（1111111100000000B）。

LED10、LED9 和 LED8 熄灭：GPIOD 输出控制码 0x0FF80（1111111110000000B）。

……

10 个 LED 全部熄灭：GPIOD 输出控制码 0x0FFFF（1111111111111111B）。

从以上分析可以看出，只要将控制码从 GPIOD 输出，就可以熄灭相应的 LED。控制码右移一位并加上 0x8000，即可获得下一个控制码。

在这里，我们只要关心 PB0～PB9 这 10 个引脚就可以了。

2. 通过工程模板移植，建立流水灯工程

（1）将“任务 1 STM32_Project 工程模板”目录名修改为“任务 5 流水灯设计与实现”。

（2）在 USER 子目录下，把“STM32_ Project.uvprojx”工程名修改为“pmd.uvprojx”。

3. 编写主文件 pmd.c

将 USER 目录下面的“main.c”文件名修改为“pmd.c”，在该文件中输入如下代码。

```
1.  ……                    //这部分代码与任务 4 的代码一样
2.  void main(void)
3.  {
4.      GPIO_InitTypeDef  GPIO_InitStructure;
5.      RCC_APB2PeriphClockCmd(RCC_APB2Periph_GPIOB, ENABLE);
6.        //配置 PB0～PB9 引脚，参考 stm32f10x_gpio.h 头文件对 GPIO_Pin_x 的定义
7.      GPIO_InitStructure.GPIO_Pin = 0x03FF;
8.      GPIO_InitStructure.GPIO_Mode = GPIO_Mode_Out_PP;
9.                                               //设置 PB0～PB9 引脚为推挽输出模式
10.     GPIO_InitStructure.GPIO_Speed = GPIO_Speed_50MHz;
11.     GPIO_Init(GPIOB, &GPIO_InitStructure);   //初始化 PB0～PB9 引脚
12.     while(1)
13.     {
14.             temp = 0x0FFFE;
15.             for(i=0;i<10;i++)
16.             {
17.                 GPIO_Write(GPIOB, temp);     //向 GPIOB 写控制码
18.                 Delay(100);
19.                 temp = temp<<1;              //控制码左移一位，获得下一个控制码
20.             }
21.             temp = 0x0FE00;
22.             for(j=0;j<10;j++)
```

```
23.                 {
24.                     GPIO_Write(GPIOB, temp);
25.                     Delay(100);
26.                     temp = (temp>>1)+ 0x8000;
27.                                      //控制码右移一位并加 0x8000，获得下一个控制码
28.                 }
29.         }
30. }
```

代码说明如下。

“temp = (temp>>1)+ 0x8000;”语句中为什么要加 0x8000 呢？因为 temp 右移一位时，最高位移到次高位，最高位补 0。temp 右移一位后，加上 0x8000 是使 temp 的最高位置 1。

下面使用 GPIO_SetBits()和 GPIO_ResetBits()函数代替 GPIO_Write()函数，来对 LED 点亮和熄灭进行控制，实现流水灯效果。替换的代码如下。

```
1.   while(1)
2.   {
3.       GPIO_SetBits(GPIOB, 0x0FFFF);                    //先熄灭所有 LED
4.       temp = 0x0001;
5.       for(i=0;i<10;i++)
6.       {
7.               GPIO_ResetBits(GPIOB, temp);           //向 GPIOB 写控制码
8.               Delay(100);
9.               temp =( temp<<1)+1;     //控制码左移一位并加 1，获得下一个控制码
10.      }
11.      temp = 0x0FE00;
12.      for(j=0;j<10;j++)
13.      {
14.              GPIO_SetBits(GPIOB, temp);
15.              Delay(100);
16.              temp = (temp>>1)+ 0x8000;//控制码右移一位并加 0x8000，获得下一个控制码
17.      }
18. }
```

在这段代码中，GPIO_ResetBits()函数负责点亮 LED，GPIO_SetBits()函数负责熄灭 LED。

4．工程编译与调试

首先参考任务 2 的方法把 pmd.c 主文件添加到工程里面，把“Project Targets”栏下的“STM32_Project”修改为“Pmd”，完成 pmd 工程的搭建、配置。

其次单击“Rebuild”按钮对工程进行编译，生成 pmd.hex 目标代码文件。若编译时发生错误，要进行分析检查，直到编译正确。

最后加载 pmd.hex 目标代码文件到 STM32F103R6，单击仿真工具栏中的“运行”按钮，观察 LED 是否呈现流水灯效果。若运行结果与任务要求不一致，要对电路和程序进行分析检查，直到运行正确。

多数读者对数据类型及每种类型的取值范围体会不深。在嵌入式系统设计过程中经常出现一些典型错误，如将中断允许标志位“EX0=1”写成“EXO=1”；定时器初始值定义为 unsigned char 类型的变量，赋值时超过 255；硬件电路焊接不达标，存在虚焊、短路等安全隐患。这些错误会导致嵌入式系统运行异常。严谨的科学态度、良好的职业素养、精益求精的工匠精神可以帮助我们排除故障、保证代码的质量。

2.3.3 C 语言中的预处理

1. define

C 语言中的预处理

define 是 C 语言中的预处理命令，用于宏定义，可以提高源码的可读性，为编程提供方便。常见的格式如下。

```
#define  标识符  字符串
```

定义“标识符”为“字符串”的宏名，“字符串”可以是常数、表达式及格式字符串等。例如以下代码。

```
#define  SYSCLK_FREQ_72MHz  72000000
```

定义标识符 SYSCLK_FREQ_72MHz 的值为 72000000。

又如以下代码。

```
#define  LED0  PDout(8)
```

定义标识符 LED0 的值为 PDout(8)。这样，我们就可以通过 LED0 对 PD8 引脚进行操作了，具体如下。

```
LED0=1;
```

这条语句使 PD8 引脚输出高电平。至于宏定义的一些其他知识，比如宏定义带参数，这里就不介绍了。

2. typedef

typedef 用于为现有类型创建一个新的名字，或称类型别名，用来简化变量的定义。typedef 在 STM32 中用得最多的地方就是定义结构体的类型别名和枚举类型，具体如下。

```
1.  struct  _GPIO
2.  {
3.      __IO uint32_t  CRL;
4.      __IO uint32_t  CRH;
5.      ……
6.  }
```

上述代码定义了一个结构体_GPIO，定义结构体变量的方式如下。

```
struct  _GPIO  GPIOA;                    //定义结构体变量 GPIOA
```

但是这样做很烦琐，因为 STM32 中有很多结构体变量需要定义。在这里，我们可以为结构体定义一个别名 GPIO_TypeDef，方法如下。

```
1.  typedef  struct
2.  {
3.      __IO uint32_t  CRL;
4.      __IO uint32_t  CRH;
5.      ……
6.  } GPIO_TypeDef;
```

typedef 为结构体定义一个别名 GPIO_TypeDef，这样就可以通过 GPIO_TypeDef 来定义结构体变量，具体如下。

```
GPIO_TypeDef  _GPIOA,  _GPIOB;
```

这里的 GPIO_TypeDef 与 struct _GPIO 的作用是一样的。

另外，结构体中使用的 uint32_t 是在 stdint.h 头文件里面用 typedef 为 unsigned int 类型定义的一个别名，这使得编写程序更加方便了，方法如下。

```
typedef  unsigned  int  uint32_t;
```

这里的 uint32_t 与 unsigned int 的作用也是一样的。

3. ifdef

在 STM32 程序的开发过程中，经常会遇到一种情况：当满足某个条件时，对满足条件的程序段进行编译，否则编译另一程序段。此时可以使用 ifdef（即条件编译命令），其较常见的形式如下。

```
1.  #ifdef  标识符
2.          程序段 1
3.  #else
4.          程序段 2
5.  #endif
```

它的作用是：如果标识符被定义过（一般是用#define 定义的），则对程序段 1 进行编译，否则编译程序段 2。其中#else 部分也可以没有，具体如下。

```
1.  #ifdef
2.          程序段 1
3.  #endif
```

ifdef 在 STM32 里面用得较多，在 stm32f10x.h 头文件中经常会看到以下代码。

```
1.  #ifdef  STM32F10X_HD
2.          大容量芯片需要的一些变量定义
3.  #end
```

这里的 STM32F10X_HD 是用#define 定义过的。

2.3.4 结构体

在 STM32 开发中，有许多地方用到结构体及结构体指针，如寄存器地址名称映射等。为此，我们进一步介绍结构体的一些知识。

结构体

1. 声明结构体

声明结构体的格式如下。

```
1.  struct  结构体名
2.  {
3.          成员列表;
4.  }变量列表;
```

例如以下代码。

```
1.  struct  U_TYPE
2.  {
```

```
3.        int  BaudRate;
4.        int  WordLength;
5.   } usart1,usart2;
```

其中，U_TYPE 为结构体名，usart1 和 usart2 为结构体变量名。

2. 定义结构体变量

在声明结构体的时候，可以同时定义结构体变量，也可以先声明结构体后定义结构体变量。定义结构体变量的格式如下。

```
struct  结构体名  结构体变量列表;
```

例如，先声明结构体，结构体名为 U_TYPE。

```
1.   struct  U_TYPE
2.   {
3.        int  BaudRate;
4.        int  WordLength;
5.   }
```

然后定义结构体变量，两个变量名分别为 usart1 和 usart2。

```
struct  U_TYPE  usart1, usart2;
```

3. 结构体变量的引用

（1）结构体成员变量引用

结构体成员变量的引用是通过“.”符号实现的，引用格式如下。

```
结构体变量名.成员名
```

若要引用 usart1 的成员 BaudRate，引用方法如下。

```
usart1.BaudRate;
```

（2）结构体指针变量引用

结构体指针变量的定义方法与其他变量的一样，例如以下代码。

```
struct  U_TYPE  *usart3;       //定义结构体指针变量 usart3
```

结构体指针变量的引用通过“->”符号实现。例如，要访问 usart3 结构体指针指向的结构体成员变量 BaudRate，方法如下。

```
usart3->BaudRate;
```

【技能训练 2-2】结构体使用——初始化 GPIO

前面介绍了结构体的相关知识，那么怎么使用结构体呢？为什么要使用结构体呢？

结构体使用——初始化 GPIO

下面我们通过初始化 GPIO 的实例，来进一步了解如何使用结构体及学习与 STM32 相关的 C 语言知识。在前面的每个任务中，都对 GPIO 进行了初始化。现在我们就对 GPIOB 中 PB8～PB11 引脚的初始化进行分析，来看看结构体是如何使用的。其相关代码如下。

```
1.   RCC_APB2PeriphClockCmd(RCC_APB2Periph_GPIOB, ENABLE);//使能 GPIOB 时钟
2.   GPIO_InitTypeDef  GPIO_InitStructure;
3.   GPIO_InitStructure.GPIO_Pin=
4.   GPIO_Pin_8|GPIO_Pin_9|GPIO_Pin_10|GPIO_Pin_11;        //配置 PB8～PB11 引脚
```

```
5.  GPIO_InitStructure.GPIO_Mode = GPIO_Mode_Out_PP; //配置 PB8 引脚为推挽输出
6.  GPIO_InitStructure.GPIO_Speed = GPIO_Speed_50MHz;    //GPIOB 频率为 50 MHz
7.  GPIO_Init(GPIOB, &GPIO_InitStructure);               //初始化 PB8 引脚
```

上面的代码使能 GPIOB 时钟，配置 PB8～PB11 这 4 个引脚为推挽输出、输出频率为 50MHz。GPIOB 初始化代码分析如下。

（1）"RCC_APB2PeriphClockCmd(RCC_APB2Periph_GPIOB, ENABLE);"语句用来开启 GPIOB 时钟（使能）。

第一个参数 RCC_APB2Periph_GPIOB 的作用是选择设置 GPIOB，第二个参数 ENABLE 的作用是开启时钟。那么第一个参数和第二个参数是怎么定义的呢？

第一个参数是在 stm32f10x_rcc.h 头文件中使用 define 定义的宏，代码如下。

```
#define  RCC_APB2Periph_GPIOB   ((uint32_t)0x00000008)
```

定义了标识符 RCC_APB2Periph_GPIOB 的值为 0x00000008。

第二个参数是在 stm32f10x.h 头文件中使用 typedef 为枚举类型定义的一个别名，代码如下。

```
1.  typedef enum
2.  {
3.          DISABLE = 0,
4.          ENABLE = !DISABLE
5.  } FunctionalState;
```

其中，变量 DISABLE 的值是 0，变量 ENABLE 的值是 1。

（2）"GPIO_InitTypeDef GPIO_InitStructure;"语句通过 GPIO_InitTypeDef 来定义一个结构体变量 GPIO_InitStructure。

其中，GPIO_InitTypeDef 是在 stm32f10x_gpio.h 头文件中使用 typedef 为结构体类型定义的一个别名，代码如下。

```
1.  typedef struct
2.  {
3.          uint16_t  GPIO_Pin;
4.      GPIOSpeed_TypeDef  GPIO_Speed;
5.      GPIOMode_TypeDef  GPIO_Mode;
6.  }GPIO_InitTypeDef;
```

（3）为结构体变量 GPIO_InitStructure 的 3 个成员分别赋值的代码如下。

```
1.  GPIO_InitStructure.GPIO_Pin = GPIO_Pin_8|GPIO_Pin_9|GPIO_Pin_10|GPIO_Pin_11;
2.  GPIO_InitStructure.GPIO_Mode = GPIO_Mode_Out_PP;
3.  GPIO_InitStructure.GPIO_Speed = GPIO_Speed_50MHz;
```

其中，对 GPIO_Pin_x、GPIO_Mode_Out_PP 以及 GPIO_Speed_50MHz 的定义，也是在 stm32f10x_gpio.h 头文件中使用 typedef 进行的。关于这方面的内容在前面已经详细介绍过，这里就不介绍了。

在 STM32 开发过程中，还经常会遇到要初始化其他外设的情况，比如初始化串口，它的初始化状态是由几个属性来决定的，比如串口号、波特率、极性，以及模式等。

当然，结构体的作用远远不止这些，如果有几个变量是用来描述同一个对象的，就可以考虑将这些变量定义在一个结构体中，这样可以提高代码的可读性，变量定义不会混乱。

2.4 STM32 结构

2.4.1 Cortex-M3 的结构

芯片公司得到 Cortex-M3 内核的使用授权后，就可以把 Cortex-M3 内核用在自己的芯片中，并添加存储器、外设、I/O 口及其他的功能块。Cortex-M3 除了内核外，还有许多其他的组件，可用于系统管理和调试。Cortex-M3 的结构如图 2-8 所示。

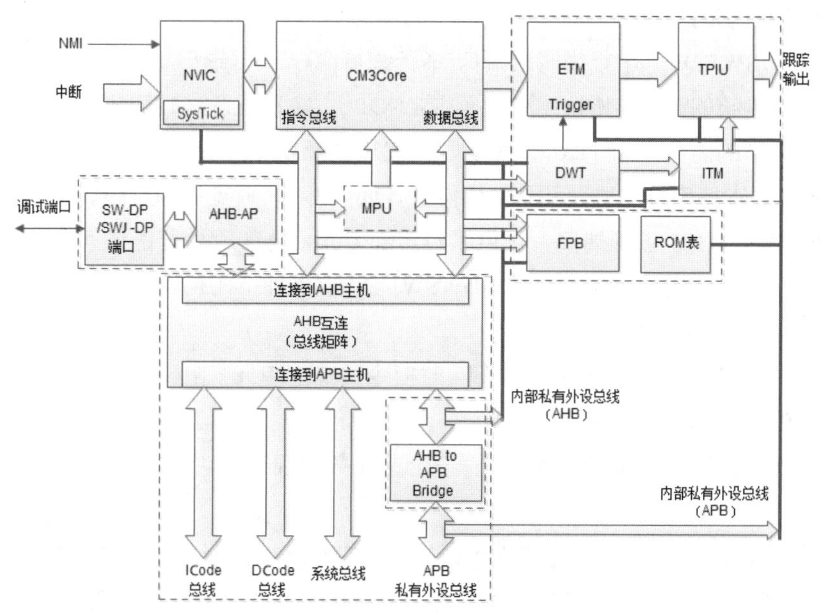

图 2-8　Cortex-M3 的结构

在图 2-8 中，MPU 和 ETM 是可选组件，不一定会出现在每一个 Cortex-M3 中。下面对 Cortex-M3 各部分的组件进行介绍。

1. 用于系统管理的组件

（1）Cortex-M3 的内核（CM3Core）：Cortex-M3 的中央处理核心。

（2）嵌套向量中断控制器（NVIC）：负责中断控制的组件。NVIC 与内核是紧耦合的，支持中断嵌套，采用了向量中断的机制，中断的具体路数由芯片厂商定义。

在中断发生时，会自动取出对应的中断服务程序入口地址并且直接调用，不需要软件判定中断源，缩短了中断延时。

（3）系统滴答定时器（SysTick）：一个非常基本的倒计时定时器，每隔一定的时间产生一个中断，即使系统在睡眠模式下也能工作。它还能使操作系统在各 Cortex-M3 组件之间移植时不必修改系统定时器的代码，让移植工作变得更容易。

SysTick 是作为 NVIC 的一部分实现的。

（4）存储器保护单元（MPU）：一个可选组件，有些 Cortex-M3 可能没有配备此组件。若有 MPU，则可把存储器分成一些区域，分别予以保护。例如，MPU 可以让某些区域在用户级下变成只读，从而阻止一些程序破坏关键数据。

（5）总线矩阵（BusMatrix）：一个内部的高级高性能总线（Advanced High performance Bus，AHB）互连，是 Cortex-M3 内部总线系统的核心。只要不是访问同一块内存区域，就可以通过总线矩阵让数据在不同的总线之间并行传送。

（6）AHB to APB Bridye：一个把 AHB 转换为 APB 的总线桥，用于把若干个 APB 设备连接到 Cortex-M3 的私有外设总线（内部的和外部的）上。这些 APB 设备常见于调试组件。Cortex-M3 也允许芯片厂商把附加的 APB 设备挂在这条 APB 上。

2. 用于系统调试的组件

（1）SW-DP/SWJ-DP：串行线调试端口/串行线 JTAG 调试端口（DP）。该组件通过串行线调试协议或是传统的 JTAG 协议（专用于 SWJ-DP），实现与调试端口的连接。

在处理器核心的内部没有 JTAG，大多数调试功能都是通过 NVIC 控制下的 AHB 访问来实现的。SWJ-DP 支持串行线协议和 JTAG 协议，而 SW-DP 只支持串行线调试协议。

（2）AHB-AP：AHB 访问端口，提供了对全部 Cortex-M3 存储器的访问功能。当外部调试器需要执行动作的时候，就要通过 SW-DP/SWJ-DP 来访问 AHB-AP，从而产生所需的 AHB 数据传送过程。

（3）嵌入式跟踪宏单元（ETM）：实现实时指令跟踪的单元。由于 ETM 是一个可选组件，所以不是所有的 Cortex-M3 都具有。

（4）数据观察点及跟踪单元（DWT）：一个实现数据观察点功能的组件。DWT 可以用于设置数据观察点。

（5）指令跟踪宏单元（ITM）：软件可以控制 ITM 直接把消息发送给 TPIU；还可以让 DWT 匹配命中事件，通过 ITM 产生数据跟踪包，并把该包输出到一个跟踪数据流中。

（6）跟踪端口的接口单元（TPIU）：TPIU 用于和外部的跟踪硬件（如跟踪端口分析仪）交互。在 Cortex-M3 内部，跟踪信息都被格式化成“高级跟踪总线（ATB）包”，TPIU 重新格式化这些数据，从而让外部设备能够捕捉到它们。

（7）地址重载及断点单元（FPB）：提供 Flash 地址重载和断点功能。Flash 地址重载是指当 CPU 访问的某条指令匹配到一个特定的 Flash 地址时，将把该地址重映射到 SRAM 中指定的位置，从而读取指令后返回另外的值。此外，匹配的地址还能用来触发断点事件。Flash 地址重载功能对于测试工作非常有用。例如，通过 FPB 来改变程序流程，就可以给那些不能在普通情形下使用的设备添加诊断程序代码。

（8）ROM 表：一个简单的查找表，提供了存储器映射信息，这些信息用于指出 Cortex-M3 中包含的多种系统设备和调试组件。当调试系统定位各调试组件时，它需要找出相关寄存器在存储器中的地址，这些信息即由此表给出。在绝大多数情况下，由于 Cortex-M3 有固定的存储器映射，所以各组件都拥有一致的起始地址。但是因为有些组件是可选的，还有些组件是由制造商另行添加的，在这种情况下，必须在 ROM 表中给出这些信息，这样调试软件才能判定正确的存储器映射，进而检测可用的调试组件是何种类型的。

2.4.2 STM32 系统架构

1. STM32 芯片的封装

STM32 系统架构

在介绍 STM32 系统架构之前，先介绍 STM32 芯片的封装。STM32F10x 芯片上印有具体的型号：x 代表数字，101 是基本型，102 是 USB 基本型，103 是增强型，105 或 107 是互联型；引脚数目，T 为 36 个引脚，C 为 48 个引脚，R 为 64 个引脚，V 为 100 个引脚，Z 为 144 个引脚；Flash 容量，4 为 16 KB，6 为 32 KB，8 为 64 KB，B 为 128 KB，C 为 256 KB，D 为 384 KB，E 为 512 KB。

通常，在芯片封装正方向的左下角有一个小圆点（也有的是在右上角有一个稍大点的圆圈标记），靠近左下角小圆点的引脚号为 1，然后引脚号按逆时针方向编号。例如，ZET6 最后一个引脚号为 144，VET6 最后一个引脚号为 100，即 Z 的引脚多于 V，也就是说 Z 的功能多于 V。

2. STM32 系统架构

Cortex-Mx 内核是由 ARM 公司设计的，ST 公司在获得 ARM 公司的授权后，在此内核的基础上设计外围电路，如存储程序的 Flash、存储变量的 SRAM 及外设（如 GPIO、I²C、SPI、USART）等。STM32 系统架构主要由内核的驱动单元和外设的被动单元组成，如图 2-9 所示。

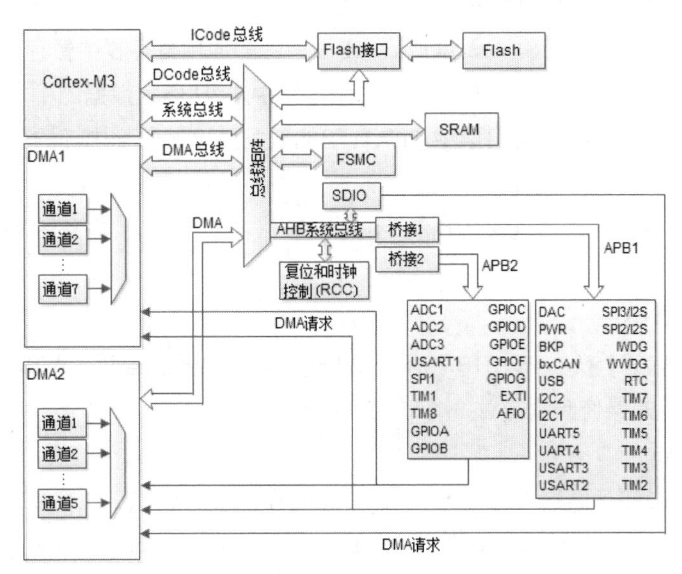

图 2-9 STM32 系统架构

3. 驱动单元

Cortex-Mx 内核的驱动单元由 ICode 总线、DCode 总线、系统总线及 DMA 总线组成。

（1）ICode 总线

写好的程序经过编译，就会变成一条条指令存储在 Flash 里面。内核要读取这些指令来执行程序，就必须通过 ICode 总线（专门用来取指令）。也就是说，ICode 总线将内核指令总线和 Flash 接口相连，指令的预取在该总线上完成。

（2）DCode 总线

常量存放在内部 Flash 里面，而变量存放在内部 SRAM 里面，DCode 总线就是将内核的 DCode 总线与 Flash 接口相连接的总线，如常量加载和调试访问等操作都是在该总线上完成的。

（3）系统总线

系统总线用于将内核的系统总线连接到总线矩阵，总线矩阵协调内核和 DMA 之间的访问。系统总线用于读取数据，它的主要作用是访问外设的寄存器，即读写寄存器都是通过该总线来完成的。

（4）DMA 总线

DMA 总线将 DMA 的 AHB 主控接口与总线矩阵相连，总线矩阵则协调 CPU 的 DCode 总线和 DMA 总线到 SRAM、Flash 和外设的访问。

另外，总线矩阵还利用转换算法负责协调内核的系统总线和 DMA 总线之间的访问仲裁。为了避免 DCode 总线和 DMA 总线同时读取数据从而造成冲突，在两者读取数据的时候，由总线矩阵来仲裁究竟由谁来读取数据。

DMA 总线和 DCode 总线有什么区别呢?

若没有 DMA 总线，从 SRAM 中读取一个数据到内部的外设数据寄存器中的流程是：CPU 先通过 DCode 总线把数据从 SRAM 读取到 CPU 内部的通用寄存器中暂存，然后通过 DCode 总线将数据传到内部的外设数据寄存器中，这个过程中 CPU 作为数据的中转。现在有了 DMA 总线，只需要 CPU 发送命令，就可以将 SRAM 里的数据直接发送到内部的外设数据寄存器中。

4．被动单元

被动单元由 AHB/APB 桥连接的所有 APB 设备、内部 Flash、内部 SRAM 及 FSMC 这 4 个部分组成。

（1）AHB/APB 桥

AHB/APB 桥有两个桥，在 AHB 和两个 APB 之间提供同步连接，APB1 的操作频率最高为 36 MHz，APB2 的操作频率是最高级（72 MHz）。

（2）内部 Flash

内部 Flash 是内部存储器（简称内存）。写好的程序经过编译，就会变成一条条指令存储在外设的内部 Flash 中，Cortex-Mx 通过 ICode 总线访问内部 Flash 来读取指令。

（3）内部 SRAM

内部 SRAM 是一种具有静态存取功能的内存，不需要刷新电路即能保存它内部存储的数据。程序的变量、堆栈等的使用都基于内部 SRAM，Cortex-Mx 通过 DCode 总线来访问内部 SRAM。

SRAM 的优点是速度快，不必配合内存刷新电路，即可提高整体的工作效率；缺点是集成度低、功耗较大、相同容量体积较大及价格较高，可以少量用于关键性系统，以提高工作效率。

（4）FSMC

FSMC 即可变静态存储控制器，是 STM32 采用的一种新型存储器扩展技术。通过对特殊功能寄存器的设置，FSMC 能够根据不同的外部存储器类型，发出相应的数据/地址/控制信号类型，以匹配信号的速度，从而使 STM32 不仅能够应用于各种不同类型、不同速度的外部静态存储器，而且能够在不增加外部元器件的情况下，同时扩展多种不同类型的静态存储器，来满足系统设计对存储容量、产品体积以及成本的综合要求。

2.4.3 STM32 时钟系统配置

时钟系统是 CPU 的“脉搏”，就像人的心跳一样。STM32 时钟系统比较复杂，不像简单的 51 单片机只需一个系统时钟。那么，STM32 时钟系统为什么要采用多个时钟源呢？采用一个系统时钟不行吗？

STM32 本身非常复杂，外设也非常多，但并非所有的外设都需要很高的系统时钟频率，比如看门狗及 RTC 只需要几十千赫兹的时钟频率即可。在同一个电路中，时钟频率越高，功耗就越大，同时抗电磁干扰能力也会越弱，所以较为复杂的微控制器一般都使用多时钟源。STM32 时钟系统架构（也称 STM32 时钟树）如图 2-10 所示。

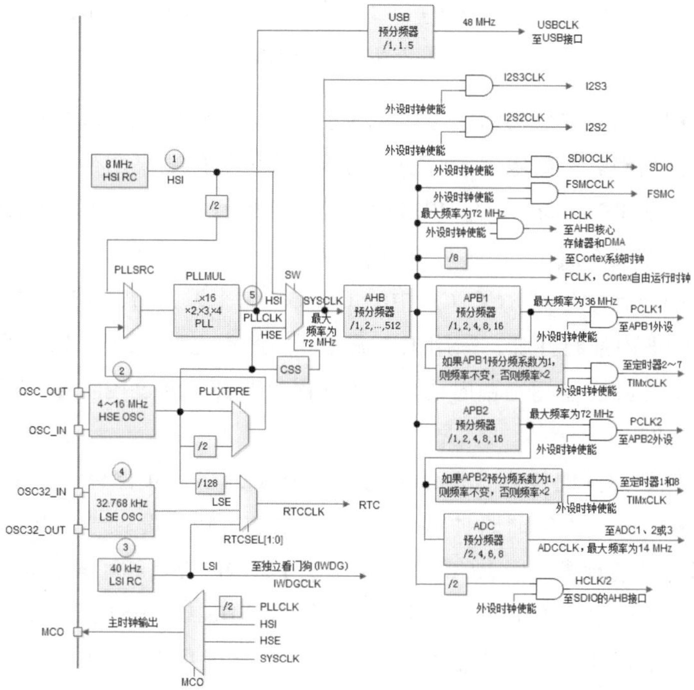

图 2-10　STM32 时钟系统架构

1. STM32 时钟系统的时钟源

STM32 时钟系统的时钟源包括 HSI、HSE、LSI、LSE 和 PLL 时钟源。

根据时钟频率，时钟源可以分为高速时钟源和低速时钟源，其中 HSI、HSE 和 PLL 是高速时钟源，LSI 和 LSE 是低速时钟源。根据来源，时钟源可以分为外部时钟源和内部时钟源，外部时钟源就是从外部通过接晶振的方式获取的时钟源，其中 HSE 和 LSE 是外部时钟源，其他的是内部时钟源。

下面详细介绍 STM32 时钟系统的时钟源（按图 2-10 中标号顺序进行介绍）。

（1）HSI 是高速内部时钟源，采用 RC 振荡器，频率为 8 MHz，精度较低。HIS 中 RC 振荡器的启动时间比 HSE 中晶体振荡器（简称晶振）的短，可由时钟控制寄存器 RCC_CR 中的 HSION 位来启动和关闭。如果 HSE 的晶振失效，HSI 会被作为备用时钟源。

（2）HSE 是高速外部时钟源，可为系统提供更为精确的主时钟源。HSE 可接石英/陶瓷谐振器，或者接外部时钟源，频率范围为 4～16 MHz。开发板一般接频率为 8 MHz 的晶振，系统晶振电路如图 2-11（a）所示。

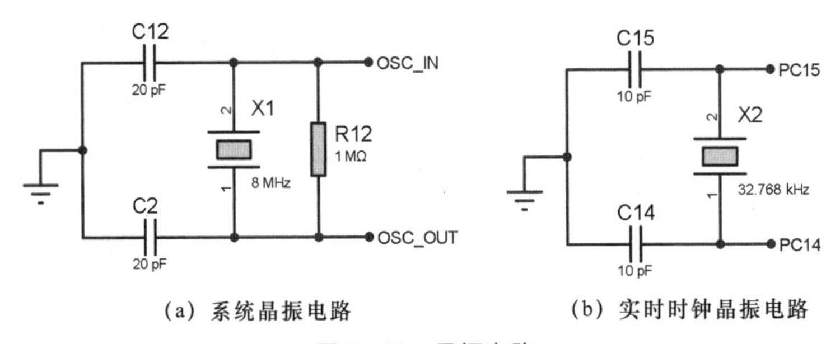

（a）系统晶振电路　　（b）实时时钟晶振电路

图 2-11　晶振电路

为了减少时钟输出的失真和缩短启动的稳定时间，石英/陶瓷谐振器和负载电容器必须尽可能地靠近振荡器引脚。负载电容值必须根据所选择的振荡器来调整。

时钟控制寄存器 RCC_CR 中的 HSERDY 位用来指示高速外部振荡器是否稳定。在芯片启动时，只有该位被硬件置 1，时钟才被释放出来。

可以通过时钟控制寄存器 RCC_CR 中的 HSEON 位来设置 HSE 的启动和关闭。

（3）LSI 是低速内部时钟源，采用 RC 振荡器，频率为 40 kHz。LSI 可以在停机和待机模式下保持运行，为独立看门狗和自动唤醒单元提供时钟，通过控制/状态寄存器 RCC_CSR 中的 LSION 位启动或关闭。

（4）LSE 是低速外部时钟源，接频率为 32.768 kHz 的石英晶体，实时时钟晶振电路如图 2-11（b）所示。LSE 为实时时钟 RTC 或者其他定时功能提供一个低功耗且精确的时钟源，可以通过备份域控制寄存器 RCC_BDCR 中的 LSEON 位启动和关闭。

（5）PLL 为锁相环倍频输出，其时钟输入源可选择 HSI/2、HSE 或者 HSE/2，倍频可选择 2～16 倍，其输出频率最大不得超过 72 MHz。如果需要使用 USB 接口，PLL 必须设置输出为 48 MHz 或 72 MHz 的时钟，用于提供 48 MHz 的 USBCLK 时钟频率。

2. STM32 时钟系统的时钟源与外设和系统时钟之间的关系

前面简单介绍了 STM32 时钟系统的时钟源，那么这 5 个时钟源是怎么给各个外设及系统提供时钟的呢？下面结合图 2-10，介绍 STM32 时钟系统的时钟源与外设和系统时钟之间的关系。

（1）MCO 是 STM32 时钟系统的一个时钟输出引脚，可以选择 PLLCLK 的 2 分频、HSI、HSE 或者系统时钟（SYSCLK）作为 MCO 时钟，用来给外部其他系统提供时钟源。时钟的选择由时钟配置寄存器 RCC_CFGR 中的 MCO[2:0]位控制。

（2）RTC 时钟源（RTCCLK）是供实时时钟（RTC）使用的。RTC 时钟源通过设置备份域控制寄存器 RCC_BDCR 中的 RTCSEL[1:0]位来选择，可以选择 HSE 的 128 分频（HSE/128）、LSI 或 LSE 时钟。

（3）USB 模块的时钟来自 PLL。STM32 时钟系统中有一个全速功能的 USB 模块，其串行接口引擎需要一个频率为 48 MHz 的时钟源。该时钟源只能从 PLL 输出端获取，可以选择 1.5 分频或者 1 分频。也就是说，当需要使用 USB 模块时，PLL 必须使能，并且时钟频率必须配置为 48 MHz 或 72 MHz。

（4）STM32 时钟系统的 SYSCLK 的最大频率为 72 MHz，是供 STM32 中绝大部分部件使用的时钟源。SYSCLK 可选择为 PLLCLK、HSI 或者 HSE。系统复位后，HSI 被选为 SYSCLK。

（5）其他所有外设的最终时钟源都是 SYSCLK。SYSCLK 通过 AHB 预分频器分频后送给各模块使用。

① 送给 AHB、核心存储器和 DMA 总线使用的时钟——HCLK。

② 通过 8 分频后送给 Cortex 的系统时钟——SysTick。

③ 直接送给 Cortex 的自由运行时钟——FCLK。

④ 送给 APB1 预分频器。APB1 预分频器的一路输出供 APB1 外设使用（PCLK1，最大频率为 36 MHz），另一路输出送给定时器 2～7 使用。

⑤ 送给 APB2 预分频器。APB2 预分频器的一路输出供 APB2 外设使用（PCLK2，最大频率为 72 MHz），另一路输出送给定时器 1 和 8 使用。

注意 APB1 和 APB2 的区别如下。

APB1 连接的是低速外设，包括 CAN、USB、IIC1、IIC2、UART2、UART3 等。

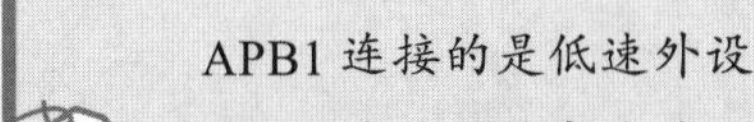

APB2 连接的是高速外设，包括 UART1、SPI1、TIM1、ADC1、ADC2、GPIO 等。

在以上的时钟中，有很多是带使能控制的，例如 AHB 时钟及各种 APB1 外设、APB2 外设等。当需要使用某模块时，记得一定要先使能对应的时钟。

3. STM32 时钟系统的时钟配置

STM32 时钟系统不仅可以在 system_stm32f10x.c 文件的 SystemInit()函数中配置，还可以利用 stm32f10x_rcc.c 文件中的时钟设置函数配置，基本上从函数的名称就可以知道函数的作用。

（1）SystemInit()函数

STM32 启动后，首先要执行 SystemInit()函数对系统进行初始化。SystemInit()函数的第一行代码如下。

```
RCC->CR |= (uint32_t)0x00000001;
```

该行代码是用来设置时钟控制寄存器的，使能内部 8 MHz 的高速时钟频率。从这里可以看出，系统启动后首先依靠内部时钟源来工作。紧接着是下面几行代码。

```
1.  #ifdef STM32F10X_CL                //指 STM32 互联系列芯片
2.      RCC->CFGR &= (uint32_t)0xF8FF0000;
3.  #else
4.      RCC->CFGR &= (uint32_t)0xF0FF0000;
5.  #endif
```

这段代码是用来设置时钟配置寄存器的，主要是对 MCO（时钟输出）、PLL（PLL 倍频系数和 PLL 输入时钟源）、ADCPRE（ADC 时钟）、PPRE2（高速 APB 分频系数）、PPRE1（低速 APB 分频系数）、HPRE（AHB 预分频系数）及 SW（系统时钟切换）等进行复位设置。开始时，系统时钟切换到 HSI，由 HSI 作为系统初始时钟。

另外，STM32F10X_CL 是与具体 STM32 芯片相关的一个宏，这里是指 STM32 互联系列芯片。

紧接着是下面 3 行代码，用来关闭 HSE、CSS（时钟安全系统）、PLL 等。在配置好与之相关的参数后，再将其开启，使其生效。

```
1.  RCC->CR &= (uint32_t)0xFEF6FFFF;
2.  RCC->CR &= (uint32_t)0xFFFBFFFF;
3.  RCC->CFGR &= (uint32_t)0xFF80FFFF;
```

后面的代码主要用于设置中断、外部 RAM 等，如开始时需要禁止所有中断并且清除所有中断标志位，还要根据向量表是定位在内部 SRAM 中还是内部 Flash 中，进行向量表的重定位。

（2）SetSysClock()函数

在 SystemInit()函数中还调用了一个 SetSysClock()函数，这个函数的作用是什么呢？它的作用非常简单，就是判断系统宏定义的时钟是什么，然后设置相应值。换句话说，系统时钟是什么由 SetSysClock()函数来判断，而设置是通过宏定义来实现的。SetSysClock()函数的代码如下。

```
1.  static void SetSysClock(void)
2.  {
3.  #ifdef SYSCLK_FREQ_HSE
4.      SetSysClockToHSE();
5.  #elif defined SYSCLK_FREQ_24MHz
6.      SetSysClockTo24();
7.  #elif defined SYSCLK_FREQ_36MHz
8.      SetSysClockTo36();
9.  #elif defined SYSCLK_FREQ_48MHz
10.     SetSysClockTo48();
11. #elif defined SYSCLK_FREQ_56MHz
12.     SetSysClockTo56();
13. #elif defined SYSCLK_FREQ_72MHz
14.     SetSysClockTo72();
15. #endif
16. }
```

SetSysClock()函数主要用来配置系统时钟频率。在 system_stm32f10x.c 文件中，系统默认的 SYSCLK_FREQ_72MHz 宏定义的时钟频率是 72 MHz，代码如下。

```
1.  /* #define SYSCLK_FREQ_HSE    HSE_VALUE */
2.  /* #define SYSCLK_FREQ_24MHz  24000000 */
3.  /* #define SYSCLK_FREQ_36MHz  36000000 */
4.  /* #define SYSCLK_FREQ_48MHz  48000000 */
5.  /* #define SYSCLK_FREQ_56MHz  56000000 */
```

```
6.  #define SYSCLK_FREQ_72MHz    72000000
```

在这里，只保留了设置值 72 MHz，这是系统默认值，其他值都被注释掉了。若要设置为 36 MHz，只需要保留设置值 36 MHz，其他值都注释掉即可，代码如下。

```
#define SYSCLK_FREQ_36MHz    36000000
```

需要注意的是，当设置好系统时钟后，通过变量 SystemCoreClock 可以获取系统时钟频率。如果系统时钟频率是 72 MHz，那么 SystemCoreClock=72000000。

（3）设置 SystemCoreClock

SystemCoreClock 的值是在 system_stm32f10x.c 文件中设置的，代码如下。

```
1.  #ifdef SYSCLK_FREQ_HSE
2.      uint32_t SystemCoreClock = SYSCLK_FREQ_HSE;
3.  #elif defined SYSCLK_FREQ_24MHz
4.      uint32_t SystemCoreClock = SYSCLK_FREQ_24MHz;
5.  #elif defined SYSCLK_FREQ_36MHz
6.      uint32_t SystemCoreClock = SYSCLK_FREQ_36MHz;
7.  #elif defined SYSCLK_FREQ_48MHz
8.      uint32_t SystemCoreClock = SYSCLK_FREQ_48MHz;
9.  #elif defined SYSCLK_FREQ_56MHz
10.     uint32_t SystemCoreClock = SYSCLK_FREQ_56MHz;
11. #elif defined SYSCLK_FREQ_72MHz
12.     uint32_t SystemCoreClock = SYSCLK_FREQ_72MHz;
13. #else
14.     uint32_t SystemCoreClock = HSI_VALUE;
15. #endif
```

其中 HSI_VALUE 是在 stm32f10x.h 文件中用宏定义的，其值是 8 MHz，代码如下。

```
#define HSI_VALUE    ((uint32_t)8000000)
```

最后，对 SystemInit()函数中设置的系统时钟频率总结如下。

- SYSCLK=72 MHz。
- AHB 时钟（SYSCLK）=72 MHz。
- APB1 时钟（PCLK1）=36 MHz。
- APB2 时钟（PCLK2）=72 MHz。
- PLL 时钟=72 MHz。

【技能训练 2-3】基于寄存器的流水灯设计

基于寄存器的流水灯设计

如何利用 STM32 中 GPIO 的寄存器来实现基于寄存器的流水灯设计呢？

1. 认识外设时钟使能寄存器 APB2ENR

APB2ENR 是 APB2 上的外设时钟使能寄存器，该寄存器各位的描述如图 2-12 所示。

31	30	29	28	27	26	25	24	23	22	21	20	19	18	17	16
保留															
15	**14**	**13**	**12**	**11**	**10**	**9**	**8**	**7**	**6**	**5**	**4**	**3**	**2**	**1**	**0**
ADC3 EN	USART1 EN	TIM8 EN	SPI1 EN	TIM1 EN	ADC2 EN	ADC1 EN	IOPG EN	IOPF EN	IOPE EN	IOPD EN	IOPC EN	IOPB EN	IOPA EN	保留	AFIO EN
rw	rw	rw	rw	rw	rw	rw	rw	rw	rw	rw	rw	rw	rw	rw	rw

图 2-12　APB2ENR 寄存器各位的描述

APB2ENR 寄存器的 16～31 位是保留位，0～15 位是 APB2 外设时钟使能位。APB2 外设时钟使能位设置为 0 时时钟关闭，设置为 1 时时钟开启。

RCC 是 Cortex 系统定时器（SysTick）的外部时钟。在配置 STM32 的外设时，任何时候都要先使能外设的时钟。若要使能 GPIOB 和 GPIOD 时钟，只要将 3 位和 5 位置 1 即可。代码如下。

```
RCC->APB2ENR = 5<<3;            //使能 GPIOB 和 GPIOD 时钟
```

2. 基于寄存器的流水灯程序设计

基于寄存器的流水灯电路与任务 5 的一样，这里不再介绍。基于寄存器的流水灯程序，在这里只给出主函数的代码，其他代码参考任务 5。代码如下。

```
1.  void main(void)
2.  {
3.      //初始化 GPIOB 的 PB0～PB9 引脚
4.          RCC->APB2ENR|=1<<3;           //使能 GPIOB 时钟
5.      GPIOB->CRL&=0x00000000;           //清除原来的设置
6.      GPIOB->CRH&=0xFFFFFF00;           //清除原来的设置，同时不影响其他位设置
7.          GPIOB->CRL|=0x33333333;       //配置 PB0～PB7 引脚为推挽输出
8.      GPIOB->CRH|=0x00000033;           //配置 PB8～PB9 引脚为推挽输出
9.      GPIOB->ODR|=0x03FF;               //PB0～PB9 引脚输出高电平
10.     while(1)
11.     {
12.             GPIOB->ODR = 0x0FFFF;     //先熄灭所有 LED
13.             temp = 0x0FFFE;
14.             for(i=0;i<10;i++)
15.             {
16.                 GPIOB->ODR = temp;
17.                 Delay(100);
18.                 temp = temp<<1;
19.             }
20.             temp = 0x0FE00;
21.             for(j=0;j<10;j++)
22.             {
23.                 GPIOB->ODR = temp;
24.                 Delay(100);
25.                 temp = (temp>>1)+ 0x8000;
26.             }
27.     }
28. }
```

关键知识点小结

1. STM32 的 I/O 口可以由软件配置成 8 种模式：浮空输入 IN_FLOATING、上拉输入 IPU、下拉输入 IPD、模拟输入 AIN、开漏输出 Out_OD、推挽输出 Out_PP、复用功能输出的推挽输出 AF_PP 及复用功能输出的开漏输出 AF_OD。

每个 I/O 口可以自由编程，单 I/O 口寄存器必须按 32 位字访问。STM32 的很多 I/O 口都是 5 V 兼容的，即标有 FT 的那些 I/O 口。

2. STM32 的每个 I/O 口都由配置模式的 7 个寄存器来控制：2 个 32 位的端口配置寄存器 CRL 和 CRH、2 个 32 位的数据寄存器 IDR 和 ODR、1 个 32 位的置位/复位寄存器 BSRR、1 个 16 位的复位寄存器 BRR，以及 1 个 32 位的锁存寄存器 LCKR。

（1）I/O 口低配置寄存器 CRL 寄存器控制每个 I/O 口（A ~ G）的低 8 位的模式和输出频率。每个 I/O 口占用 CRL 寄存器的 4 位，高两位为 CNF，低两位为 MODE。CRH 寄存器的作用和 CRL 寄存器的类似，只是 CRL 寄存器控制的是低 8 位输出口，而 CRH 寄存器控制的是高 8 位输出口。

（2）I/O 口输入数据寄存器 IDR 只用了低 16 位。该寄存器为只读寄存器，并且只能以 16 位的形式读出。

（3）I/O 口输出数据寄存器 ODR 只用了低 16 位。

（4）I/O 口位置位/复位寄存器 BSRR 与 ODR 寄存器的作用类似，都用来设置 GPIO 的输出位是 1 还是 0。

（5）I/O 口位复位寄存器 BRR 只用了低 16 位。

3. STM32 的 GPIO 初始化函数有两个。

RCC_APB2PeriphClockCmd()函数的功能是使能 GPIOx 对应的外设时钟；GPIO_Init()函数的功能是初始化（配置）GPIO 的模式和频率，也就是设置相应 GPIO 中 CRL 和 CRH 寄存器的值。

4. STM32 的 GPIO 输入/输出函数主要有 8 个。

GPIO_ReadInputDataBit()函数的功能读取指定 I/O 口的某个引脚的输入值，也就是读取 IDR 寄存器相应位的值；GPIO_ReadInputData()函数的功能读取指定 I/O 口 16 个引脚的输入值，也就是读取 IDR 寄存器的值；GPIO_ReadOutputDataBit()函数的功能读取指定 I/O 口某个引脚的输出值，也就是读取 ODR 寄存器相应位的值；GPIO_ReadOutputData()函数的功能读取指定 I/O 口 16 个引脚的输出值，也就是读取 ODR 寄存器的值；GPIO_SetBits()和 GPIO_ResetBits()函数的功能设置指定 I/O 口的引脚输出高电平或低电平，也就是设置 BSRR、BRR 寄存器的值；GPIO_WriteBit()函数的功能向指定 I/O 口的引脚写 0 或者写 1，也就是向 ODR 寄存器的相应位写 0 或者写 1；GPIO_Write()函数的功能向指定 I/O 口写数据，也就是向 ODR 寄存器写数据。

其中，GPIO_WriteBit()函数与 GPIO_SetBits()函数的区别是：GPIO_WriteBit()函数用于对 I/O 口的一个引脚进行写操作，可以是写 0 或者写 1；而 GPIO_SetBits()函数用于对 I/O 口的多个引脚同时进行置位。

5. Cortex-M3 采用 ARMv7-M 架构，它包括所有的 16 位 Thumb 指令集和基本的 32 位 Thumb-2 指令集，但不能执行 ARM 指令集。

（1）Cortex-M3 支持线程（Thread）模式和处理（Handler）模式两种工作模式。

（2）Cortex-M3 可以在 Thumb 和 Debug 两种操作状态下工作。

6. Cortex-M3 拥有寄存器 R0 ~ R15 及一些特殊功能寄存器。其中，R0 ~ R12 是通用寄存器，绝大多数的 16 位 Thumb 指令集只能使用 R0 ~ R7（低组寄存器），而 32 位的 Thumb-2 指令集则可以访问所有通用寄存器；R13 作为堆栈指针（SP），有两个，但在同一时刻只能看到一个；特殊功能寄存器有预定义的功能，必须通过专用的指令来访问。

（1）Cortex-M3 中的特殊功能寄存器包括程序状态寄存器组（xPSR）、中断屏蔽寄存器组（PRIMASK、FAULTMASK 和 BASEPRI）和控制寄存器（CONTROL）。

（2）程序状态寄存器组又包括 3 个子状态寄存器：ALU 标志寄存器（APSR）、中断号寄存器（IPSR）和执行状态寄存器（EPSR）。

7. 芯片公司得到 Cortex-M3 内核的使用授权后，就可以把 Cortex-M3 内核用在自己的芯片中，并添加存储器、外设、I/O 口及其他的功能块。

8. Cortex-Mx 内核是由 ARM 公司设计的，ST 公司在获得 ARM 公司的授权后，在此内核的基础上设计外围电路，如存储程序的 Flash、存储变量的 SRAM 及外设（如 GPIO、IIC、SPI、USART）等。

9. STM32 系统架构由内核的驱动单元和外设的被动单元组成。

（1）Cortex-Mx 内核的驱动单元由 ICode 总线、DCode 总线、系统总线及 DMA 总线这 4 个部分组成。

（2）被动单元由 AHB/APB 桥连接的所有 APB 设备、内部 Flash、内部 SRAM 及 FSMC 这 4 个部分组成。

10. STM32 时钟系统架构也称为 STM32 时钟树。

（1）STM32 时钟系统的时钟源包括 HSI、HSE、LSI、LSE 和 PLL 时钟源。

（2）STM32 时钟系统不仅可以在 system_stm32f10x.c 文件的 SystemInit()函数中配置，还可以利用 stm32f10x_rcc.c 文件中的时钟设置函数配置，基本上从函数的名称就可以知道这个函数的作用。

问题与讨论

2-1 STM32 的 I/O 口可以由软件配置成哪几种模式？

2-2 端口配置寄存器有哪两个？其作用是什么？请举例说明。

2-3 请用 ODR 寄存器，编写控制 GPIOD 的 PC3～PC5 引脚和 PC8～PC11 引脚输出高电平的代码。

2-4 简述 RCC_APB2PeriphClockCmd()和 GPIO_Init()函数的功能。

2-5 请使用两种方法，通过库函数编写控制 PB7 引脚输出低电平和 PB8 引脚输出高电平的代码。

2-6 Cortex-M3 采用什么架构？

2-7 Cortex-M3 中的特殊功能寄存器包括哪几个？程序状态寄存器组包括哪几个？

2-8 STM32 系统架构由哪两个单元组成？每个单元又由哪几个部分组成？

2-9 STM32 时钟系统有哪几个时钟源？

2-10 通过自主学习、举一反三，试一试采用基于寄存器和基于库函数两种方法，完成 8 个 LED 循环点亮的电路设计和程序设计、运行与调试，其中 8 个 LED 由 PA1～PA8 引脚控制。

项目三 数码管显示控制设计

学习目标

能力目标	能利用 STM32 与数码管的接口技术，完成 STM32 的数码管静态与动态显示电路设计，并完成数码管静态和动态显示程序的设计、运行及调试。
知识目标	1. 知道数码管的结构、工作原理和显示方式。 2. 知道位带区与位带别名区、I/O 口位操作，掌握 I/O 口位操作的实现方法。 3. 会利用 STM32 的 GPIO，完成数码管静态显示和动态显示设计。
素养目标	启发读者的创新思维，引导读者关注社会发展、甘于奉献、勤奋学习，培养读者勇敢肩负起时代赋予的历史重任。

3.1 任务 6 数码管静态显示设计与实现

任务要求

使用 STM32F103R6 的 PC0～PC15 引脚分别接两个共阴极数码管，其中个位数码管接 PC0～PC7 引脚，十位数码管接 PC8～PC15 引脚。本任务的数码管采用静态显示方式，编写程序使两位数码管循环显示 0～20。

3.1.1 认识数码管

在嵌入式电子产品中，显示器是人机交流的重要组成部分。嵌入式电子产品常用的显示器有 LED 和 LCD（液晶显示）两种，LED 数码显示器由数码管构成，价格低廉、体积小、功耗低、可靠性好，因此得到广泛应用。

认识数码管

1．数码管的结构和工作原理

单个数码管的引脚结构如图 3-1（a）所示。数码管内部由 8 个 LED（简称位段）组成，其中有 7 个条形位段和 1 个小圆点位段。当位段导通时，相应的线段或点点亮，将这些位段排成一定图形，常用来显示数字 0～9、字符 A～G，还可以显示 H、L、P、R、U、Y、符号“—”及小数点“.”等。数码管分为共阴极和共阳极两种结构。

（1）共阴极数码管

如图 3-1（b）所示，共阴极数码管即把所有位段的阴极作为公共端（COM 端）连起来，接低电平，通常接地。通过控制每一个位段的阳极电平使其点亮或熄灭，阳极为高电平时位段点亮，为低电平时位段熄灭。如显示数字 0 时，a、b、c、d、e、f 端为高电平，其他各端为低电平。

（2）共阳极数码管

如图 3-1（c）所示，共阳极数码管即把所有位段的阳极作为公共端（COM 端）连起来，接高电平，通常接电源（如+5 V 电源）。通过控制每一个位段的阴极电平使其点亮或熄灭，阴极为低电平时位段点亮，为高电平时位段熄灭。

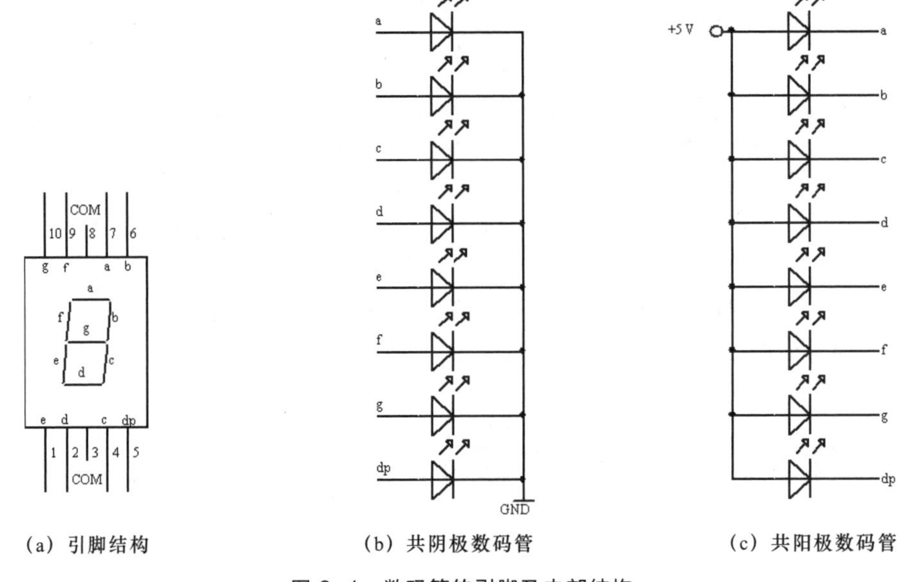

（a）引脚结构　　（b）共阴极数码管　　（c）共阳极数码管

图 3-1　数码管的引脚及内部结构

注意　通常数码管内部是没有限流电阻的，在使用时需外接限流电阻。如果不限流，将造成位段的烧毁。限流电阻一般使流经位段的电流控制在 10～20 mA，由于高亮度数码管的使用，电流还可以取小一些。

2. 数码管的字形码

数码管要显示某个字符，必须在它的 8 个位段上加上相应的电平组合，即一个 8 位数据，这个数据就叫该字符的字形码。常用的数码管编码规则如图 3-2 所示。

D7	D6	D5	D4	D3	D2	D1	D0
dp	g	f	e	d	c	b	a

图 3-2　常用的数码管编码规则

共阴极和共阳极数码管的字形码是不同的，如表 3-1 所示。

表 3-1　数码管的字形码

显示字符	共阴极数码管的字形码	共阳极数码管的字形码	显示字符	共阴极数码管的字形码	共阳极数码管的字形码
0	3FH	C0H	d	5EH	A1H
1	06H	F9H	E	79H	86H
2	5BH	A4H	F	71H	8EH
3	4FH	B0H	H	76H	89H
4	66H	99H	L	38H	C7H
5	6DH	92H	P	73H	8CH
6	7DH	82H	U	3EH	C1H
7	07H	F8H	y	6EH	91H
8	7FH	80H	r	31 H	CEH
9	6FH	90H	–	40H	BFH
A	77H	88H	.	80H	7FH
b	7CH	83H	8.	FFH	00H
C	39H	C6H	灭	00H	FFH

从表 3-1 可以看到，对于同一个字符，共阴极和共阳极数码管的字形码是反相的。例如，对于字符“0”，共阴极数码管的字形码是 3FH，二进制形式是 00111111；共阳极数码管的字形码是 C0H，二进制形式是 11000000，恰好是 00111111 的反码。

3. 数码管的显示方式

数码管有静态和动态两种显示方式。

（1）静态显示

静态显示是指数码管显示某一字符时，相应的位段恒定导通或恒定截止。这种显示方式的各位数码管相互独立，公共端恒定接地（共阴极）或接电源（共阳极）。每个数码管的 8 个位段分别与一个 8 位 I/O 口相连。只要 I/O 口有字形码输出，数码管就显示给定字符，并保持不变，直到 I/O 口输出新的字形码。

（2）动态显示

动态显示是一位一位地轮流点亮各位数码管的显示方式，即在某一时间段，只选中一位数码管的位选端，并送出相应的字形码，在下一时间段再按顺序选中另一位数码管的位选端，并送出相应的字形码。依此规律循环下去，即可使各位数码管分别间断地显示出相应的字符。

3.1.2　数码管静态显示电路设计

按照任务要求，数码管采用静态显示方式，数码管显示电路由 STM32F103R6、2 个一位的共阴极数码管构成。其中，STM32F103R6 的 PC0～PC7 引脚接个位数码管的 A～G 引脚，PC8～PC15 引脚接十位数码管的 A～G 引脚。由于小数点“.”DP 引脚不用，PC7 和 PC15 引脚也就不用了。数码管静态显示电路如图 3-3 所示。

运行 Proteus，新建“数码管静态显示”电路设计文件。按图 3-3 所示放置并编辑 STM32F103R6、74LS245 和 7SEG-COM-CATHODE（数码管）等元器件。其中，2 个 74LS245 的 A0～A6 输出引脚连接十位数码管和个位数码管的 A～G 引脚的步骤如下。

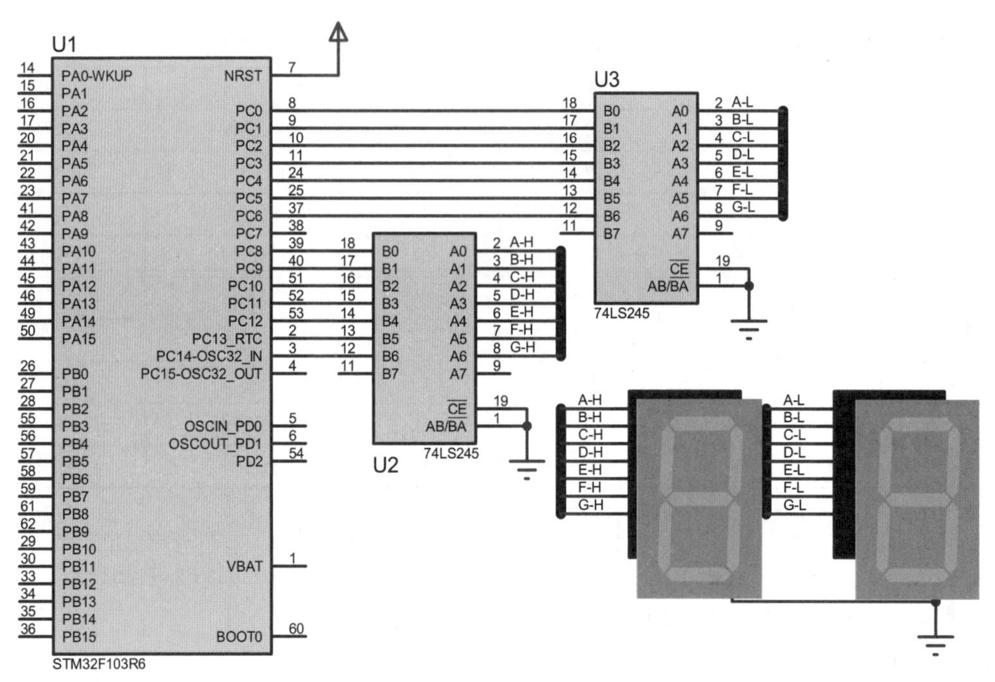

图 3-3　数码管静态显示电路

（1）单击模式选择工具栏中的“Buses Mode”按钮，采用默认（DEFAULT）选择，在 2 个 74LS245 的 A0～A6 输出引脚、十位数码管和个位数码管的 A～G 引脚的适当位置上画 4 条总线。

（2）2 个 74LS245 的 A0～A6 输出引脚、十位数码管和个位数码管的 A～G 引脚分别连接到 4 条总线上，其连线方法与元器件的相同。

（3）单击模式选择工具栏中的“Wire Label Mode”按钮，在图 3-3 所示的相应位置上分别输入 A-L～G-L 和 A-H～G-H 连线标注（也是网络标号），表示个位数码管的 A～G 引脚和其对应的 74LS245 的 A0～A6 输出引脚是连接在一起的，十位数码管的 A～G 引脚和其对应的 74LS245 的 A0～A6 输出引脚也是连接在一起的。

在这里，74LS245 是 8 路同相三态双向数据总线驱动芯片，具有双向三态功能，既可以输出数据，也可以输入数据，其结构如图 3-4 所示。

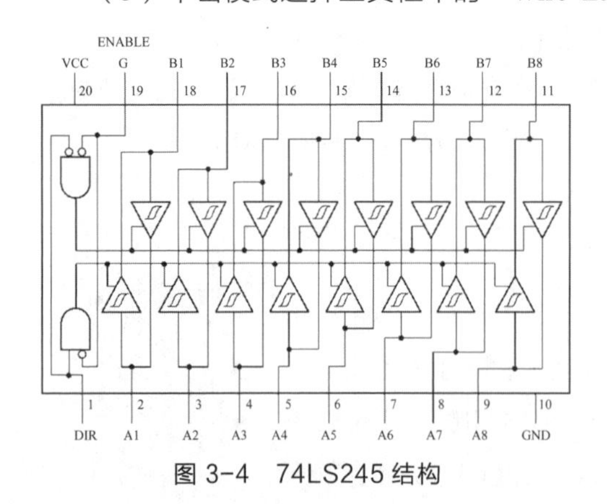

图 3-4　74LS245 结构

74LS245 的 $\overline{G}$ 端是三态允许端（低电平有效）；DIR 端是方向控制端（DIR=1，信号由 A 向 B 传输，否则信号由 B 向 A 传输）。

3.1.3 数码管静态显示程序设计

数码管静态显示电路设计完成以后，还不能看到数码管上显示字符，需要编写程序控制 STM32F103R6 上 PC0～PC15 引脚的电平发生高低变化，进而控制数码管，使其内部的不同位段点亮，以显示出需要的字符。

数码管静态显示程序设计

1. 数码管静态显示功能实现分析

电路图（图 3-3）中采用共阴极数码管，其公共端接地。我们可以控制每一个位段的阳极电平使其点亮或熄灭，阳极为高电平时位段点亮，为低电平时位段熄灭。相应地，我们也可以在字形码表（表 3-1）中查找到共阴极数码管的 0～9 字符的字形码，然后通过 PC0～PC15 引脚输出。例如，在 PC0～PC15 引脚输出 0x067F（二进制形式为 0000011001111111），数码管显示“18”，此时，除小数点以外的位段均被点亮，其中低 8 位是 0x7F，显示“8”，高 8 位是 0x06，显示“1”。

由于显示的数字 0～9 的字形码没有规律可循，只能采用查表的方式来实现。我们按照数字 0～9 的顺序，把每个数字的字形码排好，代码如下。

```
uint16_t  table[] = {0x3F,0x06,0x5bB,0x4F,0x66,0x6D,0x7D,0x07,0x7F,0x6F};
```

这个表格是通过定义数组来完成的。表格建立好后，只要依次查表即可得到字形码并输出，这样就可以达到预想的效果了。

2. 建立“数码管静态显示”工程

（1）将“任务 1 STM32_Project 工程模板”目录名修改为“任务 6 数码管静态显示”。

（2）在 USER 子目录下，把“STM32_Project.uvprojx”工程名修改为“smgxs.uvprojx”。

3. 编写主文件 smgxs.c

将 USER 目录下面的“main.c”文件名修改为“smgxs.c”，在该文件中删除原代码并输入如下代码。

```
1.  #include "stm32f10x.h"
2.  //定义 0～9 这 10 个数字的字形码
3.  uint16_t table[]={0x3F,0x06,0x5B,0x4F,0x66,0x6D,0x7D,0x07,0x7F,0x6F};
4.  uint16_t disp[2];
5.  uint16_t temp,i;
6.  ……                                    //延时函数与前面任务的延时函数一样
7.  void main(void)
8.  {
9.      GPIO_InitTypeDef  GPIO_InitStructure;
10.     RCC_APB2PeriphClockCmd(RCC_APB2Periph_GPIOC, ENABLE);//使能 GPIOC 时钟
11.     GPIO_InitStructure.GPIO_Pin = 0xffff;              //配置 PC0～PC15 引脚
12.     GPIO_InitStructure.GPIO_Mode = GPIO_Mode_Out_PP;
13.                                              //配置 PC0～PC15 引脚为推挽输出
```

```
14.     GPIO_InitStructure.GPIO_Speed = GPIO_Speed_50MHz;//GPIOC 频率为 50 MHz
15.     GPIO_Init(GPIOC, &GPIO_InitStructure);  //初始化 PC0~PC15
16.     while(1)
17.     {
18.             for(i=0;i<=20;i++)
19.             {
20.                 disp[1]=table[i/10];          //数码管显示十位数的字形码
21.             disp[0]=table[i%10];              //数码管显示个位数的字形码
22.                 temp=(disp[1]<<8)|(disp[0]&0x0FF);
23.                             //十位数的字形码左移 8 位，然后与个位数的字形码合并
24.                 GPIO_Write(GPIOC,temp);
25.                 Delay(100);
26.             }
27.     }
28. }
```

代码说明如下。

（1）“GPIO_InitStructure.GPIO_Pin = 0xFFFF;”语句用来配置 PC0～PC15 引脚。为什么使用 0xFFFF 参数就可以配置 PC0～PC15 引脚呢？可以参考 stm32f10x_gpio.h 头文件对 GPIO_Pin_x 的定义。

（2）disp[]数组用于存放数码管将显示的十位和个位数的字形码，是经常用到的显示缓冲区。

（3）“temp=(disp[1]<<8)|(disp[0]&0x0FF);”语句的作用：disp[1]<<8 是把 10 个数字的字形码左移 8 位（移到高 8 位），disp[0]&0x0FF 是保留低 8 位，其他位清零（高 8 位清零），然后把高 8 位（十位）和低 8 位（个位）合并，完成循环显示 0～20 的效果。

4. 工程编译与调试

参考任务 2 把 smgxs.c 主文件添加到工程里面，把“Project Targets”栏下的“STM32_Project”修改为“Smgxs”，完成 smgxs 工程的搭建、配置。

然后单击“Rebuild”按钮对工程进行编译，生成 smgxs.hex 目标代码文件。若编译时发生错误，要进行分析检查，直到编译正确。

最后加载 smgxs.hex 目标代码文件到 STM32F103R6，单击仿真工具栏中的“运行”按钮，观察数码管是否循环显示 0～20。若运行结果与任务要求不一致，要对电路和程序进行分析检查，直到运行正确。

【技能训练 3-1】共阳极数码管应用

任务 6 利用 STM32F103R6 的 PC0～PC15 引脚，分别接 2 个共阴极数码管，数码管的公共端接地，实现数码管循环显示 0～20。那么如何使用共阳极数码管实现循环显示 0～20 呢？

共阳极数码管应用

1. 电路设计

参考任务 6 的电路，添加共阳极数码管 7SEG-COM-ANODE，

STM32F103R6 的 PC0～PC7 引脚依次连接个位数码管的 A～G 引脚，PC8～PC15 引脚依次连接十位数码管的 A～G 引脚，2 个数码管的公共端接电源，如图 3-5 所示。

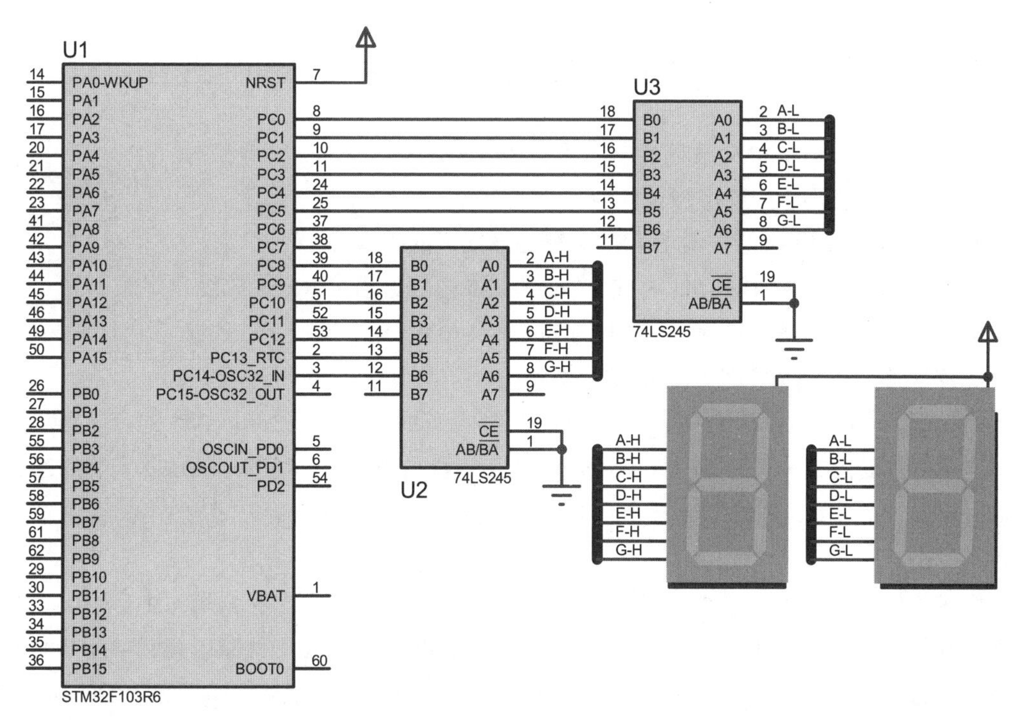

图 3-5　共阳极数码管显示电路

2. 程序设计

图 3-5 采用共阳极数码管，其公共端接电源，通过控制每一个位段的阴极电平使其点亮或熄灭，阴极为高电平时位段熄灭，为低电平时位段点亮。由于共阳极数码管和共阴极数码管的 0～9 的字形码是反相关系，所以可以通过对阴极数码管的 0～9 字形码取反来获得共阳极数码管的 0～9 字形码，定义 0～9 字形码表的代码如下。

```
uint16_t table[] = {0xC0,0xF9,0xA4,0xB0,0x99,0x92,0x82,0xF8,0x80,0x90};
```

使用共阳极数码管实现循环显示 0～20 的程序与任务 6 的程序的区别就是上面这条代码，其他代码都是一样的。

那么，除了上面这个解决办法，还有其他解决办法吗?

由于共阳极数码管的字形码是共阴极的字形码的反码，所以我们也可以不修改任务 6 的字形码表，而通过对共阴极数码管的字形码取反来实现。

对共阴极数码管的字形码取反有硬件和软件两种方法，硬件取反是通过反相器实现的，软件取反是通过取反运算符“～”实现的，代码如下。

```
temp = ~((disp[1]<<8)|(disp[0]&0x0ff));
```

在输出字形码时，先对要输出的共阴极数码管的字形码取反（取反后就可以获得共阳极数码管的字形码），然后输出即可实现。这个解决方法只是加了一个取反运算符“～”，其他代码不用修改。

3.2 STM32 存储器映射

3.2.1 认识 Cortex-M3 存储器

认识 Cortex-M3 存储器

Cortex-M3 是 STM32 处理器内核，可支持 4 GB 存储空间，许多公司的 ARM 处理器都采用了这个内核。

1. Cortex-M3 存储器与 STM32 存储器之间的关系

STM32 采用的是 Cortex-M3 内核，Cortex-M3 内核是通过 ICode 总线、DCode 总线、系统总线与 STM32 内部的 Flash、SROM 相连接的，这种连接方式直接关系到 STM32 存储器的结构组织。

换句话说，Cortex-M3 定义了一个存储器结构，ST 公司按照 Cortex-M3 的存储器定义设计出自己的存储器结构，即 ST 公司的 STM32 存储器结构必须按照 Cortex-M3 定义的存储器结构进行设计。为了更好地说明 Cortex-M3 存储器与 STM32 存储器之间的关系，下面举一个实际的例子。

假如我们买了一套调料盒，这套调料盒共有 3 个小盒子（假设存储器分为 3 块），小盒子上面分别贴有盐（Flash）、糖（SROM）、味精（Peripheral）标签，此时这套调料盒并没有任何意义（只用来对应 Cortex-M3 内核）。我们会按照标签放入特定品牌和特定分量的盐、糖、味精，产生一个有实际意义的调料盒（各类 Cortex-M3 内核的芯片，如 STM32）。在放调料的时候，调料可以放也可以不放，但是调料的位置不能放错。

由这个例子可以看出，贴上标签的调料盒决定了调料盒存放调料的结构。因此，只要了解了空盒的存储结构，就可以很清楚地知道调料盒有调料时的用法。也就是说，Cortex-M3 的存储器结构决定了 STM32 的存储器结构。

2. Cortex-M3 存储器

Cortex-M3 是 32 位的内核，其 PC 指针可以指向 2^{32}=4 GB 的 0x00000000～0xFFFFFFFF 地址空间。Cortex-M3 存储器用于把程序存储器、数据存储器、寄存器、I/O 口等组织在这个 4 GB 空间的不同区域，这些区域被明确划分了。Cortex-M3 存储器具有以下特点。

（1）Cortex-M3 存储器映射是预定义的，并且规定好了哪个位置使用哪条总线。

（2）Cortex-M3 存储器系统支持位带（Bit-band）操作。通过位带操作，实现了对单一位的操作。位带操作仅适用于一些特殊的存储器区域。

（3）Cortex-M3 存储器支持非对齐访问和互斥访问。

（4）Cortex-M3 存储器支持小端模式和大端模式。

Cortex-M3 存储器虽然划分了不同区域，但都是统一编址的。在这里，无论是向端口还是向存储器写数据，都是向指定的地址写数据，读数据也是这样的。若要访问 I/O 口，就要向对应的地址写数据。若要设置 I/O 口的属性，就要将其写入对应的寄存器。

Cortex-M3 的存储空间还有一些专用的外设空间，这些空间是用于调试和跟踪的模块，该模块主要包括 FPB、DWT、ITM、ETM，以及 TPIU 等。这些专用的外设空间是在 ROM 表里的，Cortex-M3 的 ROM 表如表 3-2 所示。

表 3-2　Cortex-M3 的 ROM 表

地址偏移量	值	名称	描　述
0x000	0xFFF0F003	NVIC	指向地址为 0xE000E000 的 NVIC
0x004	0xFFF02003	DWT	指向地址为 0xE0001000 的 DWT
0x008	0xFFF03003	FPB	指向地址为 0xE0002000 的 FPB
0x00C	0xFFF01003	ITM	指向地址为 0xE0000000 的 ITM
0x010	0xFFF41002 或 0xFFF41003	TPIU	指向 TPIU。如果有 TPIU，则值的位 0 设为 1
0x014	0xFFF41002 或 0xFFF41003	ETM	指向 ETM。如果有 ETM，则值的位 0 设为 1。ETM 地址为 0xE0041000
0x018	0	End	屏蔽 ROM 表的末端（末端屏蔽）。如果添加了 CoreSight 组件，则它们从这个位置开始添加，末端屏蔽被移到附加组件之后的下一个位置
0xFCC	0x1	MEMTYPE	如果为 1，MEMTYPE 区的位 0 定义为“系统存储器访问”；如果为 0，则只调试
0xFD0	0x0	PID4	—
0xFD4	0x0	PID5	—
0xFD8	0x0	PID6	—
0xFDC	0x0	PID7	—
0xFE0	0x0	PID0	—
0xFE4	0x0	PID1	—
0xFE8	0x0	PID2	—
0xFEC	0x0	PID3	—
0xFF0	0x0D	CID0	—
0xFF4	0x10	CID1	—
0xFF8	0x05	CID2	—
0xFFC	0xB1	CID3	—

3.2.2　Cortex-M3 存储器映射

存储器映射是指对芯片中或芯片外的 Flash、RAM 及外设等进行统一编址，即用地址来表示对象。这个地址绝大多数是由厂家规定好的，用户只能用不能改。用户只能在接有外部 RAM 或 Flash 的情况下进行自定义。

Cortex-M3 存储器映射

1. Cortex-M3 存储器映射实现

由于 Cortex-M3 对设备的地址进行了重新映射，当程序访问存储器或外设时，都是按照映射后的地址进行访问的。Cortex-M3 存储器的 4 GB 地址空间被划分为大小相等的 8 块区域，每块区域大小为 512 MB。Cortex-M3 存储器映射结构如图 3-6 所示。

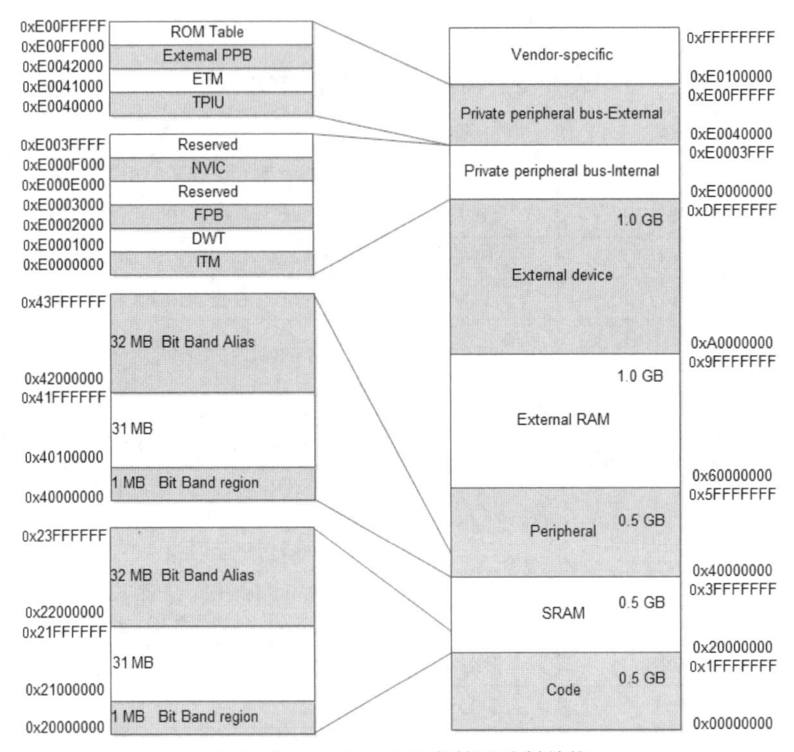

图 3-6　Cortex-M3 存储器映射结构

从图 3-6 中可以看出，Cortex-M3 存储器只有一个单一固定的存储器映射。这里划分的 8 块区域，主要包括代码、SRAM、片上外设、外部 RAM、外部外设、内部专用外设总线、外部专用外设总线、特定厂商等。

只要芯片制造商按照 Cortex-M3 存储器的结构进行各自芯片的存储器结构设计，就可以灵活地分配存储器空间，以制造出各具特色的基于 Cortex-M3 的芯片。

2. Cortex-M3 存储器映射区域分析

（1）代码区（0x00000000 ~ 0x1FFFFFFF）

代码区可以执行指令，不可以缓存。代码区也可以写数据，其中的数据操作是通过数据总线实现的（读数据使用 DCode 总线，写数据使用系统总线），并且写操作是可以缓冲的。

程序可以在代码区、SRAM 区及外部 RAM 区中执行，通常把程序放到代码区，从而使取指令和数据访问各自使用自己的总线（指令总线与数据总线是分开的）。

（2）SRAM 区（0x20000000 ~ 0x3FFFFFFF）

SRAM 区用在内部 SRAM 上，让芯片制造商连接片上的 SRAM，其通过系统总线来访问，写操作是可以缓冲的。SRAM 区也可以执行指令，允许把代码复制到内存中执行，常用于固件升级等维护工作。

在 SRAM 区的底部，还有一个 1 MB 的位带区，这个位带区有一个对应的 32 MB 的位带别名（Alias）区，该位带区容纳了 10^6 个位变量，每个位变量是 32 位的（即 1 个字或 4 个字节）。位带区对应的是最低的 1 MB 地址范围，而位带别名区中的每个字对应位带区的一个位。位带操作只适用于数据访问，不适用于取指令。

我们通过位带操作的功能访问一个位时，可以在位带别名区中像访问普通内存一样操作。关于位带操作的详细内容，在后文还会进一步介绍。

（3）片上外设区（0x40000000 ~ 0x5FFFFFFF）

片上外设区用在片上外设寄存器上，不可缓存，也不能在其中执行指令。

在片上外设区的底部，也有一个 1 MB 的位带区，并有一个与其对应的 32 MB 的位带别名区，该位带区用于快速访问外设寄存器。这样，在我们访问各种控制位和状态位时，就像访问普通内存一样方便。

（4）外部 RAM 区（0x60000000 ~ 0x9FFFFFFF）

外部 RAM 区的大小是 1 GB，没有位带区，用于连接外部 RAM，该区可划分为外部 RAM 区的前半段和外部 RAM 区的后半段两部分，每部分的大小是 512 MB。

① 外部 RAM 区的前半段（0x60000000 ~ 0x7FFFFFFF）用在外部 RAM 上，可以缓存，并且可以执行指令。

② 外部 RAM 区的后半段（0x80000000 ~ 0x9FFFFFFF）除了不可以缓存外，其他与前半段的相同。

（5）外部外设区（0xA0000000 ~ 0xDFFFFFFF）

外部外设区的大小是 1 GB，也没有位带区，用于连接外部设备，也划分为外部外设区的前半段和外部外设区的后半段两部分，每部分的大小是 512 MB。

① 外部外设区的前半段（0xA0000000 ~ 0xBFFFFFFF）用在外部外设的寄存器上，也用在多核系统的共享内存中（需要严格按顺序操作，即不可缓存），这个区域是不可以执行指令的。

② 外部外设区的后半段（0xC0000000 ~ 0xDFFFFFFF）与前半段的功能相同。

外部 RAM 区和外部外设区的区别是外部 RAM 区允许执行指令，而外部外设区不允许执行指令。

（6）系统区（0xE0000000 ~ 0xFFFFFFFF）

系统区是专用外设总线和供应商指定功能区域，不能执行指令。由于系统区涉及很多关键区域，所以访问都严格序列化（不可缓存、不可缓冲）；而供应商指定功能的区域，是可以缓存和缓冲的。

系统区主要包括内部专用外设总线、外部专用外设总线和特定厂商。

外部专用外设总线有 AHB 和 APB 两种。

AHB 只用于 Cortex-M3 内部的 AHB 外设，包括 NVIC、FPB、DWT 和 ITM。

APB 既用于 Cortex-M3 内部的 APB 设备，也用于外部设备（这里的“外部”是针对内核而言的）。Cortex-M3 允许元器件制造商再添加一些片上 APB 外设到 APB 上，它们之间通过 APB 接口来访问。

最后，系统区还有未用的供应商指定区，也是通过系统总线来访问的，但不允许在其中执行指令。

前面所述的存储器映射只是一个粗线条的模板，制造商还会提供更详细的图示来描述芯片中片上外设的具体分布、RAM 和 ROM 的容量和位置信息等。

3.2.3 STM32 存储器映射

下面我们针对 ST 公司的 STM32 存储器来介绍 STM32 存储器映射。

1. Cortex-M3 存储器映射与 STM32 存储器映射对比

在这里，先对比 Cortex-M3 存储器映射与 STM32 存储器映射，如图 3-7 所示。

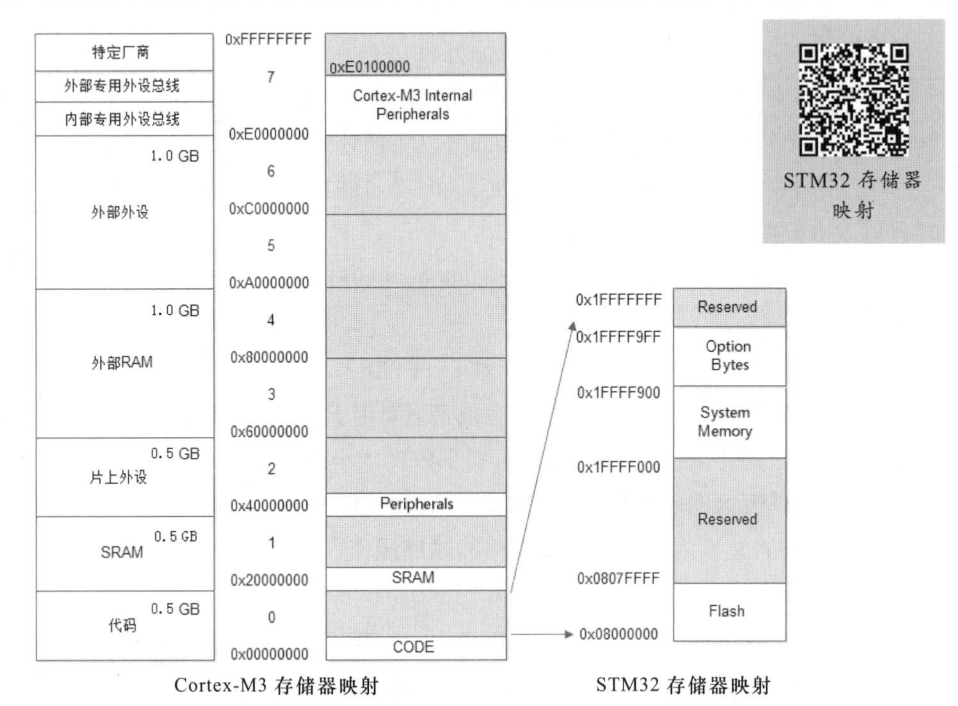

图 3-7　Cortex-M3 存储器映射与 STM32 存储器映射对比

从图 3-7 中可以看出，STM32 存储器映射和 Cortex-M3 存储器映射很相似，不同的是 STM32 加入了很多实际的组件，比如 Flash 等。只有加入了这些组件，才能成为一个拥有实际意义的、可以工作的 STM32 芯片。

2. STM32 存储器映射

STM32 存储器的地址空间被划分为大小相等的 8 块区域（即块 0～块 7），每块区域的大小都为 512 MB。STM32 存储器映射如图 3-7 右侧部分所示，其中部分内容介绍如下。

- Peripherals 是外设的存储器映射，对该区域操作，就是对相应的外设进行操作。
- SRAM 是运行时临时存放代码的区域。
- Flash 是存放代码的区域。
- System Memory 是 STM32 出厂时自带的，只能使用，不能写入或擦除。

● Option Bytes 可以按照用户的需要进行配置，比如配置的看门狗是用硬件实现的还是用软件实现的。

（1）地址 0x00000000～0x1FFFFFFF 为块 0，大小为 512 MB。最开始的地方就是系统开始执行的地方，也就是从 0 地址开始执行，然后根据 BOOT0 和 BOOT1 引脚的设置来决定程序是在 Flash 还是在系统内存（System Memory）中运行。

Flash 被映射到了 0x08000000～0x0807FFFF 的地址空间中，共 512 KB。在 stm32f10x.h 头文件中，宏定义代码如下。

```
#define FLASH_BASE  ((uint32_t)0x08000000)
```

系统内存在 0x1FFFF000～0x1FFFF7FF 的地址空间，共 2 KB。

（2）地址 0x20000000～0x3FFFFFFF 为块 1，大小为 512 MB，是 SRAM 区。SRAM 区用来存取各种动态的 I/O 口数据、中间计算结果及与外部存储器交换的数据和暂存数据。设备断电后，SRAM 区中存储的数据就会丢失。SRAM 区的宏定义代码如下。

```
1.  #define SRAM_BASE  ((uint32_t)0x20000000)       //宏定义了 SRAM 区的基地址
2.  #define SRAM_BB_BASE  ((uint32_t)0x22000000)   //宏定义了位带别名区的基地址
```

不同类型 STM32 的 SRAM 区大小也是不一样的，但是它们的起始地址都是 0x20000000，终止地址都是 0x20000000 加上其固定容量的大小。如 STM32F103VC 中 SRAM 区的大小是 48 KB，只占用了 0x20000000～0x2000BFFF 的地址空间，从而 0x2000C000～0x3FFFFFFF 的地址空间被保留了，不能访问。

（3）地址 0x40000000～0x5FFFFFFF 为块 2，大小为 512 MB，是片上外设区，是专为外设准备的。片上外设区的宏定义代码如下。

```
1.  #define PERIPH_BASE  ((uint32_t)0x40000000) //宏定义了片上外设区的基地址
2.  #define PERIPH_BB_BASE ((uint32_t)0x42000000)  //宏定义了位带别名区的基地址
```

在片上外设区的基地址上，又宏定义了外设地址映射，代码如下。

```
1.  #define APB1PERIPH_BASE    PERIPH_BASE
2.  #define APB2PERIPH_BASE    (PERIPH_BASE + 0x10000)
3.  #define AHBPERIPH_BASE     (PERIPH_BASE + 0x20000)
```

在 APB2PERIPH_BASE 基地址上，又宏定义了 GPIOx 地址映射，代码如下。

```
1.  #define GPIOA_BASE      (APB2PERIPH_BASE + 0x0800)
2.  #define GPIOB_BASE      (APB2PERIPH_BASE + 0x0C00)
3.  #define GPIOC_BASE      (APB2PERIPH_BASE + 0x1000)
4.  #define GPIOD_BASE      (APB2PERIPH_BASE + 0x1400)
5.  #define GPIOE_BASE      (APB2PERIPH_BASE + 0x1800)
6.  #define GPIOF_BASE      (APB2PERIPH_BASE + 0x1C00)
7.  #define GPIOG_BASE      (APB2PERIPH_BASE + 0x2000)
```

通过前面的分析，我们已经清楚知道外设的地址映射和使用方法了。

（4）地址 0x60000000～0xDFFFFFFF 中的块 3 和块 4 是 FSMC 块；块 5 是 FSMC 寄存器块；块 6 是保留的，不能使用。

FSMC 是 STM32 系列采用的一种新型的存储器扩展技术，在外部存储器扩展方面具有独特的优势，可根据系统的应用需要，方便地进行不同类型的大容量静态存储器的扩展。FSMC 既是一种技术也是一种寄存器、存储器，还可以作为外设总线。FSMC 寄存器块的宏定义代码如下。

```
#define FSMC_R_BASE    ((uint32_t)0xA0000000)
```

在 FSMC_R_BASE 基地址上，又宏定义了 FSMC 寄存器地址映射，代码如下。

```
1.  #define FSMC_Bank1_R_BASE     (FSMC_R_BASE + 0x0000)
2.  #define FSMC_Bank1E_R_BASE    (FSMC_R_BASE + 0x0104)
3.  #define FSMC_Bank2_R_BASE     (FSMC_R_BASE + 0x0060)
4.  #define FSMC_Bank3_R_BASE     (FSMC_R_BASE + 0x0080)
5.  #define FSMC_Bank4_R_BASE     (FSMC_R_BASE + 0x00A0)
```

（5）地址 0xE0000000～0xFFFFFFFF 为块 7，是系统区，是分配给内核内部的外设使用的，这里就不详细介绍了。

【技能训练 3-2】编写外部设备文件

编写外部设备文件

在任务 6 中，主文件 smgxs.c 内容太多，显得没有条理。这是因为数码管外部设备的初始化及其他相关代码都写在主文件中了。其实可以把外部设备作为文件，这样就可以对数码管静态显示的代码进行优化了。

1. 编写外部设备文件

我们为延时函数和数码管都分别写一个.c 文件和一个头文件，并保存在其对应的子目录里，使得数码管循环显示 0～20 的主文件变得简洁明了，还具有规范性和可读性。

（1）编写 Delay.h 头文件，代码如下。

```
1.  #ifndef __DELAY_H
2.  #define __ DELAY _H
3.  void Delay(unsigned int count);
4.  #endif
```

（2）编写 Delay.c 文件，代码如下。

```
1.  #include "Delay.h"
2.  void Delay(unsigned int count)             //延时函数
3.  {
4.      unsigned int i;
5.      for(;count!=0;count--)
6.      {
7.              i=5000;
8.              while(i--);
9.      }
10. }
```

（3）编写 smg.h 头文件，代码如下。

```
1.  #ifndef __SMG_H
2.  #define __SMG_H
3.  void SMG_Init(void);                       //初始化 SMG
4.  #endif
```

（4）编写 smg.c 文件，代码如下。

```
1.  #include "stm32f10x.h"
2.  #include "smg.h"
3.  void SMG_Init(void)
4.  {
5.      GPIO_InitTypeDef  GPIO_InitStructure;
6.          RCC_APB2PeriphClockCmd(RCC_APB2Periph_GPIOC, ENABLE);//使能 GPIOC 时钟
```

```
7.        GPIO_InitStructure.GPIO_Pin = 0xffff;               //配置 PC0~PC15 引脚
8.        GPIO_InitStructure.GPIO_Mode = GPIO_Mode_Out_PP;
9.                                     //配置 PC0~PC15 引脚为推挽输出
10.       GPIO_InitStructure.GPIO_Speed = GPIO_Speed_50MHz;  //GPIOC 频率为 50 MHz
11.       GPIO_Init(GPIOC, &GPIO_InitStructure);              //初始化 PC0~PC15 引脚
12. }
```

（5）编写主文件 smgxs.c，代码如下。

```
1.   #include "stm32f10x.h"
2.   #include "Delay.h"
3.   #include "smg.h"
4.   //定义包含 0~9 这 10 个数字的字形码表
5.   uint16_t table[]={0x3f,0x06,0x5b,0x4f,0x66,0x6d,0x7d,0x07,0x7f,0x6f};
6.   uint16_t disp[2];
7.   uint16_t temp,i;
8.   void main(void)
9.   {
10.      SMG_Init();
11.      while(1)
12.      {
13.              for(i=0;i<=20;i++)
14.              {
15.                  disp[1]=table[i/10];          //数码管显示十位数的字形码
16.              disp[0]=table[i%10];              //数码管显示个位数的字形码
17.                  temp=(disp[1]<<8)|(disp[0]&0x0ff);
18                                 //十位数的字形码左移 8 位，然后与个位数的字形码合并
19.                  GPIO_Write(GPIOC,temp);
20.                  Delay(100);
21.              }
22.      }
23. }
```

从上面的文件可以看出，我们从数码管静态显示的主文件 smgxs.c 中分出 4 个文件。其中，Delay.h 和 Delay.c 作为延时的文件，存放在 SYSTEM\delay 中；smg.h 和 smg.c 作为数码管设备类的文件，存放在 HARDWARE\smg 中。

2. 工程配置与编译

（1）添加 HARDWARE 和 SYSTEM 新组到工程里面，如图 3-8 所示。

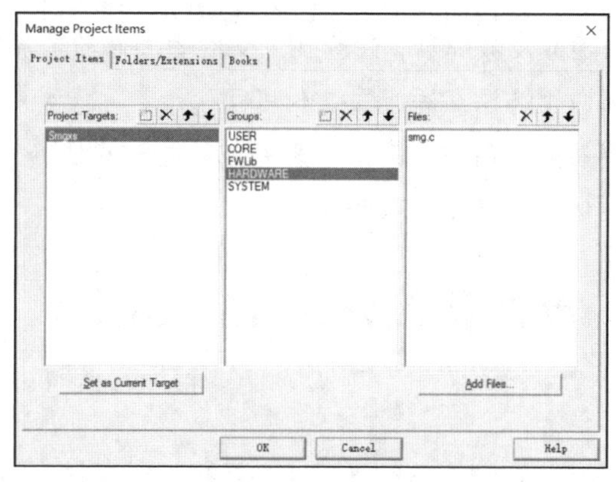

图 3-8　添加新组

（2）添加新组的编译文件的路径 SYSTEM\delay 和 HARDWARE\smg，如图 3-9 所示。

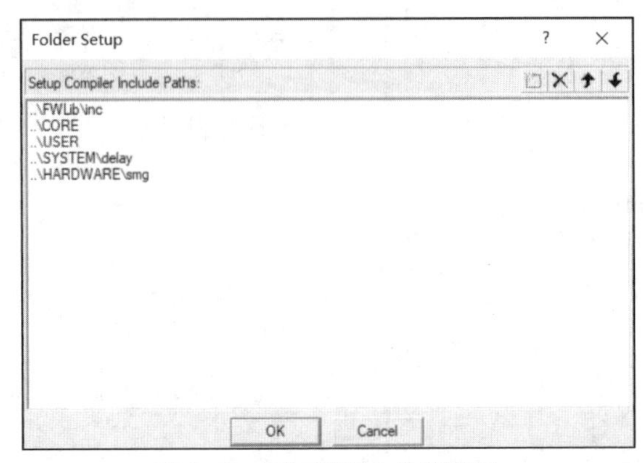

图 3-9　添加编译文件的路径

（3）完成工程配置与编译，数码管静态显示代码优化后的工程如图 3-10 所示。

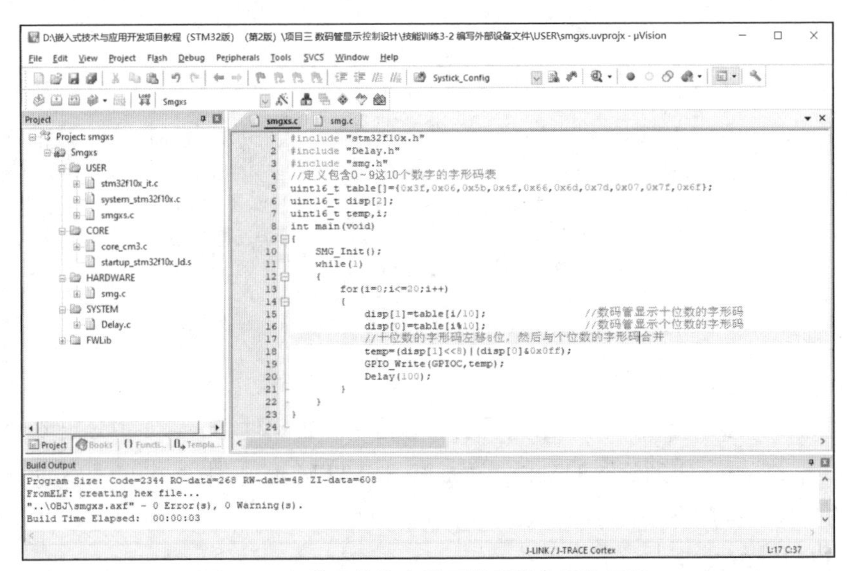

图 3-10　数码管静态显示代码优化后的工程

注：图中的文件名称是实际操作过程中的工程文件名称。

以后，只要涉及延时函数及数码管，在这几个文件里面修改或添加代码就可以了。另外，如果增加新的设备，参考以上方法编写相关文件即可。

后面的所有任务都会按照设备分类的方法来完成，同时本任务的工程文件将作为后续任务的工程模板，不再引用任务 1 的工程模板了。

3.3　任务 7　数码管动态扫描显示设计

任务要求

采用数码管动态扫描方式，使用 STM32F103R6 和 6 位共阴极数码管等，通过数码管动态扫描程序实现 6 位数码管显示“654321”。

3.3.1 数码管动态扫描显示电路设计

根据任务要求，数码管动态扫描显示电路由 STM32F103R6、6 位数码管和 74LS245 组成。PC0 ~ PC7 引脚输出显示段码（包括小数点“.”DP 段），PC0 ~ PC7 引脚通过 74LS245 依次接数码管的 A ~ G 和 DP 引脚；PB0 ~ PB5 引脚输出位码，其依次接数码管的位码引脚 1 ~ 6。数码管动态扫描显示电路如图 3-11 所示。

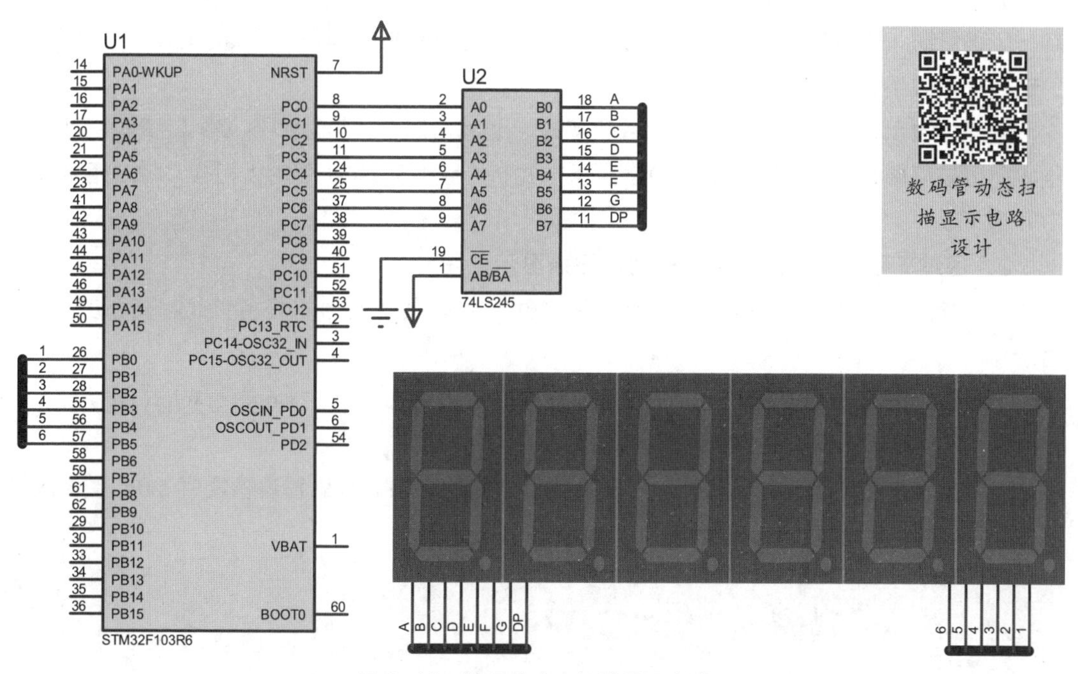

图 3-11 数码管动态扫描显示电路

运行 Proteus，新建“数码管动态扫描显示”电路设计文件。按图 3-11 所示放置并编辑 STM32F103R6、74LS245 等元器件。

3.3.2 数码管动态扫描显示程序设计、运行与调试

1. 数码管动态扫描显示功能实现分析

在多位数码管显示时，为了降低成本和功耗，会将所有位的段选端并联起来，由 GPIOx 的 8 个输出引脚（本任务用的是 PC0 ~ PC7 引脚）控制；各位数码管的公共端（COM 端）用作位选端，由另一个 GPIOx 的输出引脚（本任务用的是 PB0 ~ PB5 引脚）进行显示位控制。

由于段选端是公用的，要让各位数码管显示不同的字符，就必须进行扫描，即采用动态扫描方式。动态扫描是采用分时的方法，轮流点亮各位数码管。在某

一时间段，这种方式只让其中一位数码管的位选端（COM 端）有效，并送出相应的字形码。动态扫描过程如下。

（1）从段选线上送出字形码，再控制位选端，字符就显示在指定数码管上，其他位选端无效的数码管都处于熄灭状态。

（2）持续保持 1.5 ms，然后关闭所有数码管的显示。

（3）送出新的字形码，按照上述过程显示在另外一位数码管上，直到每一位数码管都扫描完为止，这一过程即动态扫描显示。

数码管其实是轮流点亮的，但由于人眼存在视觉暂留效应，当每位数码管点亮的时间短到一定程度时，人就感觉不到字符的移动或闪烁，觉得每位数码管一直都在显示，达到一种稳定的视觉效果。

与静态显示方式相比，当显示位数较多时，动态扫描方式可以节省 I/O 口资源，硬件电路实现也较简单；但其稳定性不如静态显示方式，并且由于 CPU 要轮番扫描，将占用更多的 CPU 时间。

2. 通过工程移植，建立数码管动态扫描显示工程

（1）将“技能训练 3-2 编写外部设备文件”目录名修改为“任务 7 数码管动态扫描显示”。

（2）在 USER 子目录下，把“smgxs.uvprojx”工程名修改为“smgdtxs.uvprojx”。

3. 修改数码管设备文件

修改从“技能训练 3-2 编写外部设备文件”中复制过来的数码管设备文件 smg.c，修改完成后保存文件。修改后的代码如下。

```
    1.  #include "stm32f10x.h"
    2.  #include "smg.h"
    3.  void SMG_Init(void)
    4.  {
    5.          GPIO_InitTypeDef  GPIO_InitStructure;
    6.      //使能 GPIOB 和 GPIOC 时钟
    7.          RCC_APB2PeriphClockCmd(RCC_APB2Periph_GPIOB|RCC_APB2Periph_
GPIOC,ENABLE);
    8.      GPIO_InitStructure.GPIO_Pin = 0x00ff;            //配置 PC0～PC7 引脚
    9.          GPIO_InitStructure.GPIO_Mode = GPIO_Mode_Out_PP;
    10.                                     //配置 PC0～PC7 引脚为推挽输出
    11.     GPIO_InitStructure.GPIO_Speed = GPIO_Speed_50MHz; //GPIOC 频率为 50 MHz
    12.     GPIO_Init(GPIOC, &GPIO_InitStructure);          //初始化 PC0～PC7 引脚
    13.         GPIO_InitStructure.GPIO_Pin = 0x003f;    //配置 PB0～PB5 引脚
    14.     GPIO_InitStructure.GPIO_Mode = GPIO_Mode_Out_PP;
    15                                  //配置 PB0～PB5 引脚为推挽输出
    16.     GPIO_InitStructure.GPIO_Speed = GPIO_Speed_50MHz;//GPIOB 频率为 50 MHz
    17.     GPIO_Init(GPIOB, &GPIO_InitStructure);          //初始化 PB0～PB5 引脚
    18. }
```

4. 编写主文件 smgdtxs.c

将 USER 目录下面的“smgxs.c”文件名修改为“smgdtxs.c”，在该文件中删除原代码并输入如下代码。

```
1.  #include "stm32f10x.h"
2.  #include "Delay.h"
3.  #include "smg.h"
4.  //定义包含 0～9 这 10 个数字的字形码表
5.  uint16_t table[]={0x3f,0x06,0x5b,0x4f,0x66,0x6d,0x7d,0x07,0x7f,0x6f};
6.  uint16_t wei[]={0x0fe,0x0fd,0x0fb,0x0f7,0x0ef,0x0df,0xff,0xff}; //位码
7.  uint8_t i;
8.  void main(void)
9.  {
10.     SMG_Init();
11.     while(1)
12.     {
13.             for(i=1;i<7;i++)
14.             {
15.                 GPIO_Write(GPIOB,wei[i-1]);//位选，数码管一个一个地轮流显示
16.                 GPIO_Write(GPIOC,table[i]);            //输出显示的字形码
17.                 Delay(20);                             //保持显示一段时间
18.                 GPIO_Write(GPIOB,0x0ff);//使所有数码管都熄灭一段时间
19.                 Delay(20);
20.             }
21.     }
22. }
```

5. 工程编译与调试

把 smgdtxs.c 主文件添加到工程里面，完成 smgdtxs 工程的搭建和配置。然后单击“Rebuild”按钮对工程进行编译，生成 smgdtxs.hex 目标代码文件。若编译时发生错误，要进行分析检查，直到编译正确。

最后加载 smgdtxs.hex 目标代码文件到 STM32F103R6，单击仿真工具栏中的“运行”按钮，观察数码管是否动态扫描显示“654321”。若运行结果与任务要求不一致，要对电路和程序进行分析检查，直到运行正确。

3.3.3 Keil μVision5 代码编辑

Keil μVision5 代码编辑

本小节主要介绍 Keil μVision5 中的代码编辑方法，掌握这些能为我们编辑代码带来很大的方便。

1. 使用 Tab 键

在很多编译器里面每按一下 Tab 键就会移动几个空格。如果你经常编写程序，对 Tab 键应该非常熟悉。

在 Keil μVision5 中，Tab 键支持块操作，和在 C++中 Tab 键的作用差不多，就是可以让一段代码整体右移固定的几位，也可以通过 Shift+Tab 组合键整体左移固

定的几位。

如图 3-12 所示，while 语句的循环体、for 语句的语句体都没有采用缩进格式，这样的代码很不规范，也不易阅读。

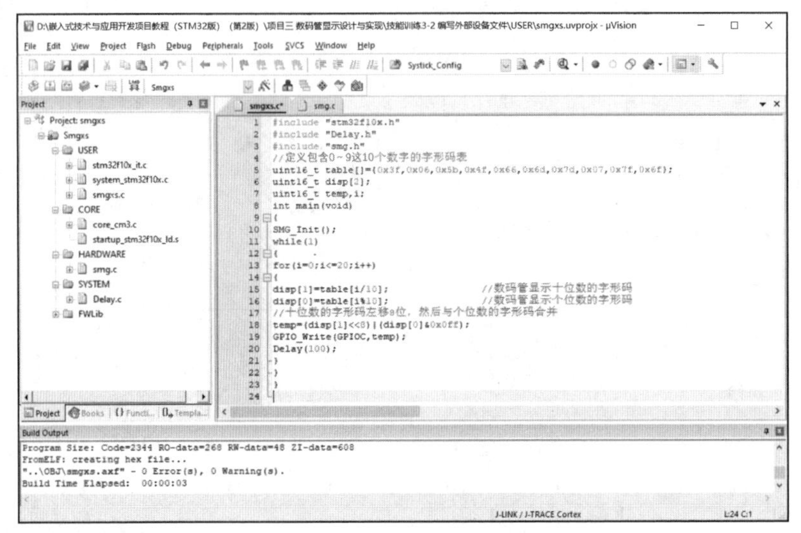

图 3-12　不规范的代码格式

注：图中的文件名称是实际操作过程中的工程文件名称。

我们可以利用 Tab 键的整体右移功能，将图 3-12 所示的代码快速修改为比较规范的代码格式。先选中一段代码，然后按 Tab 键，就可以看到整段代码都右移了一定距离，如图 3-13 所示。

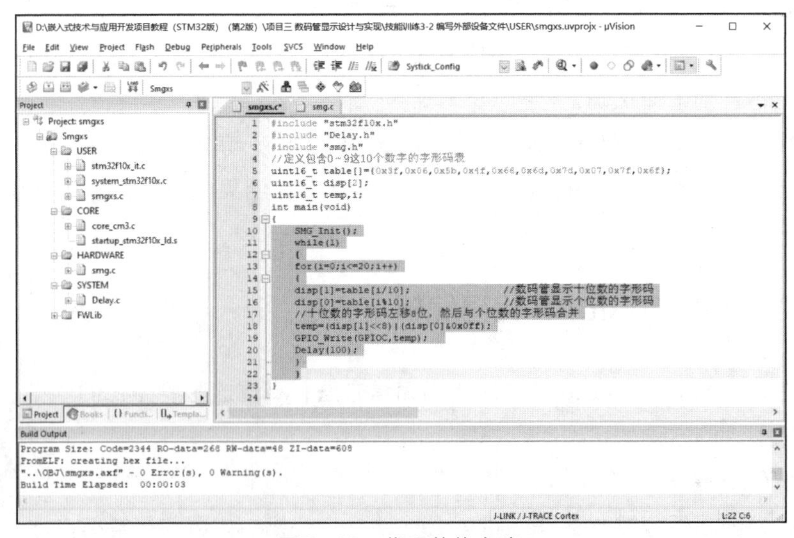

图 3-13　代码整体右移

注：图中的文件名称是实际操作过程中的工程文件名称。

接下来，我们多选几次代码段，并多按几次 Tab 键，就可以很快达到使代码规范化的目的，如图 3-14 所示。

```c
#include "stm32f10x.h"
#include "Delay.h"
#include "smg.h"
//定义包含0～9这10个数字的字形码表
uint16_t table[]={0x3f,0x06,0x5b,0x4f,0x66,0x6d,0x7d,0x07,0x7f,0x6f};
uint16_t disp[2];
uint16_t temp,i;
int main(void)
{
    SMG_Init();
    while(1)
    {
        for(i=0;i<=20;i++)
        {
            disp[1]=table[i/10];                //数码管显示十位数的字形码
            disp[0]=table[i%10];                //数码管显示个位数的字形码
            //十位数的字形码左移8位，然后与个位数的字形码合并
            temp=(disp[1]<<8)|(disp[0]&0x0ff);
            GPIO_Write(GPIOC,temp);
            Delay(100);
        }
    }
}
```

```
Program Size: Code=2344 RO-data=268 RW-data=48 ZI-data=608
FromELF: creating hex file...
"..\OBJ\smgxs.axf" - 0 Error(s), 0 Warning(s).
Build Time Elapsed:  00:00:03
```

图 3-14　修改后的代码

注：图中的文件名称是实际操作过程中的工程文件名称。

经过这样的整理之后，整个代码就变得有条理了，看起来也很规范。

2. 快速定位

在调试代码或编写代码时，可能想查看某个函数是在什么位置定义的、里面的内容是什么，还可能想查看某个变量是在什么位置定义的。

在调试代码或者查看代码的时候，若编译器没有提供快速定位功能，只能慢慢地查找代码，代码量较少则还好，如果代码量很大，就要花费很长时间来查找代码。

Keil μVision5 提供了快速定位的方法，只要选中想要查看的函数或变量的名字，然后右击，就会弹出快捷菜单，如图 3-15 所示。

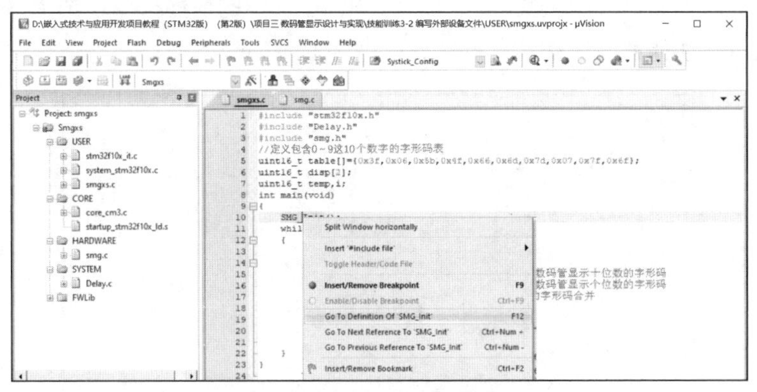

图 3-15　快速定位

注：图中的文件名称是实际操作过程中的工程文件名称。

在弹出的快捷菜单中选择“Go To Definition Of 'SMG_init'”选项，就可以快速定位到 SMG_init()函数定义的位置，如图 3-16 所示。

对于变量，也可以按照同样的操作来快速定位到变量定义的位置，大大缩短查找代码的时间。另外，在弹出的快捷菜单中还有一个“Go To Next Reference To 'SMG_Init'”选项，该

选项用于快速定位到函数声明的位置，有时候也会用到，但没有“Go To Definition Of 'SMG_init'”选项使用得多。

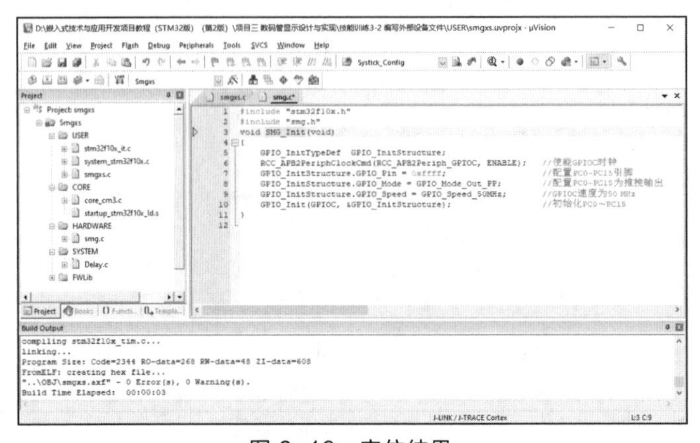

图 3-16 定位结果

注：图中的文件名称是实际操作过程中的工程文件名称。

在利用快速定位的方法定位到函数/变量定义/声明的地方并看完代码后，又想返回之前的代码继续查看，此时只要通过工具栏上的 按钮，就能快速返回之前的位置。

注意 在进行快速定位到函数/变量定义的位置操作之前，要先在“Options for Target”对话框的“Output”选项卡中勾选“Browse Information”复选框，再编译，才能快速定位，否则将无法定位！

3. 快速打开头文件

将鼠标指针放到要打开的头文件上，然后右击，在弹出的快捷菜单中选择“Open document 'Delay.h'”，就可以快速打开这个头文件了，如图 3-17 所示。

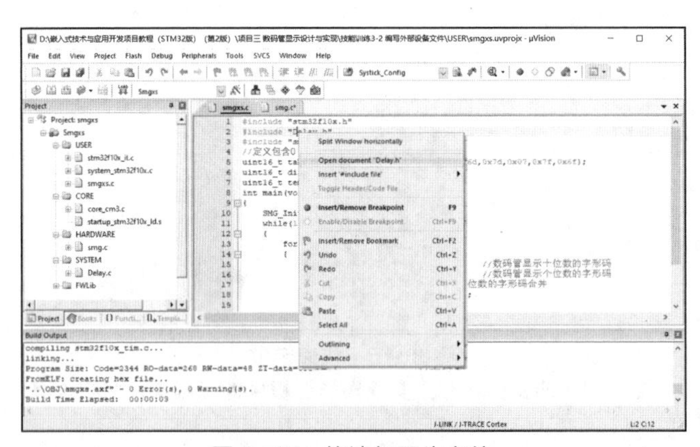

图 3-17 快速打开头文件

注：图中的文件名称是实际操作过程中的工程文件名称。

4. 查找和替换

查找和替换功能与 Word 等很多文档编辑软件的查找和替换功能差不多。在 Keil μVision5

里面执行查找和替换的组合键是 Ctrl+H，只要按该组合键，就会弹出图 3-18 所示的对话框。

在图 3-18 中实现查找 GPIOB，并用 GPIOC 替换。查找和替换的功能是特别常用的，其用法与其他编辑工具或编译器中查找和替换功能的用法基本都是一样的。

注意 该组合键不能实现跨文件查找和替换功能。

5. 跨文件查找

Keil µVision5 还具有跨文件查找功能。先双击要查找的函数或变量名（这里以系统时钟初始化函数 GPIO_Write()为例），再单击工具栏中的按钮，弹出图 3-19 所示的对话框。

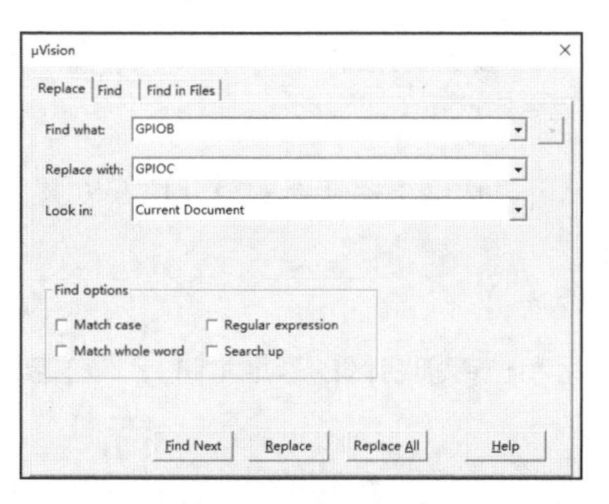

图 3-18　查找和替换

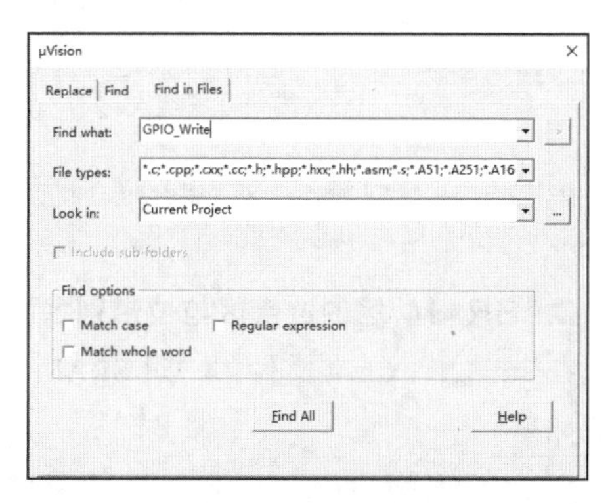

图 3-19　跨文件查找

单击“Find All”按钮，Keil µVision5 就会找出所有含有 GPIO_Write 字段的文件，并列出其所在的位置，如图 3-20 所示。

```
Find In Files
15) :       GPIO_Write(GPIOB,wei[i-1]);
16) :       GPIO_Write(GPIOC,table[i]);
18) :       GPIO_Write(GPIOB,0x0ff);
ib\src\stm32f10x_gpio.c(394) : void GPIO_WriteBit(GPIO_TypeDef* GPIOx, uint16_t GPIO_Pin, BitAction BitVal)
ib\src\stm32f10x_gpio.c(417) : void GPIO_Write(GPIO_TypeDef* GPIOx, uint16_t PortVal)
ib\inc\stm32f10x_gpio.h(359) : void GPIO_WriteBit(GPIO_TypeDef* GPIOx, uint16_t GPIO_Pin, BitAction BitVal);
ib\inc\stm32f10x_gpio.h(360) : void GPIO_Write(GPIO_TypeDef* GPIOx, uint16_t PortVal);
Build Output | Find In Files
J-LINK / J-TRACE Cortex
```

图 3-20　查找结果

利用跨文件查找的方法，可以很方便地查找各种函数和变量，还可以限定搜索范围，比如只查找.c 文件和.h 文件等。

3.4 I/O 口的位操作与实现

3.4.1 位带区与位带别名区

1. 认识位带区与位带别名区

在前面已经介绍过，在 SRAM 区和片上外设区的底部，各有一个 1 MB

的位带区，这两个位带区除了可以像普通的 RAM 一样使用，还分别对应一个 32 MB 的位带别名区。位带别名区可以把每个位扩展成一个 32 位的字。当通过位带别名区访问这些字时，就可以达到访问原来位的目的，如图 3-21 所示。

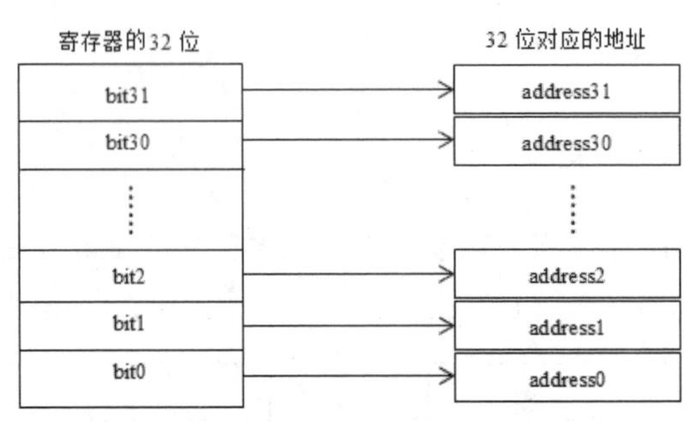

图 3-21　位带区与位带别名区示意

由图 3-21 可以看出，往 address0 地址写入 1，就可以达到将寄存器的第 0 位 bit0 置 1 的目的。

2. SRAM 区的位带区与位带别名区

在 stm32f10x.h 头文件中，对 SRAM 区的位带区和位带别名区的基地址进行了宏定义，代码如下。

```
1.  #define  SRAM_BASE      ((uint32_t)0x20000000)      //宏定义了 SRAM 区的基地址
2.  #define  SRAM_BB_BASE    ((uint32_t)0x22000000)     //宏定义了位带别名区的基地址
```

可以看出，SRAM 区包括一个从地址 0x20000000 开始的 1 MB 位带区，其对应的位带别名区的地址是从 0x22000000 开始的。下面通过一个例子来说明 SRAM 区的位带区与位带别名区的关系。

例如，位带区的地址 0x20000000 中的 bit4，其在位带别名区中对应的字地址是多少？

由于位带区的每一位都可以在对应的位带别名区中扩展成一个 32 位的字。如果是地址 0x20000000 中的 bit0，其在位带别名区中对应的字地址是 0x22000000；若是 bit1，其在位带别名区中对应的字地址是 0x22000004，因为每个字由 4 个字节组成，即占用 4 个存储单元。以此类推，我们就知道 bit4 在位带别名区中对应的字地址是 0x22000010。位带区与位带别名区的扩展对应关系如图 3-22 所示。

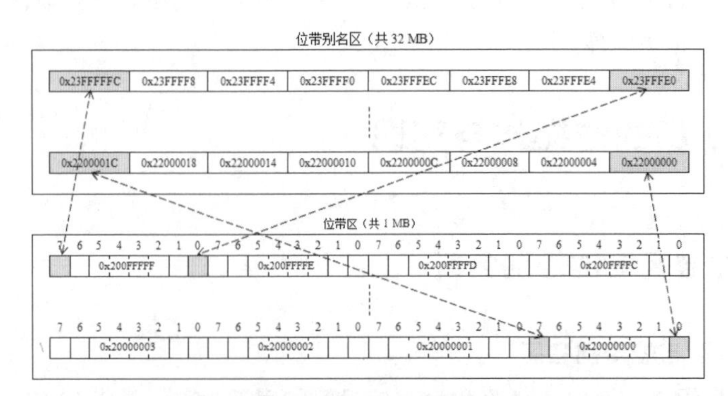

图 3-22　位带区与位带别名区的扩展对应关系

3. 片上外设区的位带区与位带别名区

在 stm32f10x.h 头文件中，也对片上外设区的位带区和位带别名区的基地址进行了宏定义，代码如下。

```
1.   #define PERIPH_BASE    ((uint32_t)0x40000000)      //宏定义了片上外设区的基地址
2.   #define PERIPH_BB_BASE  ((uint32_t)0x42000000)     //宏定义了位带别名区的基地址
```

可以看出，片上外设区包括一个从地址 0x40000000 开始的 1 MB 位带区，其对应的位带别名区的地址是从 0x42000000 开始的，两者之间的关系同上所述。

3.4.2 位带操作

1. 位带地址映射

Cortex-M3 存储器映射有两个 32 MB 的位带别名区，这两个区被映射为两个 1 MB 的位带区。其中，对 32 MB SRAM 位带别名区的访问可映射为对 1 MB SRAM 位带区的访问，对 32 MB 片上外设位带别名区的访问可映射为对 1 MB 片上外设位带区的访问。

（1）SRAM 区的位带地址映射

假设 SRAM 位带区的某个位所在字节地址记为 A，位序号为 n（n 的值为 0～7），则该位在位带别名区的地址如下。

```
AliasAddr = 0x22000000+((A - 0x20000000)*8+n)*4 = 0x22000000+(A - 0x20000000)*
32+n*4
```

上式中的“*4”表示一个字为 4 个字节，“*8”表示一个字节有 8 个位。SRAM 区的位带地址映射关系如表 3-3 所示。

表 3-3　SRAM 区的位带地址映射关系

位带区的地址	位带别名区的地址
0x20000000.0	0x22000000
0x20000000.1	0x22000004
0x20000000.2	0x22000008
……	……
0x20000000.31	0x2200007C
0x20000004.0	0x22000080
0x20000004.1	0x22000084
0x20000004.2	0x22000088
……	……
0x200 FFFFC.31	0x23FFFFFC

例如，已在地址 0x20000000 中写入了 0x12345678，现要求对 bit2 置 1，过程如下。

首先读取位带别名区的地址 0x22000008。这次操作将会读取位带区的地址 0x20000000，并提取 bit2，其值为 0。

然后向地址 0x22000008 写 1。这次操作将会被映射成对地址 0x20000000 的“读—改—写”操作，把 bit2 置 1。

最后读取地址 0x20000000，读到的数据是 0x1234_567C，可见 bit2 已置 1 了。

（2）片上外设区的位带地址映射

同样，假设片上外设位带区的某个位所在字节地址记为 A，位序号为 n（n 的值为 0～7），则该位在位带别名区的地址如下。

```
AliasAddr = 0x42000000+((A - 0x40000000)*8+n)*4 = 0x42000000+(A - 0x40000000)*32+n*4
```

上式中的“*4”表示一个字为 4 个字节，“*8”表示一个字节有 8 位。片上外设区的位带地址映射关系如表 3-4 所示。

表 3-4　片上外设区的位带地址映射关系

位带区的地址	位带别名区的地址
0x40000000.0	0x42000000
0x40000000.1	0x42000004
0x40000000.2	0x42000008
……	……
0x40000000.31	0x4200007C
0x40000004.0	0x42000080
0x40000004.1	0x42000084
0x40000004.2	0x42000088
……	……
0x400FFFFC.31	0x43FFFFFC

另外，在访问位带别名区时，不管使用哪一种长度的数据传送指令（字/半字/字节），都要把地址对齐到字的边界上，否则会产生不可预料的结果。

2. 位带操作

位带操作对于硬件 I/O 密集型的底层程序最有用。若使用位带操作，就可以很容易地通过 GPIO 的引脚直接去控制 LED 的点亮与熄灭。这样就不需要使用 GPIO_SetBits()和 GPIO_ResetBits()函数，或者 GPIO 相关寄存器了。

位带操作能使代码更加简洁。当需要对某位进行比较判断时，若不使用位带操作，比较判断过程如下。

- 读取整个寄存器。
- 屏蔽不需要的位。
- 进行比较判断，根据结果执行相关的代码。

若使用位带操作，比较判断过程如下。

- 从位带别名区直接读取该位的值。
- 进行比较判断，根据结果执行相关的代码。

3. 在 C 语言中使用位带操作

C 语言并不直接支持位带操作。那么我们应该怎么做，才能在 C 语言中使用位带操作呢？

若想在 C 语言中使用位带操作，最简单的做法就是使用 define 宏定义一个位带别名区的地址。比如现在需要对寄存器 REG0 的 bit1 置 1，可以通过位带别名地址设置 bit1，代码如下。

```
1.  #define  DEVICE_REG0   ((volatile unsigned long *) (0x40000000))
2.  #define  DEVICE_REG0_BIT0   ((volatile unsigned long *) (0x42000000))
3.  #define  DEVICE_REG0_BIT1   ((volatile unsigned long *) (0x42000004))
4.  ……
5.  *DEVICE_REG0_BIT1 = 0x1;
```

若不使用位带操作，代码如下。

```
*DEVICE_REG0 = *DEVICE_REG0 | 0x2;
```

3.4.3 I/O 口位带操作的宏定义

如何通过位带操作来实现对 STM32 中各个 I/O 口的位操作（主要是读入和输出操作）呢？本小节主要围绕 I/O 口的读取和控制，采用逐层地址映射方式，对 I/O 口位带操作的宏定义进行介绍。

I/O 口位带操作的宏定义

1. APB2 外设基地址映射宏定义

在 stm32f10x.h 头文件中，对外设基地址和 APB2 外设基地址映射进行宏定义的代码如下。

```
1.  #define  PERIPH_BASE        ((uint32_t)0x40000000)
2.  #define  APB1PERIPH_BASE    PERIPH_BASE
3.  #define  APB2PERIPH_BASE    (PERIPH_BASE + 0x10000)
```

2. 端口基地址映射宏定义

在 stm32f10x.h 头文件中，对片上外设区的外设基地址都进行了宏定义，如 ADCx、DACx、TIMx、USARx 及 GPIOx 等。这里主要介绍 GPIOx 外设基地址宏定义，代码如下。

```
1.  #define  GPIOA_BASE     (APB2PERIPH_BASE + 0x0800)
2.  #define  GPIOB_BASE     (APB2PERIPH_BASE + 0x0C00)
3.  #define  GPIOC_BASE     (APB2PERIPH_BASE + 0x1000)
4.  #define  GPIOD_BASE     (APB2PERIPH_BASE + 0x1400)
5.  #define  GPIOE_BASE     (APB2PERIPH_BASE + 0x1800)
6.  #define  GPIOF_BASE     (APB2PERIPH_BASE + 0x1C00)
7.  #define  GPIOG_BASE     (APB2PERIPH_BASE + 0x2000)
```

其中，0x0800 是 GPIOA 在 APB2 外设基地址中的地址偏移量，其他端口地址偏移量以此类推。下面的所有宏定义在 stm32f10x.h 头文件中都没有，是为后面编写 sys.h 头文件做准备工作。

3. 端口寄存器地址映射宏定义

对 GPIOx 的 ODR 和 IDR 寄存器地址映射进行了宏定义。

（1）对 GPIOx 的 ODR 寄存器地址映射进行了宏定义，代码如下。

```
1.  #define GPIOA_ODR_Addr    (GPIOA_BASE+12)        //0x4001080C
2.  #define GPIOB_ODR_Addr    (GPIOB_BASE+12)        //0x40010C0C
3.  #define GPIOC_ODR_Addr    (GPIOC_BASE+12)        //0x4001100C
```

```
4.  #define GPIOD_ODR_Addr    (GPIOD_BASE+12)        //0x4001140C
5.  #define GPIOE_ODR_Addr    (GPIOE_BASE+12)        //0x4001180C
6.  #define GPIOF_ODR_Addr    (GPIOF_BASE+12)        //0x40011A0C
7.  #define GPIOG_ODR_Addr    (GPIOG_BASE+12)        //0x40011E0C
```

（2）对 GPIOx 的 IDR 寄存器地址映射进行了宏定义，代码如下。

```
1.  #define GPIOA_IDR_Addr    (GPIOA_BASE+8)         //0x40010808
2.  #define GPIOB_IDR_Addr    (GPIOB_BASE+8)         //0x40010C08
3.  #define GPIOC_IDR_Addr    (GPIOC_BASE+8)         //0x40011008
4.  #define GPIOD_IDR_Addr    (GPIOD_BASE+8)         //0x40011408
5.  #define GPIOE_IDR_Addr    (GPIOE_BASE+8)         //0x40011808
6.  #define GPIOF_IDR_Addr    (GPIOF_BASE+8)         //0x40011A08
7.  #define GPIOG_IDR_Addr    (GPIOG_BASE+8)         //0x40011E08
```

上面宏定义代码中的 ODR 和 IDR 寄存器的地址偏移量是怎么确定的呢？STM32 已经定义过 GPIO 寄存器的地址偏移量，如表 3-5 所示。

表 3-5　端口寄存器地址

端口基地址	端口寄存器名	地址偏移量
GPIOx_BASE （x=A～G）	GPIOx_CRL	0x00
	GPIOx_CRH	0x04
	GPIOx_IDR	0x08
	GPIOx_ODR	0x0C
	GPIOx_BSRR	0x10
	GPIOx_BRR	0x14
	GPIOx_LCKR	0x18

4. 宏定义 BIT_ADDR(addr, bitnum) 宏名

先建立一个把“位带地址 + 位序号”转换成位带别名地址的宏，再建立一个把位带别名地址转换成指针类型的宏。

（1）建立一个把“位带地址 + 位序号”转换成位带别名地址的宏，代码如下。

```
#define  BITBAND(addr, bitnum)  ((addr & 0xF0000000)+0x2000000 + ((addr &0xFFFFF)<<5)+(bitnum<<2))
```

参考转换公式，完成“位带地址 + 位序号”转换成位带别名地址的计算，代码说明如下。

- addr：片上外设区的位带区的开始地址 0x40000000。
- addr & 0xF0000000：除了最高位，对其他位清零。
- (addr & 0xF0000000)+0x2000000：获得位带别名区的开始地址 0x42000000。
- addr &0xFFFFF：保留低 10 位，其他位清零。
- <<5：左移 5 位，也就是乘以 32，把位带区的位扩展为一个字（32 位）。
- bitnum：位带区的位号。
- bitnum<<2：乘以 4，也就是获得位带区的位号在位带别名区中对应的字地址偏移量。由于一个字是 4 个字节，占用 4 个存储单元，所以字之间的地址偏移量也是 4。如位带区的 bit1，其在位带别名区中对应的字地址偏移量是 4；又如位带区的 bit2，其在位带别名区中对

应的字地址偏移量是 8。

（2）建立一个把位带别名地址转换成指针类型的宏，代码如下。

```
1.  #define  MEM_ADDR(addr)  *((volatile unsigned long  *)(addr))
2.  #define  BIT_ADDR(addr, bitnum)   MEM_ADDR(BITBAND(addr, bitnum))
```

由于 C 语言编译器并不知道同一个 bitnum 可以有两个地址，所以要使用 volatile 关键字。这样就能确保本条指令不会因编译器的优化而被省略，每次都能如实地把新数值写入存储器。

5. 宏定义 I/O 口输入/输出操作的宏名

STM32 的 I/O 口有 GPIOA ~ GPIOG，为简化这些 I/O 口的操作，对这些 I/O 口的每一个引脚的输入/输出都进行宏定义。

（1）GPIOA 的输入/输出宏定义，代码如下。

```
1.  #define PAout(n)   BIT_ADDR(GPIOA_ODR_Addr,n)    //输出
2.  #define PAin(n)    BIT_ADDR(GPIOA_IDR_Addr,n)    //输入
```

其中，n 的取值范围是 0 ~ 15，GPIOA_ODR_Addr 和 GPIOA_IDR_Addr 是 GPIOA 的寄存器 ODR 和 IDR 在片上外设区的位带地址。这些地址到底是多少呢？下面我们会逐一介绍。

（2）GPIOB 的输入/输出宏定义，代码如下。

```
1.  #define PBout(n)   BIT_ADDR(GPIOB_ODR_Addr,n)    //输出
2.  #define PBin(n)    BIT_ADDR(GPIOB_IDR_Addr,n)    //输入
```

（3）GPIOC 的输入/输出宏定义，代码如下。

```
1.  #define PCout(n)   BIT_ADDR(GPIOC_ODR_Addr,n)    //输出
2.  #define PCin(n)    BIT_ADDR(GPIOC_IDR_Addr,n)    //输入
```

（4）GPIOD 的输入/输出宏定义，代码如下。

```
1.  #define PDout(n)   BIT_ADDR(GPIOD_ODR_Addr,n)    //输出
2.  #define PDin(n)    BIT_ADDR(GPIOD_IDR_Addr,n)    //输入
```

（5）GPIOE 的输入/输出宏定义，代码如下。

```
1.  #define PEout(n)   BIT_ADDR(GPIOE_ODR_Addr,n)    //输出
2.  #define PEin(n)    BIT_ADDR(GPIOE_IDR_Addr,n)    //输入
```

（6）GPIOF 的输入/输出宏定义，代码如下。

```
1.  #define PFout(n)   BIT_ADDR(GPIOF_ODR_Addr,n)    //输出
2.  #define PFin(n)    BIT_ADDR(GPIOF_IDR_Addr,n)    //输入
```

（7）GPIOG 的输入/输出宏定义，代码如下。

```
1.  #define PGout(n)   BIT_ADDR(GPIOG_ODR_Addr,n)    //输出
2.  #define PGin(n)    BIT_ADDR(GPIOG_IDR_Addr,n)    //输入
```

有了以上 I/O 口操作的宏定义，以后就可以使用这些 I/O 口的输入/输出宏定义直接对 I/O 口进行操作了，这使得对 I/O 口的操作变得更加简单了。例如，读取 PB8 引脚的输入值、从 PC10 引脚输出一个高电平的代码如下。

```
1.  temp = PBin(8);           //读取 PB8 引脚的输入值
2.  PCout(10) = 1;            //从 PC10 引脚输出 1
```

3.4.4 I/O 口的位操作实现

1. 编写 I/O 口输入/输出位操作的头文件 sys.h

I/O 口的位操作实现

前面介绍了如何对 STM32 各个 I/O 口进行位操作，比如如何读入信息、如何输出信息等。现在就围绕 I/O 口的输入/输出位操作编写一个 sys.h 头文件，方便今后编程。sys.h 头文件的代码如下。

```
1.  #ifndef __SYS_H
2.  #define __SYS_H
3.  #include "stm32f10x.h"
4.  //把“位带地址＋位序号”转换成位带别名地址的宏
5.  #define BITBAND(addr, bitnum)  ((addr & 0xF0000000)+0x2000000+((addr &0xFFFFF)<<5)+(bitnum<<2))
6.  //把位带别名地址转换成指针类型的宏
7.  #define MEM_ADDR(addr)  *((volatile unsigned long  *)(addr))
8.  #define BIT_ADDR(addr, bitnum)   MEM_ADDR(BITBAND(addr, bitnum))
9.  //I/O 口输出地址映射
10. #define GPIOA_ODR_Addr    (GPIOA_BASE+12)        //0x4001080C
11. #define GPIOB_ODR_Addr    (GPIOB_BASE+12)        //0x40010C0C
12. #define GPIOC_ODR_Addr    (GPIOC_BASE+12)        //0x4001100C
13. #define GPIOD_ODR_Addr    (GPIOD_BASE+12)        //0x4001140C
14. #define GPIOE_ODR_Addr    (GPIOE_BASE+12)        //0x4001180C
15. #define GPIOF_ODR_Addr    (GPIOF_BASE+12)        //0x40011A0C
16. #define GPIOG_ODR_Addr    (GPIOG_BASE+12)        //0x40011E0C
17. //I/O 口输入地址映射
18. #define GPIOA_IDR_Addr    (GPIOA_BASE+8)         //0x40010808
19. #define GPIOB_IDR_Addr    (GPIOB_BASE+8)         //0x40010C08
20. #define GPIOC_IDR_Addr    (GPIOC_BASE+8)         //0x40011008
21. #define GPIOD_IDR_Addr    (GPIOD_BASE+8)         //0x40011408
22. #define GPIOE_IDR_Addr    (GPIOE_BASE+8)         //0x40011808
23. #define GPIOF_IDR_Addr    (GPIOF_BASE+8)         //0x40011A08
24. #define GPIOG_IDR_Addr    (GPIOG_BASE+8)         //0x40011E08
25. //I/O 口输入/输出操作，只针对单一的 I/O 引脚，其中 n 的取值范围是 0~15
26. #define PAout(n)   BIT_ADDR(GPIOA_ODR_Addr,n)    //输出
27. #define PAin(n)    BIT_ADDR(GPIOA_IDR_Addr,n)    //输入
28. #define PBout(n)   BIT_ADDR(GPIOB_ODR_Addr,n)    //输出
29. #define PBin(n)    BIT_ADDR(GPIOB_IDR_Addr,n)    //输入
30. #define PCout(n)   BIT_ADDR(GPIOC_ODR_Addr,n)    //输出
31. #define PCin(n)    BIT_ADDR(GPIOC_IDR_Addr,n)    //输入
32. #define PDout(n)   BIT_ADDR(GPIOD_ODR_Addr,n)    //输出
33. #define PDin(n)    BIT_ADDR(GPIOD_IDR_Addr,n)    //输入
34. #define PEout(n)   BIT_ADDR(GPIOE_ODR_Addr,n)    //输出
35. #define PEin(n)    BIT_ADDR(GPIOE_IDR_Addr,n)    //输入
36. #define PFout(n)   BIT_ADDR(GPIOF_ODR_Addr,n)    //输出
37. #define PFin(n)    BIT_ADDR(GPIOF_IDR_Addr,n)    //输入
38. #define PGout(n)   BIT_ADDR(GPIOG_ODR_Addr,n)    //输出
```

```
39. #define PGin(n)    BIT_ADDR(GPIOG_IDR_Addr,n)    //输入
40. #endif
```

2. 编写 I/O 口输入/输出位操作的 sys.c 文件

将新建的 sys.c 文件和前面编写好的 sys.h 头文件都保存在 SYSTEM\sys 子目录下。sys.c 文件的代码如下。

```
#include "sys.h"
```

sys.c 文件目前只有一行代码，在后面还会继续添加一些相关的代码。这两个文件编写好后，对 I/O 口中引脚的操作就更加方便了。比如，在 PA8 引脚输出一个“1”的代码如下：

```
PAout(8)=1;
```

这样的操作就像 51 单片机的操作一样方便。又如，读 PD15 引脚上所接按键的状态，代码如下。

```
Key=PDin(15);
```

由此可以看出，对 STM32 各个 I/O 口的引脚进行位操作时，每次只能选择一个引脚进行输入/输出操作。不管怎样，sys.c 文件和 sys.h 头文件都给我们带来了极大的方便。

【技能训练 3-3】I/O 口的位操作应用

在任务 3 中，采用 I/O 口的位操作如何实现 LED 闪烁控制呢？这里只给出 LED 闪烁控制代码，其他代码都是一样的，代码如下。

```
1.  ……
2.  #define LED0 PBout(8)
3.  ……
4.  void main(void)
5.  {
6.      ……
7.          while(1)
8.      {
9.              LED0=0;                     //PB8 引脚输出低电平，LED 点亮
10.             Delay(100);                 //延时，保持点亮一段时间
11.             LED0=1;
12.             Delay(100);                 //保持熄灭一段时间
13.     }
14. }
```

I/O 口的位操作应用

关键知识点小结

1. 数码管内部由 8 个 LED（简称位段）组成，其中有 7 个条形位段和 1 个小圆点位段。当位段导通时，相应的线段或点亮，将这些位段排成一定图形，常用来显示数字 0～9、字符 A～G，还可以显示 H、L、P、R、U、Y、符号“—”及小数点“.”等。

要使数码管上显示某个字符，必须在它的 8 个位段上加上相应的电平组合，即一个 8 位数据，这个数据就叫作该字符的字形码。

（1）数码管可以分为共阴极和共阳极两种结构。共阴极数码管即把所有位段的阴极作为公共端（COM 端）连起来，接低电平，通常接地；共阳极数码管即把所有位段的阳极作为公共端（COM 端）连起来，接高电平，通常接电源（如+5 V 电源）。

（2）数码管有静态显示和动态显示两种方式。静态显示是指数码管显示某一字符时，相应的位段恒定导通或恒定截止，这种显示方式的各位数码管相互独立。动态显示是一位一位地轮流点亮各位数码管的显示方式，即在某一时间段，只选中一位数码管的位选端，并送出相应的字形码，在下一时间段按顺序选中另一位数码管的位选端，并送出相应的字形码。依此规律循环下去，即可使各位数码管分别间断地显示出相应的字符。

2. Cortex-M3 存储器与 STM32 存储器之间的关系：Cortex-M3 定义了一个存储器结构，ST 公司是按照 Cortex-M3 的存储器定义来设计出自己的存储器结构的，即 ST 公司的 STM32 的存储器结构必须按照 Cortex-M3 定义的存储器结构进行设计。

3. Cortex-M3 是 32 位的内核，其 PC 指针可以指向 2^{32}=4 GB 的 0x00000000 ~ 0xFFFFFFFF 的地址空间。Cortex-M3 存储器把程序存储器、数据存储器、寄存器、I/O 口等组织在这个 4 GB 空间的不同区域，这些区域被明确划分了。

4. 存储器映射是指对芯片中或芯片外的 Flash、RAM 及外设等进行统一编址，即用地址来表示对象。这个地址绝大多数是由厂家规定好的，用户只能用不能改。用户只能在接有外部 RAM 或 Flash 的情况下进行自定义。

5. Cortex-M3 对设备的地址进行了重新映射，当程序访问存储器或外设时，都是按照映射后的地址进行访问的。Cortex-M3 存储器的 4 GB 地址空间被划分为大小相等的 8 块区域，每块区域大小为 512 MB，主要包括代码、SRAM、片上外设、外部 RAM、外部设备、内部专用外设总线、外部专用外设总线、特定厂商等。

6. STM32 存储器映射和 Cortex-M3 存储器映射很相似，不同的是 STM32 加入了很多实际的组件，比如 Flash 等。只有加入了这些组件，才能成为一个拥有实际意义的、可以工作的 STM32 芯片。

7. 在 SRAM 区和片上外设区的底部各有一个 1 MB 的位带区，这两个位带区除了可以像普通的 RAM 一样使用，还分别对应一个 32 MB 的位带别名区。

位带别名区可以把每个位扩展成一个 32 位的字。通过位带别名区访问这些字时，就可以达到访问原来位的目的。

（1）SRAM 区包括一个从地址 0x20000000 开始的 1 MB 位带区，其对应的位带别名区的地址是从 0x22000000 开始的。对 32 MB SRAM 位带别名区的访问可映射为对 1 MB SRAM 位带区的访问。

（2）片上外设区包括一个从地址 0x40000000 开始的 1 MB 位带区，其对应的位带别名区的地址是从 0x42000000 开始的。对 32 MB 片上外设位带别名区的访问可映射为对 1 MB 片上外设位带区的访问。

8. 在 C 语言中使用位带操作，可以先建立一个把“位带地址＋位序号”转换成位带别名地址的宏，再建立一个把位带别名地址转换成指针类型的宏。

问题与讨论

3-1 简述 Cortex-M3 存储器与 STM32 存储器之间的关系。

3-2 简述 Cortex-M3 存储器如何对 4 GB 地址空间进行划分。

3-3 位带区和位带别名区位于 Cortex-M3 存储器中的哪两个区域？地址分别是多少？

3-4 为什么通过位带别名区访问这些字时，可以达到访问原来位的目的？

3-5 将 SRAM 区的位带地址映射到位带别名区地址上时，是如何实现的？

3-6 将片上外设区的位带地址映射到位带别名区地址上时，是如何实现的？

3-7 请编写一段能把“位带地址 + 位序号”转换成位带别名地址的宏的代码，并对其实现原理进行说明。

3-8 积极探索，试采用位带操作的方法，完成按键控制 LED 循环点亮的电路设计和程序设计、运行与调试。

项目四 按键与中断控制设计

学习目标

能力目标	使用 STM32 开发板和 STM32 的中断，通过程序控制 STM32F103ZET6 开发板的 GPIO 输入/输出，实现按键控制 LED 的设计、运行与调试。
知识目标	1. 知道按键电路设计、程序设计及消除按键抖动的措施。 2. 知道端口复用、端口复用功能重映射及 STM32 的中断。 3. 会使用 STM32 的中断，实现按键控制 LED 的设计。
素养目标	引导读者发挥主观能动性和预见性，把握事物质变的节点，抓住主要矛盾，培养读者发现问题、分析问题、解决问题的能力。

4.1 任务 8 按键控制 LED 设计与实现

任务要求

通过 STM32F103ZET6 开发板上的 KEY1、KEY2、KEY3 和 KEY4 这 4 个按键，分别控制 LED1、LED2、LED3 和 LED4。其中，按键 KEY1 控制 LED1，按一次点亮，再按一次熄灭；按键 KEY2 控制 LED2，效果同按键 KEY1；按键 KEY3、按键 KEY4 同理。

4.1.1 认识 STM32F103ZET6 开发板

前面 3 个项目的所有任务设计与实现都是采用 Proteus 仿真完成的，与真实开发还有很大差别。为了贴近真实的开发过程，本书后续项目都在 STM32 开发板上完成。STM32F103ZET6 开发板如图 4-1 所示。

认识 STM32F103ZET6 开发板

该开发板主要包括 STM32F103ZET6 核心板（最小系统）、RS-232 接口、RS-485 接口、Micro USB 接口、CAN 总线、数码管模块、LED 模块、按键模块、蜂鸣器模块、JTAG 仿真器接口、4.3 英寸 TFT LCD 显示接口及 I/O 扩展接口等。

图 4-1　STM32F103ZET6 开发板

1. STM32F103ZET6 开发板

STM32F103ZET6 开发板是 ST 公司采用 ARM Cortex-M3 内核设计的 32 位处理器芯片，有 144 个引脚，片内具有 512 KB Flash 和 64 KB SRAM，其工作频率为 72 MHz，内部集成了 3 个 12 位 ADC、4 个通用 16 位定时器、2 个 PWM 定时器、2 个 IIC 接口、3 个 SPI 接口、1 个 SDIO（安全数字输入输出）接口、5 个 USART 接口、1 个 USB 串口和 1 个 CAN 接口等，可以在 Keil μVision 中直接调试和下载程序。

STM32F103ZET6 开发板的配置十分强大，并且带外设总线（FSMC），可以用来扩展 SRAM 和连接 LCD 等，它通过 FSMC 驱动 LCD，可以显著提高 LCD 的刷屏速度，是 STM32F1 系列常用型号中配置最高的芯片。

2. STM32F103ZET6 核心板

STM32F103ZET6 核心板主要由电源指示电路、晶振电路、复位电路及 STM32F103ZET6 芯片电路等组成，如图 4-2 所示。

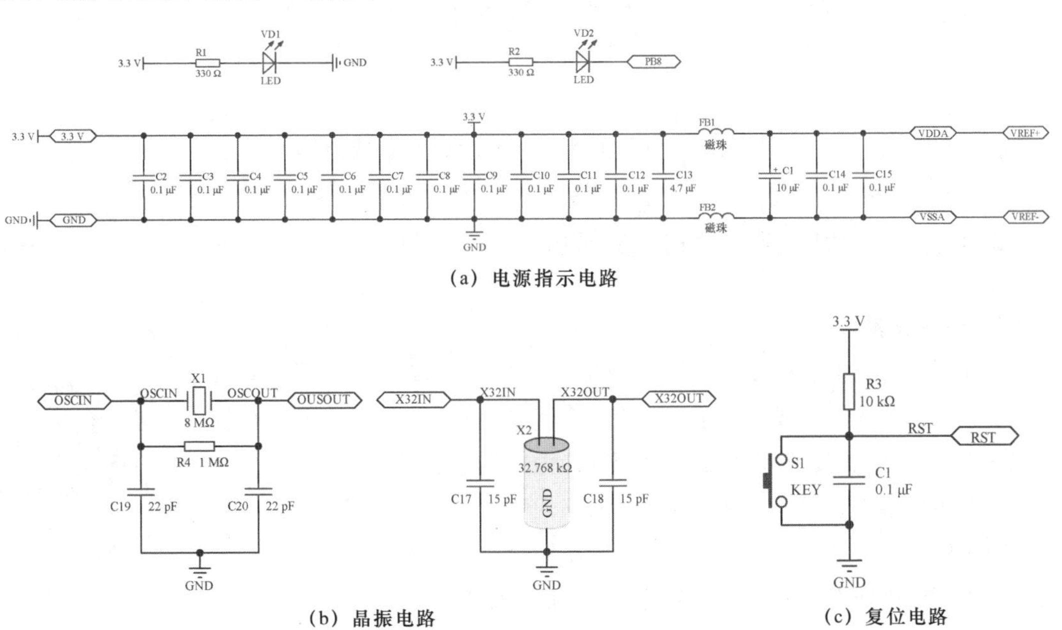

(a) 电源指示电路

(b) 晶振电路

(c) 复位电路

图 4-2　STM32F103ZET6 核心板

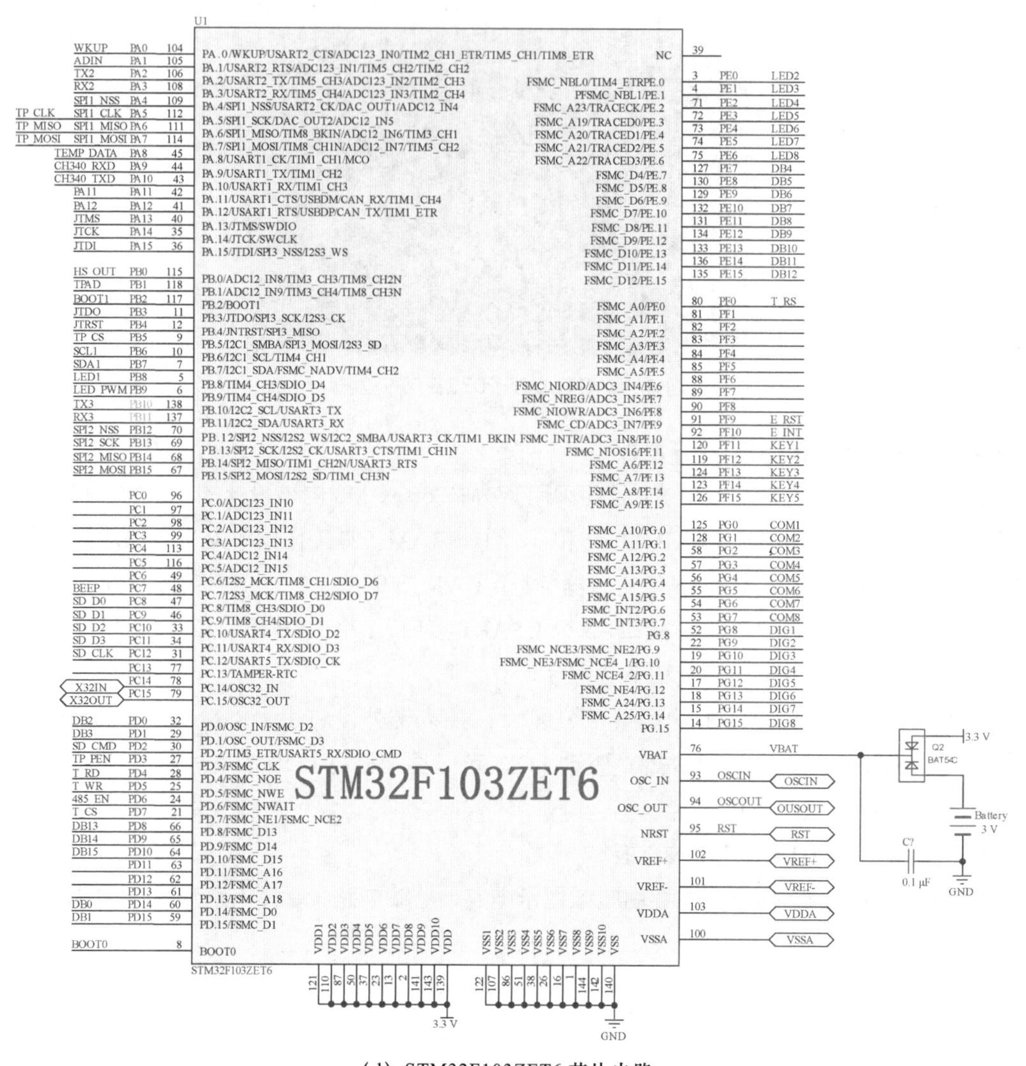

（d）STM32F103ZET6 芯片电路

图 4-2　STM32F103ZET6 核心板（续）

4.1.2　按键控制 LED 电路设计

1. 认识按键

按键是嵌入式电子产品进行人机交流不可缺少的输入设备，用于向嵌入式电子产品输入数据或控制信息。按键实际上就是一个开关元器件。触点式按键的主要功能是把机械上的通断转换为电气上的逻辑关系（1 和 0）。

按键控制 LED 电路设计

按照按键结构原理，按键主要分为如下两种。

（1）触点式按键，如机械式按键、导电橡胶式按键等。

（2）无触点按键，如电气式按键、磁感应按键等。

前者造价低，后者使用寿命长。

多个按键可以构成键盘，常见的键盘有独立式键盘和矩阵式键盘两种。

（1）独立式键盘的结构简单，但占用的资源多。

（2）矩阵式键盘的结构相对复杂，但占用的资源较少。

因此，当嵌入式电子产品只需少数几个按键时，可以采用独立式键盘；而当需要较多按键时，则可以采用矩阵式键盘。本书主要介绍机械式按键和独立式键盘。

2. 消除按键抖动的措施

在按下或释放机械式按键时，由于弹性作用的影响，通常伴随一定时间的触点机械抖动，然后其触点才能稳定下来。抖动时间的长短与按键的机械特性有关，一般为 5 ms ~ 10 ms，其抖动过程如图 4-3 所示。

若有抖动存在，按下按键会被错误地认为是多次操作。为了避免 CPU 多次处理按键的一次闭合，应采取措施来消除抖动。消除抖动常用硬件去抖和软件去抖两种方法。当按键较少时，可采用硬件去抖；当按键较多时，可采用软件去抖。

（1）硬件去抖

硬件去抖采用硬件滤波的方法，在按键输出端加 R-S 触发器（双稳态触发器）或单稳态触发器构成去抖电路。双稳态去抖电路如图 4-4 所示。

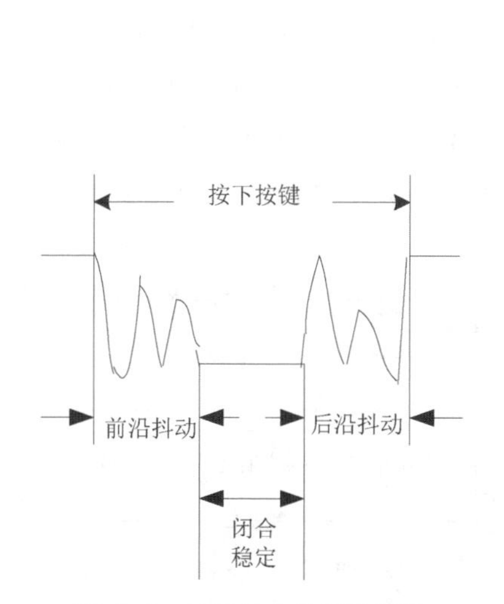

图 4-3 按键触点的机械抖动

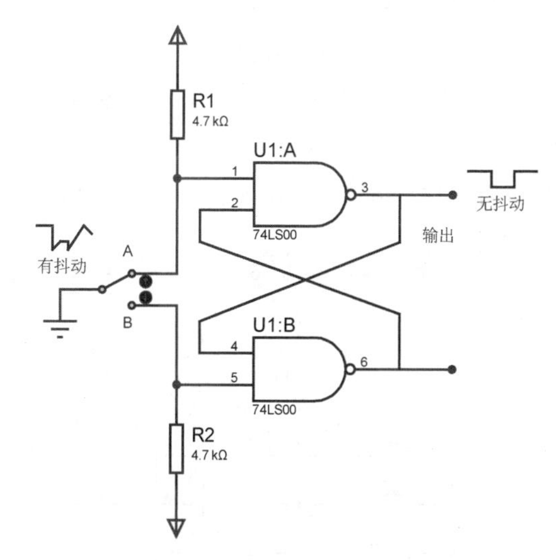

图 4-4 双稳态去抖电路

图 4-4 中用两个与非门构成一个 R-S 触发器。当未按下按键时，输出 1；当按下按键（就是 A 点到 B 点）时，输出 0。

由于按键具有机械性能，使得按键弹性抖动产生瞬时断开（抖动跳开 B 点），只要按键不返回原始状态（处于 A 点），双稳态去抖电路的状态不改变，输出就保持 0，不会产生抖动的波形。也就是说，即使 B 点的电压波形是抖动的，但经双稳态去抖电路后，其输出仍为正规的矩形波。这一点通过分析 R-S 触发器的工作过程很容易得到验证。

（2）软件去抖

如果按键较多，通常采用软件去抖。在检测到有按键被按下时，执行一个 10 ms 左右（具体时间应根据使用的按键进行调整）的延时程序后，再确认该按键是否仍保持闭合状态的电平，若仍保持闭合状态的电平，则确认该按键处于闭合状态。同理，在检测到该按键被释放后，也应采用相同的步骤进行确认，从而可消除抖动的影响。软件去抖流程如图 4-5 所示。

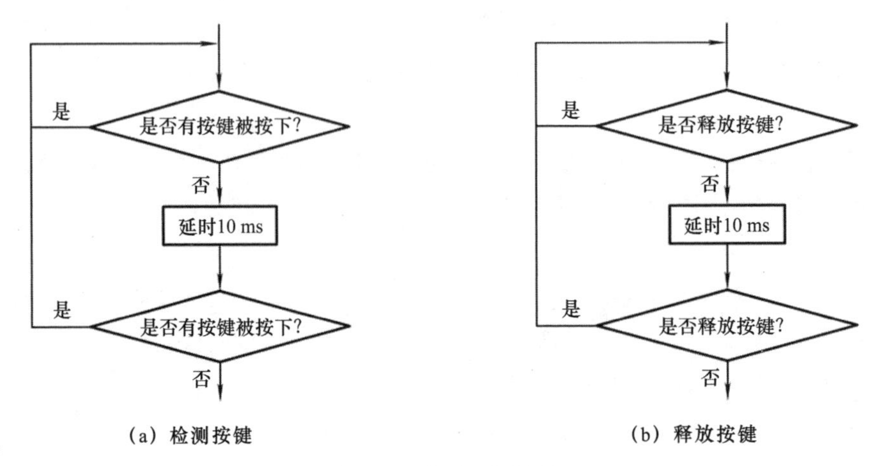

图 4-5　软件去抖流程

3. 按键控制 LED 电路设计

在 STM32F103ZET6 开发板上，共有 8 个 LED 和 6 个独立按键（本任务只涉及 4 个 LED 和 4 个按键）。其中 8 个 LED 采用的是共阳极接法，结合图 4-2，其阴极分别接在 PB8、PE0、PE1、PE2、PE3、PE4、PE5 和 PE6 引脚上；6 个独立按键分别接在 PA0、PF11、PF12、PF13、PF14 和 PF15 引脚上，电源为 3.3 V，电阻为上拉电阻。按键控制 LED 电路如图 4-6 所示。

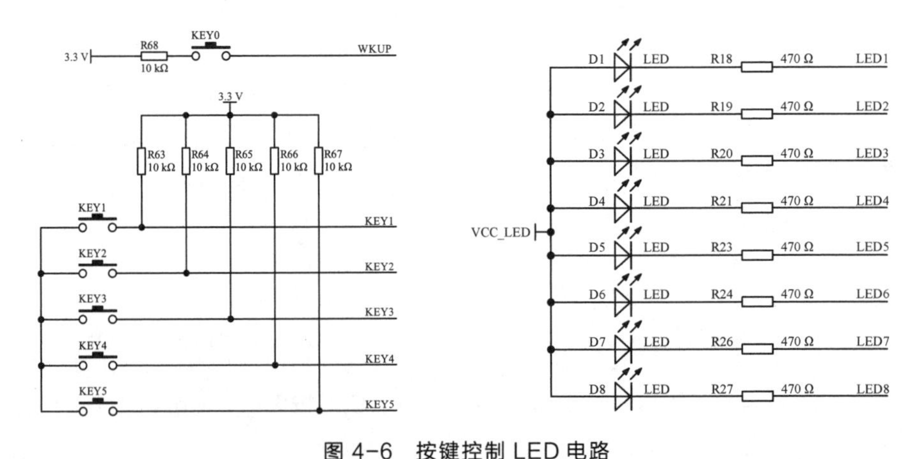

图 4-6　按键控制 LED 电路

4.1.3　按键控制 LED 程序设计

1. 按键控制 LED 实现分析

（1）如何判断和识别按下的按键

由图 4-6 可以看出，当按键 KEY1 被按下时，KEY1 闭合，PF11 引脚经 KEY1 接地，被拉低为低电平，即 PF11 引脚的值 0；当按键 KEY1 未被按下时，KEY1 断开，PF11 引脚经上拉电阻接电源，被拉高为高电平，即 PF11 引脚的值 1。按键 KEY2、按键 KEY3 和按键 KEY4 同理。

因此，通过检测 PF11、PF12、PF13 和 PF14 中哪个引脚是 0，就可以判断是否有按键被按下，并能识别出哪一个按键被按下。

当识别了按下的按键后，就可以通过 PB8、PE0、PE1 和 PE2 引脚输出控制信号，点亮或熄灭对应的 LED。由于 LED 一端接电源，当对应引脚输出 0 时，LED 点亮，否则熄灭。

（2）如何采用库函数读取按键的状态

先使用 GPIO_ReadInputDataBit(GPIOF,GPIO_Pin_11)函数读取 PF11 引脚的值（即 KEY1 的值），然后判断 PF11 引脚的值是否为 0，若为 0 则表示按键 KEY1 被按下，否则表示按键 KEY1 未被按下。判断按键 KEY2、KEY3、KEY4 是否被按下的方法与判断按键 KEY1 是否被按下的方法一样。

2. 编写 led.h 头文件和 led.c 文件

将对 8 个 LED 所接的 PB8、PE0、PE1、PE2、PE3、PE4、PE5 和 PE6 引脚进行配置、使能 GPIOB 和 GPIOE 时钟等的代码分别编写在 led.h 头文件和 led.c 文件中，并保存在 led 子目录中，以后在其他任务中可以直接复制 led 子目录。

（1）编写 led.h 头文件，代码如下。

```
1.  #ifndef __LED_H
2.  #define __LED_H
3.  void LED_Init(void);          //初始化 LED
4.  #endif
```

（2）编写 led.c 文件，代码如下。

```
1.  #include "stm32f10x.h"
2.  #include "led.h"
3.  void LED_Init(void)
4.  {
5.          GPIO_InitTypeDef  GPIO_InitStructure;
6.      //使能 GPIOB 和 GPIOE 时钟
7.          RCC_APB2PeriphClockCmd(RCC_APB2Periph_GPIOB, ENABLE);
8.      RCC_APB2PeriphClockCmd(RCC_APB2Periph_GPIOE, ENABLE);
9.          //配置 PB8、PE0～PE6 引脚
10.         GPIO_InitStructure.GPIO_Pin = GPIO_Pin_8;
11.         GPIO_InitStructure.GPIO_Mode = GPIO_Mode_Out_PP;
12.         //配置 PB8、PE0～PE6 引脚为推挽输出
13.         GPIO_InitStructure.GPIO_Speed = GPIO_Speed_50MHz;
14.         GPIO_Init(GPIOB, &GPIO_InitStructure);  //初始化 GPIOB 的 PB8 引脚
15.     GPIO_InitStructure.GPIO_Pin =
16.     GPIO_Pin_0|GPIO_Pin_1|GPIO_Pin_2|GPIO_Pin_3|GPIO_Pin_4|GPIO_Pin_5|
GPIO_Pin_6;
17.     //配置 PE0～PE6 引脚
18.         GPIO_Init(GPIOE, &GPIO_InitStructure);//初始化 GPIOE 的 PE0～PE6 引脚
19.     // 8 个 LED 熄灭
20.         GPIO_SetBits(GPIOB,GPIO_Pin_8);
```

```
21.     GPIO_SetBits(GPIOE,GPIO_Pin_0|GPIO_Pin_1|GPIO_Pin_2|GPIO_Pin_3|
GPIO_Pin_4|GPIO_Pin_5|GPIO_Pin_6);
22. }
```

3. 编写 key.h 头文件和 key.c 文件

将对 6 个按键所接的 PA0、PF11、PF12、PF13、PF14 和 PF15 引脚进行配置、使能 GPIOF 时钟等的代码分别编写在 key.h 头文件和 key.c 文件中，并保存在 key 目录中，以后在其他任务中可以直接复制 key 目录。

（1）编写 key.h 头文件，代码如下。

```
1.  #ifndef __KEY_H
2.  #define __KEY_H
3.  #define KEY0  GPIO_ReadInputDataBit(GPIOA,GPIO_Pin_0)//读取按键 KEY0 的状态
4.  #define KEY1  GPIO_ReadInputDataBit(GPIOF,GPIO_Pin_11)//读取按键 KEY1 的状态
5.  #define KEY2  GPIO_ReadInputDataBit(GPIOF,GPIO_Pin_12)//读取按键 KEY2 的状态
6.  #define KEY3  GPIO_ReadInputDataBit(GPIOF,GPIO_Pin_13)//读取按键 KEY3 的状态
7.  #define KEY4  GPIO_ReadInputDataBit(GPIOF,GPIO_Pin_14)//读取按键 KEY4 的状态
8.  #define KEY5  GPIO_ReadInputDataBit(GPIOF,GPIO_Pin_15)//读取按键 KEY5 的状态
9.  void KEY_Init(void);                                          //初始化 I/O 口
10. u8 KEY_Scan(void);
11. #endif
```

代码说明如下。

用 define 宏定义了 KEY1 为 GPIO_ReadInputDataBit(GPIOF,GPIO_Pin_11)的好处就是在读取 PF11 引脚的值时，直接使用 KEY1 就行了。KEY2、KEY3 和 KEY4 与 KEY1 同理。

（2）编写 key.c 文件，代码如下。

```
1.  #include "stm32f10x.h"
2.  #include "key.h"
3.  #include "Delay.h"
4.  void KEY_Init(void)
5.  {
6.      GPIO_InitTypeDef  GPIO_InitStructure;
7.      RCC_APB2PeriphClockCmd(RCC_APB2Periph_GPIOA, ENABLE);//使能 GPIOA 时钟
8.      RCC_APB2PeriphClockCmd(RCC_APB2Periph_GPIOF, ENABLE);//使能 GPIOF 时钟
9.      //配置 PF11~PF15 引脚
10.     GPIO_InitStructure.GPIO_Pin = GPIO_Pin_11|GPIO_Pin_12|GPIO_Pin_13|
GPIO_Pin_14|GPIO_Pin_15;
11.         GPIO_InitStructure.GPIO_Mode = GPIO_Mode_IPU;
12.                                  //配置 PF11~PF15 引脚为上拉输入
13.     GPIO_InitStructure.GPIO_Speed = GPIO_Speed_50MHz;
14.         GPIO_Init(GPIOF, &GPIO_InitStructure);//初始化 GPIOF 的 PF11～PF15 引脚
15.     GPIO_InitStructure.GPIO_Pin = GPIO_Pin_0;               //配置 PA0 引脚
16.         GPIO_InitStructure.GPIO_Mode = GPIO_Mode_IPD;//配置 PA0 引脚为下拉输入
17.         GPIO_Init(GPIOA, &GPIO_InitStructure);   //初始化 GPIOA 的 PA0 引脚
18. }
19. u8 KEY_Scan(void)
20. {
21.     static u8 key_up=1;                                     //按键释放标志
22.     if(key_up&&(KEY0==1||KEY1==0||KEY2==0||KEY3==0||KEY4==0||KEY5==0))
23.         {
24.             Delay(20);                                      //延时，消除抖动
```

```
25.             key_up=0;
26.         if(KEY0==1)                 //读取按键 KEY0 的状态，判断按键 KEY0 是否被按下
27.             {
28.                 return 1;           //按键 KEY0 被按下
29.             }
30.             else if(KEY1==0)        //读取按键 KEY1 的状态，判断按键 KEY1 是否被按下
31.             {
32.                 return 2;           //按键 KEY1 被按下
33.             }
34.             else if(KEY2==0)        //读取按键 KEY2 的状态，判断按键 KEY2 是否被按下
35.             {
36.                 return 3;           //按键 KEY2 被按下
37.             }
38.             else if(KEY3==0)        //读取按键 KEY3 的状态，判断按键 KEY3 是否被按下
39.             {
40.                 return 4;           //按键 KEY3 被按下
41.             }
42.             else if(KEY4==0)        //读取按键 KEY4 的状态，判断按键 KEY4 是否被按下
43.             {
44.                 return 5;           //按键 KEY4 被按下
45.             }
46.         else if(KEY5==0)            //读取按键 KEY5 的状态，判断按键 KEY5 是否被按下
47.             {
48.                 return 6;           //按键 KEY5 被按下
49.             }
50.     }
51.         else if(KEY0==0&&KEY1==1&&KEY2==1&&KEY3==1&&KEY4==1&&KEY5==1)
52.         key_up=1;
53.     return 0;                       //无按键被按下
54. }
```

代码说明如下。

（1）按键 KEY1～KEY5 一端接地，按下按键时对应的引脚被拉低，释放按键后对应的引脚又被拉高，PF11～PF15 引脚配置为上拉输入。

（2）按键 KEY0 一端接电源，PA0 引脚配置为下拉输入。由图 4-6 可以看出，PA0 引脚的值若为 1，则表示按键 KEY0 被按下，否则表示按键 KEY0 未被按下。

（3）KEY_Scan(void)是按键扫描函数，其功能是判断是否有按键被按下。若有按键被按下，返回按键对应的键值 t，t=1 时，按键 KEY0 被按下；t=2 时，按键 KEY1 被按下；t=3 时，按键 KEY2 被按下；t=4 时，按键 KEY3 被按下；t=5 时，按键 KEY4 被按下；t=6 时，按键 KEY5 被按下。无按键被按下时，返回值 t=0。

4. 编写主文件 ajkzled.c

在 USER 目录下面新建并保存 ajkzled.c 主文件，在其中输入如下代码。

```
1.  #include "stm32f10x.h"
2.  #include "Delay.h"
3.  #include "led.h"
4.  #include "key.h"
5.  u8 t;     //按键返回值键值，1 表示按键 KEY1 被按下，2 表示按键 KEY2 被按下，以此类推
6.  u8 k1=0,k2=0,k3=0,k4=0;       //LED 的状态，为 0 表示熄灭状态，为 1 表示点亮状态
7.  int main(void)
```

```
8.  {
9.      LED_Init();                  //初始化 LED 端口
10.     KEY_Init();                  //初始化与按键连接的硬件接口
11.     while(1)
12.     {
13.             t=KEY_Scan();    //获得按下按键的键值
14.             if(t)
15.             {
16.                 switch(t)    //通过键值（即按下的按键）控制对应的 LED 点亮和熄灭
17.                 {
18.                     case 2:
19.                         if(k1==0)
20.                             GPIO_SetBits(GPIOB,GPIO_Pin_7);   //LED 熄灭
21.                         else
22.                             GPIO_ResetBits(GPIOB,GPIO_Pin_7);//LED 点亮
23.                         k1=!k1;
24.                         break;
25.                     case 3:
26.                         if(k2==0)
27.                             GPIO_SetBits(GPIOE,GPIO_Pin_0);
28.                         else
29.                             GPIO_ResetBits(GPIOE,GPIO_Pin_0);
30.                         k2=!k2;
31.                         break;
32.                     case 4:
33.                         if(k3==0)
34.                             GPIO_SetBits(GPIOE,GPIO_Pin_1);
35.                         else
36.                             GPIO_ResetBits(GPIOE,GPIO_Pin_1);
37.                         k3=!k3;
38.                         break;
39.                     case 5:
40.                         if(k4==0)
41.                             GPIO_SetBits(GPIOE,GPIO_Pin_2);
42.                         else
43.                             GPIO_ResetBits(GPIOE,GPIO_Pin_2);
44.                         k4=!k4;
45.                         break;
46.                 }
47.             }
48.             else Delay(10);
49.     }
50. }
```

5. 通过工程移植，建立按键控制 LED 工程

（1）将“任务 7 数码管动态扫描显示”修改为“任务 8 按键控制 LED”，并把 HARDWARE 子目录下的 smg 子目录删除。

（2）在 USER 子目录下，把“smgdtxs.uvprojx”工程名修改为“ajkzled.uvprojx”。

（3）在 HARDWARE 子目录下，新建 key 和 led 子目录。key.c 和 key.h 作为按键设备类的文件存放在 key 子目录下，led.c 和 led.h 作为 LED 设备类的文件存放在 led 子目录下。在后面的任务中，只要使用到按键和 LED，就可以直接把 key 和 led 子目录复制到 HARDWARE

子目录下。

（4）把 ajkzled.c 主文件复制到 USER 子目录里面，把原来的 smgdtxs.c 主文件删除。

6. 工程编译与调试

（1）参考任务 2，把 ajkzled.c 主文件添加到工程里面，把“Project Targets”栏下的“smgdtxs”修改为“ajkzled”。

（2）参考任务 1，在 HARDWARE 组里添加 led.c 和 key.c 子目录。

（3）参考任务 1，在“C/C++”选项卡配置界面中，分别添加 FWLib\led 和 FWLib\key 编译路径。

（4）由于这里使用的是 STM32F103ZET6，它具有 512 KB 的 Flash。参考任务 1，重新选择 STM32F103ZE 开发板；将 CORE 组中的 startup_stm32f10x_ld.s 替换为 startup_stm32f10x_hd.s；在“C/C++”选项卡配置界面中，把“STM32F10X_HD,USE_STDPERIPH_DRIVER”填写到“Define”文本框里。

（5）完成 ajkzled 工程的搭建、配置后，单击“Rebuild”按钮对工程进行编译，生成 ajkzled.hex 目标代码文件。若编译时发生错误，要进行分析检查，直到编译正确。

4.1.4 按键控制 LED 运行与调试

1. 安装 USB 转串口驱动

使用 ISP（在线编程）下载 STM32F103ZET6 开发板，然后安装 USB 转串口驱动，安装完成后就可以使用该开发板了。正确安装驱动之后，右击“我的电脑”，在弹出的快捷菜单中选择“设备管理器”，打开“设备管理器”窗口，在展开的“端口(COM 和 LPT)”下能看到“USB-SERIAL CH340(COM8)”（不同计算机的 COM 端口号可能不一样），如图 4-7 所示。

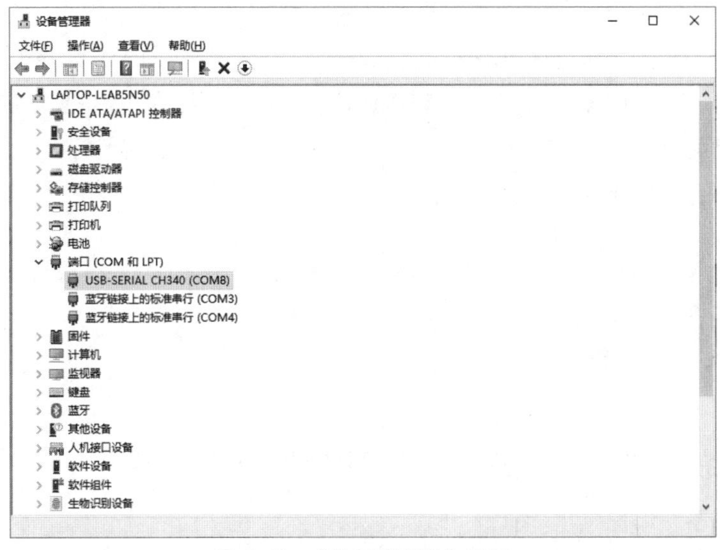

图 4-7 “设备管理器”窗口

2. 程序下载与调试

按键控制 LED 程序下载与调试步骤如下。

（1）为 STM32F103ZET6 开发板（简称开发板）插上电源。

（2）在开发板的 TTL-USART1 串口座插上下载线，下载线的另一端插到 USB 接口。

（3）将开发板上的 BOOT0 设置为 OFF、BOOT1 设置为 ON，按复位键或者重新上电进入下载状态。开发板连接与 BOOT 设置，如图 4-8 所示。

（4）运行串口下载软件 mcuisp，通过搜索串口来选择串口，此处的波特率选择 115200，通过单击 ... 按钮选择要下载的.hex 文件，最后在“STMISP”选项卡中单击“开始编程”按钮，就开始下载程序了，直到软件右下角的进度显示 100%和一切正常则下载成功。mcuisp 软件界面如图 4-9 所示。

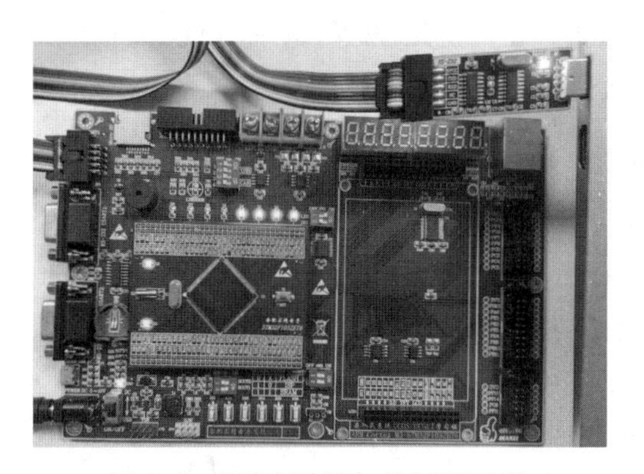

图 4-8　开发板连接与 BOOT 设置

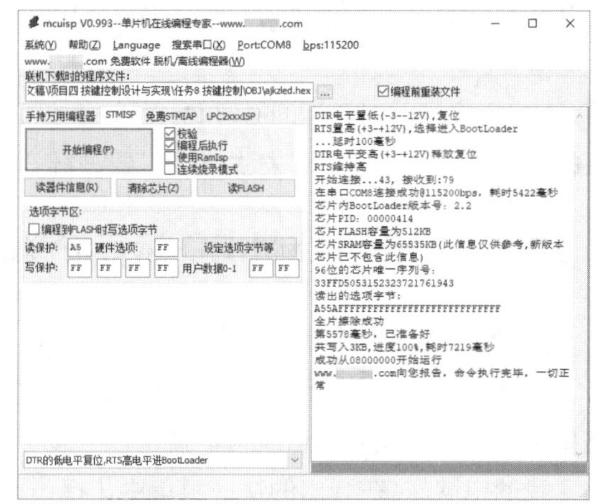

图 4-9　mcuisp 软件界面

注：图中的文件名称是实际操作过程中的工程文件名称。

由于勾选了“编程后执行”复选框，当程序下载成功后便自动开始运行。但当复位或者重新上电后，程序不会运行，这时要对 BOOT 重新进行设置。先设置 BOOT0 为 ON、BOOT1 为 ON，然后按复位键或者重新上电，这样程序就可以运行了。程序运行时，可以把下载线拔掉。

（5）完成下载后，观察按键是否能控制 LED 的点亮和熄灭。若运行结果与任务要求不一致，要对程序进行分析检查，直到运行正确。

> **注意**　（1）如果下载程序一直处于“开始连接”，按一下开发板上的复位键，即可完成下载。
> （2）如果显示无法打开串口，则查看串口是否被其他软件占用，若被占用则关闭其他软件，然后单击搜索串口。

【技能训练 4-1】一键多功能按键识别设计与实现

前面介绍了如何识别按键和如何设计与实现消除按键抖动，那么，我们如何实现一键多功能按键识别呢？

1. 一键多功能按键识别实现分析

在这里，只使用接在 PA0 引脚上的按键 KEY0，如图 4-6 所示。

要通过一个按键来完成不同的功能，可以给每个不同的功能模块标识不同的 ID。这样，每按下一次按键，ID 是不同的，就很容易识别出不同功能的模块了。

从前文可以看出，LED1～LED4 的点亮是由按键来控制的。我们给 LED1～LED4 点亮的时间段分别定义不同的 ID。LED1 点亮时，ID＝0；LED2 点亮时，ID＝1；LED3 点亮时，ID＝2；LED4 点亮时，ID＝3。很显然，只要每次按下按键时，分别给出不同的 ID，就能够实现一键多功能按键识别了。

2. 一键多功能按键识别程序设计

一键多功能按键识别程序与任务 8 中程序的差别就是其使用 1 个按键来实现 4 个按键可以实现的功能，这里只给出存在差别的代码，其他代码与任务 8 中的代码一样。一键多功能按键识别程序如下。

```
1.  #include "stm32f10x.h"
2.  #include "Delay.h"
3.  #include "led.h"
4.  #include "key.h"
5.  u8 ID;
6.  void main(void)
7.  {
8.          LED_Init();                                  //初始化 LED 端口
9.          KEY_Init();                                  //初始化按键连接的接口
10.         while(1)
11.     {
12.             if(KEY0==1)
13.             {
14.                 Delay(20);
15.             if(KEY0==1)
16.             {
17.                 ID++;                                //每按一次按键，ID 加 1
18.                 if(ID==5)
19.                 {
20.                         ID=1;
21.                 }
22.                 while(KEY0==1);                      //等待按键释放
23.                 }
24.         }
25.         switch(ID)
26.         {
27.             case 1:     //点亮 LED1，熄灭其他 LED
28.                     GPIO_ResetBits(GPIOB,GPIO_Pin_8);
29.                     GPIO_SetBits(GPIOE,GPIO_Pin_0|GPIO_Pin_1|GPIO_Pin_2);
30.                     break;
31.             case 2:     //点亮 LED2，熄灭其他 LED
32.                     GPIO_ResetBits(GPIOE,GPIO_Pin_0);
```

```
33.                     GPIO_SetBits(GPIOE,GPIO_Pin_1|GPIO_Pin_2);
34.                     GPIO_SetBits(GPIOB,GPIO_Pin_8);
35.                     break;
36.             case 3:     //点亮 LED3，熄灭其他 LED
37.                     GPIO_ResetBits(GPIOE,GPIO_Pin_1);
38.                     GPIO_SetBits(GPIOE,GPIO_Pin_0|GPIO_Pin_2);
39.                     GPIO_SetBits(GPIOB,GPIO_Pin_8);
40.                     break;
41.             case 4:     //点亮 LED4，熄灭其他 LED
42.                     GPIO_ResetBits(GPIOE,GPIO_Pin_2);
43.                     GPIO_SetBits(GPIOE,GPIO_Pin_0|GPIO_Pin_1);
44.                     GPIO_SetBits(GPIOB,GPIO_Pin_8);
45.                     break;
46.         }
47.     }
48. }
```

4.2 GPIO 和 AFIO 寄存器地址映射

4.2.1 GPIO 寄存器地址映射

1. GPIO 寄存器与结构体

在 stm32f10x.h 头文件中，使用很多与寄存器对应的结构体来描述 GPIO 寄存器的数据结构。在 stm32f10x.h 头文件中对 GPIO 寄存器结构的定义如下。

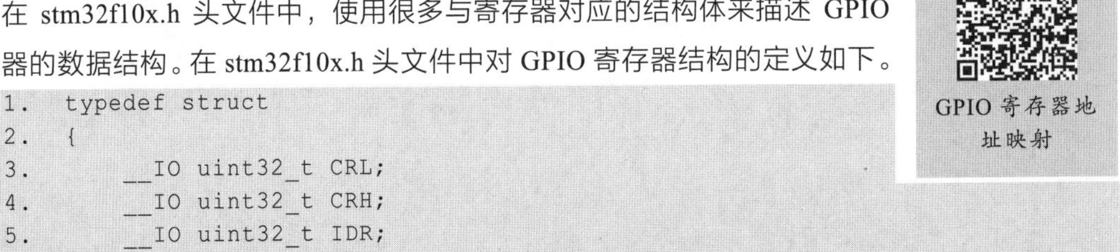

GPIO 寄存器地址映射

```
1.  typedef struct
2.  {
3.      __IO uint32_t CRL;
4.      __IO uint32_t CRH;
5.      __IO uint32_t IDR;
6.      __IO uint32_t ODR;
7.      __IO uint32_t BSRR;
8.      __IO uint32_t BRR;
9.      __IO uint32_t LCKR;
10. } GPIO_TypeDef;
```

这样就把 GPIO 涉及的寄存器都定义成 GPIO_TypeDef 结构体的成员变量了。由于 STM32 有大量寄存器，在进行 STM32 开发时，若不使用与寄存器地址对应的结构体，就会感觉所有寄存器杂乱无序，使用起来非常不方便。下面先看看 51 单片机是怎么做的。

在 51 单片机开发中我们经常会引用 reg51.h 头文件，这个头文件里是一些有关特殊功能寄存器符号的定义，即规定符号名（寄存器名）与地址的对应关系，示例如下。

```
sfr P1 = 0x90;
```

这条语句定义 P1 与地址 0x90 对应，其目的是使用 P1 来表示单片机的 P1 口。其中，0x90 是 P1 口（特殊功能寄存器）的地址，以后要对地址为 0x90 的特殊功能寄存器进行操作，直接对 P1 口进行操作就行了。

sfr 是 C51 扩充的数据类型，占用 1 个字节（1 个存储单元），数值范围为 0～255。为了能直接访问特殊功能寄存器，可以使用 sfr 定义 51 单片机内部的所有特殊功能寄存器，示例如下：

```
sfr P2 =0x0A0;
```

若要在 P2 口输出 1 个数据 0x7f，可以写成如下语句。

```
P2 =0x7f;
```

这样就通过 sfr 建立了寄存器地址与寄存器名之间的关系，为 51 单片机开发带来了极大方便。面对 STM32 的大量寄存器，我们可以采用把寄存器地址与结构体结合起来的方法，通过修改结构体成员变量的值来修改对应寄存器的值。下面以 GPIO 寄存器地址与结构体结合为例进行介绍。

2. GPIO 寄存器地址映射

在 STM32 中，每个通用 I/O 口（GPIO 口）都有以下 7 个寄存器。

（1）2 个 32 位的端口配置寄存器（GPIOx_CRL、GPIOx_CRH）。

（2）2 个 32 位的数据寄存器（GPIOx_IDR、GPIOx_ODR）。

（3）1 个 32 位的置位/复位寄存器（GPIOx_BSRR）。

（4）1 个 32 位的复位寄存器（GPIOx_BRR）。

（5）1 个 32 位的锁定寄存器（GPIOx_LCKR）。

GPIO 寄存器地址映射如图 4-10 所示。

地址偏移量	寄存器	31	30	29	28	27	26	25	24	23	22	21	20	19	18	17	16	15	14	13	12	11	10	9	8	7	6	5	4	3	2	1	0
000h	GPIOx_CRL	CNF7[1:0]		MODE7[1:0]		CNF6[1:0]		MODE6[1:0]		CNF5[1:0]		MODE5[1:0]		CNF4[1:0]		MODE4[1:0]		CNF3[1:0]		MODE3[1:0]		CNF2[1:0]		MODE2[1:0]		CNF1[1:0]		MODE1[1:0]		CNF0[1:0]		MODE0[1:0]	
	复位值	0	1	0	1	0	1	0	1	0	1	0	1	0	1	0	1	0	1	0	1	0	1	0	1	0	1	0	1	0	1	0	1
004h	GPIOx_CRH	CNF15[1:0]		MODE15[1:0]		CNF14[1:0]		MODE14[1:0]		CNF13[1:0]		MODE13[1:0]		CNF12[1:0]		MODE12[1:0]		CNF11[1:0]		MODE11[1:0]		CNF10[1:0]		MODE10[1:0]		CNF9[1:0]		MODE9[1:0]		CNF8[1:0]		MODE8[1:0]	
	复位值	0	1	0	1	0	1	0	1	0	1	0	1	0	1	0	1	0	1	0	1	0	1	0	1	0	1	0	1	0	1	0	1
008h	GPIOx_IDR	保留																IDR[15:0]															
	复位值																	0	0	0	0	0	0	0	0	0	0	0	0	0	0	0	0
00Ch	GPIOx_ODR	保留																ODR[15:0]															
	复位值																	0	0	0	0	0	0	0	0	0	0	0	0	0	0	0	0
010h	GPIOx_BSRR	BR[15:0]																BSR[15:0]															
	复位值	0	0	0	0	0	0	0	0	0	0	0	0	0	0	0	0	0	0	0	0	0	0	0	0	0	0	0	0	0	0	0	0
014h	GPIOx_BRR	保留																BR[15:0]															
	复位值																	0	0	0	0	0	0	0	0	0	0	0	0	0	0	0	0
018h	GPIOx_LCKR	保留															LCKK	LCK[15:0]															
	复位值																0	0	0	0	0	0	0	0	0	0	0	0	0	0	0	0	0

图 4-10　GPIO 寄存器地址映射

从图 4-10 中可以看出，GPIOx 的 7 个寄存器都是 32 位的，每个寄存器占用 4 个字节，一共占用 28 个字节，地址偏移量范围为 000H～01BH。这 7 个寄存器的地址偏移量是相对 GPIOx 的基地址而言的，每个寄存器的地址偏移量不变。

那么，GPIOx 的基地址是怎么算出来的呢？下面以 GPIOA 为例来说明如何计算 GPIOA 的基地址。

（1）获得 GPIOA 的基地址

由于 GPIO 都挂载在 APB2 上，所以 GPIOA 的基地址是由 APB2 的基地址和 GPIOA 在

APB2 上的地址偏移量决定的。这样，我们就可以算出 GPIOA 的基地址了（其他 GPIO 的基地址以此类推）。获得 GPIOA 的基地址的过程如下。

打开 stm32f10x.h 头文件，先定位到 GPIO_TypeDef 结构体定义处（前面已给出了定义 GPIO 寄存器结构的结构体）。

然后定位到 GPIOA 的宏定义处，具体如下。

```
#define GPIOA    ((GPIO_TypeDef *) GPIOA_BASE)
```

通过宏定义，把 GPIOA_BASE 强制转化为 GPIO_TypeDef 类型的指针，用定义的宏名 GPIOA 代替 GPIOA_BASE。这样就可以将 GPIOA 作为 GPIO_TypeDef 类型的指针，其基地址是 GPIOA_BASE。

再定位到 GPIOA_BASE 的宏定义处，具体如下。

```
#define GPIOA_BASE    (APB2PERIPH_BASE + 0x0800)
```

以此类推，定位到最后两个位置，具体如下。

```
#define APB2PERIPH_BASE    (PERIPH_BASE + 0x10000)
#define PERIPH_BASE    ((uint32_t)0x40000000)     //外设区基地址为0x40000000
```

由此可以计算出 GPIOA 的基地址，具体如下。

```
GPIOA_BASE = 0x40000000 + 0x10000 + 0x0800 = 0x40010800
```

（2）GPIOA 寄存器地址

在前面我们已经知道如何获得 GPIOA 的基地址，那么 GPIOA 的 7 个寄存器地址又是如何获得的呢？GPIOA 寄存器地址的计算公式如下。

```
GPIOA寄存器地址=GPIOA基地址+寄存器相对GPIOA基地址的偏移量（即地址偏移量）
```

其中的偏移量可以在图 4-10 中查到。

现在我们必须要清楚结构体里面的寄存器是怎么与地址一一对应的。

GPIOA 是指向 GPIO_TypeDef 类型的指针，GPIO_TypeDef 又是一个结构体，采用对齐方式为结构体成员变量（寄存器）分配连续的地址。这时，每个成员变量（寄存器）对应的地址就可以根据其基地址来计算了。

由于 GPIO_TypeDef 结构体的成员变量都是 32 位（4 字节）的，并且成员变量地址是连续的，每个成员变量占用 4 个存储单元，所以根据 GPIOA 的基地址就可以计算出 GPIOA 寄存器对应的地址。GPIOA 寄存器地址如表 4-1 所示。

表 4-1　GPIOA 寄存器地址

GPIOA 寄存器	地址偏移量	GPIOA 寄存器地址=GPIOA 基地址+地址偏移量
GPIOA_CRL	0x00	0x40010800+0x00
GPIOA_CRH	0x04	0x40010800+0x04
GPIOA_IDR	0x08	0x40010800+0x08
GPIOA_ODR	0x0C	0x40010800+0x0C
GPIOA_BSRR	0x10	0x40010800+0x10
GPIOA_BRR	0x14	0x40010800+0x14
GPIOA_LCKR	0x18	0x40010800+0x18

注意 GPIO_TypeDef 定义的成员变量（寄存器）顺序与 GPIO 寄存器地址映射顺序是一致的。

3. GPIOx 基地址

前面通过计算，获得了 GPIOA 基地址 0x40010800，与《STM32 中文参考手册 V10》中的 GPIOA 基地址是一样的。所有 GPIOx 基地址的宏定义如下。

```
1.  #define GPIOA_BASE            (APB2PERIPH_BASE + 0x0800)
2.  #define GPIOB_BASE            (APB2PERIPH_BASE + 0x0C00)
3.  #define GPIOC_BASE            (APB2PERIPH_BASE + 0x1000)
4.  #define GPIOD_BASE            (APB2PERIPH_BASE + 0x1400)
5.  #define GPIOE_BASE            (APB2PERIPH_BASE + 0x1800)
6.  #define GPIOF_BASE            (APB2PERIPH_BASE + 0x1C00)
7.  #define GPIOG_BASE            (APB2PERIPH_BASE + 0x2000)
```

这样，我们就可以按照前面 GPIOA 基地址的计算方法，计算出其他的 GPIOx 基地址，如表 4-2 所示。

表 4-2　GPIOx 基地址

起始地址	端口	地址偏移量	基地址=外设区基地址+APB2 偏移量+地址偏移量
0x40010800 ~ 0x40010BFF	GPIOA	0x0800	0x40000000 + 0x10000 + 0x0800
0x40010C00 ~ 0x40010FFF	GPIOB	0x0C00	0x40000000 + 0x10000 + 0x0C00
0x40011000 ~ 0x400113FF	GPIOC	0x1000	0x40000000 + 0x10000 + 0x1000
0x40011400 ~ 0x400117FF	GPIOD	0x1400	0x40000000 + 0x10000 + 0x1400
0x40011800 ~ 0x40011BFF	GPIOE	0x1800	0x40000000 + 0x10000 + 0x1800
0x40011C00 ~ 0x40011FFF	GPIOF	0x1C00	0x40000000 + 0x10000 + 0x1C00
0x40012000 ~ 0x400123FF	GPIOG	0x2000	0x40000000 + 0x10000 + 0x2000

4.2.2 端口复用

STM32 有很多内置外设，这些内置外设的引脚都是与 GPIO 的引脚复用的。简单地说，GPIO 的引脚可以重新定义为其他功能，这就叫作端口复用。

比如，STM32 的串口 1（USART1 串口）的引脚对应 GPIO 的 PA9 和 PA10 引脚，这两个引脚默认的功能是 GPIO。当 PA9 和 PA10 引脚作为 USART1 串口的 TX 和 RX 引脚使用时，就是端口复用了。

又如，USART2 串口的 TX 和 RX 引脚使用的是 PA2 和 PA3 引脚，USART3 串口的 TX 和 RX 引脚使用的是 PB10 和 PB11 引脚，这些引脚默认的功能也是 GPIO，这也是端口复用。

在使用默认的复用功能前，必须对复用的端口进行初始化。下面以 USART2 串口为例进行说明，其初始化步骤如下。

（1）使能 GPIO 时钟。由于要使用这个端口的复用功能，所以要使能这个端口的时钟，代码如下。

```
RCC_APB2PeriphClockCmd(RCC_APB2Periph_GPIOA, ENABLE);
```

（2）使能复用的外设时钟。在这里要把 GPIOA 的 PA2 和 PA3 引脚复用为 USART2 串口的 TX 和 RX 引脚，所以要使能这个串口的时钟，代码如下。

```
RCC_APB2PeriphClockCmd(RCC_APB2Periph_USART2, ENABLE);
```

（3）配置端口模式。在复用内置外设功能引脚时，必须配置 GPIO 的端口模式。至于在复用功能下，GPIO 的端口模式到底怎么配置，可以参考《STM32 中文参考手册 V10》。GPIOA 的 PA2 和 PA3 引脚复用为 USART2 串口的 TX 和 RX 引脚，其初始化代码如下。

- 设置 USART2 的 TX 引脚为、PA2 引脚为复用推挽输出。

```
1.  GPIO_InitStructure.GPIO_Pin = GPIO_Pin_2;                    //PA2 引脚
2.  GPIO_InitStructure.GPIO_Speed = GPIO_Speed_50MHz;
3.  GPIO_InitStructure.GPIO_Mode = GPIO_Mode_AF_PP;              //复用推挽输出
4.  GPIO_Init(GPIOA, &GPIO_InitStructure);
```

- 设置 USART2 的 RX 引脚为、PA3 引脚为浮空输入。

```
1.  GPIO_InitStructure.GPIO_Pin = GPIO_Pin_3;                    //PA3 引脚
2.  GPIO_InitStructure.GPIO_Mode = PIO_Mode_IN_FLOATING;         //浮空输入
3.  GPIO_Init(GPIOA, &GPIO_InitStructure);
```

由上述初始化代码可以看出，在使用复用功能时，要对 GPIOx 和复用外设的两个时钟进行使能，同时要初始化 GPIOx 及复用外设功能。

4.2.3 端口复用功能重映射

在 STM32 中，有很多内置外设的 I/O 引脚都具有重映射（Remap）的功能，每个内置外设都有若干个 I/O 引脚，一般这些引脚的输出端口都是固定不变的。为了让设计师可以更好地安排引脚的走向和功能，在 STM32 中引入了端口复用功能重映射的概念，即一个外设的引脚除了具有默认的端口外，还可以通过设置重映射寄存器的方式，把它映射到其他端口上。

端口复用功能重映射

1. AFIO_MAPR 寄存器

为了使不同元器件封装（64 引脚或 100 引脚封装）的外设 I/O 功能的数量达到最优，可以把一些复用功能重映射到其他引脚上。也就是通过设置复用功能重映射和调试 I/O 配置寄存器 AFIO_MAPR，来实现引脚的重映射。这时，复用功能就不再映射到它们的原始分配引脚上了。AFIO_MAPR 寄存器的各位描述如表 4-3 所示。

表 4-3　AFIO_MAPR 寄存器的各位描述

位	名　称	描　述
31:27		保留
26:24	SWJ_CFG[2:0]	串行线 JTAG 配置
23:21		保留

续表

位	名　　称	描　　述
20	ADC2_ETRGREG_REMAP	ADC2 规则通道转换外部触发重映射。 可由软件置“1”或置“0”，用于控制与 ADC2 规则通道转换外部触发相连的触发输入。该位置“0”时，ADC2 规则通道转换外部触发与 EXTI11 相连；该位置“1”时，ADC2 规则通道转换外部触发与 TIM8_TRGO 相连
19	ADC2_ETRGINJ_REMAP	ADC2 注入通道转换外部触发重映射。 可由软件置“1”或置“0”，用于控制与 ADC2 注入通道转换外部触发相连的触发输入。该位置“0”时，ADC2 注入通道转换外部触发与 EXTI15 相连；该位置“1”时，ADC2 注入通道转换外部触发与 TIM8 通道 4 相连
18	ADC1_ETRGREG_REMAP	ADC1 规则通道转换外部触发重映射。 可由软件置“1”或置“0”，用于控制与 ADC1 规则通道转换外部触发相连的触发输入。该位置“0”时，ADC1 规则通道转换外部触发与 EXTI11 相连；该位置“1”时，ADC1 规则通道转换外部触发与 TIM8_TRGO 相连
17	ADC1_ETRGINJ_REMAP	ADC1 注入通道转换外部触发重映射。 可由软件置“1”或置“0”，用于控制与 ADC1 注入通道转换外部触发相连的触发输入。该位置“0”时，ADC1 注入通道转换外部触发与 EXTI15 相连；该位置“1”时，ADC1 注入通道转换外部触发与 TIM8 通道 4 相连
16	TIM5CH4_IREMAP	TIM5 通道 4 内部重映射。 可由软件置“1”或置“0”，用于控制 TIM5 通道 4 内部重映射。该位置“0”时，TIM5_CH4 与 PA3 引脚相连；该位置“1”时，LSI 内部振荡器与 TIM5_CH4 相连，目的是对 LSI 进行校准
15	PD01_REMAP	将 D0 口、D1 口映射到 OSC_IN/OSC_OUT
14:13	CAN_REMAP[1:0]	CAN 复用功能重映射
12	TIM4_REMAP	TIM4 的重映射。 可由软件置“1”或置“0”，用于控制 TIM5 的通道 1～4 在 GPIO 的映射。 0：没有重映射（CH1/PB6、CH2/PB7、CH3/PB8、CH4/PB9）。 1：完全重映射（CH1/PD12、CH2/PD13、CH3/PD14、CH4/PD15）
11:10	TIM3_REMAP[1:0]	TIM3 的重映射。 可由软件置“1”或置“0”，用于控制 TIM3 的通道 1～4 在 GPIO 的映射。 00：没有重映射（CH1/PA6、CH2/PA7、CH3/PB0、CH4/PB1）。 01：未组合。 10：部分重映射（CH1/PB4、CH2/PB5、CH3/PB0、CH4/PB1）。 11：完全重映射（CH1/PC6、CH2/PC7、CH3/PC8、CH4/PC9）

续表

位	名　称	描　述
9:8	TIM2_REMAP[1:0]	TIM2 的重映射。 可由软件置“1”或置“0”，用于控制 TIM2 的通道 1 至 4 和外部触发输入（ETR）在 GPIO 的映射。 00：没有重映射（CH1/ETR/PA0、CH2/PA1、CH3/PA2、CH4/PA3）。 01：部分重映射（CH1/ETR/PA15、CH2/PB3、CH3/PA2、CH4/PA3）。 10：部分重映射（CH1/ETR/PA0、CH2/PA1、CH3/PB10、CH4/PB11）。 11：完全重映射（CH1/ETR/PA15、CH2/PB3、CH3/PB10、CH4/PB11）
7:6	TIM1_REMAP[1:0]	TIM1 的重映射。 可由软件置“1”或置“0”，用于控制 TIM1 的通道 1～4、1N～3N、外部触发输入（ETR）和刹车输入（BKIN）在 GPIO 的映射。 00：没有重映射（ETR/PA12、CH1/PA8、CH2/PA9、CH3/PA10、CH4/PA11、BKIN/PB12、CH1N/PB13、CH2N/PB14、CH3N/PB15）。 01：部分重映射（ETR/PA12、CH1/PA8、CH2/PA9、CH3/PA10、CH4/PA11、BKIN/PA6、CH1N/PA7、CH2N/PB0、CH3N/PB1）。 10：未组合。 11：完全重映射（ETR/PE7、CH1/PE9、CH2/PE11、CH3/PE13、CH4/PE14、BKIN/PE15、CH1N/PE8、CH2N/PE10、CH3N/PE12）
5:4	USART3_REMAP[1:0]	USART3 串口的重映射。 可由软件置“1”或置“0”，用于控制 USART3 串口的 CTS、RTS、CK、TX 和 RX 复用功能在 GPIO 的映射。 00：没有重映射（TX/PB10、RX/PB11、CK/PB12、CTS/PB13、RTS/PB14）。 01：部分重映射（TX/PC10、RX/PC11、CK/PC12、CTS/PB13、RTS/PB14）。 10：未组合。 11：完全重映射（TX/PD8、RX/PD9、CK/PD10、CTS/PD11、RTS/PD12）
3	USART2_REMAP	USART2 串口的重映射。 由软件置“1”或置“0”，用于控制 USART2 串口的 CTS、RTS、CK、TX 和 RX 复用功能在 GPIO 的映射。 0：没有重映射（CTS/PA0、RTS/PA1、TX/PA2、RX/PA3、CK/PA4）。 1：重映射（CTS/PD3、RTS/PD4、TX/PD5、RX/PD6、CK/PD7）

续表

位	名　称	描　述
2	USART1_REMAP	USART1 串口的重映射。 可由软件置“1”或置“0”，用于控制 USART1 串口的 TX 和 RX 复用功能在 GPIO 的映射。 0：没有重映射（TX/PA9、RX/PA10）。 1：重映射（TX/PB6、RX/PB7）
1	IIC1_REMAP	IIC1 的重映射
0	SPI1_REMAP	SPI1 的重映射

表 4-3 只列出了本书中用到的 USARTx 串口、TIMx 和 ADCx 的重映射。

从表 4-3 中可以看出，重映射就是把引脚的外设功能映射到另一个引脚上，但这个引脚不是随便映射的，它们都有具体的对应关系，具体对应关系可以参考《STM32 中文参考手册 V10》中 AFIO_MAPR 寄存器的相关内容。

2. 如何实现端口复用功能重映射

下面以定时器 TIM3 为例，介绍如何实现 TIM3 的重映射。AFIO_MAPR 寄存器的 11:10 位可以控制 TIM3 的通道 1～4 在 GPIO 上的重映射。TIM3 复用功能重映射如表 4-4 所示。

表 4-4　TIM3 复用功能重映射

复用功能	TIM3_REMAP[1:0]=00（没有重映射）	TIM3_REMAP[1:0]=10（部分重映射）	TIM3_REMAP[1:0]=11（完全重映射）
TIM3_CH1	PA6	PB4	PC6
TIM3_CH2	PA7	PB5	PC7
TIM3_CH3	PB0		PC8
TIM3_CH4	PB1		PC9

从表 4-4 中可以看到，TIM3 复用功能有部分重映射和完全重映射两种。部分重映射就是一部分引脚和默认引脚是一样的，另一部分引脚重映射到其他引脚上。完全重映射就是所有引脚都重映射到其他引脚上。在默认情况（没有重映射）下，TIM3 的通道 1～4 复用功能引脚是 CH1/PA6、CH2/PA7、CH3/PB0 和 CH4/PB1。

我们也可以将通道 1～4 完全重映射到 CH1/PC6、CH2/PC7、CH3/PC8 和 CH4/PC9 引脚上。若想实现 TIM3 的完全重映射，要先使能复用功能的两个时钟，然后使能 AFIO 时钟，再调用重映射函数以开启重映射，配置重映射的引脚，具体步骤如下。

（1）使能 GPIOC 时钟

```
RCC_APB2PeriphClockCmd(RCC_APB2Periph_GPIOC, ENABLE);
```

（2）使能 TIM3 时钟

```
RCC_APB1PeriphClockCmd(RCC_APB1Periph_TIM3, ENABLE);
```

（3）使能 AFIO 时钟

```
RCC_APB2PeriphClockCmd(RCC_APB2Periph_AFIO, ENABLE);
```

（4）开启重映射

```
GPIO_PinRemapConfig(GPIO_FullRemap_TIM3, ENABLE);
```

（5）配置重映射的引脚

只需配置重映射的引脚，原来的引脚不需要配置。这里重映射的引脚是 PC6、PC7、PC8 和 PC9，配置为复用推挽输出，代码如下。

```
1.  GPIO_InitStructure.GPIO_Pin = GPIO_Pin_6|GPIO_Pin_7|GPIO_Pin_8|GPIO_Pin_9;
2.  GPIO_InitStructure.GPIO_Speed = GPIO_Speed_50MHz;
3.  GPIO_InitStructure.GPIO_Mode = GPIO_Mode_AF_PP;          //复用推挽输出
4.  GPIO_Init(GPIOC, &GPIO_InitStructure);
```

通过将 TIM3 的通道 1～4 在 GPIO 上重映射的例子，我们初步认识了端口复用功能重映射，以及如何实现它。这里只是简单介绍了端口复用功能重映射，后面还会在有关项目中进行详细介绍。

【技能训练 4-2】USART1 串口重映射实现

前面介绍了端口复用和端口复用功能重映射的基本概念，以及实现的步骤。那么我们应该如何实现 USART1 串口的重映射呢？

USART1 串口重映射实现

1. USART1 重映射分析

参考《STM32 中文参考手册 V10》中 AFIO_MAPR 寄存器的相关内容，其中的两位可以控制 USART1 串口在 GPIO 上的重映射。USART1 串口复用功能重映射如表 4-5 所示。

表 4-5　USART1 串口复用功能重映射

复用功能	USART1_REMAP=0（没有重映射）	USART1_REMAP=1（重映射）
USART1_TX	PA9	PB6
USART1_RX	PA10	PB7

从表 4-5 中可以看到，USART1 串口重映射就是把 USART1 串口复用时的 PA9 和 PA10 引脚重映射到 PB6 和 PB7 引脚上。

2. USART1 串口重映射实现

要实现 USART1 串口的重映射，首先使能复用功能的两个时钟，然后使能 AFIO 时钟，再调用重映射函数以开启重映射，最后配置重映射的引脚。具体实现步骤如下。

（1）使能 GPIOB 时钟

```
RCC_APB2PeriphClockCmd(RCC_APB2Periph_GPIOB, ENABLE);
```

（2）使能 USART1 时钟

```
RCC_APB2PeriphClockCmd(RCC_APB2Periph_USART1, ENABLE);
```

（3）使能 AFIO 时钟

```
RCC_APB2PeriphClockCmd(RCC_APB2Periph_AFIO, ENABLE);
```

（4）开启重映射

```
GPIO_PinRemapConfig(GPIO_Remap_USART1, ENABLE);
```

（5）配置重映射的引脚。只需配置重映射的引脚，原来的引脚不需要配置。这里重映射的引脚是 PB6 和 PB7，PB6 引脚配置为复用推挽输出，PB7 引脚配置为浮空输入，代码如下。

```
1.  //配置 PB6 引脚为复用推挽输出
2.  GPIO_InitStructure.GPIO_Pin = GPIO_Pin_6;
3.  GPIO_InitStructure.GPIO_Speed = GPIO_Speed_50MHz;
4.  GPIO_InitStructure.GPIO_Mode = GPIO_Mode_AF_PP;           //复用推挽输出
5.  GPIO_Init(GPIOB, &GPIO_InitStructure);
6.  //配置 PB7 引脚为浮空输入
7.  GPIO_InitStructure.GPIO_Pin = GPIO_Pin_7;
8.  GPIO_InitStructure.GPIO_Mode = GPIO_Mode_IN_FLOATING;     //浮空输入
9.  GPIO_Init(GPIOB, &GPIO_InitStructure);
```

4.3 任务 9　中断方式的按键控制设计与实现

任务要求

在任务 8 的基础上进行修改，无按键被按下时，CPU 正常工作，不执行按键识别程序；有按键被按下时，产生中断申请，CPU 转去执行按键识别程序。其他功能与任务 8 的一样。

4.3.1 STM32 中断

中断是 STM32 的核心技术之一，要想用好 STM32，就必须掌握中断。在任务 8 中，无论是否有按键被按下，CPU 都要按时判断按键是否被按下。而嵌入式电子产品在工作时，并非经常需要按键输入。因此，CPU 经常处于空的判断状态，浪费了 CPU 的时间。为了提高 CPU 的工作效率，按键可以采用中断的工作方式：当无按键被按下时，CPU 正常工作，不执行按键识别程序；当有按键被按下时，产生中断，CPU 转去执行按键识别程序，然后返回。这样就充分体现了中断的实时处理功能，提高了 CPU 的工作效率。

STM32 中断

1. 中断

当 CPU 正在执行某个程序时，由计算机内部或外部的原因引起的紧急事件向 CPU 发出请求处理信号，CPU 在允许的情况下响应请求处理信号，暂停正在执行的程序，保护好断点处的现场，转去执行一个用于处理该紧急事件的程序，处理完后又返回被暂停的程序断点处，继续执行原程序，这一过程就称为中断。

在日常生活中，“中断”的现象也比较普遍。例如，某人正在打扫卫生，突然电话铃响了，他立即“中断”正在做的事转去接电话，接完电话后继续打扫卫生。在这里，接电话就是随机而又紧急的事件，必须去处理。

2. STM32 的中断通道和中断向量

在 Cortex-M3 内核中集成了中断控制器和中断优先级控制寄存器。Cortex-M3 内核支持 256 个中断，其中包含 16 个内核中断（也称为系统异常）和 240 个外部中断，并具有 256 级可编程中断优先级设置。其中，除个别异常的优先级被固定外，其他的优先级都是可编程的。

STM32 并没有使用 Cortex-M3 内核的全部（如未使用 MPU、8 位中断优先级等），只使用了 Cortex-M3 内核的一部分。STM32 有 84 个中断，包括 16 个 Cortex-M3 内核中断通道和 68 个可屏蔽中断通道，具有 16 级可编程中断优先级设置（仅使用中断优先级设置 8 位中的高 4 位）。Cortex-M3 内核的 16 个中断通道对应的中断向量如表 4-6 所示。

表 4-6　Cortex-M3 内核的 16 个中断通道对应的中断向量

位置	优先级	优先级类型	名称	说明	中断向量
	—	—	—	保留	0x00000000
	-3	固定	Reset	复位	0x00000004
	-2	固定	NMI	不可屏蔽中断，RCC 时钟安全系统（CSS）连接到 NMI 向量	0x00000008
	-1	固定	硬件失效	所有类型的失效	0x0000000C
	0	可编程设置	存储管理	存储器管理	0x00000010
	1	可编程设置	总线错误	预取指失败，存储器访问失败	0x00000014
	2	可编程设置	错误应用	未定义的指令或者非法状态	0x00000018
	—	—	—	4 个保留	0x0000001C ~ 0x0000002B
	3	可编程设置	SVCall	通过 SWI 指令的系统服务调用	0x0000002C
	4	可编程设置	调试监控	调试监控器	0x00000030
	—	—	—	保留	0x00000034
	5	可编程设置	PendSV	可挂起的系统服务请求	0x00000038
	6	可编程设置	SysTick	系统滴答定时器	0x0000003C

从表 4-6 中可以看出，复位（Reset）中断的优先级是-3（优先级最高），中断向量是 0x00000004。当按复位键后，不论当前运行的是用户程序还是其他中断服务程序，都会转到地址 0x00000004，取出复位的中断服务程序的入口地址，然后转到该地址去执行复位的中断服务程序。

为什么在地址 0x00000004 中只存放复位的中断服务程序的入口地址呢？因为 Reset 中断的中断向量和 NMI 中断的中断向量之间只有 4 个存储单元，所以只能存放中断服务程序的入口地址。

STM32F103 系列芯片中有 60 个可屏蔽中断通道，STM32F107 系列芯片中有 68 个可屏蔽中断通道。下面只列出部分可屏蔽中断通道对应的中断向量，如表 4-7 所示。

表 4-7　部分可屏蔽中断通道对应的中断向量

位置	优先级	优先级类型	名称	说　明	中断向量
0	7	可编程设置	WWDG	窗口看门狗定时器中断	0x00000040
1	8	可编程设置	PVD	连到 EXTI 的电源电压检测中断	0x00000044
2	9	可编程设置	TAMPER	侵入检测中断	0x00000048

续表

位置	优先级	优先级类型	名称	说　明	中断向量
3	10	可编程设置	RTC	实时时钟全局中断	0x0000004C
4	11	可编程设置	FLASH	闪存全局中断	0x00000050
5	12	可编程设置	RCC	复位和时钟控制全局中断	0x00000054
6	13	可编程设置	EXTI0	EXTI 线 0 中断	0x00000058
7	14	可编程设置	EXTI1	EXTI 线 1 中断	0x0000005C
8	15	可编程设置	EXTI2	EXTI 线 2 中断	0x00000060
9	16	可编程设置	EXTI3	EXTI 线 3 中断	0x00000064
10	17	可编程设置	EXTI4	EXTI 线 4 中断	0x00000068
11	18	可编程设置	DMA 通道 1	DMA 通道 1 全局中断	0x0000006C
12	19	可编程设置	DMA 通道 2	DMA 通道 2 全局中断	0x00000070
13	20	可编程设置	DMA 通道 3	DMA 通道 3 全局中断	0x00000074
……					
23	30	可编程设置	EXTI9_5	EXTI 线[9:5]中断	0x0000009C
……					
40	47	可编程设置	EXTI15_10	EXTI 线[15:10]中断	0x000000E0

从表 4-7 中可以看出，EXTI 线 0 中断～EXTI 线 4 中断与中断通道 EXTI0～EXTI4 是一一对应的。而 EXTI 线 5 中断～EXTI 线 9 中断共用一个中断通道 EXTI9_5，同样也共用一个中断向量 0x0000009C。另外，EXTI 线 10 中断～EXTI 线 15 中断也共用一个中断通道 EXTI15_10 和一个中断向量 0x000000E0。对于中断通道 EXTI9_5 和 EXTI15_10，一定要清楚它们对应的是哪几个中断。

注意　每个中断对应一个外设，该外设通常具备若干个能引起中断的中断源或中断事件，所有的中断只能通过指定的中断通道向内核申请；STM32 支持的 68 个外部中断通道（可屏蔽中断通道），已经固定分配给相应的外设。

3. STM32 的外部中断

STM32 的每一个 GPIO 的引脚都可以作为外部中断的中断输入口，也就是都能配置成一个外部中断触发源，这也是 STM32 的强大之处。STM32F103 系列芯片的中断控制器支持 19 个外部中断（对于互联型产品是 20 个）/事件请求。每个中断设有状态位，每个中断/事件都有独立的触发和屏蔽设置。

STM32 根据 GPIO 的引脚序号不同，把不同 GPIO、同一个序号的引脚组成一组，每组对应一个外部中断/事件源（即中断线）EXTIx（x 为 0～15），比如 PA0、PB0、PC0、PD0、PE0、PF0、PG0 引脚为第一组，依此类推，我们就能将众多中断触发源分成 16 组。GPIO 与外部中断的映射关系如图 4-11 所示。

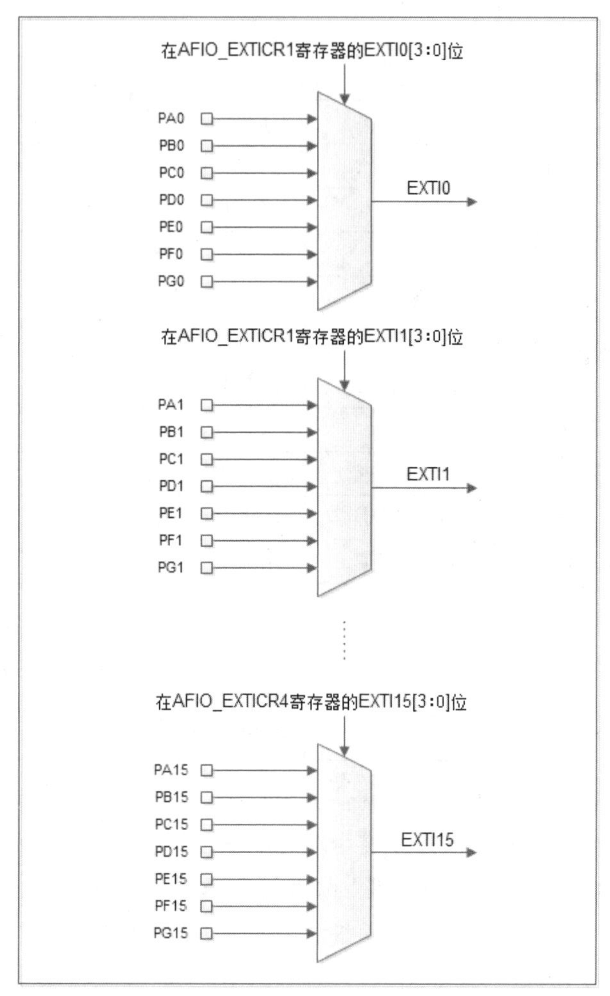

图 4-11　GPIO 与外部中断的映射关系

从图 4-11 中可以看出，每个中断线最多对应 7 个 GPIO 的引脚，而中断线每次只能连接到 1 个 GPIO 上，这样就需要通过配置来决定对应的中断线连接到哪个 GPIO 上了。也就是说，在同一时间，对于不同 GPIO、同一个序号的引脚，只能设置一个为中断线（即每一组同时只能有一个中断触发源工作）！例如，可以同时设置 PA0、PB1、PC2 为中断线，而不能同时设置 PA0、PB0、PC0 为中断线。

另外，还有 3 个外部中断线连接什么呢？EXTI16 连接到 PVD 输出、EXTI17 连接到 RTC 事件、EXTI18 连接到 USB 唤醒事件。对于互联型产品，EXTI19 连接到以太网唤醒事件。

4. STM32 的中断优先级

中断优先级的概念是针对中断通道的。当中断通道的中断优先级确定后，也就确定了外设的中断优先级，并且该设备所能产生的所有类型的中断优先级都与该中断通道的中断优先级一样。

STM32 内核有两种中断优先级，分别是抢占优先级和响应优先级（也称为子优先级），每个中断源都需要指定这两种中断优先级。具有高抢占优先级的中断，可以在具有低抢占优先级的中断处理过程中被响应，即中断嵌套。

由于 STM32 有很多中断源，需要对中断优先级进行分组管理。在 Cortex-M3 中定义了 8 位来设置中断源的中断优先级，而 STM32 只使用了高 4 位，这 4 位中断优先级控制位分成两组，从高位开始，前面是定义抢占优先级的位，后面是定义响应优先级的位。STM32 中断优先级可以设置为 5 个分组中的一种，如表 4-8 所示。

表 4-8　STM32 中断优先级分组

分　组	抢占优先级位数和取值范围	响应优先级位数和取值范围
0	0，无	4，0～15
1	1，0～1	3，0～7
2	2，0～3	2，0～3
3	3，0～7	1，0～1
4	4，0～15	0，无

由表 4-8 可以看出，第 0 组的所有 4 位都用于指定响应优先级，无抢占优先级，16 个响应优先级（0～15），数值越小优先级越高。当中断同时发生时，优先级高的中断先响应，但不能互相打断。例如，在分组为第 0 组的情况下，优先级为 13 的中断服务程序正在运行时，优先级为 1 的中断来了，也只能等待。也就是说，在这种分组情况下，不允许中断嵌套。

第 1 组有 1 位抢占优先级和 3 位响应优先级。在这种情况下，抢占优先级高的中断先响应。抢占优先级相同的中断，响应优先级高的中断先响应。并且，抢占优先级高的中断来了，可以打断正在运行的抢占优先级低的中断的运行过程，执行抢占！但是有相同抢占优先级的任务，是不能互相打断的。

在其他分组中，也是如此。只是抢占优先级和响应优先级被分配的位数不同，用户可以选择一种对自己的项目最合适的分组。若设置为 2 位抢占优先级（第 2 组），那么抢占优先级就有 4 个（0～3），响应优先级也有 4 个（0～3）。

例如，当设置中断优先级分组为第 2 组时，如果设置串口中断抢占优先级为 2、响应优先级为 3，设置按键中断抢占优先级为 1、响应优先级为 3，在串口中断服务程序运行时，如果有按键被按下，因为按键中断的抢占优先级比串口中断的抢占优先级高，就会发生中断嵌套。如果按键中断的抢占优先级也是 2，就不能打断正在运行的串口中断服务程序。

4.3.2　STM32 外部中断编程

STM32 外部中断编程主要涉及外部中断/事件管理库函数、NVIC 库函数及中断服务函数等。下面主要按照 STM32 外部中断编程的步骤，介绍外部中断的相关函数。

STM32 外部中断编程

1. GPIO_EXTILineConfig()函数

GPIO_EXTILineConfig()函数在 stm32f10x_gpio.h 文件中声明，在 stm32f10x_gpio.c 文件中实现，是用来配置 GPIO 的引脚与中断线 EXTIx 的

映射关系的函数，该函数原型如下。

```
void GPIO_EXTILineConfig(uint8_t GPIO_PortSource, uint8_t GPIO_PinSource);
```

示例如下。

```
GPIO_EXTILineConfig(GPIO_PortSourceGPIOE,GPIO_PinSource2);
```

该语句用于将中断线 EXTI2 与 PE2 引脚映射起来，相当于把 PE2 引脚与中断线 EXTI2 连接了。

2. EXTI_Init()函数

设置好中断线映射之后，还要通过 EXTI_Init()函数对中断线上的中断进行初始化。EXTI_Init()函数在 stm32f10x_exti.h 中声明，在 stm32f10x_exti.c 中实现，该函数原型如下。

```
void EXTI_Init(EXTI_InitTypeDef* EXTI_InitStruct);
```

其中，所有初始化的参数都是通过结构体指针 EXTI_InitStruct 来传递的，该指针指向 EXTI_InitTypeDef 结构体。即 STM32 的外部中断初始化是通过结构体来实现（设置初始值）的。EXTI_InitTypeDef 结构体的成员变量如下。

```
1.  typedef struct
2.  {
3.          uint32_t EXTI_Line;
4.          EXTIMode_TypeDef EXTI_Mode;
5.          EXTITrigger_TypeDef EXTI_Trigger;
6.          FunctionalState EXTI_LineCmd;
7.  }EXTI_InitTypeDef;
```

第一个参数 EXTI_Line 是中断线的标号，取值范围为 EXTI_Line0～EXTI_Line15。也就是说，这个参数用于将中断映射到某个中断线 EXTIx 上。

第二个参数 EXTI_Mode 是中断/事件模式，可选值为 EXTI_Mode_Interrupt（中断模式）和 EXTI_Mode_Event（事件模式）。

第三个参数 EXTI_Trigger 是触发模式，可选值为 EXTI_Trigger_Falling（下降沿触发）、EXTI_Trigger_Rising（上升沿触发）、EXTI_Trigger_Rising_Falling [双沿（上升沿和下降沿）触发]。

最后一个参数 EXTI_LineCmd 是使能中断线。

示例如下。

```
1.  EXTI_InitTypeDef   EXTI_InitStructure;
2.  EXTI_InitStructure.EXTI_Line=EXTI_Line4;      //将中断映射到中断线 EXTI4 上
3.  EXTI_InitStructure.EXTI_Mode = EXTI_Mode_Interrupt;   //设置为中断模式
4.  EXTI_InitStructure.EXTI_Trigger = EXTI_Trigger_Falling;//设置为下降沿触发
5.  EXTI_InitStructure.EXTI_LineCmd = ENABLE;    //中断使能，即开中断
6.  EXTI_Init(&EXTI_InitStructure);
7.  //根据 EXTI_InitStructure 中指定的参数初始化外设 EXTI 寄存器
```

上面这段代码主要是设置中断线 EXTI4 上中断的触发模式为下降沿触发。

3. NVIC_PriorityGroupConfig()函数

如何对中断优先级进行分组设置呢？可以通过调用 NVIC_PriorityGroupConfig()函数来选择使用哪种优先级分组方式。NVIC_PriorityGroupConfig()函数在 misc.h 文件中声明，在 misc.c 文件中实现，该函数原型如下。

```
void NVIC_PriorityGroupConfig(uint32_t NVIC_PriorityGroup);
```

这个函数的参数有 5 个，是在 misc.h 头文件中定义的，代码如下。

```
1.  #define NVIC_PriorityGroup_0    ((uint32_t)0x700)    //第 0 组
2.  #define NVIC_PriorityGroup_1    ((uint32_t)0x600)    //第 1 组
3.  #define NVIC_PriorityGroup_2    ((uint32_t)0x500)    //第 2 组
4.  #define NVIC_PriorityGroup_3    ((uint32_t)0x400)    //第 3 组
5.  #define NVIC_PriorityGroup_4    ((uint32_t)0x300)    //第 4 组
```

例如，设置中断优先级分组为第 2 组，有 2 位抢占优先级、2 位响应优先级，代码如下。

```
NVIC_PriorityGroupConfig(NVIC_PriorityGroup_2);
```

4. NVIC_Init()函数

前面已经设置好了中断线和 GPIO 的映射关系，以及中断的触发模式等初始化参数。既然是外部中断，当然要通过 NVIC_Init()函数设置中断优先级。NVIC_Init()函数在 misc.h 文件中声明，在 misc.c 文件中实现，该函数原型如下。

```
void NVIC_Init(NVIC_InitTypeDef* NVIC_InitStruct);
```

其中，所有初始化的参数都是通过结构体指针 NVIC_InitStruct 来传递的，该指针指向 NVIC_InitTypeDef 结构体。NVIC_InitTypeDef 结构体的成员变量如下。

```
1.  typedef struct
2.  {
3.      uint8_t NVIC_IRQChannel;
4.      uint8_t NVIC_IRQChannelPreemptionPriority;
5.      uint8_t NVIC_IRQChannelSubPriority;
6.      FunctionalState NVIC_IRQChannelCmd;
7.  } NVIC_InitTypeDef;
```

示例如下。

```
1.  NVIC_InitTypeDef  NVIC_InitStructure;
2.  NVIC_InitStructure.NVIC_IRQChannel = EXTI2_IRQn; //使能中断线 EXTI2 外部中断通道
3.  NVIC_InitStructure.NVIC_IRQChannelPreemptionPriority = 0x02;//抢占优先级 2
4.  NVIC_InitStructure.NVIC_IRQChannelSubPriority = 0x02;//响应优先级 2
5.  NVIC_InitStructure.NVIC_IRQChannelCmd = ENABLE;       //使能外部中断通道
6.  NVIC_Init(&NVIC_InitStructure);                        //中断优先级初始化
```

5. 中断服务函数

配置完中断优先级之后，就要在 stm32f10x_it.c 文件中编写中断服务函数了。中断服务函数的名字是什么？为什么要在 stm32f10x_it.c 文件中编写中断服务函数呢？

打开 startup_stm32f10x_hd.s 启动文件，在其中配置了中断向量表，有关外部中断的代码如下。

```
1.  DCD     EXTI0_IRQHandler          ; EXTI Line 0
2.  DCD     EXTI1_IRQHandler          ; EXTI Line 1
3.  DCD     EXTI2_IRQHandler          ; EXTI Line 2
4.  DCD     EXTI3_IRQHandler          ; EXTI Line 3
5.  DCD     EXTI4_IRQHandler          ; EXTI Line 4
6.  ……
7.  DCD     EXTI9_5_IRQHandler        ; EXTI Line 9..5
8.  ……
9.  DCD     EXTI15_10_IRQHandler      ; EXTI Line 15..10
```

比如，外部中断 9～5 的中断向量就是 32 位的地址 EXTI9_5_IRQHandler。在 startup_stm32f10x_hd.s 文件中还有如下内容。

```
1.  EXPORT  EXTI0_IRQHandler          [WEAK]
2.  EXPORT  EXTI1_IRQHandler          [WEAK]
3.  EXPORT  EXTI2_IRQHandler          [WEAK]
4.  EXPORT  EXTI3_IRQHandler          [WEAK]
5.  EXPORT  EXTI4_IRQHandler          [WEAK]
6.  ……
7.  EXPORT  EXTI9_5_IRQHandler        [WEAK]
8.  ……
9.  EXPORT  EXTI15_10_IRQHandler      [WEAK]
```

这里的 WEAK 是什么意思呢？比如，对于外部中断 9～5，定义 WEAK 的目的就是可以在 stm32f10x_it.c 文件中重写 EXTI9_5_IRQHandler 来覆盖它！

所以，我们要自己在 stm32f10x_it.c 文件中编写外部中断的中断服务函数。中断服务函数的名字是在 startup_stm32f10x_hd.s 文件中定义好的，STM32 中 GPIO 的外部中断函数只有以上 7 个。

中断线 0～4 对应 EXTI0_IRQHandler()～EXTI4_IRQHandler()中断服务函数。

中断线 5～9 共用一个 EXTI9_5_IRQHandler()中断服务函数。

中断线 10～15 共用一个 EXTI15_10_IRQHandler()中断服务函数。

常用的中断服务函数格式如下。

```
1.  void EXTI2_IRQHandler(void)
2.  {
3.      if(EXTI_GetITStatus(EXTI_Line3)!=RESET)    //判断某个中断线上的中断是否发生
4.      {
5.          中断逻辑……
6.          EXTI_ClearITPendingBit(EXTI_Line3);  //清除某个中断线上的中断标志位
7.      }
8.  }
```

6. EXTI_GetITStatus()和 EXTI_ClearITPendingBit()函数

在编写中断服务函数的时候，还经常使用以下两个函数。

（1）EXTI_GetITStatus()函数用于判断某个中断线上的中断是否发生（标志位是否置位），该函数原型如下。

```
ITStatus EXTI_GetITStatus(uint32_t EXTI_Line);
```

这个函数一般用在中断服务函数的开头。

（2）EXTI_ClearITPendingBit()函数用于清除某个中断线上的中断标志位，该函数原型如下。

```
void EXTI_ClearITPendingBit(uint32_t EXTI_Line);
```

这个函数一般用在中断服务函数结束之前。

另外，还有 EXTI_GetFlagStatus()和 EXTI_ClearFlag()这两个函数，它们分别用来判断外部中断及清除外部中断标志位。只是在 EXTI_GetITStatus()函数中会先判断这种中断是否使能，使能了才去判断中断标志位，而 EXTI_GetFlagStatus()函数可以直接判断中断标志位。

7. STM32 外部中断编程步骤

通过前面的介绍，已经对 STM32 的外部中断有了初步了解，若想正常使用外部中断，还需要掌握以下使用 STM32 外部中断的步骤。

（1）将 I/O 口初始化为输入。

（2）开启 I/O 口复用时钟，设置 I/O 口与中断线的映射关系。

（3）初始化线上中断，设置触发条件等。

（4）设置中断优先级分组，并使能中断。

（5）编写中断服务函数。

4.3.3 中断方式的按键控制程序设计

LED 和按键的初始化程序使用任务 8 中的初始化程序就可以了。本小节主要围绕任务 9 涉及的外部中断如何实现来进行程序设计。

中断方式的按键控制程序设计

1. 编写外部中断配置文件

根据任务要求，当有按键被按下时，就会产生中断。任务中有按键 KEY1、KEY2、KEY3 和 KEY4，它们分别接在 PF11、PF12、PF13 和 PF14 引脚上。也就是说，有 4 个外部中断源，按键 KEY1～KEY4 分别对应的中断线是 EXTI11～EXTI14。4 个按键的中断配置步骤如下。

（1）使用 GPIO_EXTILineConfig()函数将 PF11～PF14 引脚分别设置为 EXTI11～EXTI14 的中断源。

（2）通过 EXTI_InitTypeDef 结构体，使用 EXTI_Init(&EXTI_InitStructure)函数将 4 个中断映射到中断线 EXTI_Line11～EXTI_Line14 上，并将它们配置为中断模式和下降沿触发，最后使能中断（即开中断）。

（3）通过 NVIC_InitTypeDef 结构体，使用 NVIC_Init(&NVIC_InitStructure)函数设置按键所在的外部中断通道（即外部中断向量）、优先级及使能外部中断通道。

外部中断配置文件 exit.c 的代码如下。

```
1.  #include "stm32f10x.h"
2.  #include "stm32f10x_exti.h"
3.  void exit_config(void)
4.  {
5.          EXTI_InitTypeDef EXTI_InitStructure;
6.      NVIC_InitTypeDef  NVIC_InitStructure;
7.          RCC_APB2PeriphClockCmd(RCC_APB2Periph_AFIO, ENABLE);
8.          //以下 4 个语句将 PF11～PF14 引脚分别设置为 EXTI11～EXTI14 的中断源
9.          GPIO_EXTILineConfig(GPIO_PortSourceGPIOF,GPIO_PinSource11);
10.     GPIO_EXTILineConfig(GPIO_PortSourceGPIOF,GPIO_PinSource12);
11.     GPIO_EXTILineConfig(GPIO_PortSourceGPIOF,GPIO_PinSource13);
12.     GPIO_EXTILineConfig(GPIO_PortSourceGPIOF,GPIO_PinSource14);
13.         //将中断映射到中断线 EXTI_Line11～EXTI_Line14 上
14.         EXTI_InitStructure.EXTI_Line=EXTI_Line11|EXTI_Line12\
```

```
15.         |EXTI_Line13|EXTI_Line14;
16.         EXTI_InitStructure.EXTI_Mode = EXTI_Mode_Interrupt;//设置中断模式
17.     EXTI_InitStructure.EXTI_Trigger = EXTI_Trigger_Falling;//下降沿触发
18.     EXTI_InitStructure.EXTI_LineCmd = ENABLE;          //中断使能（开中断）
19.     EXTI_Init(&EXTI_InitStructure);                    //外部中断初始化
20.         //设置中断优先级分组为第 0 组，有 0 位抢占优先级、4 位响应优先级
21.         NVIC_PriorityGroupConfig(NVIC_PriorityGroup_0);
22.         //设置按键所在的外部中断通道，即外部中断向量
23.         NVIC_InitStructure.NVIC_IRQChannel = EXTI15_10_IRQn;
24.         //设置抢占优先级为 0 位，响应优先级为 4 位，优先级 15 为最低优先级
25.         NVIC_InitStructure.NVIC_IRQChannelPreemptionPriority = 0x0;
26.         NVIC_InitStructure.NVIC_IRQChannelSubPriority = 0x0f;
27.         NVIC_InitStructure.NVIC_IRQChannelCmd = ENABLE;//使能外部中断通道
28.     NVIC_Init(&NVIC_InitStructure);                    //中断优先级初始化
29. }
```

这里需要说明的是，中断线 EXTI9～EXTI5 共用 EXTI9_5_IRQn，EXTI15～EXTI10 共用 EXTI15_10_IRQn。

外部中断配置头文件 exit.h 的代码如下。

```
1.  #ifndef __EXIT_H
2.  #define __EXIT_H
3.  void exit_config(void);
4.  #endif
```

通过以上 GPIO 的外部中断配置，就能正常对 STM32 中 GPIO 的外部中断进行配置了。

2. 编写中断服务程序

中断线 EXTI15～EXTI10 共用一个外部中断通道 EXTI15_10_IRQn，同时也共用一个中断服务函数 EXTI15_10_IRQHandler()，其函数名是定义好的。直接在 stm32f10x_it.c 文件中添加中断服务函数 EXTI15_10_IRQHandler()，代码如下。

```
1.  #include "stm32f10x_it.h"
2.  #include "key.h"
3.  #include "Delay.h"
4.  #include "stm32f10x_exti.h"
5.  void EXTI15_10_IRQHandler(void)
6.  {
7.      static u8 k1=0,k2=0,k3=0,k4=0;//为 0，LED 是熄灭状态；为 1，LED 是点亮状态
8.      Delay(20);                        //延时消除抖动
9.      if(KEY1==0)                       //读取按键 KEY1 的状态，判断按键 KEY1 是否被按下
10.     {
11.             if(k1==0)
12.                 GPIO_SetBits(GPIOB,GPIO_Pin_8);
13.             else
14.                 GPIO_ResetBits(GPIOB,GPIO_Pin_8);
15.             k1=!k1;
16.     }
17.         else if(KEY2==0)          //读取按键 KEY2 的状态，判断按键 KEY2 是否被按下
18.         {
```

```
19.             if(k2==0)
20.                 GPIO_SetBits(GPIOE,GPIO_Pin_0);
21.             else
22.                 GPIO_ResetBits(GPIOE,GPIO_Pin_0);
23.             k2=!k2;
24.         }
25.     else if(KEY3==0)          //读取按键 KEY3 的状态，判断按键 KEY3 是否被按下
26.     {
27.             if(k3==0)
28.                 GPIO_SetBits(GPIOE,GPIO_Pin_1);
29.             else
30.                 GPIO_ResetBits(GPIOE,GPIO_Pin_1);
31.             k3=!k3;
32.     }
33.     else if(KEY4==0)          //读取按键 KEY4 的状态，判断按键 KEY4 是否被按下
34.         {
35.             if(k4==0)
36.                 GPIO_SetBits(GPIOE,GPIO_Pin_2);
37.             else
38.                 GPIO_ResetBits(GPIOE,GPIO_Pin_2);
39.             k4=!k4;
40.         }
41.     while(KEY1!=1||KEY2!=1||KEY3!=1||KEY4!=1);   //等待按键释放
42.     EXTI_ClearITPendingBit(EXTI_Line11); //清除 EXTI_Line11 中断线上的中断标志位
43.     EXTI_ClearITPendingBit(EXTI_Line12);
44.     EXTI_ClearITPendingBit(EXTI_Line13);
45.     EXTI_ClearITPendingBit(EXTI_Line14);
46. }
```

在编写 EXTI15_10_IRQHandler()中断服务函数时，可以结合任务 8 的按键扫描程序，把按键对应实现的功能加进来。只要有任何一个按键被按下，就会引起一个中断，转去执行中断服务函数。最后，在中断服务函数结束之前，一定要使用 EXTI_ClearITPendingBit()函数将中断标志位清除。

另外，还要在 stm32f10x_it.h 头文件中添加如下代码。

```
void  EXTI15_10_IRQHandler(void);
```

3. 编写主文件

由于按键实现的功能都在中断服务程序里面，在主文件里只需要把相关头文件包含进来，对 LED、按键所接的 GPIO 进行初始化，以及对 GPIO 的外部中断进行配置。主文件 zdkz.c 的代码如下。

```
1.  #include "stm32f10x.h"
2.  #include "Delay.h"
3.  #include "led.h"
4.  #include "key.h"
5.  #include "exit.h"
6.  void main(void)
7.  {
8.          //设置中断优先级分组为第 2 组：2 位抢占优先级，2 位响应优先级
9.          NVIC_PriorityGroupConfig(NVIC_PriorityGroup_2);
```

```
10.         LED_Init();                    //初始化 LED 端口
11.     KEY_Init();                        //初始化与按键连接的硬件接口
12.     exit_config();                     //设置中断
13.     while(1);
14. }
```

其中，“while(1);”是一个死循环，等待按键被按下引起中断，然后去执行中断服务程序，实现任务要求的功能。另外，也可以在循环体里添加一些其他功能模块，使得函数在按键未被按下时可以完成其他功能，提高工作效率。

4.3.4　中断方式的按键控制工程搭建、编译与调试

1．搭建中断方式的按键控制工程

（1）将“任务 8　按键控制 LED”修改为“任务 9　中断方式的按键控制”。

（2）在 USER 子目录下，把“ajkzled.uvprojx”工程名修改为“zdkz.uvprojx”。

（3）在 HARDWARE 子目录下，新建一个 EXIT 子目录，该子目录专门用于存放外部中断配置文件 exit.c 及其头文件 exit.h。

中断方式的按键控制工程搭建、编译与调试

2．添加文件和工程配置

（1）把主文件 zdkz.c 添加到工程里面，并按照前面编写的代码添加和修改相关文件（包括对应的头文件）。

（2）参考任务 8，添加外部中断配置文件 exit.c 及其头文件 exit.h 的路径。

（3）在“Project Targets”栏下，把工程名修改为“zdkz”，完成 zdkz 工程文件的添加、修改和配置。

3．工程编译与调试

单击“Rebuild”按钮对工程进行编译，生成 zdkz.hex 目标代码文件。若编译发生错误，要进行分析检查，直到编译正确。

然后参考任务 8，通过串口下载软件 mcuisp 完成下载。

最后启动开发板，观察采用中断方式的按键是否能按照任务要求控制 LED。若运行结果与任务要求不一致，要对程序进行分析检查，直到运行正确。

【技能训练 4-3】中断方式的声光报警器

在 STM32F103ZET6 芯片电路中 GPIO 的引脚上分别接 2 个按键、1 个蜂鸣器和 1 个 LED，通过 2 个按键控制声光报警器工作。其中，按键 KEY1 控制声光报警器开启，按键 KEY2 控制声光报警器停止工作，按键 KEY1 和按键 KEY2 均采用中断方式。

中断方式的声光报警器

1．声光报警器实现分析

蜂鸣器电路如图 4-12 所示。

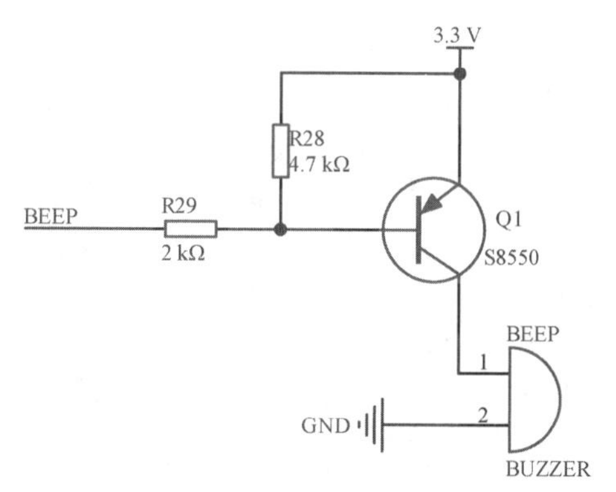

图 4-12 蜂鸣器电路

由图 4-12 可以看出，当 BEEP 为高电平时，三极管 Q1 处于截止状态，蜂鸣器停止工作；当 BEEP 为低电平时，三极管 Q1 处于导通状态，蜂鸣器工作。

声光报警器是在按键控制下工作的。当按键 KEY1 被按下时，就会在 PC7 引脚上输出两种频率的脉冲方波，驱动蜂鸣器进行声音报警；同时，还通过 PE0 引脚输出两种频率的脉冲方波，控制该引脚所接的 LED 闪烁报警；当按键 KEY2 被按下时，声光报警器停止工作。

该电路采用的是两种频率分别 1 kHz 和 500 Hz 的音频信号。实现的效果是发送 1 kHz 的信号，蜂鸣器响 100 ms，发送 500 Hz 的信号，蜂鸣器响 200 ms，交替进行。声光报警器功能实现过程如下。

（1）在 PE0 和 PC7 引脚输出低电平，LED 点亮、蜂鸣器响。

（2）延时。

（3）在 PE0 和 PC7 引脚输出高电平，LED 熄灭、蜂鸣器不响。

（4）延时。

（5）重复第（1）步（循环），就可以实现带有一种频率的声光报警器，改变延时即可改变脉冲方波的频率。

2. 通过工程移植，建立声光报警器工程

（1）将“任务 9 中断方式的按键控制”修改为“技能训练 4-3 中断方式的声光报警器”。

（2）在 USER 子目录下，把“zdkz.uvprojx”工程名修改为“sgbjq.uvprojx”。

（3）在 HARDWARE 子目录下，新建一个 FMQ 子目录，该子目录专门用来存放扬声器设备文件 fmq.c 及其头文件 fmq.h。

3. 编写扬声器设备文件及其头文件

编写扬声器设备文件及其头文件 fmq.c 和 fmq.h，并将其保存在 FMQ 子目录下面，代码如下。

（1）fmq.h 文件的代码。

```
1.  #ifndef __FMQ_H
2.  #define __FMQ_H
3.  #define  fmq  PCout(7)          //PC7 引脚
4.  void FMQ_Init(void);            //初始化 LED 端口
5.  #endif
```

（2）fmq.c 文件的代码。

```
1.  #include "stm32f10x.h"
2.  #include "fmq.h"
3.  void FMQ_Init(void)
4.  {
5.          GPIO_InitTypeDef  GPIO_InitStructure;
6.      RCC_APB2PeriphClockCmd(RCC_APB2Periph_GPIOC, ENABLE); //使能 GPIOC 时钟
7.      GPIO_InitStructure.GPIO_Pin = GPIO_Pin_7;              //配置 PC7 引脚
8.          GPIO_InitStructure.GPIO_Mode = GPIO_Mode_Out_PP;
9.          //配置 PC7 引脚为推挽输出
10.     GPIO_InitStructure.GPIO_Speed = GPIO_Speed_50MHz;
11.     GPIO_Init(GPIOC, &GPIO_InitStructure);                //初始化 PC7 引脚
12.     GPIO_SetBits(GPIOC,GPIO_Pin_7);
13. }
```

4. 修改 EXTI15_10_IRQHandler()函数

在声光报警器中使用了 KEY1 和 KEY2 这两个按键，它们分别接在 PF11 和 PF12 引脚上，有 2 个外部中断源，分别对应的中断线是 EXTI11 和 EXTI12。修改 EXTI15_10_IRQHandler()函数，修改后的代码如下。

```
1.  void EXTI15_10_IRQHandler(void)
2.  {
3.      u8 count;
4.      Delay(20);
5.      if(KEY1==0)             //读取按键 KEY1 的状态，判断按键 KEY1 是否被按下
6.      {
7.              for(count=20;count>0;count--)
8.              {
9.                  //输出 1kHz 的音频信号
10.                 GPIO_ResetBits(GPIOC,GPIO_Pin_7);
11.             GPIO_ResetBits(GPIOE,GPIO_Pin_0);
12.                 Delay(100);
13.                 GPIO_SetBits(GPIOC,GPIO_Pin_7);
14.             GPIO_SetBits(GPIOE,GPIO_Pin_0);
15.                 Delay(100);
16.                 if(KEY2==0) //读取按键 KEY2 的状态，判断按键 KEY2 是否被按下
17.                 {
18.                     GPIO_SetBits(GPIOE,GPIO_Pin_0);
19.                             //按键 KEY2 被按下，停止声光报警
20.                     GPIO_SetBits(GPIOC,GPIO_Pin_7);
21.                     break;
22.                 }
23.             }
24.         for(count=20;count>0;count--)
25.             {
26.                 if(KEY2==0) break;          //按键 KEY2 被按下，退出声光报警
27.             //输出 500Hz 的音频信号
28.                 GPIO_ResetBits(GPIOC,GPIO_Pin_7);
29.             GPIO_ResetBits(GPIOE,GPIO_Pin_0);
30.                 Delay(200);
31.                 GPIO_SetBits(GPIOC,GPIO_Pin_7);
```

```
32.             GPIO_SetBits(GPIOE,GPIO_Pin_0);
33.                 Delay(200);
34.                 if(KEY2==0) //读取按键 KEY2 的状态，判断按键 KEY2 是否被按下
35.                 {
36.                     GPIO_SetBits(GPIOE,GPIO_Pin_0);      //LED 熄灭
37.                     GPIO_SetBits(GPIOC,GPIO_Pin_7);      //蜂鸣器不响
38.                     break;
39.                 }
40.             }
41.     }
42.     while(KEY1!=1||KEY2!=1);                    //等待按键 KEY1/KEY2 被释放
43.     EXTI_ClearITPendingBit(EXTI_Line11);
44.                                 //清除 EXTI_Line11 中断线上的中断标志位
45.     EXTI_ClearITPendingBit(EXTI_Line12);
46. }
```

5. 编写主文件 sgbjq.c

在 USER 子目录下面，新建并保存 sgbjq.c 文件，在该文件中输入如下代码。

```
1.  #include "stm32f10x.h"
2.  #include "Delay.h"
3.  #include "led.h"
4.  #include "key.h"
5.  #include "exit.h"
6.  #include "fmq.h"
7.  void main(void)
8.  {
9.      //设置中断优先级分组为第 2 组：2 位抢占优先级，2 位响应优先级
10.         NVIC_PriorityGroupConfig(NVIC_PriorityGroup_2);
11.     LED_Init();                                 //初始化 LED 端口
12.     KEY_Init();                                 //初始化与按键连接的硬件接口
13.     exit_config();                              //设置中断
14.     while(1);
15. }
```

6. 工程编译与调试

参考任务 6 和技能训练 3-1，把 sgbjq.c 主文件添加到工程里面，添加扬声器设备文件及其头文件的路径，把“Project Targets”栏下的工程名修改为“sgbjq”，完成 sgbjq 工程的搭建和配置。

然后单击“Rebuild”按钮对工程进行编译，生成 sgbjq.hex 目标代码文件。若编译时发生错误，要进行分析检查，直到编译正确。

最后参考任务 8，通过串口下载软件 mcuisp 完成下载。然后启动开发板，观察按键是否能控制声光报警器。若运行结果与要求不一致，要对程序进行分析检查，直到运行正确。

关键知识点小结

1. 按键实际上就是一个开关元器件。触点式按键的主要功能是把机械上的通断转换为电

气上的逻辑关系（1 和 0）。

2. 机械式按键在被按下或释放时，通常伴随一定时间的触点机械抖动，然后其触点才稳定下来。为了避免 CPU 多次处理按键的一次闭合，应采取措施消除抖动。消除抖动常用的有硬件去抖和软件去抖两种方法。在按键较少时，可采用硬件去抖；在按键较多时，可采用软件去抖。

软件去抖的方法：在检测到有按键被按下时，执行一个 10 ms 左右（具体时间应根据所使用的按键进行调整）的延时程序后，再确认该按键是否仍保持闭合状态的电平，若仍保持闭合状态的电平，则确认该按键处于闭合状态。

3. STM32 有大量寄存器，在 stm32f10x.h 头文件中，使用很多与寄存器对应的结构体来描述 GPIO 寄存器的数据结构，把 GPIO 涉及的寄存器都定义成 GPIO_TypeDef 结构体的成员变量。

4. STM32 有很多内置外设，这些内置外设的引脚都是与 GPIO 的引脚复用的。简单地说，GPIO 的引脚可以重新定义为其他功能，这就叫作端口复用。

如 STM32 的 USART1 串口的引脚对应 GPIO 的 PA9 和 PA10 引脚，这两个引脚默认的功能是 GPIO。当 PA9 和 PA10 引脚作为的 USART1 串口的 TX 和 RX 引脚使用时，就是端口复用了。

在使用默认的复用功能前，必须对复用的端口进行初始化。初始化步骤主要有：使能 GPIO 时钟，使能复用的外设时钟，配置端口模式。

5. 端口复用功能重映射：一个外设的引脚除了具有默认的端口外，还可以通过设置重映射寄存器的方式，把这个外设的引脚映射到其他端口上。端口复用功能重映射通过设置 AFIO_MAPR 寄存器来实现引脚的重映射。

实现 TIM3 的完全重映射的具体步骤：使能 GPIOC 时钟，使能 TIM3 时钟，使能 AFIO 时钟，开启重映射，配置重映射的引脚。

6. 在 Cortex-M3 内核中集成了中断控制器和中断优先级控制寄存器。Cortex-M3 内核支持 256 个中断，其中包含 16 个内核中断（也称为系统异常）和 240 个外部中断，并具有 256 级可编程中断优先级设置。其中，除个别异常的优先级被固定外，其他的优先级都是可编程的。

7. STM32 有 84 个中断，包括 16 个 Cortex-M3 内核中断通道和 68 个可屏蔽中断通道，具有 16 级可编程中断优先级设置（仅使用中断优先级设置 8 位中的高 4 位）。STM32F103 系列芯片中有 60 个可屏蔽中断通道，STM32F107 系列芯片中有 68 个可屏蔽中断通道。

8. STM32 的每一个 GPIO 的引脚都可以作为外部中断的中断输入口，也就是都能配置成一个外部中断触发源，这也是 STM32 的强大之处。STM32F103 系列芯片的中断控制器支持 19 个外部中断（对于互联型产品是 20 个）/事件请求。每个中断设有状态位，每个中断/事件都有独立的触发和屏蔽设置。

9. STM32 内核有两种中断优先级，分别是抢占优先级和响应优先级（也称为子优先级），每个中断源都需要指定这两种中断优先级。具有高抢占优先级的中断，可以在具有低抢占优先级的中断处理过程中被响应，即中断嵌套。

10．STM32 外部中断编程主要涉及外部中断/事件管理库函数、NVIC 库函数及中断服务函数等。

问题与讨论

4-1　简述软件去抖的方法。

4-2　在 STM32 中，为什么要使用与寄存器地址对应的结构体？

4-3　简述端口复用和端口复用功能重映射。

4-4　复用端口初始化有哪几个步骤？以 USART1 串口为例，编写复用端口初始化代码。

4-5　简述如何实现 TIM1 的完全重映射。

4-6　Cortex-M3 内核支持多少个中断，其中包含多少个内核中断（也称为系统异常）和多少个外部中断，并具有多少级可编程中断优先级设置？

4-7　STM32 有多少个中断，包括多少个 Cortex-M3 内核中断线和多少个可屏蔽中断通道，具有多少级可编程中断优先级设置？

4-8　请完成按键控制跑马灯的电路设计和程序设计、运行与调试。

项目五 定时器应用设计

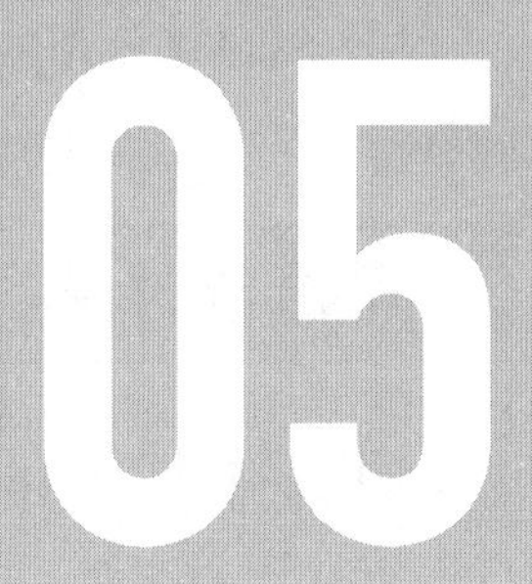

学习目标

能力目标	能利用与 STM32 定时器相关的寄存器和库函数，通过 STM32 定时器，实现定时器定时和 PWM 输出控制呼吸灯的设计、运行与调试。
知识目标	1. 知道 STM32 定时器的分类和使用方法。 2. 知道与 STM32 定时器的相关寄存器和库函数。 3. 会使用 STM32 的 SysTick 定时器和常规定时器完成定时器定时的程序设计。 4. 会利用 STM32 定时器实现 PWM 输出控制呼吸灯。
素养目标	围绕国家能源与环境发展、智能交通发展等政策，将人文素养融入科学知识技能中，培养读者的节能控制和绿色发展的理念。

5.1 任务 10 基于 SysTick 定时器的 1 s 延时设计

任务要求

利用 SysTick 定时器控制 STM32F103ZET6 开发板上的 4 个 LED 循环点亮，点亮持续时间都是 1 s。

5.1.1 SysTick 定时器

在 STM32 中有很多定时器，这些定时器可以分成两大类，一类是 Cortex-M3 内核中的 SysTick 定时器；另一类是 STM32 的常规定时器，包括高级控制定时器（TIM1 和 TIM8）、通用定时器（TIMx，即 TIM2 ~ TIM5）和基本定时器（TIM6 和 TIM7）3 种。

SysTick 定时器

1．认识 SysTick 定时器

SysTick 定时器又称系统滴答定时器，是一个 24 位的系统节拍定时器，具有自动重装载和溢出中断功能，所有基于 Cortex－M3 的芯片都可以由这个定时器获得一定的时间间隔。SysTick 定时器位于 Cortex-M3 内核的内部，是一个倒计数定时器，当计数到 0 时，将从

RELOAD 寄存器中自动重装载定时初值。只要不把 SysTick 定时器在 SysTick 控制及状态寄存器中的使能位清除，SysTick 定时器就会永远工作。

（1）单任务应用程序以串行的架构来处理任务。当某个任务出现问题时，会牵连到后续任务的执行，进而导致整个系统崩溃。要解决这个问题，可以使用实时操作系统（Real Time Operating System，RTOS）。

由于实时操作系统以并行的架构处理任务，单一任务的崩溃并不会牵连到整个系统。用户出于可靠性的考虑，可能会基于实时操作系统来设计自己的应用程序。SysTick 定时器存在的意义，就是提供必要的时钟节拍，为实时操作系统的任务调度提供一个有节奏的“心跳”。

STM32 自身有 8 个定时器，为什么还要提供一个 SysTick 定时器呢？由于所有基于 Cortex-M3 内核的控制器都带有 SysTick 定时器，所以在将使用 SysTick 定时器编写的代码移植到同样使用 Cortex-M3 内核的不同元器件时，代码不需要进行修改。在本任务中，我们就是利用 STM32 的 SysTick 定时器来实现延时的，这样既不占用中断，也不占用系统的定时器。

SysTick 定时器除了能服务于操作系统之外，还能用于其他目的。如 SysTick 定时器作为闹铃，用于估测时间等。

（2）用户可以通过 SysTick 控制及状态寄存器来选择 SysTick 定时器的时钟源。如将 SysTick 控制及状态寄存器中的 CLKSOURCE 位置 1，SysTick 定时器就会在内核时钟 PCLK 的频率下运行；而将 CLKSOURCE 位清零，SysTick 定时器就会在外部时钟 STCLK 的频率下运行。

2. SysTick 定时器的相关寄存器

SysTick 定时器在 Cortex-M3 内核的 NVIC 中，定时结束时会产生 SysTick 中断（中断号是 15）。SysTick 定时器有 4 个可编程寄存器，包括 SysTick 控制及状态寄存器、SysTick 重装载寄存器、SysTick 当前数值寄存器和 SysTick 校准数值寄存器。下面主要介绍前 3 个可编程寄存器，SysTick 校准数值寄存器不常用，这里就不介绍了。

（1）SysTick 控制及状态寄存器

SysTick 控制及状态寄存器（SysTick->CTRL）的地址是 0xE000E010，该寄存器的各位描述如表 5-1 所示。

表 5-1　SysTick 控制及状态寄存器的各位描述

位	名称	类型	复位值	描　　述
16	COUNTFLAG	r	0	如果在上次读取该寄存器后，SysTick 定时器已经计数到 0，则该位为 1。如果读取该位，该位将自动清零
2	CLKSOURCE	r/w	0	0 表示外部时钟 STCLK 1 表示内核时钟 PCLK
1	TICKINT	r/w	0	1 表示 SysTick 定时器倒数到 0 时产生 SysTick 中断请求 0 表示 Systick 定时器计数到 0 时无动作
0	ENABLE	r/w	0	SysTick 定时器的使能位

位 16 是 SysTick 计数溢出标志位，即 COUNTFLAG 位。SysTick 定时器是向下计数的，若计数完成，COUNTFLAG 位的值变为 1。当读取到的 COUNTFLAG 位的值为 1 之后，就处

理 SysTick 计数完成事件，因此读取后该位会自动变为 0，这样在编程时就不需要通过代码来清零了。

位 2 是 SysTick 时钟源选择位，即 CLKSOURCE 位。该位为 0 时，选择外部时钟 STCLK；该位为 1 时，选择内核时钟 PCLK。从 STM32 时钟系统（见图 2-10）可以看出，PCLK 就是 HCLK，频率通常是 72 MHz，而 STCLK 是 HCLK 的 1/8，频率是 9 MHz。

位 1 是 SysTick 中断（异常）请求位，即 TICKINT 位。该位为 0 时，关闭 SysTick 中断；该位为 1 时，开启 SysTick 中断，当计数到 0 时就会产生中断。

位 0 是 SysTick 使能位，即 ENABLE 位。该位为 0 时，关闭 SysTick 定时器功能；该位为 1 时，开启 SysTick 定时器功能。

（2）SysTick 重装载寄存器

SysTick 重装载寄存器（SysTick->LOAD）的地址是 0xE000E014，该寄存器的位描述如表 5-2 所示。

表 5-2　SysTick 重装载寄存器的位描述

位	名称	类型	复位值	描　述
23:0	RELOAD	r/w	0	当计数至 0 时，将被重装载的值

SysTick 重装载寄存器只使用了低 24 位，其取值范围是 0～2^{24}−1（0～16777215）。当系统时钟频率为 72 MHz 时，SysTick 定时器每计数一次就是 1/9 μs，其最大定时时间大约是 1.864 s（16777215/9 μs）。那么 SysTick 定时器是从什么值开始计数的呢？例如，现在需要定时 50 μs，SysTick 定时器每计数一次是 1/9 μs，这时我们只要从 450 开始倒计数，计数到 0 时，50 μs 定时时间就到了。

（3）SysTick 当前数值寄存器

SysTick 当前数值寄存器（SysTick-> VAL）的地址是 0xE000E018，通过读取该寄存器的值可以获得当前计数值。该寄存器的位描述如表 5-3 所示。

表 5-3　SysTick 当前数值寄存器的位描述

位	名称	类型	复位值	描　述
23:0	CURRENT	r/w	0	读取时返回当前计数值，写入时则使之清零，同时还会清除 SysTick 控制及状态寄存器中的 COUNTFLAG 位

3. SysTick 定时器操作

在 core_cm3.h 文件中，定义了 SysTick 定时器中 4 个寄存器的 SysTick_Type 结构体，代码如下。

```
1.  typedef struct
2.  {
3.      __IO uint32_t CTRL;          //SysTick 控制及状态寄存器的地址偏移量：0x00
4.      __IO uint32_t LOAD;          //SysTick 重装载寄存器的地址偏移量：0x04
5.      __IO uint32_t VAL;           //SysTick 当前数值寄存器的地址偏移量：0x08
6.      __I  uint32_t CALIB;         //SysTick 校准寄存器的地址偏移量：0x0C
```

```
7.  } SysTick_Type;
```

这里需要注意的是，SysTick_Type 的使用与 GPIO 的寄存器结构体的使用方法不一样。示例如下。

```
SysTick_Type  SysTick_TypeStructure;
```

这样使用就会报错，即使不报错，也不会使能 SysTick 定时器。在 core_cm3.h 文件中已经宏定义了 SysTick，代码如下。

```
1.  #define  SCS_BASE    (0xE000E000)
2.  #define  SysTick_BASE   (SCS_BASE + 0x0010)
3.  #define  SysTick    ((SysTick_Type *) SysTick_BASE)
```

也就是说，SysTick 是 SysTick_Type 结构体的地址指针，指针的起始地址是 0xE000E010，SysTick 定时器的 4 个寄存器地址是 0xE000E010+偏移量。在操作 SysTick 定时器的寄存器时，可以采用如下方法。

```
1.  SysTick-> VAL =0x0000;            //清空 SysTick 定时器的值
2.  SysTick-> LOAD =9000*20; //对 SysTick 重装载寄存器赋初值(定时 20 ms)，倒计脉冲数
3.  SysTick-> CTRL=0x00000001;        //使能 SysTick 定时器
```

其中，“->”是 C 语言的一个运算符，叫作指向结构体成员运算符，作用是使用一个指向结构体或对象的指针访问其成员。这里的系统时钟频率是 72 MHz，72 MHz 的 1/8 是 9 MHz，一个脉冲是 1/9 μs，9000 × 1/9 μs 即 1 ms。

5.1.2 与 SysTick 定时器相关的库函数

在 STM32 库函数中，与 SysTick 定时器相关的只有 SysTick_Config() 和 SysTick_CLK SourceConfig()这两个函数。

与 SysTick 定时器相关的库函数

1. SysTick 定时器的寄存器及位的定义

下面主要介绍 SysTick 定时器的 3 个寄存器，以及与 SysTick 寄存器相关的寄存器及位的定义。

（1）SysTick 控制及状态寄存器相关位的宏定义。

- SysTick 计数溢出标志位的宏定义。

```
1.  #define  SysTick_CTRL_COUNTFLAG_Pos  16
2.  #define  SysTick_CTRL_COUNTFLAG_Msk  (1ul << SysTick_CTRL_COUNTFLAG_Pos)
```

其中，“1ul”用于声明一个无符号长整型常量 1，若没有 ul 后缀，则系统默认采用 int 类型。SysTick 计数溢出标志位的宏定义语句就是把 1 左移 16 位，使得 SysTick_CTRL_COUNTFLAG_Msk 的位 16 为 1，其他位为 0，其值主要用于对 SysTick 控制及状态寄存器的低 16 位进行测试，判断位 16 是否为 1。

- SysTick 时钟源选择位的宏定义（0 表示外部时钟，1 表示内核时钟）。

```
1.  #define  SysTick_CTRL_CLKSOURCE_Pos  2
2.  #define  SysTick_CTRL_CLKSOURCE_Msk  (1ul << SysTick_CTRL_CLKSOURCE_Pos)
```

把 1 左移 2 位，使得 SysTick_CTRL_CLKSOURCE_Msk 的位 2 为 1，其他位都为 0，这样就可以选择内核时钟。

- SysTick 中断（异常）请求位的宏定义。

```
1.  #define  SysTick_CTRL_TICKINT_Pos   1
2.  #define  SysTick_CTRL_TICKINT_Msk   (1ul << SysTick_CTRL_TICKINT_Pos)
```

把 1 左移 1 位，使得 SysTick_CTRL_TICKINT_Msk 的位 1 为 1，其他位都为 0，这样就可以开启 SysTick 中断。

- SysTick 使能位的宏定义。

```
1.  #define  SysTick_CTRL_ENABLE_Pos   0
2.  #define  SysTick_CTRL_ENABLE_Msk   (1ul << SysTick_CTRL_ENABLE_Pos)
```

把 1 左移 0 位，使得 SysTick_CTRL_ENABLE_Msk 的位 0 为 1，其他位都为 0，这样就可以使能 SysTick 定时器。

（2）SysTick 重装载寄存器的宏定义。

```
1.  #define  SysTick_LOAD_RELOAD_Pos   0
2.  #define  SysTick_LOAD_RELOAD_Msk   (0xFFFFFFul << SysTick_LOAD_RELOAD_Pos)
```

宏定义 SysTick_LOAD_RELOAD_Msk 为 0xFFFFFF，这是重装载值的最大值，也就是说重装载值不能大于 SysTick_LOAD_RELOAD_Msk。

（3）SysTick 当前数值寄存器的宏定义。

```
1.  #define  SysTick_VAL_CURRENT_Pos   0
2.  #define  SysTick_VAL_CURRENT_Msk   (0xFFFFFFul << SysTick_VAL_CURRENT_Pos)
```

宏定义 SysTick_VAL_CURRENT_Msk 为 0xFFFFFF。

2. SysTick_Config()函数

SysTick_Config()函数位于 core_cm3.h 头文件中，该函数的主要作用如下。

- 初始化 SysTick 定时器。
- 使能 SysTick 定时器。
- 开启 SysTick 中断并设置优先级。
- 返回 0 代表成功，返回 1 代表失败。

这个函数默认使用的时钟源是 AHB（不分频）。若要分频，就需要调用 SysTick_CLKSourceConfig()函数。在函数调用时，需要注意区分函数调用的次序，首先调用 SysTick_Config()函数，然后调用 SysTick_CLKSourceConfig()函数。SysTick_Config()函数的代码如下。

```
1.  static __INLINE uint32_t SysTick_Config(uint32_t ticks)
2.  {
3.      //这是一个 24 位的递减计数器，重装载值必须小于等于 0xFFFFFF
4.      if (ticks > SysTick_LOAD_RELOAD_Msk)  return (1);
5.          SysTick->LOAD = (ticks & SysTick_LOAD_RELOAD_Msk)- 1;//设置重装载值
6.          NVIC_SetPriority(SysTick_IRQn,(1<<__NVIC_PRIO_BITS)-1);
7.                                    //设置优先级 15
8.      SysTick->VAL = 0;                            //将 SysTick 当前数值寄存器清零
9.      SysTick->CTRL = SysTick_CTRL_CLKSOURCE_Msk | //选择内核时钟，频率为 72 MHz
10.                 SysTick_CTRL_TICKINT_Msk |        //开启 SysTick 中断
11.                 SysTick_CTRL_ENABLE_Msk;          //使能 SysTick 定时器
12.     return (0);
13. }
```

代码说明如下。

（1）参数 ticks 是 SysTick 定时器的重装载值。

（2）“if (ticks > SysTick_LOAD_RELOAD_Msk) return (1);”语句主要用于判断重装载值是否有效，若重装载值大于 0xFFFFFF（重装载值的最大值），则返回 1，表示函数失败。

（3）NVIC_SetPriority (SysTick_IRQn, (1<<__NVIC_PRIO_BITS)-1)函数用于设置中断优先级。参数“SysTick_IRQn”是 SysTick 定时器的中断通道，中断服务函数是 SysTick_Handler()。参数“(1<<__NVIC_PRIO_BITS)-1”的值对应优先级 15，其中“__NVIC_PRIO_BITS”是在 stm32f10x.h 头文件中宏定义的，其值为 4。

（4）“return (0);”语句返回 0，表示函数成功。

3. SysTick_CLKSourceConfig()函数

SysTick_CLKSourceConfig()函数位于 misc.c 文件中，该函数的主要作用是选择 SysTick 时钟源。SysTick_CLKSourceConfig()函数的代码如下。

```
1.  void SysTick_CLKSourceConfig(uint32_t SysTick_CLKSource)
2.  {
3.      assert_param(IS_SYSTICK_CLK_SOURCE(SysTick_CLKSource));
4.      if (SysTick_CLKSource == SysTick_CLKSource_HCLK)
5.      {
6.          SysTick->CTRL |= SysTick_CLKSource_HCLK;
7.      }
8.      else
9.      {
10.         SysTick->CTRL &= SysTick_CLKSource_HCLK_Div8;
11.     }
12. }
```

代码说明如下。

（1）在 misc.h 头文件中定义如下宏。

```
1.  #define SysTick_CLKSource_HCLK_Div8  ((uint32_t)0xFFFFFFFB)
2.  #define SysTick_CLKSource_HCLK       ((uint32_t)0x00000004)
3.  #define IS_SYSTICK_CLK_SOURCE(SOURCE) (((SOURCE) == SysTick_CLKSource_HCLK)
4.          ||((SOURCE) == SysTick_CLKSource_HCLK_Div8))
```

第一条宏定义语句用于将 SysTick 控制及状态寄存器的位 2 置 0，即使用外部时钟；第二条宏定义语句用于将 SysTick 控制及状态寄存器的位 2 置 1，即使用内核时钟；第三条宏定义语句用于判断 SysTick 时钟源选择的是内核时钟还是外部时钟。

（2）“assert_param(IS_SYSTICK_CLK_SOURCE(SysTick_CLKSource));”语句用于检查函数的参数是内核时钟还是外部时钟。

（3）if 语句根据参数来设置时钟源。

5.1.3 SysTick 定时器的关键函数编写

SysTick 定时器的关键函数编写

本小节的任务主要是利用前面介绍的关于 SysTick 定时器的知识，编写延时初始化函数、微秒级延时函数、毫秒级延时函数和 SysTick 中断服务函数。其中，SysTick 定时器的延时函数是在未使用 μC/OS 的情况下编写的。

1. 延时初始化函数

延时初始化函数主要用于完成时钟源的选择。这里选择外部时钟作为 SysTick 时钟源，同时还要对微秒级和毫秒级的延时参数进行初始化。延时初始化函数的代码如下。

```
1.  static u8  fac_us=0;                    //延时微秒的频率
2.  static u16 fac_ms=0;                    //延时毫秒的频率
3.  void delay_init()
4.  {
5.      SysTick_CLKSourceConfig(SysTick_CLKSource_HCLK_Div8);
6.      fac_us=SystemCoreClock/8000000;
7.      fac_ms=(u16)fac_us*1000;
8.  }
```

代码说明如下。

（1）fac_us 和 fac_ms 是静态变量，分别用于存放微秒级和毫秒级的延时参数，也是两个重要的延时基数。

fac_us=SystemCoreClock/8000000=9，表示每微秒需要 9 个 SysTick 时钟周期。

fac_ms=(u16)fac_us*1000=9000，由于 1 ms=1000 μs，每毫秒就需要 9000 个 SysTick 时钟周期。

（2）“SysTick_CLKSourceConfig(SysTick_CLKSource_HCLK_Div8);”语句的作用是选择外部时钟作为 SysTick 时钟源。

2. 微秒级延时函数

微秒级延时函数主要用来指定延时多少微秒。微秒级延时函数的代码如下。

```
1.  void delay_us(u32 nus)
2.  {
3.      u32 temp;
4.      SysTick->LOAD=nus*fac_us;
5.      SysTick->VAL=0x00;                      //将 SysTick 当前数值寄存器初始化为 0
6.      SysTick->CTRL|=SysTick_CTRL_ENABLE_Msk;       //使能 SysTick 定时器
7.      do
8.      {
9.          temp=SysTick->CTRL;
10.     }while((temp&0x01)&&!(temp&(1<<16)));         //等待计数时间（位 16）
11.     SysTick->CTRL&=~SysTick_CTRL_ENABLE_Msk;      //关闭使能
12.     SysTick->VAL =0x00;                     //重置 SysTick 当前数值寄存器
13. }
```

代码说明如下。

（1）“SysTick->LOAD=nus*fac_us;”语句的作用是设置重装载值。其中，参数 nus 为要延时的微秒数，nus*fac_us 表示延时 nus 微秒需要多少个 SysTick 时钟周期。这里要注意的是，nus*fac_us 的值不能超过 0xFFFFFF（即 16777215）。

（2）“temp&0x01”用来判断 SysTick 定时器是否处于开启状态，可以防止 SysTick 定时器被意外关闭，进而导致死循环。

（3）“temp&(1<<16)”用来判断 SysTick 控制及状态寄存器的位 16 是否为 1，若为 1 则表示延迟时间到了。

（4）延迟时间到了之后，必须关闭 SysTick 定时器，并将 SysTick 当前数值寄存器清零。

3. 毫秒级延时函数

毫秒级延时函数主要用来指定延时多少毫秒，其参数 nms 为要延时的毫秒数。毫秒级延时函数的代码如下。

```
1.  void delay_ms(u16 nms)
2.  {
3.      u32 temp;
4.      SysTick->LOAD=(u32)nms*fac_ms;
5.      SysTick->VAL =0x00;
6.      SysTick->CTRL|=SysTick_CTRL_ENABLE_Msk ;
7.      do
8.      {
9.          temp=SysTick->CTRL;
10.     }while((temp&0x01)&&!(temp&(1<<16)));
11.     SysTick->CTRL&=~SysTick_CTRL_ENABLE_Msk;
12.     SysTick->VAL =0x00;
13. }
```

代码说明如下。

（1）毫秒级延时函数与微秒级延时函数的代码基本一样。

（2）根据公式 nms<=0xFFFFFF*8*1000/SYSCLK 计算，如果 SYSCLK 为 72 MHz，那么 nms 的最大值为 1864 ms。若超过了这个值，建议多次调用 delay_ms()函数来达到这个值。由于 SysTick 重装载寄存器是一个 24 位的寄存器，若延时的毫秒数超过了最大值 1864 ms，就会超出该寄存器的有效范围，高位会被舍去，导致延时不准。

4. SysTick 中断服务函数

SysTick 中断服务函数在 startup_stm32f10x_hd.s 启动文件中定义，代码如下。

```
DCD  SysTick_Handler     ;SysTick Handler
```

从上述代码可以看出，SysTick 中断服务函数的函数名是 SysTick_Handler，可以根据需要编写该函数，形式如下。

```
1.  void SysTick_Handler (void)
2.  {
3.      ……       //函数体
4.  }
```

在函数体中，可以编写 SysTick 中断服务函数需要完成的功能，以及其他的相关代码。

由于在 stm32f10x_it.h 头文件中有 SysTick 中断服务函数的声明，在 stm32f10x_it.c 文件中也有 SysTick 中断服务函数，但内容是空的，可以直接在里面添加函数体。当然也可以在主函数中编写 SysTick 中断服务函数，这时要把 stm32f10x_it.h 和 stm32f10x_it.c 文件中的 SysTick 中断服务函数相关内容注释掉才行。

5.1.4 基于 SysTick 定时器的 1 s 延时设计与实现

SysTick 定时器是 Cortex-M3 的标配，使用起来非常方便。仅仅使用内核中提供的 SysTick_Config()和 SysTick_CLKSourceConfig()两个函数，以及前面编写的 SysTick 定时器延时函数，就可以完成 SysTick 定时器的 1 s 延时设计。

基于 SysTick 定时器的 1 s 延时设计与实现

1. 新建 SysTick 工程

（1）将“任务 9 中断方式的按键控制”修改为“任务 10 基于 SysTick 定时器 1 s 延时”。

（2）在 USER 子目录下，把“zdkz.uvprojx”工程名修改为“SysTick_led.uvprojx”。

2. 编写 delay.h 头文件和 delay.c 文件

先在 SYSTEM 子目录下新建一个 delay 子目录，然后在 delay 子目录下新建 delay.h 头文件和 delay.c 文件。

（1）编写 delay.h 头文件

在 delay.h 头文件中，主要声明延时初始化函数、微秒级延时函数和毫秒级延时函数，代码如下。

```
1.  #ifndef __DELAY_H
2.  #define __DELAY_H
3.  #include "sys.h"
4.  void delay_init(void);
5.  void delay_ms(u16 nms);
6.  void delay_us(u32 nus);
7.  #endif
```

（2）编写 delay.c 文件

在 delay.c 文件中，主要编写延时初始化函数、微秒级延时函数和毫秒级延时函数，以及声明两个静态变量 fac_us 和 fac_ms，代码如下。

```
1.  #include "delay.h"
2.  #include "sys.h"
3.  static u8  fac_us=0;                                    //延时微秒的频率
4.  static u16 fac_ms=0;                                    //延时毫秒的频率
5.  void delay_init()
6.  {
7.      SysTick_CLKSourceConfig(SysTick_CLKSource_HCLK_Div8);
8.          fac_us=SystemCoreClock/8000000;
9.      fac_ms=(u16)fac_us*1000;
10. }
11. void delay_us(u32 nus)
12. {
13.     u32 temp;
14.     SysTick->LOAD=nus*fac_us;
15.     SysTick->VAL=0x00;                          //将SysTick当前数值寄存器初始化为0
16.     SysTick->CTRL|=SysTick_CTRL_ENABLE_Msk;          //使能 SysTick 定时器
17.     do
18.     {
```

```
19.             temp=SysTick->CTRL;
20.         }while((temp&0x01)&&!(temp&(1<<16)));          //等待计数时间（位 16）
21.         SysTick->CTRL&=~SysTick_CTRL_ENABLE_Msk;       //关闭使能
22.         SysTick->VAL =0x00;                       //重置 SysTick 当前数值寄存器
23. }
24. void delay_ms(u16 nms)
25. {
26.         u32 temp;
27.         SysTick->LOAD=(u32)nms*fac_ms;
28.         SysTick->VAL =0x00;
29.         SysTick->CTRL|=SysTick_CTRL_ENABLE_Msk ;
30.         do
31.         {
32.             temp=SysTick->CTRL;
33.         }while((temp&0x01)&&!(temp&(1<<16)));
34.         SysTick->CTRL&=~SysTick_CTRL_ENABLE_Msk;
35.         SysTick->VAL =0x00;
36. }
```

3. 编写 SysTick 定时器 1 s 延时主文件

根据任务要求，需要利用 SysTick 定时器来控制 STM32F103ZET6 开发板上的 4 个 LED 循环点亮，点亮时间都是 1 s。STM32F103ZET6 开发板和 4 个 LED 的电路在前面的任务中都已经介绍过了，这里就不介绍。主文件 SysTick_led.c 的代码如下。

```
1.  #include "stm32f10x.h"
2.  #include "led.h"
3.  #include "delay.h"
4.  #include "sys.h"
5.  uint16_t temp,i;
6.  int main(void)
7.  {
8.          delay_init();                    //初始化延时函数
9.          LED_Init();                      //初始化 LED 端口
10.     while(1)
11.     {
12.             temp=0x00fe;
13.             for(i=0;i<4;i++)
14.             {
15.                 GPIO_Write(GPIOE,temp);
16.                 delay_ms(1000);
17.                 temp=(temp<<1)+1;
18.             }
19.         }
20. }
```

4. 工程搭建、编译与调试

（1）把 SysTick_led.c 主文件添加到工程里面，把“Project Targets”栏下的工程名修改为“SysTick_led”。

（2）在 SysTick_led 工程中，向 SYSTEM 组中添加 delay.c 文件，同时还要添加 delay.h 头文件及编译文件的路径。

（3）在完成了 SysTick_led 工程的搭建和配置后，单击“Rebuild”按钮对工程进行编译，生成 SysTick_led.hex 目标代码文件。若编译时发生错误，要进行分析检查，直到编译正确。

（4）通过串口下载软件 mcuisp 完成 SysTick_led.hex 文件的下载。

（5）启动开发板，观察采用 SysTick 定时器延时 1 s 是否能按照任务要求控制 LED 循环点亮。若运行结果与任务要求不一致，要对程序进行分析检查，直到运行正确。

5.2 任务 11　STM32 定时器的定时设计

任务要求

利用 STM32 定时器（STM32 的常规定时器）实现 1 min 的定时。在定时时间未到时，LED 闪烁，闪烁间隔时间是 1 s；若定时时间到了，则蜂鸣器响、LED 停止闪烁。

5.2.1 认识 STM32 定时器

认识 STM32 定时器

STM32 定时器有高级控制定时器（TIM1 和 TIM8）、通用定时器（TIMx，即 TIM2～TIM5）和基本定时器（TIM6 和 TIM7）3 种。

1. 计数器模式

STM32 定时器由一个通过可编程预分频器（PSC）驱动的 16 位自动装载计数器（CNT）组成。计数器模式有向上计数、向下计数或者向上向下双向计数 3 种。

（1）向上计数模式

在向上计数模式中，计数器从 0 计数到自动加载值（TIMx_ARR 寄存器的值），然后重新从 0 开始计数并且产生一个计数器上溢事件。

在此模式下，TIMx_CR1 寄存器中的 DIR 方向位为 0。

（2）向下计数模式

在向下计数模式中，计数器从自动加载值（TIMx_ARR 寄存器的值）开始向下计数到 0，然后从自动加载值重新开始计数并且产生一个计数器下溢事件。

在此模式下，TIMx_CR1 寄存器中的 DIR 方向位为 1。

（3）向上向下双向计数模式

在向上向下双向计数模式（中央对齐模式）中，计数器从 0 计数到自动加载值（TIMx_ARR 寄存器的值）减 1，产生一个计数器上溢事件，然后向下计数到 1 并且产生一个计数器下溢事件，再从 0 开始重新计数。

在此模式下，不能写入 TIMx_CR1 寄存器中的 DIR 方向位，其由硬件更新并指示当前的计数方向。

2. 高级控制定时器

TIM1 和 TIM8 是可编程的高级控制定时器，主要部分是一个 16 位计数器和与其相关的自动重装载寄存器。

- 计数器可以向上计数、向下计数或者向上向下双向计数。
- 计数器时钟由预分频器分频得到。

计数器、预分频器和自动重装载寄存器可以由软件读写，时基单元包含以下几个。

- 计数器（TIMx_CNT）。
- 预分频器（TIMx_PSC）。
- 自动重装载寄存器（TIMx_ARR）。
- 重复次数寄存器（TIMx_RCR）。

3．通用定时器

通用定时器（TIMx，即 TIM2～TIM5）由一个通过可编程预分频器驱动的 16 位自动装载计数器构成，适用于多种场合，可以测量输入信号的脉冲长度（输入捕获）或者产生输出波形（输出比较和 PWM 生成）。每个定时器都是完全独立的，不共享任何资源。

使用定时器预分频器和 RCC 时钟控制器预分频器，可以在几微秒到几毫秒间调整脉冲长度和波形周期。

STM32 的通用定时器的主要功能如下。

（1）具有 16 位向上、向下、向上向下自动装载计数器（TIMx_CNT）。

（2）具有 16 位可编程预分频器（TIMx_PSC），计数器时钟频率的分频系数为 1～65535 的任意数值。

（3）具有 4 个独立通道（TIMx_CH1～TIMx_CH4），这些通道可以用来进行输入捕获、输出比较、PWM 生成（边沿或中间对齐模式）和单脉冲模式输出。

（4）可使用外部信号（TIMx_ETR）控制定时器和定时器互连（可以用一个定时器控制另外一个定时器）的同步电路。

（5）发生如下事件时，会产生中断/DMA。

- 更新事件：计数器向上/向下溢出，计数器初始化（通过软件或者内部/外部触发）。
- 触发事件：计数器启动、停止、初始化或者由内部/外部触发计数。
- 输入捕获。
- 输出比较。
- 支持针对定位的增量（正交）编码器和霍尔传感器电路。
- 触发输入作为外部时钟或者按周期的电流管理。

4．基本定时器

基本定时器 TIM6 和 TIM7 各包含一个 16 位自动装载计数器，计数器由各自的可编程预分频器驱动。

基本定时器既可以为通用定时器提供时间基准，也可以为数模转换器（Digital to Analog Converter，DAC）提供时钟。实际上，基本定时器在芯片内部直接连接到 DAC，并通过触发输出直接驱动 DAC。

这两个定时器也是互相独立的，不共享任何资源。

5.2.2 与 STM32 定时器相关的寄存器

与 STM32 定时器相关的寄存器

STM32 定时器比较复杂，为了深入了解它，这里主要介绍与本任务相关的寄存器。

1. 控制寄存器 1

控制寄存器 1（TIMx_CR1）的各位描述如表 5-4 所示。

表 5-4 TIMx_CR1 寄存器的各位描述

位	名称	类型	复位值	描述
15:10	保留	R/W	0	
9:8	CKD[1:0]	R/W	0	时钟分频因子。这两位用于定义在定时器时钟（CK_INT）频率、死区时间和由死区发生器与数字滤波器（ETR,TIx）所用的采样时钟之间的分频比例。 00：$t_{DTS} = t_{CK\_INT}$。 01：$t_{DTS} = 2 \times t_{CK\_INT}$。 10：$t_{DTS} = 4 \times t_{CK\_INT}$。 11：保留，不要使用这个配置
7	ARPE	R/W	0	自动重装载预装载允许位。 0：TIMx_ARR 寄存器没有缓冲。 1：TIMx_ARR 寄存器被装入缓冲器
6:5	CMS[1:0]	R/W	0	选择中央对齐模式。 00：边沿对齐模式。计数器依据 DIR 方向位向上或向下计数。 01：中央对齐模式 1。计数器交替地向上和向下计数。配置为输出的通道（TIMx_CCMRx 寄存器中 CCxS=00）的输出比较中断标志位只在计数器向下计数时被设置。 10：中央对齐模式 2。计数器交替地向上和向下计数。配置为输出的通道（TIMx_CCMRx 寄存器中 CCxS=00）的输出比较中断标志位只在计数器向上计数时被设置。 11：中央对齐模式 3。计数器交替地向上和向下计数。配置为输出的通道（TIMx_CCMRx 寄存器中 CCxS=00）的输出比较中断标志位在计数器向上和向下计数时均被设置。 注意：在计数器开启（CEN=1）时，不允许从边沿对齐模式转换到中央对齐模式
4	DIR	R/W	0	方向。 0：计数器向上计数。 1：计数器向下计数。 注意：当计数器配置为中央对齐模式或编码器模式时，该位为只读。默认的计数器模式是向上计数模式，也可以设置为向下计数模式
3	OPM	R/W	0	单脉冲模式。 0：在发生更新事件时，计数器不停止。 1：在发生下一次更新事件（清除 CEN 位）时，计数器停止
2	URS	R/W	0	更新请求源。软件通过该位选择更新（UEV）事件的源。 0：如果使能了更新中断或 DMA 请求，则下述任一事件产生更新中断或 DMA 请求：计数器上溢/下溢，设置 UG 位，从模式控制器产生的更新。 1：如果使能了更新中断或 DMA 请求，则只有计数器上溢/下溢才产生更新中断或 DMA 请求

续表

位	名称	类型	复位值	描　　述
1	UDIS	R/W	0	禁止更新。软件通过该位允许/禁止更新事件的产生。 0：允许更新。更新事件由下述任一事件产生：计数器上溢/下溢，设置 UG 位，从模式控制器产生更新事件。 具有缓存的寄存器被装入自身的预装载值。 1：禁止更新。不产生更新事件，寄存器（ARR、PSC、CCRx）保持自身的值。如果设置了 UG 位或从模式控制器发出了一个硬件复位，则计数器和预分频器被重新初始化
0	CEN	R/W	0	软件通过该位禁止/使能计数器 0：禁止计数器。 1：使能计数器。 注意：在软件设置了 CEN 位后，外部时钟、门控模式和编码器模式才能工作。触发模式可以自动地通过硬件设置 CEN 位。 在通用定时器（TIMx，即 TIM2～TIM5）的单脉冲模式下，当发生更新事件时，CEN 位被自动清除

例如，使能 TIM1，代码如下。

```
TIM1->CR1|=1<<0;            //使能 TIM1
```

2. 自动重装载寄存器

自动重装载寄存器（TIMx_ARR）的位描述如表 5-5 所示。

表 5-5　TIMx_ARR 寄存器的位描述

位	名称	类型	复位值	描　　述
15: 0	ARR[15:0]	R/W	0	自动重装载的值。 该位包含将要载入实际自动重装载寄存器的值。 当自动重装载的值为空时，计数器不工作

其中，TIMx_CNT 寄存器是定时器的计数器，它存储了当前定时器的计数值。示例如下。

```
TIM1->ARR= 5000;            //设定计数器自动重装载值
```

3. 预分频器

预分频器（TIMx_PSC）的位描述如表 5-6 所示。

表 5-6　TIMx_PSC 寄存器的位描述

位	名称	类型	复位值	描　　述
15: 0	PSC[15:0]	R/W	0	预分频器的值。 计数器的时钟频率（CK_CNT）等于 fCK_PSC/(PSC[15:0]+1)。 PSC 包含每次更新事件产生时装入当前预分频器的值。在高级控制定时器（TIM1 和 TIM8）中，更新事件包括计数器被 TIM_EGR 寄存器的 UG 位清零或被工作在复位模式的从模式控制器清零

TIMx_PSC 可以对时钟进行分频设置，然后将时钟提供给计数器，使其作为计数器的时

钟。本小节的定时器时钟有 4 个。

（1）内部时钟（CK_INT）。

（2）外部时钟模式 1：外部输入引脚（TIx）。

（3）外部时钟模式 2：外部触发输入（ETR）。

（4）内部触发输入（ITRx）：使用 A 定时器作为 B 定时器的预分频器（A 为 B 提供时钟）。

如何选择这 4 个时钟，可以通过 TIMx_SMCR 寄存器的相关位来设置。

CK_INT 时钟是从 APB1 分频来的，除非 APB1 的时钟分频数设置为 1，否则通用定时器 TIMx 的时钟就是 APB1 时钟的两倍。当 APB1 的时钟不分频时，通用定时器 TIMx 的时钟就等于 APB1 的时钟。高级控制定时器的时钟不是来自 APB1 的时钟，而是来自 APB2 的时钟。示例如下。

```
TIM1->PSC= 7199;             //预分频器不分频
```

4．DMA/中断使能寄存器

DMA/中断使能寄存器（TIMx_DIER）是一个 16 位的寄存器，该寄存器的各位描述如表 5-7 所示。

表 5-7　TIMx_DIER 寄存器的各位描述

位	名称	类型	复位值	描　述
15	保留			始终读为 0
14	TDE[1:0]	R/W	0	是否允许触发 DMA 请求。 0：禁止触发 DMA 请求。 1：允许触发 DMA 请求
13	COMDE	R/W	0	是否允许 COM 的 DMA 请求。 0：禁止 COM 的 DMA 请求。 1：允许 COM 的 DMA 请求
12	CC4DE	R/W	0	是否允许捕获/比较 4 的 DMA 请求。 0：禁止捕获/比较 4 的 DMA 请求。 1：允许捕获/比较 4 的 DMA 请求
11	CC3DE	R/W	0	是否允许捕获/比较 3 的 DMA 请求。 0：禁止捕获/比较 3 的 DMA 请求。 1：允许捕获/比较 3 的 DMA 请求
10	CC2DE	R/W	0	是否允许捕获/比较 2 的 DMA 请求。 0：禁止捕获/比较 2 的 DMA 请求。 1：允许捕获/比较 2 的 DMA 请求
9	CC1DE	R/W	0	是否允许捕获/比较 1 的 DMA 请求。 0：禁止捕获/比较 1 的 DMA 请求。 1：允许捕获/比较 1 的 DMA 请求
8	UDE	R/W	0	是否允许更新的 DMA 请求。 0：禁止更新的 DMA 请求。 1：允许更新的 DMA 请求

续表

位	名称	类型	复位值	描　述
7	BIE	R/W	0	是否允许刹车中断。 0：禁止刹车中断。 1：允许刹车中断
6	TIE	R/W	0	是否使能触发中断。 0：禁止触发中断。 1：使能触发中断
5	COMIE	R/W	0	是否允许 COM 中断。 0：禁止 COM 中断。 1：允许 COM 中断
4	CC4IE	R/W	0	是否允许捕获/比较 4 中断。 0：禁止捕获/比较 4 中断。 1：允许捕获/比较 4 中断
3	CC3IE	R/W	0	是否允许捕获/比较 3 中断。 0：禁止捕获/比较 3 中断。 1：允许捕获/比较 3 中断
2	CC2IE	R/W	0	是否允许捕获/比较 2 中断。 0：禁止捕获/比较 2 中断。 1：允许捕获/比较 2 中断
1	CC1IE	R/W	0	是否允许捕获/比较 1 中断。 0：禁止捕获/比较 1 中断。 1：允许捕获/比较 1 中断
0	UIE	R/W	0	是否允许更新中断。 0：禁止更新中断。 1：允许更新中断

在这里仅使用第 0 位，该位是允许更新中断位。本任务用到的是定时器的更新中断，所以该位要设置为 1，来允许由于更新事件所产生的中断。

5. 状态寄存器

状态寄存器（TIMx_SR）用来标记当前与定时器相关的各种事件/中断是否发生，该寄存器的各位描述如表 5-8 所示。

表 5-8　TIMx_SR 寄存器的各位描述

位	名称	类型	复位值	描　述
15:13	保留			始终读为 0
12	CC4OF	RC W0	0	捕获/比较 4 重复捕获标记。参考 CC1OF 的描述
11	CC3OF	RC W0	0	捕获/比较 3 重复捕获标记。参考 CC1OF 的描述
10	CC2OF	RC W0	0	捕获/比较 2 重复捕获标记。参考 CC1OF 的描述
9	CC1OF	RC W0	0	捕获/比较 1 重复捕获标记。仅当相应的通道被配置为输入捕获时，该标记才可由硬件置 1。写入 0 可清除该位。 0：无重复捕获产生。 1：计数器的值被捕获到 TIMx_CCR1 寄存器时，CC1IF 的状态已经为 1

续表

位	名称	类型	复位值	描　　述
8	保留			始终读为 0
7	BIF	RC W0	0	刹车中断标记。一旦刹车输入有效，由硬件对该位置 1。如果刹车输入无效，则该位可由软件清零。 0：无刹车事件产生。 1：刹车输入上检测到有效电平
6	TIF	RC W0	0	触发器中断标记。当发生触发事件（当从模式控制器处于除门控模式外的其他模式时，在 TRGI 输入端检测到有效边沿，或检测到门控模式下的任一边沿）时由硬件对该位置 1；否则该位由软件清零。 0：无触发器事件产生。 1：触发中断等待响应
5	COMIF	RC W0	0	COM 中断标记。一旦产生 COM 事件（当捕获/比较控制位 CCxE、CCxNE、OCxM 已被更新时），该位由硬件置 1；否则该位由软件清零。 0：无 COM 事件产生。 1：COM 中断等待响应
4	CC4IF	RC W0	0	捕获/比较 4 中断标记。参考 CC1IF 的描述
3	CC3IF	RC W0	0	捕获/比较 3 中断标记。参考 CC1IF 的描述
2	CC2IF	RC W0	0	捕获/比较 2 中断标记。参考 CC1IF 的描述
1	CC1IF	RC W0	0	捕获/比较 1 中断标记。如果通道 CC1 配置为输出： 当计数器值与比较值匹配时该位由硬件置 1，但中央对齐模式除外（参考 TIMx_CR1 寄存器的 CMS 位）；否则该位由软件清零。 0：无匹配发生。 1:TIMx_CNT 寄存器的值与 TIMx_CCR1 寄存器的值匹配。 当 TIMx_CCR1 寄存器的值大于 TIMx_APR 寄存器的值时，在向上或向上向下计数模式时计数器溢出，或者在向下计数模式时的计数器下溢条件下，CC1IF 位变高。 如果通道 CC1 配置为输入：当捕获事件发生时该位由硬件置 1；否则该位由软件清零或通过读 TIMx_CCR1 寄存器清零。 0：无输入捕获产生。 1：计数器值已被捕获（复制）至 TIMx_CCR1 寄存器（在 IC1 上检测到与所选极性相同的边沿）
0	UIF	RC W0	0	更新中断标记。当产生更新事件时该位由硬件置 1；否则该位由软件清零。 0：无更新事件产生。 1：更新中断等待响应。当寄存器被更新时该位由硬件置 1。 若 TIMx_CR1 寄存器的 UDIS=0，当重复计数器数值上溢或下溢时（重复计数器=0 时）产生更新事件。 若 TIMx_CR1 寄存器的 URS=0、UDIS=0，当设置 TIMx_EGR 寄存器的 UG=1 时产生更新事件，通过软件对 TIMx_CNT 重新初始化。 若 TIMx_CR1 寄存器的 URS=0、UDIS=0，当 TIMx_CNT 被触发事件重新初始化时产生更新事件

5.2.3 与STM32定时器相关的库函数

设置完前面几个寄存器，定时器就可以使用了，并可以产生中断，然后可以通过执行定时器的中断服务函数来完成定时器的定时任务。我们应该如何通过库函数来实现定时器的定时任务呢？与定时器相关的库函数主要集中在 stm32f10x_tim.h 和 stm32f10x_tim.c 文件中。

与 STM32 定时器相关的库函数

1. TIM_TimeBaseInit()函数

在库函数中，初始化定时器的自动重装载值、分频系数、计数器模式等参数，是通过初始化函数 TIM_TimeBaseInit()实现的。该函数原型如下。

```
void TIM_TimeBaseInit(TIM_TypeDef* TIMx, TIM_TimeBaseInitTypeDef* TIM_TimeBaseInitStruct);
```

第一个参数用于确定定时器；第二个参数是定时器初始化参数结构体指针，结构体为 TIM_TimeBaseInitTypeDef，其定义如下。

```
1.  typedef struct
2.  {
3.      uint16_t TIM_Prescaler;
4.      uint16_t TIM_CounterMode;
5.      uint16_t TIM_Period;
6.      uint16_t TIM_ClockDivision;
7.      uint8_t TIM_RepetitionCounter;
8.  } TIM_TimeBaseInitTypeDef;
```

该结构体有 5 个成员变量，要说明的是，前 4 个成员变量对通用定时器有用，最后一个成员变量只对高级控制定时器有用。

其中，TIM_Prescaler 用来设置分频系数。TIM_CounterMode 用来设置计数器模式，可以设置为向上计数、向下计数及中央对齐计数模式，比较常用的是向上计数模式（TIM_CounterMode_Up）和向下计数模式（TIM_CounterMode_Down）。TIM_Period 用来设置自动重装载计数周期值。TIM_ClockDivision 用来设置时钟分频因子。TIM_RepetitionCounter 用来配置重复计数，就是重复溢出多少次才出现一次溢出中断，只有高级控制定时器才需要配置。

针对本任务使用的 TIM3，初始化代码如下。

```
1.  TIM_TimeBaseInitTypeDef  TIM_TimeBaseStructure;
2.  TIM_TimeBaseStructure.TIM_Period = 5000;
3.  //设置在下一个更新事件装入活动的自动重装载寄存器周期的值
4.  TIM_TimeBaseStructure.TIM_Prescaler =7199;
5.  //设置用来作为 TIMx 时钟频率除数的预分频值
6.  TIM_TimeBaseStructure.TIM_ClockDivision = TIM_CKD_DIV1;
7.  //设置时钟分割: TDTS = Tck_tim
8.  TIM_TimeBaseStructure.TIM_CounterMode = TIM_CounterMode_Up;
9.  //TIMx 采用向上计数模式
10. TIM_TimeBaseInit(TIM3, &TIM_TimeBaseStructure);
11. //根据指定的参数初始化 TIMx 的时间基数单位
```

2. TIM_ITConfig()函数

在库函数中，定时器中断使能是通过 TIM_ITConfig()函数实现的，即 TIM_ITConfig()函数用来设置 TIMx_DIER 寄存器是否允许更新中断。该函数原型如下。

```
void TIM_ITConfig(TIM_TypeDef* TIMx,uint16_t TIM_IT,FunctionalState NewState);
```

第一个参数用来选择定时器号，取值为 TIM1 ~ TIM17。

第二个参数非常关键，用来指明使能的定时器中断的类型。定时器中断的类型有很多，包括更新中断 TIM_IT_Update、触发中断 TIM_IT_Trigger 及输入捕获中断等。

第三个参数用来设置是否使能。

使能 TIM3 的更新中断的代码如下。

```
TIM_ITConfig(TIM3,TIM_IT_Update,ENABLE );
```

3. TIM_Cmd()函数

在库函数中，开启定时器是通过 TIM_Cmd()函数实现的，即使用 TIM_Cmd()函数设置 TIM3_CR1 寄存器的 CEN 位开启定时器。该函数原型如下。

```
void TIM_Cmd(TIM_TypeDef* TIMx, FunctionalState NewState) ;
```

第一个参数用来确定开启哪个定时器，第二个参数用来开启定时器。开启 TIM3 的代码如下。

```
TIM_Cmd(TIM3, ENABLE);    //使能 TIM3 外设
```

4. 定时器中断服务函数

可以用定时器中断服务函数来处理定时器产生的相关中断。那么如何编写定时器中断服务函数呢？编写定时器中断服务函数的步骤如下。

在中断产生后，通过状态寄存器的值来判断此次产生的中断属于什么类型。然后执行相关的操作，这里使用的是更新（溢出）中断，所以状态寄存器的值在最低位。在处理完中断之后应该向 TIMx_SR 寄存器的最低位写 0，即清除该中断标志位。

（1）判断中断类型函数

读取中断状态寄存器的值，以及判断中断类型的库函数原型如下。

```
ITStatus TIM_GetITStatus(TIM_TypeDef* TIMx, uint16_t TIM_IT)
```

该函数的作用是判断定时器 TIMx 的中断 TIM_IT 是否发生中断。判断 TIM3 是否发生更新（溢出）中断的代码如下。

```
1.  if(TIM_GetITStatus(TIM3, TIM_IT_Update) != RESET)
2.  {
3.      …… //清除 TIMx 更新中断标志位，以及功能实现代码
4.  }
```

（2）清除中断标志位函数

清除中断标志位的库函数原型如下。

```
void TIM_ClearITPendingBit(TIM_TypeDef* TIMx, uint16_t TIM_IT)
```

该函数的作用是清除定时器 TIMx 的中断 TIM_IT 的标志位。该函数使用起来非常简单。在 TIM3 的更新（溢出）中断发生后清除中断标志位的代码如下。

```
TIM_ClearITPendingBit(TIM3, TIM_IT_Update);
```

另外，库函数还提供了判断定时器状态及清除定时器中断标志位的函数 TIM_GetFlagStatus()和 TIM_ClearFlag()，它们的作用和前面两个函数的作用类似，只是 TIM_GetITStatus()函数会

先判断这种中断是否使能，使能了才去判断中断标志位，而 TIM_GetFlagStatus()函数直接判断中断标志位。

（3）定时器中断服务函数向量表

定时器中断服务函数对应的中断向量在启动文件中已经定义，代码如下。

```
1.  DCD     TIM1_BRK_IRQHandler             ; TIM1 Break
2.  DCD     TIM1_UP_IRQHandler              ; TIM1 Update
3.  DCD     TIM1_TRG_COM_IRQHandler         ; TIM1 Trigger and Commutation
4.  DCD     TIM1_CC_IRQHandler              ; TIM1 Capture Compare
5.  DCD     TIM2_IRQHandler
6.  DCD     TIM3_IRQHandler
7.  DCD     TIM4_IRQHandler
8.  ……
9.  DCD     TIM8_BRK_IRQHandler             ; TIM8 Break
10. DCD     TIM8_UP_IRQHandler              ; TIM8 Update
11. DCD     TIM8_TRG_COM_IRQHandler         ; TIM8 Trigger and Commutation
12. DCD     TIM8_CC_IRQHandler              ; TIM8 Capture Compare
13. ……
14. DCD     TIM5_IRQHandler
15. ……
16. DCD     TIM6_IRQHandler
17. DCD     TIM7_IRQHandler
```

从定义的定时器中断服务函数向量表中可以看出，定时器的每个中断都对应一个中断服务函数。如 TIM3 的中断服务函数的代码如下。

```
1.  void  TIM3_IRQHandler(void)
2.  {
3.      //判断 TIM3 更新中断发生与否
4.      if(TIM_GetITStatus(TIM3, TIM_IT_Update) != RESET)
5.      {
6.              TIM_ClearITPendingBit(TIM3, TIM_IT_Update  );
7.                                              //清除 TIM3 的更新中断标志位
8.              ……//功能实现代码
9.          }
10. }
```

5. STM32 定时器的初始化步骤

前面介绍了与 STM32 定时器相关的寄存器和库函数，如何对 STM32 的 TIMx 进行初始化呢？其初始化步骤具体如下。

（1）使能时钟。

（2）配置预分频值、自动重装载值和重复计数值。

（3）清除中断标志位（否则会先进入一次中断）。

（4）使能定时器中断，选择中断源。

（5）设置中断优先级。

（6）使能 TIMx 外设。

5.2.4 STM32定时器的定时设计

1. 新建工程

STM32 定时器的定时设计

（1）将“任务 10 基于 SysTick 定时器 1 s 延时”修改为“任务 11 STM32 定时器的定时”。

（2）在 USER 子目录下，把“SysTick_led.uvprojx”工程名修改为“Timer_led.uvprojx”。

（3）在 HARDWARE 子目录下，新建一个 timer 子目录，该子目录专门用于存放 timer.c 文件和 timer.h 头文件。

2. 编写 timer.c 文件和 timer.h 头文件

在本任务中，需要编写 timer.c 文件和 timer.h 头文件，timer.c 文件主要包括定时器初始化函数 TIM3_Init()和定时器中断服务函数 TIM3_IRQHandler()。在 timer 子目录下新建 timer.c 文件和 timer.h 头文件。

（1）编写 timer.c 文件

TIM3 的中断服务函数的功能主要是在 1 min 定时时间未到期间，实现 LED 闪烁，闪烁间隔时间是 1 s；若定时时间到，则蜂鸣器响、LED 停止闪烁。另外，中断服务函数并没有放在默认的 stm32f10x_it.c 文件中，而是放在 timer.c 文件中。timer.c 文件主要采用库函数实现，其代码如下。

```
1.  #include "timer.h"
2.  #include "led.h"
3.  void TIM3_Init(u16 arr,u16 psc)
4.  {
5.          TIM_TimeBaseInitTypeDef  TIM_TimeBaseStructure;
6.          NVIC_InitTypeDef  NVIC_InitStructure;
7.      RCC_APB1PeriphClockCmd(RCC_APB1Periph_TIM3, ENABLE);     //使能时钟
8.      //初始化 TIM3
9.      TIM_TimeBaseStructure.TIM_Period = arr;
10.         TIM_TimeBaseStructure.TIM_Prescaler =psc;
11.         TIM_TimeBaseStructure.TIM_ClockDivision = TIM_CKD_DIV1;
12.     TIM_TimeBaseStructure.TIM_CounterMode = TIM_CounterMode_Up;
13.     TIM_TimeBaseInit(TIM3, &TIM_TimeBaseStructure);
14.     TIM_ITConfig(TIM3,TIM_IT_Update,ENABLE ); //使能 TIM3 中断，允许更新中断
15.     //设置中断优先级 NVIC
16.     NVIC_InitStructure.NVIC_IRQChannel = TIM3_IRQn;       //TIM3 中断
17.     NVIC_InitStructure.NVIC_IRQChannelPreemptionPriority = 0;//抢占优先级 0
18.     NVIC_InitStructure.NVIC_IRQChannelSubPriority = 3;    //响应优先级 3
19.     NVIC_InitStructure.NVIC_IRQChannelCmd = ENABLE;       //IRQ 通道被使能
20.     NVIC_Init(&NVIC_InitStructure);                       //初始化 NVIC
21.         TIM_Cmd(TIM3, ENABLE);                            //使能 TIM3
22. }
23. void  TIM3_IRQHandler(void)
24. {
25.     t++;
```

```
26.       if(t==60)
27.       {
28.               TIM_ITConfig(TIM3,TIM_IT_Update, DISABLE ); //禁止 TIM3 中断
29.               TIM_Cmd(TIM3, DISABLE);                     //TIM3 停止
30.       }
31.       else if(TIM_GetITStatus(TIM3, TIM_IT_Update)!=RESET)
32.       {
33.               LED1=!LED1; //LED 闪烁
34.       }
35.       TIM_ClearITPendingBit(TIM3, TIM_IT_Update  );//清除 TIM3 更新中断标志位
36. }
```

代码说明如下。

● 初始化函数中的 arr 为 10000、psc 为 7199，设置时钟分割参数（时钟分频因子）为 TIM_CKD_DIV1 通过 TIM_CounterMode_Up 设置 TIM3 为向上计数模式。

● TIM3 的定时时间是 1000 ms（即 1 s），t 是一个静态变量，用于对 TIM3 多次定时的时间进行累加。

● 当 t 计数到 60（也就是 1 min 定时时间到）时，要禁止 TIM3 中断，还要 TIM3 停止工作。其中，DISABLE 参数在 stm32f10x.h 头文件中已定义，代码如下：

```
typedef enum {DISABLE = 0, ENABLE = !DISABLE} FunctionalState;
```

（2）编写 timer.h 头文件

timer.h 头文件的代码如下。

```
1.  #ifndef __TIMER_H
2.  #define __TIMER_H
3.  #include "sys.h"
4.  static u16 t=0;                  //t 用来对 TIM3 多次定时的时间进行累加
5.  void TIM3_Init(u16 arr,u16 psc);
6.  #endif
```

3. 编写主文件

在主文件中，主要完成 TIM3 的自动重装载值、分频系数、计数器模式等参数的定义及中断的初始化；完成蜂鸣器和 LED 端口的初始化；1 min 定时时间到后，熄灭 LED 并打开蜂鸣器。主文件 main.c 的代码如下。

```
1.  #include "stm32f10x.h"
2.  #include "led.h"
3.  #include "delay.h"
4.  #include "sys.h"
5.  #include "timer.h"
6.  #include "fmq.h"
7.  int t=0;
8.  void main(void)
9.  {
10.     delay_init();                         //初始化延时函数
11.         NVIC_Configuration();
12.                       //设置中断优先级分组为第 2 组：2 位抢占优先级，2 位响应优先级
13.         FMQ_Init();                       //初始化蜂鸣器端口
14.     LED_Init();                           //初始化 LED 端口
15.     TIM3_Init(10000,7199);          //10 kHz 的计数频率，计数到 10000 为 1000 ms
16.     while(1)
```

```
17.             {
18.                 if(t==60)
19.                 {
20.                     LED1=1;             //熄灭 LED
21.                     fmq(50);            //打开蜂鸣器
22.                 }
23.         }
24. }
```

4. 工程搭建、编译与调试

（1）把 main.c 主文件添加到工程里面，把“Project Targets”栏下的工程名修改为“Timer_led”。

（2）在 Timer_led 工程中，在 HARDWARE 组中添加 timer.c 文件，同时还要添加 timer.h 头文件及编译文件的路径。

（3）完成了 Timer_led 工程的搭建和配置后，单击“Rebuild”按钮 对工程进行编译，生成 Timer_led.hex 目标代码文件。若编译时发生错误，要进行分析检查，直到编译正确。

（4）通过串口下载软件 mcuisp 完成 Timer_led.hex 文件的下载。

（5）启动开发板，观察是否能按照任务要求控制 LED 闪烁，在 1 min 定时时间到后，LED 是否熄灭及蜂鸣器是否工作。若运行结果与任务要求不一致，要对程序进行分析检查，直到运行正确。

【技能训练 5-1】基于寄存器的 STM32 定时器定时设计与实现

我们如何利用 STM32 定时器的相关寄存器来完成 STM32 定时器定时？参考任务 11，完成基于寄存器的 STM32 定时器定时设计与实现。

基于寄存器的 STM32 定时器定时设计与实现

技能训练要求：LED1（PE0）每 200 ms 闪烁一次，LED2（PE0）每 500 ms 闪烁一次，其中，LED2 的定时时间由定时器实现。

1. 编写 timer.c 文件和 timer.h 头文件

timer.c 文件主要通过寄存器实现，其代码如下。

```
1.  #include "timer.h"
2.  #include "led.h"
3.  void TIM3_IRQHandler(void)                    //TIM3 中断服务程序
4.  {
5.      if(TIM3->SR&0x0001)                       //溢出中断
6.          {
7.              LED2=!LED2;
8.          }
9.      TIM3->SR&=~(1<<0);                        //清除中断标志位
10. }
11. //初始化通用定时器中断，这里的时钟为 APB1 的 2 倍，APB1 的频率为 36 MHz
12. void Timerx_Init(u16 arr,u16 psc)
13. {
14.     RCC->APB1ENR|=1<<1; //使能 TIM3 时钟
```

```
15.     TIM3->ARR=arr;          //设定计数器自动重装载值，刚好为 1 ms
16.     TIM3->PSC=psc;          //装入当前预分频器的值 7200，得到 10 kHz 的计数时钟
17.     //以下两项要同时设置才可以使用中断
18.     TIM3->DIER|=1<<0;                       //允许更新中断
19.     TIM3->DIER|=1<<6;                       //允许触发中断
20.         TIM3->CR1|=0x01;                    //使能 TIM3
21.     MY_NVIC_Init(1,3,TIM3_IRQChannel,2);//抢占优先级 1、响应优先级 3、第 2 组
22. }
```

timer.h 头文件的代码如下。

```
1.  #ifndef __TIMER_H
2.  #define __TIMER_H
3.  #include "sys.h"
4.  void Timerx_Init(u16 arr,u16 psc);
5.  #endif
```

2. 编写主文件

在主文件中，主要完成 TIM3 的自动重装载值、分频系数、计数器模式等参数的定义及中断的初始化；完成 LED 和 SysTick 定时器的初始化；实现 LED1 每 200 ms 闪烁一次，LED2 每 500 ms 闪烁一次（由 TIM3 定时）。主文件 main.c 的代码如下。

```
1.  #include "stm32f10x.h"
2.  #include "sys.h"
3.  #include "delay.h"
4.  #include "led.h"
5.  #include "timer.h"
6.  void main(void)
7.  {
8.      Stm32_Clock_Init(9);            //设置系统时钟
9.          delay_init(72);             //延时函数初始化
10.         LED_Init();                 //初始化 LED 端口
11.     Timerx_Init(5000,7199);         //10 kHz 的计数频率，计数到 5000 为 500 ms
12.     while(1)
13.         {
14.             LED1=!LED1;
15.             delay_ms(200);
16.         }
17. }
```

其中，宏名 LED1 和 LED2 是在 led.h 头文件中定义的，代码如下。

```
1.  #define LED1 PEout(0)               // PE0
2.  #define LED2 PEout(1)               // PE1
```

5.3 任务 12 PWM 输出控制呼吸灯设计

任务要求

利用 TIM4 的通道 3（PB8）产生 PWM 来控制 LED 的亮度，使得 LED 产生由亮逐渐变暗→熄灭→由暗逐渐变亮→全亮的循环变化，实现呼吸灯的效果。

5.3.1 STM32 的 PWM 输出相关寄存器

STM32 的 PWM 输出相关寄存器

脉冲宽度调制（Pulse Width Modulation，PWM）简称脉宽调制，是利用微处理器的数字输出对模拟电路进行控制的一种非常有效的技术。简单来说，PWM 就是对脉冲宽度的控制。

下面以 TIM1 的通道 3（PE13）产生 PWM、TIM1 的通道 1N（PE8）产生 PWM 为例，介绍复用功能重映射和调试 I/O 配置寄存器 AFIO_MAPR、捕获/比较模式寄存器 TIM1_CCMR1 和 TIM1_CCMR2、捕获/比较寄存器 TIM1_CCR1 ~ TIM1_CCR4、捕获/比较使能寄存器 TIM1_CCER 等。

1．复用功能重映射和调试 I/O 配置寄存器 AFIO_MAPR

为了使不同元器件封装的外设 I/O 功能的数量达到最优，可以把一些复用功能重映射到其他引脚上，这时复用功能就不再映射到它们的原始引脚上了。

通过设置 AFIO_MAPR 寄存器，把 TIM1 的通道 1 和通道 3 产生的两路 PWM 输出（复用功能）重映射到 PE8 和 PE13 引脚上，设置代码如下。

```
1.  AFIO->MAPR&=0xFFFFFF3F;          //清除 MAPR 的[7:6]
2.  AFIO->MAPR|=1<<7;                //完全重映射，TIM1_CH1N->PE8
3.  AFIO->MAPR|=1<<6;                //完全重映射，TIM1_CH3->PE13
```

AFIO_MAPR 寄存器的各位如图 5-1 所示。

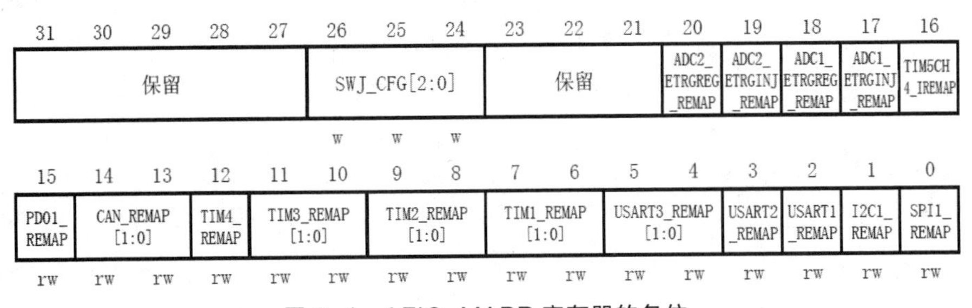

图 5-1 AFIO_MAPR 寄存器的各位

定时器的重映射位在项目 4 中已经介绍过（表 4-3）。在这里，主要介绍 TIM1 的重映射。

TIM1 的重映射位是[7:6]，它可由软件置 1 或置 0，用于控制 TIM1 的通道 1 ~ 4、通道 1N ~ 3N、外部触发输入（ETR）和刹车输入（BKIN）在 GPIO 上的映射。

（1）00：没有重映射（ETR/PA12、CH1/PA8、CH2/PA9、CH3/PA10、CH4/PA11、BKIN/PB12、CH1N/PB13、CH2N/PB14、CH3N/PB15）。

（2）01：部分重映射（ETR/PA12、CH1/PA8、CH2/PA9、CH3/PA10、CH4/PA11、BKIN/PA6、CH1N/PA7、CH2N/PB0、CH3N/PB1）。

（3）10：未组合。

（4）11：完全重映射（ETR/PE7、CH1/PE9、CH2/PE11、CH3/PE13、CH4/PE14、BKIN/PE15、CH1N/PE8、CH2N/PE10、CH3N/PE12）。

2. 捕获/比较模式寄存器 TIM1_CCMR1 和 TIM1_CCMR2

TIM1_CCMR1 寄存器用于控制通道 1/ 通道 1N 和通道 2，而 TIM1_CCMR2 寄存器用于控制通道 3 和通道 4。该寄存器的各位描述如图 5-2 所示。

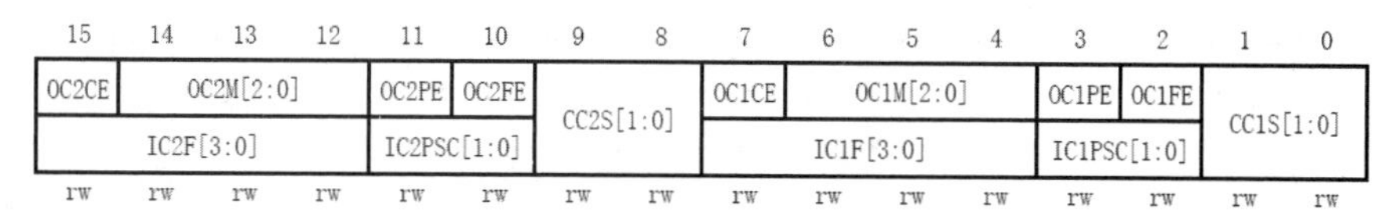

图 5-2　捕获/比较模式寄存器的各位描述

捕获/比较模式寄存器的有些位在不同模式下的功能不一样，所以把它分成两层，上面一层对应的是输出，下面一层对应的是输入。

在这里，需要着重说明的是模式设置位 OCxM 和预装载使能位 OCxPE。

（1）模式设置位 OCxM

模式设置位 OCxM 由 3 位组成，可以配置成 7 种模式。本任务使用的是 PWM 模式 1。下面主要介绍 PWM 模式 1 和 PWM 模式 2。

① PWM 模式 1。

模式设置位 OCxM 设置为 110，即 PWM 模式 1，示例如下。

```
1.   TIM1->CCMR1|=6<<4;          //OC1M 设置为 110，通道 1 为 PWM 模式 1
2.   TIM1->CCMR2|=6<<4;          //OC3M 设置为 110，通道 3 为 PWM 模式 1
```

② PWM 模式 2。

模式设置位 OCxM 设置为 111，即 PWM 模式 2，示例如下。

```
1.   TIM1->CCMR1|=7<<4;          //OC1M 设置为 111，通道 1 为 PWM 模式 2
2.   TIM1->CCMR2|=7<<4;          //OC3M 设置为 111，通道 3 为 PWM 模式 2
```

注意　*在使用 PWM 模式时，模式设置位 OCxM 必须设置为 110/111，这两种 PWM 模式的区别就是输出电平的极性相反。*

在向上计数时，如果 TIM1_CNT<TIM1_CCR1，通道 1 为有效电平，否则为无效电平；在向下计数时，如果 TIM1_CNT>TIM1_CCR1，通道 1 为无效电平（OC1REF=0），否则为有效电平（OC1REF=1）。

（2）预装载使能位 OCxPE

① 预装载使能位 OCxPE 设置为 0：禁止 TIM1_CCR1 寄存器的预装载功能，可随时写入 TIM1_CCR1 寄存器，并且新写入的数值立即起作用。

② 预装载使能位 OCxPE 设置为 1：开启 TIM1_CCR1 寄存器的预装载功能，读写操作仅操作预装载寄存器操作，TIM1_CCR1 寄存器的预装载值在更新事件到来时被传送至当前寄存器中。示例如下。

```
1.   TIM1->CCMR1|=1<<3;              //通道 1 预装载使能
2.   TIM1->CCMR2|=1<<3;              //通道 3 预装载使能
```

3. 捕获/比较寄存器 TIM1_CCR1～TIM1_CCR4

TIM1_CCR1～TIM1_CCR4 寄存器分别对应 4 个输出通道，即通道 1～通道 4。由于这 4 个寄存器差不多，下面仅以 TIM1_CCR1 为例进行介绍，该寄存器的各位描述如图 5-3 所示。

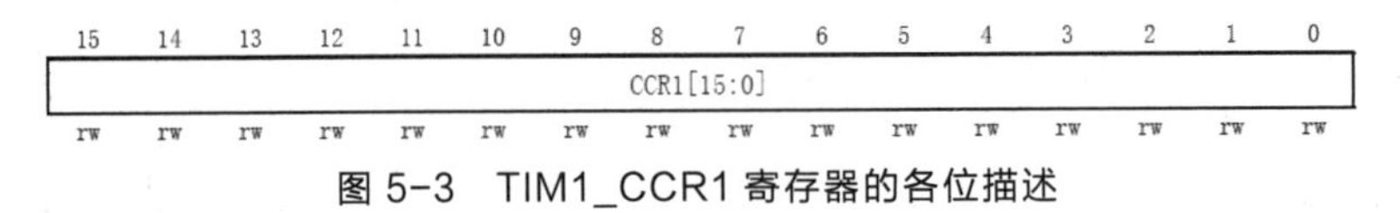

图 5-3 TIM1_CCR1 寄存器的各位描述

（1）通道 1 配置为输出

CCR1[15:0]包含装入当前 TIM1_CCR1 寄存器的值（预装载值）。在输出模式下，该寄存器的值与 TIM1_CNT 寄存器的值比较，根据比较结果产生相应动作。利用这一点，我们通过修改这个寄存器的值，就可以控制 PWM 的输出脉冲宽度了。

（2）通道 1 配置为输入

CCR1[15:0]包含由上一次输入捕获 1 事件（IC1）传输的计数器值。

4. 捕获/比较使能寄存器 TIM1_CCER

TIM1_CCER 寄存器控制着各个输入/输出通道的开关。该寄存器的各位描述如图 5-4 所示。

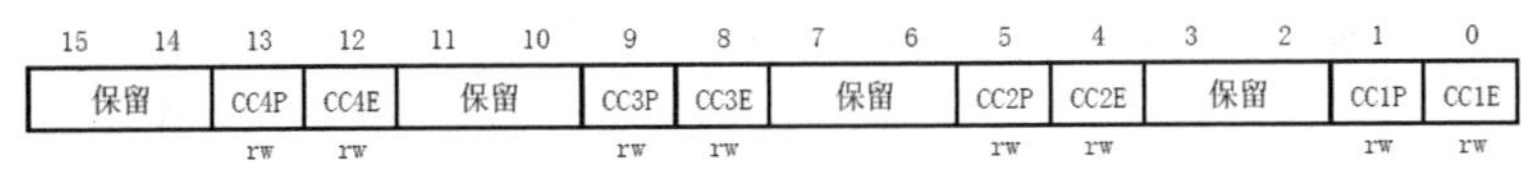

图 5-4 TIM1_CCER 寄存器的各位描述

这里只介绍 TIM1_CCER 寄存器的位 3:2。通用定时器中 TIM1_CCER 寄存器的位 3:2 是保留的，始终读为 0。高级控制定时器 TIM1 中 TIM1_CCER 寄存器的位 3:2 描述如下。

（1）位 3（CC1NP）

设置 TIM1_CCER 寄存器的位 3 为 0：OC1N 高电平有效。

设置 TIM1_CCER 寄存器的位 3 为 1：OC1N 低电平有效。

（2）位 2（CC1NE）

设置 TIM1_CCER 寄存器的位 2 为 0：关闭，OC1N 禁止输出。

设置 TIM1_CCER 寄存器的位 2 为 1：开启，OC1N 信号输出到对应的输出引脚。

示例如下。

```
1.  TIM1->CCER|=3<<8;          //OC3 输出使能
2.  TIM1->CCER|=3<<2;          //OC1N 输出使能
```

5. 其他相关寄存器

（1）事件产生寄存器 TIM1_EGR

TIM1_EGR 寄存器的各位描述如图 5-5 所示。

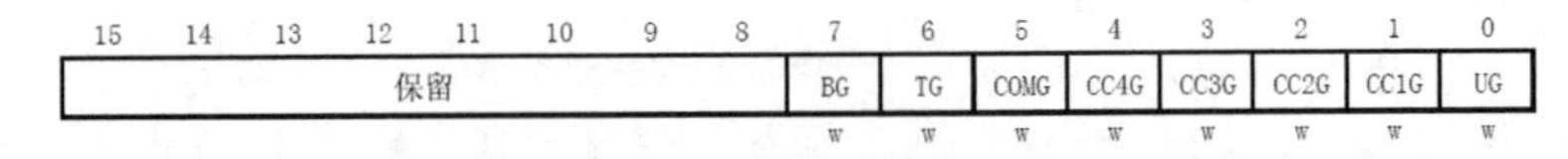

图 5-5 TIM1_EGR 寄存器的各位描述

其中 UG 位的作用是设置产生更新事件，该位由软件置 1，由硬件自动清零。

该位置 0 时，无动作。

该位置 1 时，重新初始化计数器，并产生一个更新事件。

注意：在该位置 1 时，预分频器的计数器也被清零（但是预分频系数不变）。在中央对齐模式下，若 DIR=0（向上计数），则计数器被清零；若 DIR=1（向下计数），则计数器取 TIM1_ARR 寄存器的值，代码如下。

```
TIM1->EGR |= 1<<0;                //初始化所有的寄存器
```

（2）刹车和死区寄存器 TIM1_BDTR

TIM1_BDTR 寄存器的各位描述如图 5-6 所示。

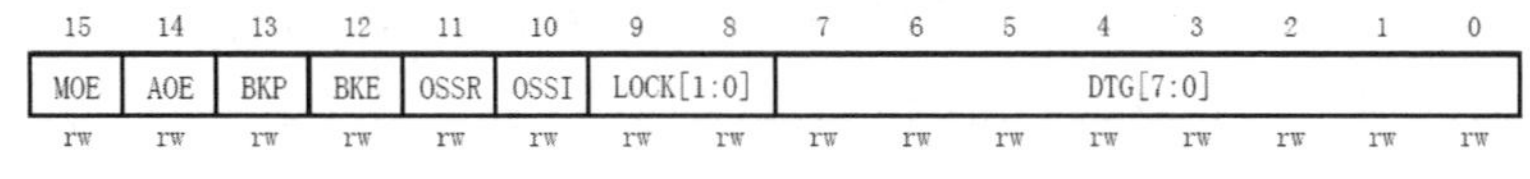

图 5-6　TIM1_BDTR 寄存器的各位描述

其中 MOE 位的作用是设置主输出使能。一旦刹车输入有效，该位被硬件异步清零。根据 AOE 位的设置值，该位可以由软件清零或被自动置 1，它仅对配置为输出的通道有效。

该位置 0 时，禁止 OC 和 OCN 输出或强制为空闲状态。

该位置 1 时，如果设置了相应的使能位（TIM1_CCER 寄存器的 CCxE、CCxNE 位），则开启 OC 和 OCN 输出，代码如下。

```
TIM1->BDTR |=1<<15;               //开启 OC 和 OCN 输出
```

5.3.2　STM32 的 PWM 输出编程思路

前面，已介绍了几个 TIM1 的 PWM 输出相关寄存器，下面介绍 STM32 的 PWM 输出编程思路及要实现的功能。

STM32 的 PWM 输出编程思路

1. PWM 模式实现

PWM 模式可以产生一个由 TIM1_ARR 寄存器确定频率、由 TIM1_CCRx 寄存器确定占空比的信号。

（1）在 TIM1_CCMRx 寄存器的 OCxM 位写入 110（PWM 模式 1）或 111（PWM 模式 2），能够独立地设置每个 OCx 输出通道产生一路 PWM 输出。

（2）必须通过设置 TIM1_CCMRx 寄存器的 OCxPE 位使能相应的预装载寄存器。

（3）要设置 TIM1_CR1 寄存器的 ARPE 位（在向上计数或中央对齐模式中）使能自动重装载的预装载寄存器。

（4）仅当发生一个更新事件的时候，预装载寄存器才能被传送到影子寄存器，因此在计数器开始计数之前，必须通过设置 TIM1_EGR 寄存器中的 UG 位来初始化所有的寄存器。

（5）OCx 输出通道的极性可以通过软件设置 TIM1_CCER 寄存器中的 CCxP 位来控制，CCxP 位可以设置为高电平有效或低电平有效。OCx 输出通道的输出使能通过（TIM1_CCER 和 TIM1_BDTR 寄存器中）CCxE、CCxNE、MOE、OSSI 和 OSSR 位的组合控制，详见

TIM1_CCER 和 TIM1_BDTR 寄存器的各位描述。

（6）在 PWM 模式（模式 1 或模式 2）下，TIM1_CNT 和 TIM1_CCRx 寄存器始终在进行比较，以计数器的计数方向来确定是否符合 TIM1_CCRx<TIM1_CNT 或者 TIM1_CNT>TIM1_CCRx。

（7）根据 TIM1_CR1 寄存器中 CMS 位的状态，定时器能够产生边沿对齐的 PWM 信号或中央对齐的 PWM 信号。

2. STM32 的 PWM 输出编程步骤

要将 TIM1 的通道 1N 和通道 3 重映射到 STM32 的 PE8 和 PE13 引脚上，并能在这两路通道（PE8 和 PE13）输出 PWM 信号。在程序中，就是要控制 TIM1_CH1N 和 TIM1_CH3 的 PWM 输出。下面我们将根据 TIM1 的 PWM 输出相关寄存器来介绍 PWM 输出编程的具体步骤。

（1）使能 TIM1 和 PORTE 时钟，配置 PE8、PE13 引脚为复用功能输出。

要使用 TIM1，就必须先使能 TIM1 和 PORTE 时钟（通过 APB2ENR 寄存器设置），代码如下。

```
1.  RCC->APB2ENR|=1<<11;                //使能 TIM1 时钟
2.  RCC->APB2ENR|=1<<6;                 //使能 PORTE 时钟
```

还要配置 PE8、PE13 引脚为复用功能输出，这是因为 TIM1_CH1N 和 TIM1_CH3 是以 I/O 复用的形式连接到 PE8、PE13 引脚上的，所以要使用复用功能输出，代码如下。

```
1.  GPIOE->CRH&=0xFF000000;             //PE8、PE13 引脚输出
2.  GPIOE->CRH|=0x00B3333B;             //复用功能输出
```

（2）设置 AFIO_MAPR 寄存器，把 TIM1_CH1N 和 TIM1_CH3 产生的两路 PWM 输出（复用功能输出）重映射到 PE8 和 PE13 引脚上，代码如下。

```
1.  AFIO->MAPR&=0xFFFFFF3F;             //清除 MAPR 的[7:6]
2.  AFIO->MAPR|=1<<7;                   //完全重映射，TIM1_CH1N->PE8
3.  AFIO->MAPR|=1<<6;                   //完全重映射，TIM1_CH3->PE13
```

（3）设置 TIM1 的 ARR 和 PSC 寄存器。

在使能 TIM1 时钟之后，还要设置 ARR 和 PSC 两个寄存器的值，进而控制输出 PWM 的周期，代码如下。

```
1.  TIM1->ARR=arr;                      //设定计数器自动重装载值
2.  TIM1->PSC=psc;                      //预分频器不分频
```

（4）设置 TIM1_CH1N 和 TIM1_CH3 的 PWM 模式。

通过配置 TIM1_CCMR1 和 TIM1_CCMR2 寄存器的相关位来设置 TIM1_CH1N 和 TIM1_CH3 为 PMW 模式，代码如下。

```
1.  TIM1->CCMR1|=6<<4;                  //通道 1 为 PWM1 模式
2.  TIM1->CCMR1|=1<<3;                  //通道 1 预装载使能
3.  TIM1->CCMR2|=6<<4;                  //通道 3 为 PWM1 模式
4.  TIM1->CCMR2|=1<<3;                  //通道 3 预装载使能
```

（5）使能 TIM1_CH1N、TIM1_CH3 及 TIM1。

在完成以上设置之后，还需要使能 TIM1_CH1N、TIM1_CH3 及 TIM1。使能 TIM1_CH1N 和 TIM1_CH3，是通过 TIM1_CCER 寄存器来设置的，是单个通道的开关；而使能 TIM1 是

通过 TIM1_CR1 寄存器来设置的，TIM1_CR1 是整个 TIM1 的总开关。

只有设置了这两个寄存器，才能在 TIM1_CH1N 和 TIM1_CH3 上看到 PWM 波形输出，代码如下。

```
1.   TIM1->CCER|=3<<8;                //OC3 输出使能
2.   TIM1->CCER|=3<<2;                //OC1N 输出使能
3.   TIM1->BDTR |=1<<15;              //开启 OC 和 OCN 输出
4.   TIM1->CR1|=1<<7;                 //ARPE 使能自动重装载预装载允许位
5.   TIM1->CR1|=1<<4;                 //向下计数模式
6.   TIM1->CR1|=1<<0;                 //使能 TIM1
```

（6）初始化所有的寄存器，代码如下。

```
TIM1->EGR |= 1<<0;            //初始化所有的寄存器
```

（7）修改 TIM1_CCR1 和 TIM3_CCR3 寄存器来控制输出占空比。

在经过以上设置之后，PWM 就开始输出了，其占空比和频率都是固定的，可以通过修改 TIM1_CCR1 和 TIM1_CCR3 寄存器来改变 TIM1_CH1N 和 TIM1_CH3 的输出占空比。

5.3.3 STM32 的 PWM 输出相关库函数

前面是通过 TIM1 的 PWM 相关寄存器来把 TIM1_CH1N 和 TIM1_CH3 重映射到 PE8 和 PE13 引脚上，并由 TIM1_CH1N 和 TIM1_CH3 产生两路 PWM 输出。下面介绍通过库函数来配置该功能的步骤。与 PWM 相关的函数设置在 stm32f10x_tim.h 和 stm32f10x_tim.c 文件中。

STM32 的 PWM 输出相关库函数

1. 使能 TIM1 时钟及复用功能时钟（AFIO 时钟），配置 PE8 和 PE13 引脚为复用功能输出

要使用 TIM1，必须先使能 TIM1 时钟及 AFIO 时钟。还要配置 PE8 和 PE13 引脚为复用功能输出，这是因为 TIM1_CH1N 和 TIM1_CH3 将重映射到 PE8 和 PE13 引脚上，此时 PE8 和 PE13 引脚属于复用功能输出。

通过库函数使能 TIM1 时钟的方法如下。

```
RCC_APB2PeriphClockCmd(RCC_APB2Periph_TIM1, ENABLE);     //使能 TIM1 时钟
```

通过库函数使能 AFIO 时钟的方法如下。

```
RCC_APB2PeriphClockCmd(RCC_APB2Periph_AFIO, ENABLE);     //使能 AFIO 时钟
```

通过库函数使能外设时钟和使能 AFIO 时钟的方法在前面多个任务中都已经使用过了，这里就不详细介绍了。同样，设置 PE8 和 PE13 引脚为复用输出，在前面也有类似的操作，这里只给出复用推挽输出的设置代码，具体如下。

```
GPIO_InitStructure.GPIO_Mode = GPIO_Mode_AF_PP;          //复用推挽输出
```

2. 设置 TIM1_CH1N 和 TIM1_CH3 重映射到 PE8 和 PE13 引脚上

由于 TIM1_CH1N 和 TIM1_CH3 默认是接在 PB13 和 PA10 引脚上的，所以需要通过 AFIO_MAPR 寄存器来设置 TIM1_REMAP 为完全重映射，使得 TIM1_CH1N 和 TIM1_CH3 重映射到 PE8 和 PE13 引脚上。在库函数里设置重映射的函数如下。

```
void GPIO_PinRemapConfig(uint32_t GPIO_Remap, FunctionalState NewState);
```

STM32 重映射只能重映射到特定的端口上。这里的关键是第一个入口参数，该参数用来设置重映射的类型。这些内容在 stm32f10x_gpio.h 头文件中都有定义。定时器的部分重映射代码如下。

```
1.  #define GPIO_PartialRemap_TIM1       ((uint32_t)0x00160040)
2.  #define GPIO_FullRemap_TIM1          ((uint32_t)0x001600C0)
3.  #define GPIO_PartialRemap1_TIM2      ((uint32_t)0x00180100)
4.  #define GPIO_PartialRemap2_TIM2      ((uint32_t)0x00180200)
5.  #define GPIO_FullRemap_TIM2          ((uint32_t)0x00180300)
6.  #define GPIO_PartialRemap_TIM3       ((uint32_t)0x001A0800)
7.  #define GPIO_FullRemap_TIM3          ((uint32_t)0x001A0C00)
8.  #define GPIO_Remap_TIM4              ((uint32_t)0x00001000)
```

TIM1 有部分重映射和完全重映射两个类型，入口参数分别为 GPIO_PartialRemap_TIM1 和 GPIO_FullRemap_TIM1。TIM1 完全重映射的库函数实现代码如下。

```
GPIO_PinRemapConfig(GPIO_FullRemap_TIM1, ENABLE);
```

3. 初始化 TIM1，设置 TIM1 的 ARR 和 PSC 寄存器

在开启了 TIM1 时钟之后，还要设置 ARR 和 PSC 两个寄存器的值来控制输出 PWM 的周期。在这里，设置 ARR 和 PSC 两个寄存器的值是通过 TIM_TimeBaseInit()函数来实现的，设置代码如下。

```
1.  TIM_TimeBaseStructure.TIM_Period = arr;                 //设置自动重装载值
2.  TIM_TimeBaseStructure.TIM_Prescaler =psc;               //设置预分频值
3.  TIM_TimeBaseStructure.TIM_ClockDivision = 0;//设置时钟分割：TDTS = Tck_tim
4.  TIM_TimeBaseStructure.TIM_CounterMode = TIM_CounterMode_Up; //向上计数模式
5.  TIM_TimeBaseInit(TIM1, &TIM_TimeBaseStructure); //根据指定的参数初始化 TIM1
```

4. 设置 TIM1_CH1N 和 TIM1_CH3 的 PWM 模式，使能 TIM1_CH1N 和 TIM1_CH3 输出

在库函数中，PWM 通道是通过 TIM_OC1Init()、TIM_OC2Init()、TIM_OC3Init()和 TIM_OC4Init()函数来设置的，这几个函数都位于 stm32f10x_tim.c 文件中。不同通道的设置函数不一样，这里使用的是通道 1 和通道 3，使用的函数是 TIM_OC1Init()和 TIM_OC3Init()，代码如下。

```
1.  void TIM_OC1Init(TIM_TypeDef* TIMx, TIM_OCInitTypeDef* TIM_OCInitStruct);
2.  void TIM_OC3Init(TIM_TypeDef* TIMx, TIM_OCInitTypeDef* TIM_OCInitStruct);
```

其中，定义 TIM_OCInitTypeDef 结构体的代码如下。

```
1.  typedef struct
2.  {
3.          uint16_t TIM_OCMode;
4.          uint16_t TIM_OutputState;
5.          uint16_t TIM_OutputNState;
6.          uint16_t TIM_Pulse;
7.          uint16_t TIM_OCPolarity;
8.          uint16_t TIM_OCNPolarity;
9.          uint16_t TIM_OCIdleState;
10.         uint16_t TIM_OCNIdleState;
11. } TIM_OCInitTypeDef;
```

在 TIM_OCInitTypeDef 结构体中，与本任务相关的几个成员变量说明如下。

TIM_OCMode 用来设置模式是 PWM 还是输出比较，这里是 PWM 模式。

TIM_OutputState 用来设置比较输出使能，也就是使能 PWM 输出到端口。

TIM_OCPolarity 用来设置极性是高还是低。

TIM1_CH1N 和 TIM1_CH3 为 PWM1 模式，并使能 TIM1_CH1N 和 TIM1_CH3 输出，其代码如下。

```
TIM_OCInitTypeDef  TIM_OCInitStructure;
```

（1）设置 TIM1_CH1N 为 PWM 模式 1

```
1.  TIM_OCInitStructure.TIM_OCMode = TIM_OCMode_PWM1;
2.  TIM_OCInitStructure.TIM_OutputState = TIM_OutputState_Enable;//比较输出使能
3.  TIM_OCInitStructure.TIM_OCPolarity=TIM_OCPolarity_High;//TIM 输出比较极性高
4.  TIM_OC1Init(TIM1, &TIM_OCInitStructure);  //T指定的参数初始化外设TIM1的OC1
```

（2）设置 TIM1_CH3 为 PWM 模式 1

```
1.  TIM_OCInitStructure.TIM_OCMode = TIM_OCMode_PWM1;
2.  TIM_OCInitStructure.TIM_OutputState = TIM_OutputState_Enable;
3.  TIM_OCInitStructure.TIM_OCPolarity = TIM_OCPolarity_High;
4.  TIM_OC3Init(TIM1, &TIM_OCInitStructure);  //T指定的参数初始化外设TIM1的OC3
```

TIM_OCMode_PWM1 和 TIM_OCMode_PWM2 的宏定义在 stm32f10x_tim.h 头文件中，宏定义代码如下。

```
1.  #define TIM_OCMode_PWM1      ((uint16_t)0x0060)
2.  #define TIM_OCMode_PWM2      ((uint16_t)0x0070)
```

5. 使能 TIM1，通过修改 TIM1_CCR1 和 TIM1_CCR3 寄存器来控制占空比

（1）使能 TIM1

在完成以上设置后，还需要使能 TIM1。使能 TIM1 的代码如下。

```
TIM_Cmd(TIM1, ENABLE);        //使能 TIM1
```

（2）通过修改 TIM1_CCR1 和 TIM1_CCR3 寄存器来控制占空比

在库函数中，通过修改 TIM1_CCR1 和 TIM1_CCR3 寄存器来控制占空比的函数如下。

```
1.  void TIM_SetCompare1(TIM_TypeDef* TIMx, uint16_t Compare1);
2.  void TIM_SetCompare3(TIM_TypeDef* TIMx, uint16_t Compare3);
```

其他通道都有一个函数名，函数格式为 TI M_SetComparex（x=1,2,3,4）。配置完以上库函数，我们就可以通过 TIM1_CH1N 和 TIM1_CH3 输出 PWM 了。

5.3.4 PWM 输出控制呼吸灯设计与实现

1. 定时器的选择

从图 4-6 可以看出，STM32 开发板上 8 个 LED 的阴极分别接在 PB8、PE0～PE6 引脚上。

根据表 4-3 所示内容，只有 TIM4 默认（没有重映射）的通道 3 是连接在 LED0（PB8）上的，其他定时器没有一个通道能重映射（或默认）到 LED 所接的引脚上。所以在呼吸灯设计中,只能采用 TIM4 没有重映射的通

PWM 输出控制呼吸灯设计与实现

道 3 输出 PWM 控制信号。

2. 新建工程

（1）将“任务 11 STM32 定时器的定时”修改为“任务 12 PWM 输出控制呼吸灯”。

（2）在 USER 子目录下，把“Timer_led.uvprojx”工程名修改为“Timer_pwm.uvprojx”。

3. 编写 timer.c 文件和 timer.h 头文件

在本任务中，需要重新编写移植过来的 timer.c 文件和 timer.h 头文件，timer.c 文件主要包括 TIM4 的 PWM 输出初始化函数 TIM4_PWM_Init()。

（1）编写 timer.c 文件

在 TIM4 的 PWM 输出初始化函数中，主要在 TIM4 的通道 3（PB8）产生 PWM。timer.c 文件的代码如下。

```
1.  #include "timer.h"
2.  void TIM4_PWM_Init(u16 arr,u16 psc)
3.  {
4.          GPIO_InitTypeDef GPIO_InitStructure;
5.      TIM_TimeBaseInitTypeDef  TIM_TimeBaseStructure;
6.      TIM_OCInitTypeDef  TIM_OCInitStructure;
7.      RCC_APB1PeriphClockCmd(RCC_APB1Periph_TIM4, ENABLE);//使能 TIM4 时钟
8.      /*使能 GPIOB 外设和 AFIO 时钟*/
9.      RCC_APB2PeriphClockCmd(RCC_APB2Periph_GPIOB|RCC_APB2Periph_AFIO,ENABLE);
10.     /*TIM4 默认（没有重映射），TIM4_CH3->PB8，设置 PB8 引脚为复用功能输出*/
11.         GPIO_InitStructure.GPIO_Pin = GPIO_Pin_8;       //设置 PB8 引脚
12.     GPIO_InitStructure.GPIO_Mode = GPIO_Mode_AF_PP;     //复用推挽输出
13.     GPIO_InitStructure.GPIO_Speed = GPIO_Speed_50MHz;
14.     GPIO_Init(GPIOB, &GPIO_InitStructure);   //初始化 PB8 引脚为复用功能输出
15.     /*初始化 TIM4，设置 TIM4 的 ARR 和 PSC 寄存器*/
16.         TIM_TimeBaseStructure.TIM_Period = arr;
17.     TIM_TimeBaseStructure.TIM_Prescaler =psc;
18.     TIM_TimeBaseStructure.TIM_ClockDivision = 0;          //设置时钟分割
19.     TIM_TimeBaseStructure.TIM_CounterMode=TIM_CounterMode_Up;//向上计数模式
20.         TIM_TimeBaseInit(TIM4, &TIM_TimeBaseStructure);   //初始化 TIM4
21.     /*设置 TIM4_CH3 的 PWM 模式，使能 TIM4_CH3 输出*/
22.     TIM_OCInitStructure.TIM_OCMode = TIM_OCMode_PWM1;
23.     TIM_OCInitStructure.TIM_OutputState = TIM_OutputState_Enable;
24.         TIM_OCInitStructure.TIM_OCPolarity = TIM_OCPolarity_High;
25.     TIM_OCInitStructure.TIM_OutputNState = TIM_OutputNState_Enable;
26.     TIM_OC3Init(TIM4, &TIM_OCInitStructure);//指定参数初始化外设 TIM4 的 OC3
27.     TIM_OC3PreloadConfig(TIM4, TIM_OCPreload_Enable); //通道 3 预装载使能
28.         TIM_ARRPreloadConfig(TIM4,ENABLE);               //使能预装载寄存器
29.         TIM_Cmd(TIM4, ENABLE);                           //使能 TIM4
30.     TIM_CtrlPWMOutputs(TIM4, ENABLE);
31. }
```

（2）编写 timer.h 头文件

timer.h 头文件的代码如下。

```
1.  #ifndef __TIMER_H
2.  #define __TIMER_H
```

```
3.  #include "sys.h"
4.  void TIM4_PWM_Init(u16 arr,u16 psc);
5.  #endif
```

4. 编写主文件

在主文件中，主要完成 TIM4 的 PWM 输出初始化，通过 TIM4 的通道 3（PE13）产生的 PWM 来控制 LED 的亮度，实现 LED 由亮逐渐变暗→熄灭→由暗逐渐变亮→全亮的循环变化。主文件 main.c 的代码如下。

```
1.  #include "stm32f10x.h"
2.  #include "delay.h"
3.  #include "sys.h"
4.  #include "timer.h"
5.  void main(void)
6.  {
7.      u16 ledpwmval=0;
8.      u8 dir=1;
9.      delay_init();                    //初始化延时函数
10.     TIM4_PWM_Init(899,0);            //不分频。PWM 频率=72000/900=80 kHz
11.     while(1)
12.     {
13.         delay_ms(5);
14.             if(dir) ledpwmval++;
15.             else ledpwmval--;
16.         if(ledpwmval>900) dir=0;
17.             if(ledpwmval==0) dir=1;
18.             TIM_SetCompare3(TIM4,ledpwmval);//更新 TIM4 的通道 3 的自动重装载值
19.     }
20. }
```

5. 工程搭建、编译与调试

（1）把 main.c 主文件添加到工程里面，把“Project Targets”栏下的工程名修改为“Timer_pwm”。

（2）在 Timer_pwm 工程中，在 HARDWARE 组中添加 timer.c 文件，同时还要添加 timer.h 头文件及编译文件的路径。

（3）完成了 Timer_pwm 工程的搭建和配置后，单击“Rebuild”按钮对工程进行编译，生成 Timer_pwm.hex 目标代码文件。若编译时发生错误，要进行分析检查，直到编译正确。

（4）通过串口下载软件 mcuisp 完成 Timer_pwm.hex 文件的下载。

（5）启动开发板，观察 LED 是否按照由亮逐渐变暗→熄灭→由暗逐渐变亮→全亮的循环变化，实现呼吸灯的效果。若运行结果与任务要求不一致，要对程序进行分析检查，直到运行正确。

【技能训练 5-2】基于寄存器的 PWM 输出控制呼吸灯设计

如何利用 STM32 的 PWM 输出相关寄存器来实现 PWM 输出控制呼吸灯设计呢？

技能训练要求：参考任务 12 来完成基于寄存器的 PWM 输出控制呼吸灯的设计。

基于寄存器的PWM输出控制呼吸灯设计

1. 编写 timer.c 文件和 timer.h 头文件

（1）编写 timer.c 文件

timer.c 文件主要对 PWM 输出进行初始化，代码如下。

```
1.  void TIM4_PWM_Init(u16 arr,u16 psc)
2.  {
3.      //此部分需手动修改 I/O 口设置
4.      RCC->APB1ENR |= 1<<2;              //开启 TIM4 时钟
5.          RCC->APB2ENR |= 1<<3;          //开启 GPIOB 时钟
6.      GPIOB->CRH&=0xFFFFFFF0;            //PB8 引脚设置位清零
7.      GPIOB->CRH|=0x0000000B;            //设置 PB8 引脚为复用功能输出
8.      TIM4->ARR=arr;                     //设定计数器自动重装载值
9.      TIM4->PSC=psc;                     //预分频器不分频
10.     TIM4->CCMR2|=6<<4;                 //通道 3: PWM1 模式（110: PWM 模式 1）
11.         TIM4->CCMR2|=1<<3;             //通道 3 预装载使能
12.         TIM4->CCER|=3<<8;              //OC3 输出使能，输出极性低
13.         TIM4->CR1|=1<<0;               //使能 TIM4
14. }
```

（2）编写 timer.h 头文件

timer.h 头文件的代码如下。

```
1.  #ifndef __TIMER_H
2.  #define __TIMER_H
3.  #include "sys.h"
4.  //通过改变 TIM4->CCR3 寄存器的值来改变占空比，从而控制 LED0 的亮度
5.  #define LED0_PWM_VAL  TIM4 -> CCR3
6.  void TIM4_PWM_Init(u16 arr,u16 psc);    //PWM 输出初始化，psc 为时钟预分频数
7.  #endif
```

2. 编写主文件

STM32 开发板的 TIM4 由 PB8 引脚输出 PWM 信号，这样可以直接控制 LED 的亮度。主文件的代码如下。

```
1.  #include "stm32f10x.h"
2.  #include "sys.h"
3.  #include "delay.h"
4.  #include "timer.h"
5.  void main(void)
6.  {
7.      u16 pwmval=0;
8.      u8 dir=1;
9.      Stm32_Clock_Init(9);               //设置系统时钟
10.     delay_init(72);                    //初始化延时函数
11.     uart_init(72,9600);                //初始化串口
12.     TIM4_PWM_Init(899,0);              //不分频。PWM 频率=72000/900=80 kHz
13.     while(1)
14.     {
15.         delay_ms(2);
16.             if(dir) ledpwmval++;
17.             else ledpwmval--;
```

```
18.          if(ledpwmval>899) dir=0;
19.              if(ledpwmval==0) dir=1;
20.              LED0_PWM_VAL = ledpwmval;    //更新 TIM4 的通道 3 的自动重装载值
21.          }
22. }
```

3. 运行与调试

观察 LED 是否按照由亮逐渐变暗→熄灭→由暗逐渐变亮→全亮的循环变化。

关键知识点小结

1. STM32 的定时器分为两大类，一类是内核中的 SysTick 定时器，另一类是 STM32 的常规定时器。

2. SysTick 定时器又称为系统滴答定时器，是一个 24 位的系统节拍定时器，具有自动重装载和溢出中断功能，所有基于 Cortex_M3 的芯片都可以由这个定时器获得一定的时间间隔。

（1）SysTick 定时器位于 Cortex-M3 内核的内部，是一个倒计数定时器，当计数到 0 时，将从 RELOAD 寄存器中自动重装载定时初值，定时结束时会产生 SysTick 中断，中断号是 15。只要不把在 SysTick 控制及状态寄存器中的使能位清除，SysTick 定时器就会永远工作。

（2）SysTick 时钟源可以通过 SysTick 控制及状态寄存器来设置。如将 SysTick 控制及状态寄存器中的 CLKSOURCE 位置 1，SysTick 定时器就会在内核时钟 PCLK 的频率下运行；而将 CLKSOURCE 位清零，SysTick 定时器就会在外部时钟 STCLK 的频率下运行。

（3）SysTick 定时器有 4 个可编程寄存器，包括 SysTick 控制及状态寄存器、SysTick 重装载寄存器、SysTick 当前数值寄存器和 SysTick 校准数值寄存器。

（4）在库函数中，与 SysTick 定时器相关的库函数有 SysTick_Config()和 SysTick_CLKSourceConfig()这两个。

3. STM32 定时器有高级控制定时器（TIM1 和 TIM8）、通用定时器（TIMx，即 TIM2～TIM5）和基本定时器（TIM6 和 TIM7）3 种。

STM32 定时器由一个通过可编程预分频器（PSC）驱动的 16 位自动装载计数器（CNT）组成。计数器模式有向上计数、向下计数和向上向下双向计数。

（1）TIM1 和 TIM8 是可编程的高级控制定时器，主要部分是一个 16 位计数器和与其相关的自动重装载寄存器。计数器、预分频器和自动重装载寄存器可以由软件读写。

（2）通用定时器（TIMx，即 TIM2～TIM5）由一个通过可编程预分频器驱动的 16 位自动装载计数器构成，适用于多种场合，包括测量输入信号的脉冲长度（输入捕获）或者产生输出波形（输出比较和 PWM 生成）。每个定时器都是完全独立的，不共享任何资源。

使用定时器预分频器和 RCC 时钟控制器预分频器，可以在几微秒到几毫秒间调整脉冲长度和波形周期。

（3）基本定时器 TIM6 和 TIM7 各包含一个 16 位自动装载计数器，计数器由各自的可编程预分频器驱动。这两个定时器是互相独立的，不共享任何资源。

基本定时器既可以为通用定时器提供时间基准，也可以为 DAC 提供时钟。实际上，基本定时器在芯片内部直接连接到 DAC，并通过触发输出直接驱动 DAC。

4．STM32 定时器主要有控制寄存器 1（TIMx_CR1）、自动重装载寄存器（TIMx_ARR）、预分频器（TIMx_PSC）、DMA/中断使能寄存器（TIMx_DIER）和状态寄存器（TIMx_SR）等。

5．与 STM32 定时器相关的库函数主要集中在 stm32f10x_tim.h 和 stm32f10x_tim.c 文件中。

（1）TIM_TimeBaseInit()函数的作用是初始化定时器的自动重装载值、分频系数、计数器模式等参数。

（2）TIM_ITConfig()函数的作用是确定定时器中断的类型（包括更新中断 TIM_IT_Update、触发中断 TIM_IT_Trigger 及输入捕获中断等）和中断使能。

（3）TIM_Cmd()函数的作用是设置 TIMx_CR1 寄存器的 CEN 位，开启 TIMx。

6．编写定时器中断服务函数步骤：在定时器中断产生后，通过状态寄存器的值来判断此次产生的中断属于什么类型；然后执行相关的功能实现操作；在处理完中断之后，要向 TIMx_SR 寄存器的最低位写 0 来清除该中断标志位。

7．初始化 STM32 的 TIMx 的步骤：使能时钟；配置预分频值、自动重装载值和重复计数值；清除中断标志位（否则会先进入一次中断）；使能定时器中断，选择中断源；设置中断优先级；使能 TIMx 外设。

8．PWM，是利用微处理器的数字输出对模拟电路进行控制的一种非常有效的技术。简单来说，PWM 就是对脉冲宽度的控制。

（1）STM32 的 PWM 输出相关寄存器：复用功能重映射和调试 AFIO_MAPR 寄存器、捕获/比较模式寄存器 TIMx_CCMR1 和 TIMx_CCMR2、捕获/比较寄存器 TIMx_CCR1～TIMx_CCR4、捕获/比较使能寄存器 TIMx_CCER。

（2）PWM 模式可以产生一个由 TIMx_ARR 寄存器确定频率、由 TIMx_CCRx 确定占空比的信号。

9．与 PWM 相关的函数设置在 stm32f10x_tim.h 和 stm32f10x_tim.c 文件中。使用库函数配置 PWM 的步骤如下。

（1）使能 TIMx 的时钟及复用功能时钟（AFIO 时钟），配置 PE8 和 PE13 引脚为复用功能输出。

（2）设置 TIMx 通道的重映射。

（3）初始化 TIMx，设置 TIMx 的 ARR 和 PSC 寄存器。

（4）设置 TIMx 通道的 PWM 模式，使能 TIMx 的通道输出。

（5）使能 TIMx，通过修改 TIMx_CCRx 寄存器来控制占空比。

问题与讨论

5-1　STM32 的定时器分为哪两大类？

5-2 STM32 的常规定时器分为哪 3 种？

5-3 SysTick 定时器位于 Cortex-M3 内核的什么位置？简述该定时器的工作过程。

5-4 SysTick 定时器有哪 4 个可编程寄存器？简述 SysTick 时钟源是如何选择的。

5-5 STM32 定时器的计数器模式有哪 3 种？简述这 3 种计数器模式的工作过程。

5-6 本项目主要介绍了哪几个与 STM32 定时器相关的寄存器？简述其作用。

5-7 本项目主要介绍了哪几个与 STM32 定时器相关的库函数？简述其作用。

5-8 编写定时器的中断服务函数通常有哪几个步骤？

5-9 简述初始化 TIMx 的步骤。

5-10 简述使用库函数配置 PWM 的步骤。

5-11 以节能控制和绿色发展的理念，尝试利用 STM32 定时器控制 LED 点亮的时间。

项目六 串行通信设计

学习目标

能力目标	能利用 STM32 中 USART 串口的相关寄存器和库函数，通过 STM32F103ZET6 开发板的 USART 串口发送数据和接收数据，实现串行通信和基于 DS18B20 的温度采集远程监控的设计、运行与调试。
知识目标	1. 知道 USART 串口硬件连接的方法。 2. 会使用 STM32 中 USART 串口相关的寄存器和库函数，完成串行通信程序设计。 3. 会利用 STM32 的 USART 串口，实现基于 DS18B20 的温度采集远程监控的串行通信。
素养目标	引导读者认识实践是检验真理的唯一标准，遵循从易到难的思路，培养读者严谨的科学态度、良好的职业素养、精益求精的工匠精神。

6.1 STM32 的串行通信

6.1.1 串行通信基本知识

按照串行数据的时钟控制方式，串行通信可以分为异步通信和同步通信。

串行通信基本知识

1. 异步通信

在异步通信中，数据通常是以字符为单位组成字符帧进行传送的。字符帧由发送端一帧一帧地发送，每一帧的低位在前、高位在后，通过传输线被接收端一帧一帧地接收。发送端和接收端可以由各自独立的时钟来控制数据的发送和接收，这两个时钟彼此独立、互不同步。

在异步通信中，接收端是依靠字符帧格式来判断发送端是何时开始发送和何时结束发送的。

（1）字符帧格式

字符帧是异步通信的一个重要指标。字符帧也称数据帧，由起始位、数据位、奇偶校验位和停止位 4 部分组成，如图 6-1 所示。

起始位：位于字符帧开头，只占 1 位，为逻辑 0（低电平），向接收端表明发送端开始发送一帧数据。

数据位：位于起始位之后，根据情况可取 5 位、6 位、7 位或 8 位，低位在前、高位在后。

奇偶校验位：位于数据位之后，仅占 1 位，用来表征异步通信中采用奇校验还是偶校验，这由用户决定。

停止位：位于字符帧最后，为逻辑 1（高电平），通常取 1 位、1.5 位或 2 位，用于向接收端表明一帧数据已经发送完，正为发送下一帧数据做准备。

在异步通信中，两相邻字符帧之间可以没有空闲位，也可以有若干空闲位，这由用户决定。图 6-1（b）所示为有 3 个空闲位的字符帧格式。

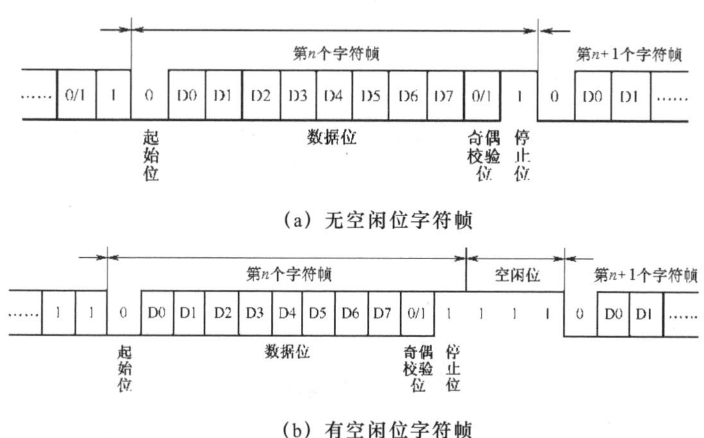

图 6-1　异步通信的字符帧格式

（2）波特率

异步通信的另一个重要指标为波特率。波特率为每秒传送二进制数码的位数，单位为波特（Bd）。波特率用于表征数据传输的速度，波特率越高，数据传输速度越快。但波特率和数据的实际传输速度不同，数据的实际传输速度是每秒内所传字符帧的个数，与字符帧格式有关。

异步通信的优点是不需要传送同步时钟，字符帧长度不受限制，故设备简单；缺点是字符帧中因包含起始位和停止位而降低了有效数据的传输速度。

2. 同步通信

同步通信是一种连续串行传送数据的通信方式，一次通信只传输一帧数据。这里的字符帧和异步通信的字符帧不同，它通常有若干个字符，如图 6-2 所示。图 6-2（a）所示为单同步字符帧格式，图 6-2（b）所示为双同步字符帧格式，均由同步字符、数据字符和校验字符（CRC）3 部分组成。在同步通信中，同步字符可以采用统一的标准格式，也可以由用户自行约定。

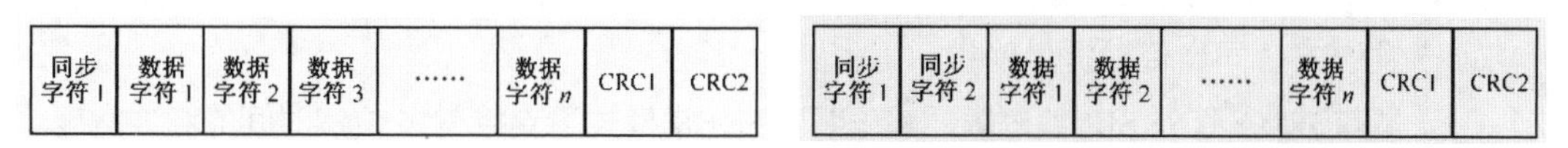

图 6-2　同步通信的字符帧格式

3. 串行通信方式

根据数据传输的方向及时间关系，串行通信方式可分为单工、半双工和全双工 3 种，如图 6-3 所示。

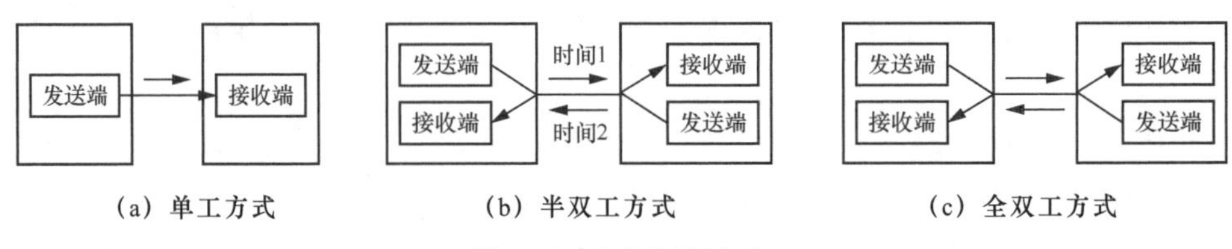

图 6-3　串行通信方式

（1）单工方式。在单工方式下，传输线的一端接发送端，另一端接接收端，数据只能按照一个固定的方向传送，如图 6-3（a）所示。

（2）半双工方式。在半双工方式下，系统的每个通信设备都由一个发送端和一个接收端组成，数据可以沿两个方向传送，但需要分时进行，如图 6-3（b）所示。

（3）全双工方式。在全双工方式下，系统的每个通信设备都有发送端和接收端，可以同时发送和接收，即数据可以在两个方向上同时传送，如图 6-3（c）所示。

在实际应用中，尽管多数串行通信接口电路都具有全双工功能，但一般情况下，只工作于半双工方式下，这种用法更简单、实用。

6.1.2　认识 STM32 的 USART 串口

STM32 拥有 3 个 USART 串口，串口资源丰富、功能强大，且与传统的 51 单片机（或 PC）的串口（UART）有所区别。

认识 STM32 的 USART 串口

1. USART 串口

通用同步/异步串行接收/发送器（Universal Synchronous/Asynchronous Receiver/Transmitter，USART）能够把二进制数据按位传送。

STM32 的 USART 串口采用了一种灵活的方法，即使用异步通信的字符帧格式进行外设之间的全双工数据交换，利用分数波特率发生器提供宽范围的波特率选择，并支持 LIN 协议、智能卡协议和 IrDA SIR ENDEC 规范，还具有用于多缓冲器配置的 DMA 方式，可以实现高速数据通信。STM32 的 USART 串口的主要功能如下。

（1）具有分数波特率发生器，可发送和接收共用的可编程波特率，最高达 4.5 MBd。

（2）具有可编程数据字长度（8 位或 9 位）和可配置的停止位，支持 1 个或 2 个停止位。

（3）具有 LIN 主发送同步断开功能、LIN 从发展检测断开功能，当 USART 硬件配置成 LIN 时，生成 13 位断开符；检测 10/11 位断开符。

（4）发送方为同步传输提供时钟。

（5）具有 IRDA 红外 SIR 编码器、解码器，在正常模式下支持 3/16 位宽时间的脉冲宽度。

（6）具有智能卡模拟功能，支持 ISO 7816-3 标准中定义的异步协议智能卡，以及 0.5 个和 1.5 个停止位。

（7）具有单独的发送端和接收端使能位。

（8）具有检测标志，即接收缓冲器满、发送缓冲器空、传输结束标志。

（9）可以进行校验控制，即发送数据校验位、接收数据校验位。

（10）具有 4 个错误检测标志，即溢出错误、噪声错误、帧错误、校验错误。

（11）具有 10 个带标志的中断源，即 CTS 改变、LIN 断开符检测、发送数据寄存器空、发送完成、接收数据寄存器满、检测到总线为空闲、溢出错误、帧错误、噪声错误、校验错误。

2. USART 串口硬件连接

串行通信是 STM32 与外界进行信息交换的一种方式，被广泛应用于 STM32 双机通信、多机通信及 STM32 与 PC 之间的通信等方面。

USART 串口是通过 RX（接收数据串行输入）、TX（发送数据输出）和地 3 个引脚与其他设备连接在一起的。

（1）USART1 串口的 TX 和 RX 引脚使用的是 PA9 和 PA10 引脚。

（2）USART2 串口的 TX 和 RX 引脚使用的是 PA2 和 PA3 引脚。

（3）USART3 串口的 TX 和 RX 引脚使用的是 PB10 和 PB11 引脚。

这些引脚默认的功能都是 GPIO，在作为串口使用时，就要用到这些引脚的复用功能，在使用复用功能前，必须对复用的端口进行设置。

6.1.3 STM32 中 USART 串口的相关寄存器

与 STM32 的 USART 串口编程相关的寄存器有分数波特率发生寄存器 USART_BRR、控制寄存器 USART_CR1、数据寄存器 USART_DR 和状态寄存器 USART_SR。

1. 分数波特率发生寄存器 USART_BRR

USART_BRR 寄存器只用了低 16 位（12 位整数和 4 位小数），高 16 位保留。STM32 的 USART 串口是通过 USART_BRR 寄存器来选择波特率的，其各位描述如图 6-4 所示。

31	30	29	28	27	26	25	24	23	22	21	20	19	18	17	16
保留															
15	**14**	**13**	**12**	**11**	**10**	**9**	**8**	**7**	**6**	**5**	**4**	**3**	**2**	**1**	**0**
DIV_Mantissa[11:0]												DIV_Fraction[3:0]			
rw	rw	rw	rw	rw	rw	rw	rw	rw	rw	rw	rw	rw	rw	rw	rw

图 6-4 USART_BRR 寄存器的各位描述

（1）位 31:16

这些位为保留位，硬件强制为 0。

（2）位 15:4（DIV_Mantissa[11:0]）

这 12 位定义了 USART 串口的分频器除法因子（USARTDIV）的整数部分。

（3）位 3:0（DIV_Fraction[3:0]）

这 4 位定义了 USART 串口的分频器除法因子（USARTDIV）的小数部分。

应将接收端（TX）和发送端（RX）的波特率在 USARTDIV 的整数和小数寄存器中的值设置成相同值。USART 串口的波特率与 USART_BRR 寄存器中的值 USARTDIV 的关系如下。

$$\text{TX的波特率} / \text{RX的波特率} = \frac{f_{\text{PCLKx}}}{(16 \times \text{USARTDIV})}$$

公式中的 f_{PCLKx} 是 USART 串口对应的时钟（PCLK1 用于 USART2～USART5 串口，PCLK2 用于 USART1 串口），USARTDIV 是一个无符号的定点数。我们只要得到 USARTDIV 的值，就可以得到 USART_BRR 寄存器的值；反过来，我们得到 USART_BRR 寄存器的值，也可以推导出 USARTDIV 的值。

那么，如何根据 USART_BRR 寄存器的值推导出 USARTDIV 的值呢？

若 USART_BRR=0x1BC，DIV_Mantissa =27，DIV_Fraction=12/16=0.75，则 USARTDIV= 27.75。

若 USARTDIV = 25.62，则 DIV_Fraction = 16×0.62 = 9.92≈10=0x0A，DIV_Mantissa = 25 = 0x19，得到 USART_BRR = 0x19A。

又如，设置 USART1 串口的波特率为“115200”USART_BRR 寄存器的值是多少？

由于 USART1 串口的时钟来自 PCLK2（72 MHz），由公式得到：

USARTDIV=72000000/(115200×16)=39.0625

则整数部分是 DIV_Mantissa=39=0x27，小数部分 DIV_Fraction=16×0.0625=1=0x01，所以设置 USART_BRR=0x0271，就可以设置 USART1 串口的波特率为“115200”。

在实际的项目开发中，需要通过串口对模块进行配置等操作，配置完模块之后要进行串口之间的通信测试，若不正常还需更改波特率，所以实践是检验真理的唯一标准，理论和实践相辅相成，缺一不可。

注意 在写入 USART_BRR 寄存器之后，波特率计数器会被 USART_BRR 寄存器的新值替换。因此，不要在通信过程中改变 USART_BRR 寄存器的值。

2. 控制寄存器 USART_CR1

USART_CR1 寄存器只用了低 14 位，高 18 位保留，其各位描述如图 6-5 所示。

31	30	29	28	27	26	25	24	23	22	21	20	19	18	17	16
保留															

15	14	13	12	11	10	9	8	7	6	5	4	3	2	1	0
保留		UE	M	WAKE	PCE	PS	PEIE	TXEIE	TCIE	RXNEIE	IDLEIE	TE	RE	RWU	SBK
res	rw	rw	rw	rw	rw	rw	rw	rw	rw	rw	rw	rw	rw	rw	rw

图 6-5 USART_CR1 寄存器的各位描述

在这里，主要介绍 USART_CR1 寄存器的常用的位，其他位请参考《STM32 中文参考手册 V10》。

（1）位 13（UE）

该位用于使能 USART 串口。该位为 0 表示 USART 串口的分频器和输出被禁止，该位为

1 表示使能 USART 串口。

当该位被清零时，在当前字节传输完成后 USART 串口的分频器和输出停止工作，以减少功耗。

（2）位 12（M）

该位定义了数据字的长度。该位为 0 表示 1 个起始位、8 个数据位、*n* 个停止位，该位为 1 表示 1 个起始位、9 个数据位、*n* 个停止位。

（3）位 6（TCIE）

该位发送完成中断使能。该位为 0 表示禁止产生中断，该位为 1 表示当 USART_SR 寄存器中的 TC 位为 1 时，产生 USART 中断。

（4）位 5（RXNEIE）

该位用于接收缓冲区非空中断使能。该位为 0 表示禁止产生中断，该位为 1 表示当 USART_SR 寄存器中的 ORE 位或者 RXNE 位为 1 时，产生 USART 中断。

（5）位 3（TE）

该位用于发送使能。该位为 0 表示禁止发送，该位为 1 表示使能发送。

注意 在数据传输过程中（发送或者接收时），不能修改 M 位。
在数据传输过程中（除了在智能卡模式下），如果 TE 位上有一个 0 脉冲（即设置为 0 之后再设置为 1），会在当前数据传输完成后，发送一个“前导符”（空闲总线）。
当 TE 位被设置后，在真正的发送开始之前，有一个位时间的延迟。

（6）位 2（RE）

该位用于接收使能。该位为 0 表示禁止接收，该位为 1 表示使能接收，并开始搜寻 RX 引脚上的起始位。

以上位都由软件设置或清除。

3. 数据寄存器 USART_DR

USART_DR 寄存器只用了低 9 位，高 23 位保留，其各位描述如图 6-6 所示。

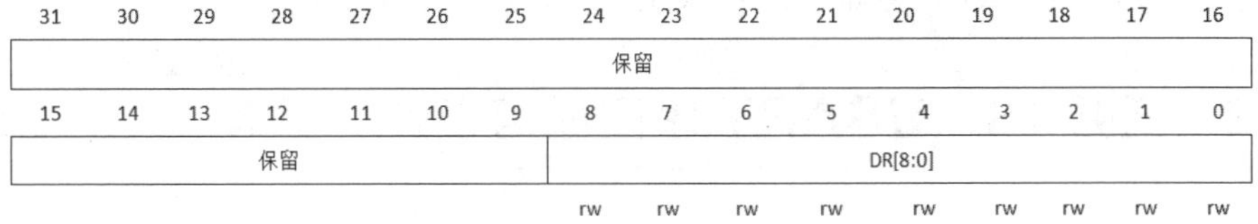

31	30	29	28	27	26	25	24	23	22	21	20	19	18	17	16
保留															
15	**14**	**13**	**12**	**11**	**10**	**9**	**8**	**7**	**6**	**5**	**4**	**3**	**2**	**1**	**0**
保留							DR[8:0]								
							rw	rw	rw	rw	rw	rw	rw	rw	rw

图 6-6 USART_DR 寄存器的各位描述

位 8:0（DR[8:0]）是数据值，这 9 位包含发送或接收的数据。

由于 USART_DR 寄存器是由两个寄存器组成的，一个用于发送（TDR 寄存器），一个用于接收（RDR 寄存器），因此该寄存器兼具读和写的功能。

- TDR 寄存器提供内部总线和输出移位寄存器之间的并行接口。
- RDR 寄存器提供输入移位寄存器和内部总线之间的并行接口。

当使能校验位（USART_CR1 寄存器中的 PCE 位被置位）进行发送时，写到 MSB 的值（根据数据的长度不同，MSB 是第 7 位或者第 8 位）会被后来的校验位取代。

当使能校验位进行接收时，读到的 MSB 是接收到的校验位。

4. 状态寄存器 USART_SR

USART_SR 寄存器只用了低 10 位，高 22 位保留，其各位描述如图 6-7 所示。

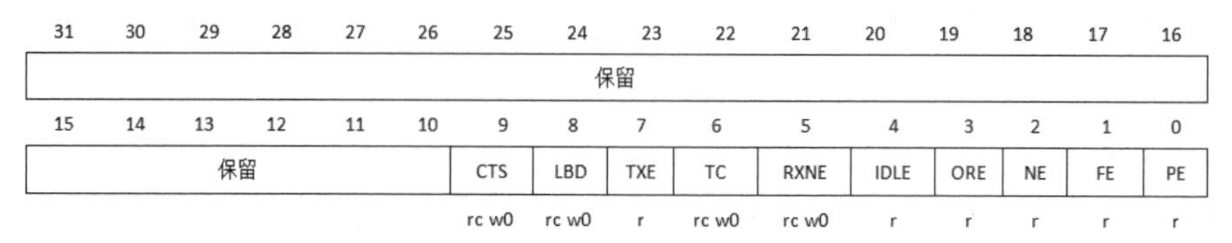

31	30	29	28	27	26	25	24	23	22	21	20	19	18	17	16
保留															
15	14	13	12	11	10	9	8	7	6	5	4	3	2	1	0
保留						CTS	LBD	TXE	TC	RXNE	IDLE	ORE	NE	FE	PE
						rc w0	rc w0	r	rc w0	rc w0	r	r	r	r	r

图 6-7　USART_SR 寄存器的各位描述

在这里，主要介绍 USART_SR 寄存器常用的位，其他位请参考《STM32 中文参考手册 V10》。

（1）位 6（TC）

该位是发送完成标志位。0：发送还未完成。1：发送完成。

当包含数据的一帧发送完成并且 TXE=1 时，由硬件将该位置 1。如果 USART_CR1 寄存器中的 TCIE 位为 1，则产生中断。由软件序列清除该位（先读 USART_SR 寄存器，然后写 USART_DR 寄存器）。TC 位也可以通过写入 0 来清除。

（2）位 5（RXNE）

该位是读数据寄存器非空标志位。0：数据没有收到。1：收到数据，可以读出。

当 RDR 寄存器中的数据被转移到 USART_DR 寄存器中时，该位被硬件置位。如果 USART_CR1 寄存器中的 RXNEIE 位为 1，则产生中断。对 USART_DR 寄存器的读操作可以将该位清零，也可以通过写入 0 来清除该位。

（3）位 0（PE）

该位是校验错误标志位。0：没有奇偶校验错误。1：有奇偶校验错误。

在接收模式下，如果出现奇偶校验错误，硬件将对该位置位，由软件序列对其清零（依次读 USART_SR 寄存器和 USART_DR 寄存器）。在清除 PE 位之前，软件必须等待 RXNE 位被置 1。如果 USART_CR1 寄存器中的 PEIE 位为 1，则产生中断。

6.2 任务 13　USART 串口通信设计

任务要求

利用 STM32 的 USART1 串口，计算机通过串口调试工具发送数据给 STM32，STM32 接收到数据后，通过接收数据串口中断来读取接收到的数据，再将接收到的数据通过串口发送回计算机，LED 闪烁表示系统正在运行。

STM32 串口的基本设置

6.2.1 STM32 串口的基本设置

与串口的基本设置直接相关的库函数在串口头文件 stm32f10x_usart.h 中声明，在 stm32f10x_usart.c 文件中实现。通常串口的基本设置（使用库函数设置）大致可以分为以下几步。

- 使能串口时钟，使能 GPIO 时钟。
- 串口复位。
- 设置 GPIO 的端口模式。
- 初始化串口参数。
- 开启中断并且初始化 NVIC（如果需要开启中断才需要这个步骤）。
- 使能串口。
- 编写中断服务函数。

本任务的串口基本设置步骤具体如下。

1. 使能 USART 串口的时钟

STM32 的 USART1 串口是挂载在 APB2（高速外设）下面的外设，USART2 和 USART3 串口是挂载在 APB1（低速外设）下面的外设。例如，使能 USART1 串口时钟的代码如下。

```
RCC_APB2PeriphClockCmd(RCC_APB2Periph_USART1 , ENABLE);
```

又如，使能 USART2 串口时钟的代码如下。

```
RCC_APB1PeriphClockCmd(RCC_APB1Periph_USART2 , ENABLE);
```

2. 设置 GPIO 复用功能

STM32 有很多内置外设，这些内置外设的引脚都是与 GPIO 的引脚复用的，即 GPIO 的引脚可以被重新定义为其他功能。

STM32 的 USART1 串口的 TX 和 RX 引脚使用的是 PA9 和 PA10 引脚，USART2 串口的 TX 和 RX 引脚使用的是 PA2 和 PA3 引脚，USART3 串口的 TX 和 RX 引脚使用的是 PB10 和 PB11 引脚，这些引脚默认的功能都是 GPIO。在作为串口使用时，就要用到这些引脚的复用功能了。在使用其复用功能前，必须对复用的端口进行设置。下面以 USART1 串口为例，GPIO 复用功能设置步骤如下。

（1）由于 GPIOA 的 PA9 和 PA10 引脚复用为 USART1 串口的 TX 和 RX 引脚，所以要使能 GPIOA 的时钟，代码如下。

```
RCC_APB2PeriphClockCmd(RCC_APB2Periph_GPIOA, ENABLE);
```

（2）PA9（TXD）引脚用来向串口发送数据，应设置成复用功能的推挽输出（AF_PP），代码如下。

```
1.  GPIO_InitStructure.GPIO_Pin = GPIO_Pin_9;
2.  GPIO_InitStructure.GPIO_Mode = GPIO_Mode_AF_PP;
3.  GPIO_InitStructure.GPIO_Speed = GPIO_Speed_50MHz;
4.  GPIO_Init(GPIOA, &GPIO_InitStructure);
```

（3）PA10（RXD）引脚用来从串口接收数据，应设置成浮空输入（IN_FLOATING），代码如下。

```
1.  GPIO_InitStructure.GPIO_Pin = GPIO_Pin_10;
2.  GPIO_InitStructure.GPIO_Mode = GPIO_Mode_IN_FLOATING;
3.  GPIO_Init(GPIOA, &GPIO_InitStructure);
```

3. 串口复位

在以下两种情况下，需要对串口进行复位。

（1）在系统刚开始配置外设的时候，都会先执行复位外设的操作。

（2）当外设出现异常的时候，可以通过复位设置来实现复位该外设，然后重新配置这个外设，达到让其重新工作的目的。

串口复位是在 USART_DeInit()函数中实现的，该函数原型如下。

```
void USART_DeInit(USART_TypeDef* USARTx);              //串口复位
```

例如，复位 USART2 串口的代码如下。

```
USART_DeInit(USART2);                                  //复位 USART2 串口
```

4. 初始化和使能串口

（1）初始化 USART 串口

初始化 USART 串口主要是配置串口的波特率、奇偶校验位、停止位和时钟等，是通过 USART_Init()函数实现的，该函数原型如下。

```
void USART_Init(USART_TypeDef* USARTx,USART_InitTypeDef* USART_InitStruct);
```

第一个参数用来选择初始化的串口，如选择 USART2 串口。

第二个参数是一个指向 USART_InitTypeDef 结构体的指针，这个结构体的成员变量用来设置串口的波特率、字长、停止位、奇偶校验位、收发模式和硬件数据流控制等参数。USART_InitTypeDef 结构体是在 stm32f10x_usart.h 中定义的，代码如下。

```
1.  typedef struct
2.  {
3.      uint32_t USART_BaudRate;                   //波特率
4.      uint16_t USART_WordLength;                 //字长为 8 或 9 位（停止位）
5.      uint16_t USART_StopBits;                   //停止位
6.      uint16_t USART_Parity;                     //奇偶校验位
7.      uint16_t USART_Mode;                       //收发模式
8.      uint16_t USART_HardwareFlowControl;        //硬件数据流控制
9.  } USART_InitTypeDef;
```

下面是对 USART2 串口进行初始化的代码。

```
1.  /*先声明一个 USART_InitTypeDef 结构体的成员变量 USART_InitStructure*/
2.  USART_InitTypeDef  USART_InitStructure;
3.  /*然后对 USART2 串口进行初始化*/
4.  USART_InitStructure.USART_BaudRate = bound;             //一般设置为 9600
5.  //设置字长为 8 位数据格式
6.  USART_InitStructure.USART_WordLength = USART_WordLength_8b;
7.  USART_InitStructure.USART_StopBits = USART_StopBits_1;   //一个停止位
8.  USART_InitStructure.USART_Parity = USART_Parity_No;       //无奇偶校验位
9.  //设置无硬件数据流控制
10. USART_InitStructure.USART_HardwareFlowControl= USART_HardwareFlowControl_None;
11. USART_InitStructure.USART_Mode = USART_Mode_Rx | USART_Mode_Tx; //收发模式
12. USART_Init(USART2, &USART_InitStructure);                  //初始化串口
```

（2）使能 USART 串口

使能 USART 串口是通过函数 USART_Cmd()实现的，该函数原型如下。

```
void USART_Cmd(USART_TypeDef* USARTx, FunctionalState NewState);
```

例如，使能 USART2 串口的代码如下。

```
USART_Cmd(USART2, ENABLE);
```

5. 串口发送和接收数据

STM32 的 USART 串口发送和接收数据是通过 USART_DR 寄存器实现的，它是一个双寄存器，包含 TDR 和 RDR。当向该寄存器写数据的时候，USART 串口会自动发送数据；当 USART 串口收到数据的时候，数据也是保存在该寄存器内的。

（1）USART 串口发送数据

USART 串口发送数据是通过 USART_SendData()函数操作 USART_DR 寄存器来实现的，该函数原型如下。

```
void USART_SendData(USART_TypeDef* USARTx, uint16_t Data);
```

例如，USART2 串口发送数据的代码如下。

```
USART_SendData(USART2, USART_TX_BUF[t]);          //USART2 串口发送数据
```

（2）USART 串口接收数据

USART 串口接收数据是通过 USART_ReceiveData()函数操作 USART_DR 寄存器来实现的，该函数原型如下。

```
uint16_t USART_ReceiveData(USART_TypeDef* USARTx);
```

例如，读取 USART2 串口接收到的数据的代码如下。

```
Res =USART_ReceiveData(USART2);                   //读取 USART2 串口接收到的数据
```

6. 完成发送和接收数据的状态位

如何判断 USART 串口是否完成发送和接收数据呢？可以读取 USART 串口的 USART_SR 寄存器，然后根据 USART_SR 寄存器的第 5 位（RXNE）和第 6 位（TC）的状态来判断。

（1）RXNE（读数据寄存器非空）位

当 RXNE 位被置 1 时，说明 USART 串口已接收到了数据，并且可以读出来。这时就要尽快读取 USART_DR 寄存器中的数据。通过读 USART_DR 寄存器可以将该位清零，也可以通过向该位写 0 直接清零。

（2）TC（发送完成）位

当 TC 位被置 1 时，说明 USART_DR 寄存器中的数据已经发送完成了。若设置了该位的中断，就会产生中断。通过读或写 USART_DR 寄存器可以将该位清零，也可以通过向该位写 0 直接清零。

读取串口的 USART_SR 寄存器（串口状态）是通过 USART_GetFlagStatus()函数来实现的，该函数原型如下。

```
FlagStatus USART_GetFlagStatus(USART_TypeDef* USARTx, uint16_t USART_FLAG);
```

这个函数的第二个参数是非常重要的，用于标识需要查看串口的哪个状态。

- 判断读寄存器是否非空（RXNE），代码如下。

```
USART_GetFlagStatus(USART1, USART_FLAG_RXNE);
```

- 判断发送是否完成（TC），代码如下。

```
USART_GetFlagStatus(USART1, USART_FLAG_TC);
```

以上用到的 USART_FLAG_RXNE 和 USART_FLAG_TC 标识，是在 stm32f10x_usart.h 头文件里通过宏定义的，宏定义代码如下。

```
1.  #define USART_FLAG_CTS       ((uint16_t)0x0200)
2.  #define USART_FLAG_LBD       ((uint16_t)0x0100)
3.  #define USART_FLAG_TXE       ((uint16_t)0x0080)
4.  #define USART_FLAG_TC        ((uint16_t)0x0040)
5.  #define USART_FLAG_RXNE      ((uint16_t)0x0020)
6.  #define USART_FLAG_IDLE      ((uint16_t)0x0010)
7.  #define USART_FLAG_ORE       ((uint16_t)0x0008)
8.  #define USART_FLAG_NE        ((uint16_t)0x0004)
9.  #define USART_FLAG_FE        ((uint16_t)0x0002)
10. #define USART_FLAG_PE        ((uint16_t)0x0001)
```

7. 开启串口中断

在进行串行通信时，有时还需要开启串口中断，即使能串口中断。使能串口中断的函数原型如下。

```
void USART_ITConfig(USART_TypeDef* USARTx, uint16_t USART_IT, FunctionalState NewState);
```

这个函数的第二个参数代表使能串口的中断类型，也就是使能哪种中断，因为串口的中断类型有很多种。

（1）USART1 串口在接收到数据的时候（RXNE 位被置 1），就要产生中断。开启 USART1 串口接收到数据中断的代码如下。

```
USART_ITConfig(USART1, USART_IT_RXNE, ENABLE);          //使能中断，接收到数据中断
```

（2）USART1 串口在发送数据结束的时候（TC 位被置 1），就要产生中断，其代码如下。

```
USART_ITConfig(USART1,USART_IT_TC,ENABLE);
```

8. 获取相应中断状态

在使能了某个中断后，如该中断发生，就会设置 USART_DR 寄存器中的某个标志位。我们经常需要在中断服务函数中判断该中断是哪种中断，该函数原型如下。

```
ITStatus USART_GetITStatus(USART_TypeDef* USARTx, uint16_t USART_IT);
```

例如，使能了 USART1 串口发送完成中断，如中断发生，便可以在中断服务函数中调用这个函数来判断是否为串口发送完成中断，代码如下。

```
USART_GetITStatus(USART1, USART_IT_TC);
```

返回值是 SET，说明发生了串口发送完成中断。

6.2.2 STM32 的 USART1 串口通信设计

根据任务要求，计算机通过串口调试工具发送数据给 STM32；STM32 接收到数据，就会进入接收数据串口中断，读取 USART_DR 寄存器中接收到的数据；然后将接收到的数据通过串口发送回计算机；同时，还要让 LED 闪烁，表示系统正在运行。

STM32 的 USART1 串口通信设计

1. 编写 usart.h 头文件

usart.h 头文件的代码如下。

```
1.  #ifndef __USART_H
2.  #define __USART_H
3.  #include "stdio.h"
```

```
4.  #include "sys.h"
5.  #define USART_REC_LEN  200        //定义最大接收字节数为 200，末字节为换行符
6.  #define EN_USART1_RX   1          //USART1 串口接收：使能为“1”，禁止为“0”
7.  extern u8  USART_RX_BUF[USART_REC_LEN];       //定义接收缓冲区，末字节为换行符
8.  extern u16 USART_RX_STA;                      //接收状态标志
9.  void uart_init(u32 bound);
10. #endif
```

2. 编写 usart.c 文件

usart.c 文件主要包括支持 printf()函数的代码、串口初始化函数和串口中断服务函数等。串口初始化函数 uart_init()主要用于串口和接收中断的初始化，串口中断服务函数 USART1_IRQHandler()主要用于串口接收数据和发送数据。

（1）编写支持 printf()函数的代码

在 usart.c 文件中加入支持 printf()函数的代码，就可以通过 printf()函数向串口发送需要的数据，以便在开发过程中查看代码执行情况和一些变量值。支持 printf()函数的代码如下。

```
1.  #if 1
2.  #pragma import(__use_no_semihosting)
3.  struct __FILE                              //标准库需要的支持函数
4.  {
5.      int handle;
6.  };
7.  FILE __stdout;
8.  _sys_exit(int x)                           //定义_sys_exit()函数以避免使用半主机模式
9.  {
10.         x = x;
11. }
12. int fputc(int ch, FILE *f)                 //重定义 fputc()函数
13. {
14.     while((USART1->SR&0x40)==0);           //循环发送，直到发送完毕
15.     USART1->DR = (u8) ch;
16.     return ch;
17. }
18. #endif
```

（2）编写串口初始化函数

这里编写的串口初始化函数只是针对 USART1 串口的，若改用其他串口，只需稍微修改一下代码就可以了。串口初始化函数的代码如下。

```
1.  void uart_init(u32 bound)
2.  {
3.      GPIO_InitTypeDef  GPIO_InitStructure;
4.      USART_InitTypeDef  USART_InitStructure;
5.      NVIC_InitTypeDef  NVIC_InitStructure;
6.      //使能 USART1、GPIOA 时钟
7.      RCC_APB2PeriphClockCmd(RCC_APB2Periph_USART1 |RCC_APB2Periph_GPIOA, 
ENABLE);
8.      USART_DeInit(USART1);                                  //复位 USART1 串口
9.      //配置 PA9（USART1_TX）引脚为复用推挽输出
10.     GPIO_InitStructure.GPIO_Pin = GPIO_Pin_9;
11.     GPIO_InitStructure.GPIO_Speed = GPIO_Speed_50MHz;
```

```
12.     GPIO_InitStructure.GPIO_Mode = GPIO_Mode_AF_PP;
13.     GPIO_Init(GPIOA, &GPIO_InitStructure);
14.     //配置 PA10（USART1_RX）引脚为浮空输入
15.     GPIO_InitStructure.GPIO_Pin = GPIO_Pin_10;
16.     GPIO_InitStructure.GPIO_Mode = GPIO_Mode_IN_FLOATING;
17.     GPIO_Init(GPIOA, &GPIO_InitStructure);
18.     //初始化 USART 串口
19.     USART_InitStructure.USART_BaudRate = bound;      //一般设置为 9600
20.     USART_InitStructure.USART_WordLength = USART_WordLength_8b;
21.     //字长为 8 位
22.     USART_InitStructure.USART_StopBits = USART_StopBits_1;   //1 个停止位
23.     USART_InitStructure.USART_Parity = USART_Parity_No;    //无奇偶校验位
24.     //无硬件数据流控制
25.     USART_InitStructure.USART_HardwareFlowControl = USART_ HardwareFlow
Control_None;
26.     USART_InitStructure.USART_Mode=USART_Mode_Rx | USART_Mode_Tx;
27.     //收发模式
28.     USART_Init(USART1, &USART_InitStructure);        //初始化 USART1 串口
29. #if EN_USART1_RX                                      //如果使能了接收
30.     //设置中断优先级（USART1 NVIC 配置）
31.     NVIC_InitStructure.NVIC_IRQChannel = USART1_IRQn;
32.     NVIC_InitStructure.NVIC_IRQChannelPreemptionPriority=3; //抢占优先级 3
33.     NVIC_InitStructure.NVIC_IRQChannelSubPriority = 3;  //响应优先级 3
34.     NVIC_InitStructure.NVIC_IRQChannelCmd = ENABLE;     //使能 IRQ 通道
35.     NVIC_Init(&NVIC_InitStructure);              //根据指定的参数初始化 NVIC
36.     USART_ITConfig(USART1, USART_IT_RXNE, ENABLE);       //使能接收中断
37. #endif
38.     USART_Cmd(USART1, ENABLE);                    //使能（打开）USART1 串口
39. }
```

（3）编写串口中断服务函数

USART1 串口中断服务函数 USART1_IRQHandler()主要用于串口接收数据，其中接收状态标记 USART_RX_STA 的 bit15 是接收完成标志（在接收到 0x0a 时，使其置 1），bit14 是接收到 0x0d，bit13~bit0 是接收到有效字节数。其代码如下。

```
1.  void USART1_IRQHandler(void)                      //USART1 串口中断服务函数
2.  {
3.          u8 Res;
4.      /*接收中断，接收到的数据必须以 0x0d（回车符\n）和 0x0a（换行符\r）结尾*/
5.      if(USART_GetITStatus(USART1, USART_IT_RXNE) != RESET)
6.      {
7.              Res =USART_ReceiveData(USART1); //读取（USART1->DR）接收到的数据
8.              if((USART_RX_STA&0x8000)==0)                //接收未完成
9.              {
10.                 if(USART_RX_STA&0x4000)                 //接收到 0x0d
11.                 {
12.                     if(Res!=0x0a)USART_RX_STA=0; //接收数据错误，重新开始接收
13.                     else USART_RX_STA|=0x8000;          //接收完成
14.                 }
15.                 else                                   //还没接收到 0x0d
```

```
16.                 {
17.                     if(Res==0x0d)USART_RX_STA|=0x4000;
18.                     else
19.                     {
20.                         USART_RX_BUF[USART_RX_STA&0x3FFF]=Res;
21.                         USART_RX_STA++;
22.             //若接收到的字节数超过了最大接收字节数，接收数据错误，重新开始接收
23.                         if(USART_RX_STA>(USART_REC_LEN-1)) USART_RX_STA=0;
24.                     }
25.                 }
26.             }
27.         }
28. }
```

3. 编写主文件

在 main.c 主文件中，主要通过 NVIC_Configuration()和 uart_init(9600)函数来设置中断优先级分组为第 2 组，以及对 USART1 串口进行初始化。其代码如下。

```
1.  #include "stm32f10x.h"
2.  #include "led.h"
3.  #include "delay.h"
4.  #include "sys.h"
5.  #include "usart.h"
6.  int main(void)
7.  {
8.      u16 t;
9.      u16 len;
10.     u16 times=0;
11.     delay_init();               //初始化延时函数
12.     NVIC_Configuration();
13.                         //设置中断优先级分组为第 2 组：2 位抢占优先级，2 位响应优先级
14.     uart_init(9600);            //初始化 USART1 串口相关引脚配置、波特率为 9600 波特
15.     LED_Init();                 //初始化 LED 端口
16.     while(1)
17.     {
18.             if(USART_RX_STA&0x8000)
19.             {
20.                 len=USART_RX_STA&0x3fff;           //得到此次接收到的数据长度
21.                 printf("\r\n 您发送的消息为:\r\n\r\n");
22.                 for(t=0;t<len;t++)
23.                 {
24.                     USART_SendData(USART1, USART_RX_BUF[t]);
25.                                 //向 USART1 串口发送数据
26.                     while(USART_GetFlagStatus(USART1,USART_FLAG_TC)!=SET);
27.                             //等待发送结束
28.                 }
29.                 printf("\r\n\r\n");                                  //插入换行
30.                 USART_RX_STA=0;
31.             }
32.             else
33.             {
34.                 times++;
35.                 if(times%5000==0)
36.                 {
37.                     printf("\r\nSTM32 开发板串口通信\r\n");
38.                     printf("嵌入式技术与应用开发项目教程（STM32 版）\r\n\r\n");
```

```
39.                     }
40.                     if(times%200==0)printf("请输入数据，以回车键结束\n");
41.                     if(times%30==0) LED0=!LED0;   //LED闪烁，提示系统正在运行
42.                     delay_ms(10);
43.                 }
44.         }
45. }
```

6.2.3 STM32串行通信运行与调试

根据任务要求，计算机通过串口调试工具发送数据给STM32；STM32接收到数据，就会进入接收数据串口中断，读取USART_DR寄存器中接收到的数据；然后将接收到的数据通过串口发送回计算机。

STM32串行通信运行与调试

1. 新建USART工程

（1）将“任务12 PWM输出控制呼吸灯”修改为“任务13 USART串口通信设计”。

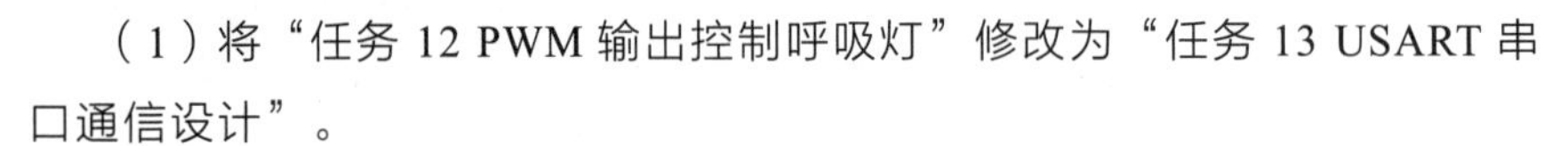

（2）在USER子目录下，把“Timer_pwm.uvprojx”工程名修改为“USART.uvprojx”。

（3）在SYSTEM子目录下，新建一个usart子目录，该子目录用于存放usart.c文件和usart.h头文件。

2. 工程搭建、编译与调试

（1）把main.c主文件添加到工程里面，把“Project Targets”栏下的工程名修改为“USART”。

（2）在USART工程的SYSTEM组中添加usart.c文件，同时还要添加usart.h头文件以及编译文件的路径。

（3）完成了USART工程的搭建和配置后，单击“Rebuild”按钮对工程进行编译，生成USART.hex目标代码文件。若编译时发生错误，要进行分析检查，直到编译正确。

（4）通过串口下载软件mcuisp完成USART.hex文件的下载。

（5）先用串口连接线把开发板的USART1串口和计算机连接起来，然后在计算机上用串口调试工具或超级终端等向开发板发送字符，也会收到开发板发回的字符，如图6-8所示。

图6-8 串口调试工具运行界面

若运行结果与任务要求不一致，要对程序进行分析检查，直到运行正确。例如，先在串口调试工具的“字符串输入框:”中输入“STM32F103ZET6”，然后单击“发送”按钮，此时串口调试工具会显示发送的信息。

通过对 STM32 串行通信设计与调试部分的学习，我们可以对变化的客观实际进行灵敏、正确有力的信息反馈并进行相应变革，使问题得到及时解决，调试、控制、反馈、再调试、再控制、再反馈……从而在循环积累中不断提高，促进自我不断发展。

【技能训练 6-1】基于寄存器的 STM32 串行通信设计

如何利用 STM32 中 USART 串口的相关寄存器来完成 STM32 串行通信设计呢？参考任务 13，基于寄存器的 STM32 串行通信设计的步骤如下。

基于寄存器的STM32 串行通信设计

1. 编写 usart.h 头文件

usart.h 头文件的代码如下。

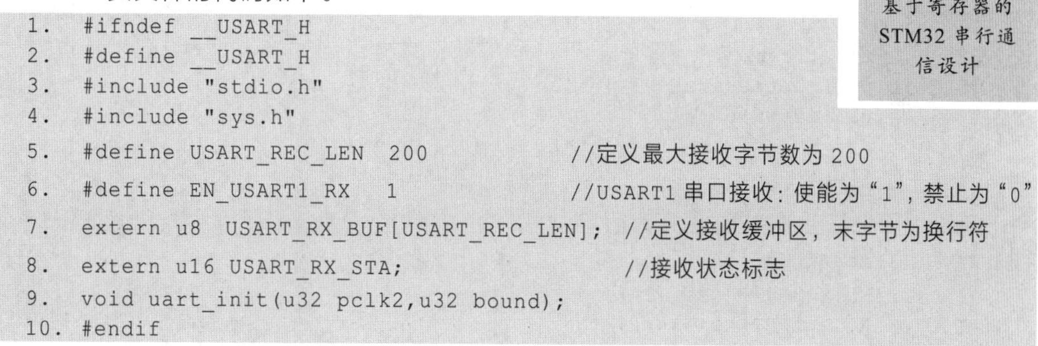

```
1.  #ifndef __USART_H
2.  #define __USART_H
3.  #include "stdio.h"
4.  #include "sys.h"
5.  #define USART_REC_LEN  200              //定义最大接收字节数为 200
6.  #define EN_USART1_RX   1                //USART1 串口接收: 使能为“1”, 禁止为“0”
7.  extern u8  USART_RX_BUF[USART_REC_LEN];  //定义接收缓冲区，末字节为换行符
8.  extern u16 USART_RX_STA;                //接收状态标志
9.  void uart_init(u32 pclk2,u32 bound);
10. #endif
```

2. 编写 usart.c 文件

usart.c 文件的代码如下。

```
1.  ……                          //支持 printf()函数的代码与任务 13 的一样，代码省略
2.  #ifdef EN_USART1_RX                       //如果使能了接收
3.  u8 USART_RX_BUF[USART_REC_LEN];           //接收缓冲，最大为 USART_REC_LEN 个字节
4.  //接收状态标志。bit7: 接收完成标志。bit6: 接收到 0x0d。bit5~bit0: 接收到有效字节数
5.  u16 USART_RX_STA=0;
6.  /*USART1 串口中断服务程序。注意: 读取 USARTx->SR 能避免莫名其妙的错误*/
7.  void USART1_IRQHandler(void)
8.  {
9.      u8 res;
10.     if(USART1->SR&(1<<5))                              //接收到数据
11.     {
12.             res=USART1->DR;
13.             if((USART_RX_STA&0x8000)==0)               //接收未完成
14.             {
15.                 if(USART_RX_STA&0x4000)                //接收到 0x0d
16.                 {
17.                     if(res!=0x0a)USART_RX_STA=0;  //接收数据错误，重新开始接收
18.                     else USART_RX_STA|=0x8000;    //接收完成
```

```
19.                 }
20.             else                                    //还没接收到 0x0d
21.                 {
22.                     if(res==0x0d)USART_RX_STA|=0x4000;
23.                     else
24.                     {
25.                         USART_RX_BUF[USART_RX_STA&0x3FFF]=res;
26.                         USART_RX_STA++;
27.                         //接收数据错误，重新开始接收
28.                     if(USART_RX_STA>(USART_REC_LEN-1))USART_RX_STA=0;
29.                     }
30.                 }
31.             }
32.         }
33. }
34. #endif
35. /*初始化 I/O 口、USART1 串口。pclk2: PCLK2 时钟频率（MHz）。bound: 波特率*/
36. void uart_init(u32 pclk2,u32 bound)
37. {
38.     float temp;
39.     u16 mantissa;
40.     u16 fraction;
41.     temp=(float)(pclk2*1000000)/(bound*16);              //得到 USARTDIV
42.     mantissa=temp;                                       //得到整数部分
43.     fraction=(temp-mantissa)*16;                         //得到小数部分
44.     mantissa<<=4;
45.     mantissa+=fraction;
46.     RCC->APB2ENR|=1<<2;                                  //使能 GPIOA 时钟
47.     RCC->APB2ENR|=1<<14;                                 //使能串口时钟
48.     GPIOA->CRH&=0xFFFFF00F;       //PA9、PA10 引脚设置位清零，其他位保持不变
49.     GPIOA->CRH|=0x000004B0;       //配置 PA9 引脚为复用推挽输出、PA10 引脚为浮空输入
50.     RCC->APB2RSTR|=1<<14;                        //复位 USART1 串口
51.     RCC->APB2RSTR&=~(1<<14);                     //停止复位
52.     USART1->BRR=mantissa;                        //设置波特率
53.     USART1->CR1|=0x200C;                         //1 个停止位，无奇偶校验位
54. #ifdef EN_USART1_RX                              //如果使能了接收，就使能接收中断
55.     USART1->CR1|=1<<5;                           //接收缓冲区非空中断使能
56.     MY_NVIC_Init(3,3,USART1_IRQChannel,2);       //组 2，最低优先级
57. #endif
58. }
```

3. 编写主文件

main.c 主文件的代码如下。

```
1.  #include "stm32f10x.h"
2.  #include "led.h"
3.  #include "delay.h"
4.  #include "sys.h"
5.  #include "usart.h"
6.  int main(void)
```

```
7.  {
8.      u8 t;
9.      u8 len;
10.     Stm32_Clock_Init(9);                          //设置系统时钟
11.     delay_init(72);                               //初始化延时函数
12.     uart_init(72,115200);                 //将串口波特率初始化为 115200 波特
13.     LED_Init();                                   //初始化 LED 端口
14.     while(1)
15.     {
16.         if(USART_RX_STA&0x8000)
17.             {
18.                 len=USART_RX_STA&0x3FFF;      //得到此次接收到的数据长度
19.                 printf("\r\n 您发送的消息为:\r\n\r\n");
20.                 for(t=0;t<len;t++)
21.                 {
22.                     USART1->DR=USART_RX_BUF[t];
23.                     while((USART1->SR&0x40)==0);     //等待发送结束
24.                 }
25.                 printf("\r\n\r\n");//插入换行
26.                 USART_RX_STA=0;
27.             }
28.         else
29.             {
30.                 times++;
31.                 if(times%5000==0)
32.                 {
33.                     printf("\r\nSTM32 核心板串口通信\r\n");
34.                     printf("嵌入式技术与应用开发项目教程(STM32 版)\r\n\r\n");
35.                 }
36.                 if(times%200==0)printf("请输入数据，以回车键结束\r\n");
37.                 if(times%30==0)LED1=!LED1;  //闪烁 LED，提示系统正在运行
38.                 delay_ms(10);
39.             }
40.     }
41. }
```

6.3 任务 14　基于 DS18B20 的温度采集远程监控设计

任务要求

在任务 13 的基础上，利用 STM32F103ZET6 开发板、数码管及 DS18B20，设计一个基于 DS18B20 的温度采集远程监控系统，要求如下。

（1）下位机使用 DS18B20 采集当前温度数据，并通过 USART1 串口将当前温度数据传输给上位机，同时 LED1 指示灯闪烁，表示系统正在运行。

（2）上位机通过 USART1 串口接收到温度数据后，在数码管上显示远程采集的温度数据，同时 LED1 指示灯闪烁，表示系统正在运行。

（3）数码管按照有百位温度（零下温度）格式 XXX.XXC 或无百位温度格式 XX.XXC 显示温度，保留 2 位小数，温度显示格式会按照实际温度值自动变换。

6.3.1 DS18B20 温度传感器

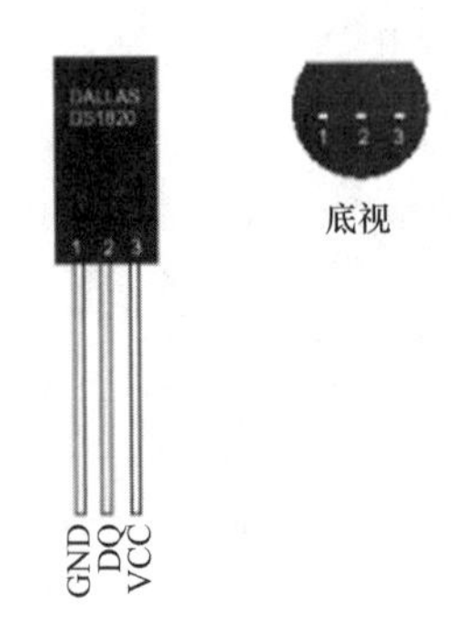

图 6-9　DS18B20 的引脚

DS18B20 温度传感器

DS18B20 具有微型化、低功耗、高性能、抗干扰能力强等优点，特别适用于构成多点温度测控系统，可直接将温度转化成串行数字信号进行处理。

1. DS18B20 的引脚功能

DS18B20 通过一个单线接口发送或接收数据，因此在单片机和 DS18B20 之间仅需一条连接线（加上地线）。DS18B20 的引脚如图 6-9 所示。

DS18B20 的引脚说明如表 6-1 所示。

表 6-1　DS18B20 的引脚说明

引脚	符号	说明
1	GND	接地
2	DQ	数据 I/O 引脚
3	VCC	可选的 VCC 引脚

DS18B20 可以设置成两种供电方式，即寄生电源方式（即数据总线供电方式）和外部供电方式，如图 6-10 所示。

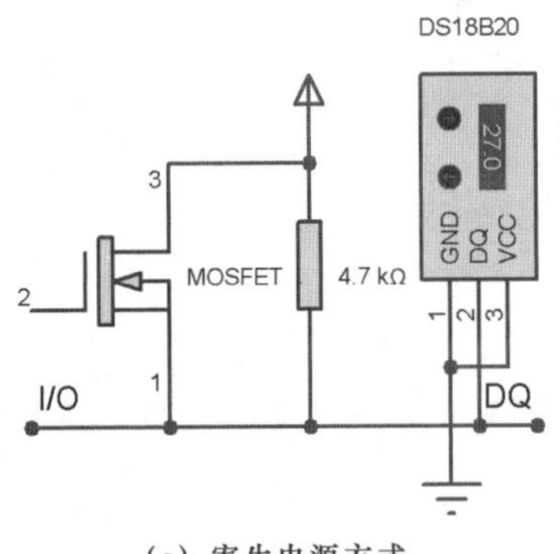

(a) 寄生电源方式

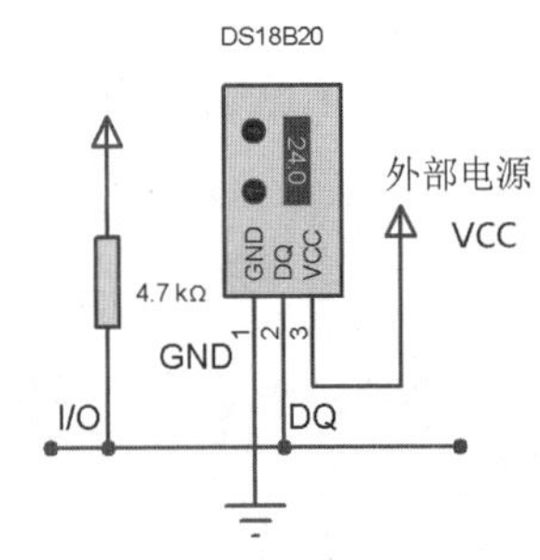

(b) 外部供电方式

图 6-10　DS18B20 供电方式

寄生电源方式是在信号线处于高电平期间把能量储存在内部寄生电源（电容）里，在信号线处于低电平期间消耗寄生电源上的电能工作，直到高电平到来再给寄生电源充电。要想使 DS18B20 能够进行精确的温度转换，I/O 线必须在转换期间保证供电，用 MOSFET 把 I/O 线直接拉到电源上就可以实现，如图 6-10（a）所示。

寄生电源有两个好处：进行远距离测量温度时，不需要本地电源；可以在没有常规电源的条件下读 ROM。

注意 温度高于 100℃时，不要使用寄生电源，因为 DS18B20 在这种温度下表现出的漏电流比较大，通信可能无法进行；使用寄生电源时，VCC 引脚必须接地。

外部供电方式是从 VCC 引脚接入一个外部电源，如图 6-10（b）所示。

DS18B20 采用寄生电源方式可以节省一根导线，但完成温度测量的时间较长；若采用外部供电方式，则多用一根导线，但测量速度较快。

2. DS18B20 的内部结构及功能

DS18B20 的内部结构如图 6-11 所示，主要包括寄生电容、64 位光刻 ROM 和单线接口、温度传感器、用于存放中间数据的高速暂存器 RAM、用于存储用户设定温度上下限值的 TH 和 TL 触发器、存储器和控制逻辑、8 位循环冗余校验码（CRC）产生器、配置寄存器等部分。

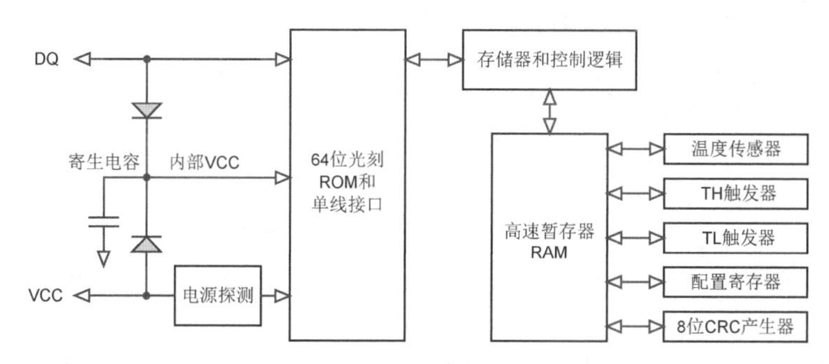

图 6-11　DS18B20 的内部结构

（1）64 位光刻 ROM

光刻 ROM 中的 64 位序列号是出厂前光刻好的，它可以看作该 DS18B20 的地址序列码。64 位光刻 ROM 的排列：开始的 8 位（28H）是产品类型标号，接着的 48 位是该 DS18B20 自身的序列号，最后 8 位是前面 56 位的 CRC（CRC=X8+X5+X4+1）。光刻 ROM 的作用是使每一个 DS18B20 都各不相同，这样就可以实现一根总线上挂接多个 DS18B20 的目的。

（2）温度传感器

DS18B20 中的温度传感器可完成对温度的测量。以 12 位转化为例：用 16 位符号扩展的二进制补码读数形式提供，以 0.0625℃/LSB 形式表达，其中 S 为符号位。

第 1 个字节的内容是温度的低 8 位 LSB 如下。

bit7	bit6	bit5	bit4	bit3	bit2	bit1	bit0
2^3	2^2	2^1	2^0	2^{-1}	2^{-2}	2^{-3}	2^{-4}

第 2 个字节是温度的高 8 位 MSB 如下。

bit15	bit14	bit13	bit12	bit11	bit10	bit9	bit8
S	S	S	S	S	2^6	2^5	2^4

这是 12 位转化后得到的 12 位数据，存储在 DS18B20 的两个 8 位的 RAM 中，二进制数

中的前 5 位是符号位，如果测得的温度大于 0，这 5 位为 0，只需将测到的数值乘以 0.0625 即可得到实际温度；如果温度小于 0，这 5 位为 1，只需将测到的数值取反加 1 再乘以 0.0625 即可得到实际温度。

例如，+125℃的数字输出为 07D0H，+25.0625℃的数字输出为 0191H，−25.0625℃的数字输出为 FE6FH，−55℃的数字输出为 FC90H。温度与数据转换关系如表 6-2 所示。

表 6-2　温度与数据转换关系

温度/℃	数据输出（二进制数）	数据输出（十六进制数）
+125	0000011111010000	07D0H
+85	0000010101010000	0550H
+25.0625	0000000110010001	0191H
+10.125	0000000010100010	00A2H
+0.5	0000000000001000	0008H
0	0000000000000000	0000H
−0.5	1111111111111000	FFF8H
−10.125	1111111101011110	FF5EH
−25.0625	1111111001101111	FE6FH
−55	1111110010010000	FC90H

（3）存储器

DS18B20 的内存包括一个高速暂存器 RAM 和一个非易失性的 EEPROM（电擦除可编程只读存储器），后者用于存放 TH 触发器、TL 触发器以及配置寄存器，如图 6-12 所示。

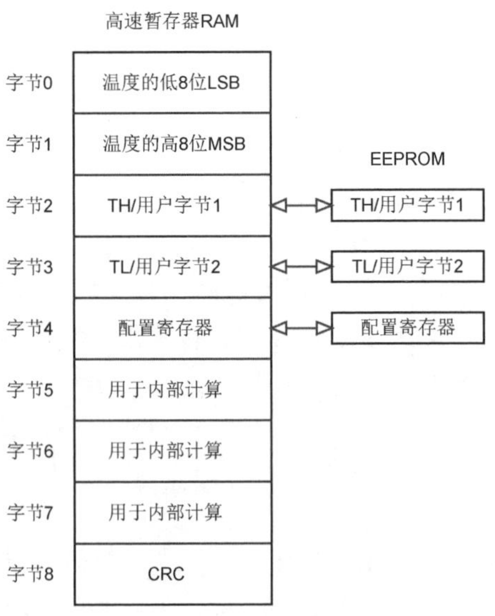

图 6-12　DS18B20 的内存

高速暂存器 RAM 包含 9 个连续字节。前两个字节是测得的温度信息，第 1 个字节是温度的低 8 位，第 2 个字节是温度的高 8 位。第 3 个和第 4 个字节是 TH、TL 触发器的易失性拷贝，第 5 个字节是配置寄存器的易失性拷贝，这 3 个字节的内容在每一次上电复位时被刷新。第 6 ~ 8 个字节用于内部计算。第 9 个字节表示 CRC。

（4）配置寄存器

配置寄存器中字节各位的含义如下。

TM	R1	R0	1	1	1	1	1

低 5 位一直都是 1。TM 是测试模式位，用于设置 DS18B20 在工作模式还是在测试模式。在 DS18B20 出厂时 TM 位被设置为 0，用户不要去改动。R1 和 R0 位用来设置分辨率，DS18B20 出厂时被设置为 12 位，如表 6-3 所示。

表 6-3　分辨率设置

R1	R0	分辨率	温度最大转换时间/ms
0	0	9 位	93.75
0	1	10 位	187.5
1	0	11 位	375
1	1	12 位	750

3. DS18B20 的应用特性

（1）采用单总线技术，与单片机通信只需要一根 I/O 线，不需要外部元器件，在一根 I/O 线上可以挂接多个 DS18B20 芯片。

（2）每个 DS18B20 具有一个独有的、不可修改的 64 位序列号，根据序列号访问对应的元器件。

（3）低压供电，电源范围为 3 V ~ 5 V，可以本地供电，也可以通过数据线供电（寄生电源方式）。

（4）零待机功耗。

（5）测得的温度范围为−55 ℃ ~ +125 ℃，在−10 ℃ ~ 85 ℃范围内误差为±0.5 ℃。

（6）DS18B20 的分辨率由用户通过 EEPROM 设置为 9 ~ 12 位。

（7）可编辑数据为 9 ~ 12 位，转换 12 位温度时间为 750 ms（最大）。

（8）用户可自行设定报警上下限温度。

（9）报警搜索命令可识别和寻址哪个元器件的温度超出预定值。

（10）应用包括温度控制系统、工业系统、消费品、温度计或任何热感监测系统。

6.3.2 DS18B20 通信协议

DS18B20 的单线通信功能是分时完成的，它有严格的时序概念，如果出现时序混乱，DS18B20 将不响应主机，因此读写时序很重要。对 DS18B20 的各种操作必须按照 DS18B20 通信协议进行，DS18B20 通信协议主要包括初始化、写操作、读操作、ROM 操作命令、内存操作命令等。

DS18B20 通信协议

1. 初始化

通过单总线的所有执行（处理），都要从初始化开始，即和 DS18B20 之间的任何通信都要从初始化开始。初始化序列包括一个由主机发出的复位脉冲和跟随其后由从机发出的存在脉冲。存在脉冲用于让主机知道 DS18B20 在总线上已做好操作的准备。初始化过程如下。

（1）主机首先发出一个 480 μs ~ 960 μs 的低电平脉冲，然后释放总线变为高电平，并在随后的 480 μs 内对总线进行检测。

总线上若有低电平出现，说明总线上有从机已做出应答；若无低电平出现，一直都是高电平，说明总线上无从机应答。

DS18B20_Reset()函数是根据初始化时序编写的。DS18B20_Reset()函数的代码如下。

```
1.  void DS18B20_Reset(void)
2.  {
3.      DS18B20_IO_OUT();              //设置 PG11 为输出引脚
4.      DS18B20_DQ_OUT = 0; //将PG11引脚的电平拉低,#define  DS18B20_DQ_OUT  PGout(11)
5.      delay_us(750);                 //低电平（拉低）保持 750 μs
6.      DS18B20_DQ_OUT = 1;            //拉高总线，释放总线
7.      delay_us (15);                 //延时 15 μs
8.  }
```

其中 DS18B20_IO_OUT()函数用于配置 PG11 为输出引脚，即设置为主机写总线，从机读总线。代码如下：

```
1.  void DS18B20_IO_OUT(void)
2.  {
3.      GPIO_InitTypeDef  GPIO_InitStructure;
4.      GPIO_InitStructure.GPIO_Pin=DS18B20_PIN;  //#define  DS18B20_PIN GPIO_Pin_11
5.      GPIO_InitStructure.GPIO_Speed=GPIO_Speed_50MHz;
6.      GPIO_InitStructure.GPIO_Mode=GPIO_Mode_Out_PP;
7.      GPIO_Init(DS18B20_PORT,&GPIO_InitStructure);  //#define  DS18B20_PORT  GPIOG
8.  }
```

由于采用单总线，所以数据的写入和读取都是在 PG11 引脚上完成的。写入数据时，需要配置此引脚为输出模式；读取数据时，需要配置此引脚为输入模式。

（2）从机一上电，就一直检测总线上是否有 480 μs ~ 960 μs 的低电平出现。

若已检测到，就在总线转为高电平后，等待 15 μs ~ 60 μs，将总线电平拉低 60 μs ~ 240 μs，发出响应的存在脉冲，通知主机本从机已做好准备；若没有检测到，就一直检测、等待。

检测 DS18B20 是否存在，即 DS18B20 是否有应答信号。对应 DS18B20_Check()函数的代码如下。

```
1.  u8 DS18B20_Check(void)
2.  {
3.      u8 retry=0;
4.      DS18B20_IO_IN();               //配置 PG11 为输入引脚
5.      while (DS18B20_DQ_IN&&retry<200)
6.               //若在 200 μs 内 PG11 为低，表示从机已应答，退出循环
7.      {
8.          retry++;                       //循环计数器加 1
9.          delay_us(1);      //延时 1 μs，若循环 200 次从机还没有应答，表示从机不存在
```

```
10.      };
11.      if(retry>=200)          //通过循环计数器 retry 的值，判断如何退出 while 循环
12.          return 1;           //retry>=200 退出循环时返回 1,表示未检测到 DS18B20 的存在
13.      else
14.          retry=0;            //retry < 200 退出循环时返回 0，表示检测到 DS18B20 的存在
15.      while (!DS18B20_DQ_IN&&retry<200)
16.                              //等待应答结束。应答时间是 60 μs～240 μs，选择小于 200 μs
17.      {
18.          retry++;
19.          delay_us(1);
20.      };
21.      if(retry>=200)  return 1;  //如果应答时间大于等于 200 μs，则表示 DS18B20 不存在
22.      return 0;                                   //返回 0，表示 DS18B20 存在
23.  }
```

代码说明如下。

① “DS18B20_IO_IN();”的作用是配置 PG11 为输入引脚，即设置为主机读总线，从机写总线，代码如下。

```
1.  void DS18B20_IO_IN(void)
2.  {
3.      GPIO_InitTypeDef  GPIO_InitStructure;
4.      GPIO_InitStructure.GPIO_Pin=DS18B20_PIN;
5.      GPIO_InitStructure.GPIO_Mode=GPIO_Mode_IPU;
6.      GPIO_Init(DS18B20_PORT,&GPIO_InitStructure);
7.  }
```

② 表达式“DS18B20_DQ_IN&&retry<200”的作用是判断从机是否在规定时间内将总线电平拉低，也就是等待从机的应答出现。

宏名 DS18B20_DQ_IN 通过 DS18B20 设备文件中的“#define DS18B20_DQ_IN PGin(11)”语句定义。

表达式成立则表示从机在规定时间内没有发出存在脉冲（即没有将总线电平拉低）。表达式不成立则退出 while 循环，有以下两种情况。

第一种情况：在规定时间内，从机发出了存在脉冲（即将总线电平拉低），表示检测到 DS18B20 的存在。

第二种情况：超出了规定时间，从机还没有发出存在脉冲（即没有将总线电平拉低），表示未检测到 DS18B20 的存在。

③ 表达式“!DS18B20_DQ_IN&&retry<200”的作用是判断从机是否在规定时间内将总线电平拉高，也就是等待从机的应答结束。

表达式成立则表示从机在规定时间内没有将总线电平拉高，也就是说从机处于等待应答结束状态。表达式不成立则退出 while 循环，有以下两种情况。

第一种情况：在规定时间内，从机将总线电平拉高，表示从机的应答结束。

第二种情况：超出了规定时间，从机还没有将总线电平拉高，表示 DS18B20 不存在。按照 DS18B20 通信协议，其应答是将总线电平拉低 60 μs～240 μs，在这里应答时间选择小于 200 μs。综上所述，DS18B20 初始化代码如下。

```
1.  u8 DS18B20_Init(void)
2.  {
3.      RCC_APB2PeriphClockCmd(DS18B20_PORT_RCC,ENABLE);    //打开 GPIOG 时钟
4.      DS18B20_IO_OUT();                                  //设置 PG11 为输出引脚
5.      DS18B20_DQ_OUT = 1;                                //拉高总线
6.      DS18B20_Reset();                                   //复位 DS18B20
7.      return DS18B20_Check();                            //返回 DS18B20 的检测结果
8.  }
```

通过“#define DS18B20_PORT_RCC RCC_APB2Periph_GPIOG”语句，宏定义了 DS18B20_PORT_RCC 宏名。

2. 写操作

写时序包括写 0 时序和写 1 时序。所有写时序至少需要 60 μs，且在两次独立的写时序之间至少需要 1 μs 的恢复时间，两种写时序均起始于主机拉低总线。

写 1 时：主机输出低电平，延时 2 μs，然后释放总线，延时 60 μs。

写 0 时：主机输出低电平，延时 60 μs，然后释放总线，延时 2 μs。

写一个字节到 DS18B20，代码如下。

```
1.  void DS18B20_Write_Byte(u8 dat)
2.  {
3.      u8 j;
4.      u8 testb;
5.      DS18B20_IO_OUT();                     //配置 PG11 为输出引脚
6.      for (j=1;j<=8;j++)
7.      {
8.          testb=dat&0x01;                   //获得最低位，即先写低位，后写高位
9.          dat=dat>>1;                       //dat 左移 1 位，将次低位移到最低位
10.         if (testb)
11.         {
12.             DS18B20_DQ_OUT=0;             //写 0
13.             delay_us(2);                  //延时 2 μs
14.             DS18B20_DQ_OUT=1;             //写 1
15.             delay_us(60);    //低电平保持 2 μs、高电平保持 60 μs，完成写 1 操作
16.         }
17.         else
18.         {
19.             DS18B20_DQ_OUT=0;
20.             delay_us(60);
21.             DS18B20_DQ_OUT=1;
22.             delay_us(2);     //低电平保持 60 μs、高电平保持 2 μs，完成写 0 操作
23.         }
24.     }
25. }
```

3. 读操作

单总线元器件仅在主机发出读时序时，才向主机传输数据。所以在主机发出读数据命令后，必须马上产生读时序，以便从机能够传输数据。所有读时序需要 60 μs 左右，每个读时

序都由主机发起，至少拉低总线 1 μs。主机在读时序期间必须释放总线，并且在时序起始后的 15 μs 之内采样总线状态。

从机 DS18B20 读取一位数据，代码如下。

```
1.  u8 DS18B20_Read_Bit(void)
2.  {
3.      u8 data;
4.      DS18B20_IO_OUT();              //配置 PG11 为输出引脚
5.      DS18B20_DQ_OUT=0;              //主机拉低总线
6.      delay_us(1);                   //至少拉低总线 1 μs
7.      DS18B20_DQ_OUT=1;              //释放总线
8.      DS18B20_IO_IN();               //配置 PG11 为输入引脚
9.      delay_us(12);                  //在时序起始后的 15 μs 之内采样总线状态
10.     if(DS18B20_DQ_IN) data=1;      //返回 1
11.     else data=0;                   //返回 0
12.     delay_us(50);
13.     return data;                   //返回读的一位数据
14. }
```

从机 DS18B20 读取一个字节，代码如下。

```
1.  u8 DS18B20_Read_Byte(void)    // read one byte
2.  {
3.      u8 i,j,dat;
4.      dat=0;
5.      for (i=1;i<=8;i++)
6.      {
7.          j=DS18B20_Read_Bit();
8.          dat=(j<<7)|(dat>>1);
9.      }
10.     return dat;
11. }
```

在“dat=(j<<7)|(dat>>1);”语句中，表达式“dat>>1”表示 dat 右移 1 位，将最高位移到次高位，最高位补 0；表达式“j<<7”表示 j 左移 7 位，将读到的一位数据左移到最高位；表达式“(j<<7)|(dat>>1)”表示 dat 右移 1 位后与新读到的最高位合并。

4. ROM 操作命令

一旦主机检测到一个存在脉冲，它就可以发出 5 个 ROM 操作命令中的任意一个命令。所有 ROM 操作命令都是 8 位的，如表 6-4 所示。

表 6-4　ROM 操作命令

命令	编码	操作说明
读 ROM	33H	读取光刻 ROM 中的 64 位，只用于总线上的单个 DS18B20
匹配 ROM	55H	发出此命令之后，接着发出 64 位 ROM 编码，访问单总线上与编码相对应的 DS18B20，使之做出响应，为下一步对该 DS18B20 的读写做准备
跳过 ROM	CCH	忽略 64 位 ROM 地址，直接向 DS18B20 发出温度变换命令，在单总线上有单个 DS18B20 情况下，可以节省时间

续表

命令	编码	操作说明
搜索 ROM	F0H	用于确定挂接在同一总线上 DS18B20 的个数和识别 64 位 ROM 地址，为操作各元器件做好准备
警报搜索	ECH	命令流程同搜索 ROM，但只有在最近的一次温度测量满足了告警触发条件时，才响应此命令。只要 DS18B20 不掉电，报警状态将一直保持，直到再一次测得的温度值达不到报警条件为止

例如，向 DS18B20 写一个字节 0xcc，实现跳过读序列号的操作，代码如下。

```
DS18B20_Write_Byte(0xcc);                    //跳过读序列号的操作
```

5. 内存操作命令

成功执行了 ROM 操作命令后，便可以使用内存操作命令执行相应操作。主机可提供 6 种内存操作命令，如表 6-5 所示。

表 6-5　内存操作命令

命令	编码	操作说明
温度转换	44H	启动 DS18B20 进行温度转换，转换时间最长为 500 ms（典型为 200 ms），结果存入内部 9 个字节 RAM 中
读暂存器	BEH	读内部 RAM 中 9 个字节的内容。读操作将从第 1 字节（即字节 0 位置）开始，一直进行下去，直到第 9 字节（字节 8，CRC）读完。若不想读完所有字节，主机可以在任何时间发出复位命令来中止读操作
写暂存器	4EH	发出向内部 RAM 的第 3、4 字节写上、下限（TH、TL）温度数据命令，紧跟该命令之后的是传送两字节的数据。主机可以在任何时间发出复位命令来中止写操作
复制暂存器	48H	把 RAM 中的 TH、TL 字节写到 EERAM 中
重新调用 EEPRAM	B8H	把 EEPRAM 中的内容恢复到 RAM 的 TH、TL 字节
读电源供电方式	B4H	读 DS18B20 的供电方式，寄生电源供电时 DS18B20 发送“0”，外部供电时 DS18B20 发送“1”

例如，向 DS18B20 写一个字节 0x44，就可以启动 DS18B20 进行温度转换，代码如下。

```
DS18B20_Write_Byte(0x44);                //启动 DS18B20 进行温度转换
```

又如，向 DS18B20 写一个字节 0xbe，就可以读取 DS18B20 的温度转换值，代码如下。

```
1.   DS18B20_Write_Byte(0xbe);            //发出读暂存器命令
2.   a=DS18B20_Read_Byte();               //读取温度转换结果的低 8 位 LSB
3.   b=DS18B20_Read_Byte();               //读取温度转换结果的高 8 位 MSB
```

6.3.3 基于 DS18B20 的温度采集远程监控实现分析

基于 DS18B20 的温度采集远程监控实现分析

1. 基于 DS18B20 的温度采集远程监控电路

基于 DS18B20 的温度采集远程监控电路由上位机和下位机组成，主要涉及 STM32F103ZET6 核心板、1 路 DS18B20 温度采集电路、串行通信电路及数码管显示电路等。这里主要介绍数码管显示电路，如图 6-13 所示。

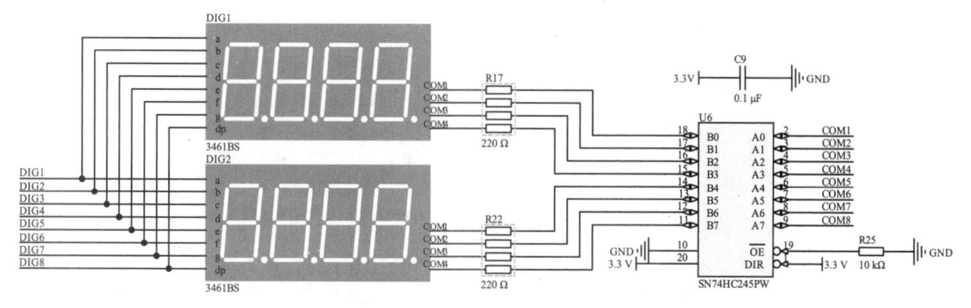

图 6-13　数码管显示电路

在图 6-13 中，使用了 2 个 4 位 8 段共阳极数码管显示模块 F3461BH，构成 8 位数码管显示模块，其中，DIG1 模块在开发板上左边。数码管显示模块电路连接如下。

（1）数码管的 a～g、dp 引脚分别接 PG8～PG15 引脚。

（2）DIG1 模块的位控引脚 COM1～COM4 分别接 PG0～PG3 引脚，DIG2 模块的位控引脚 COM1～COM4 分别接 PG4～PG7 引脚。

（3）2 位微拨开关 SW2 都拨到“ON”位置上，使得 74HC245D 的输出使能引脚 $\overline{OE}$ 为低电平，同时为 LED 电路提供 3.3V 电压。

2. 控制温度转换

DS18B20 采集温度首先利用指令 CCH 跳过读序列号操作，然后利用指令 44H 启动 DS18B20 进行温度转换。控制 DS18B20 完成温度转换，代码如下。

```
1.  void DS18B20_Start(void)
2.  {
3.      DS18B20_Rst();                       //DS18B20 复位
4.      DS18B20_Check();                     //检测 DS18B20 是否存在
5.      DS18B20_Write_Byte(0xcc);            //跳过读序列号的操作
6.      DS18B20_Write_Byte(0x44);            //启动 DS18B20 进行温度转换
7.  }
```

3. 采集环境温度

根据 DS18B20 的通信协议，STM32F103ZET6 开发板对 DS18B20 进行的每次操作，都必须通过如下 3 个步骤。

（1）每一次读写之前，都要对 DS18B20 进行复位（初始化）。

（2）复位成功后，发送一条 ROM 操作命令。

（3）发送 ROM 操作命令，这样才能对 DS18B20 进行预定的操作。

在采集环境温度时，首先通过以上 3 个步骤完成温度转换；然后通过以上 3 个步骤完成读取温度值；最后将读取的温度值转换成实际温度值。读取 DS18B20 转换结果，代码如下。

```
1.  u16 DS18B20_GetTemperture(void)
2.  {
3.      u16 temp;
4.      u8 a,b;
5.      float value;
6.      DS18B20_Start();                 //启动 DS18B20 转换
```

```
7.      DS18B20_Reset();                    //DS18B20 复位
8.      DS18B20_Check();                    //检测 DS18B20 是否存在
9.      DS18B20_Write_Byte(0xcc);           //发送跳过 ROM 操作命令
10.     DS18B20_Write_Byte(0xbe);           //发送读取 DS18B20 转换结果命令
11.     a=DS18B20_Read_Byte();              //读取低 8 位温度值
12.     b=DS18B20_Read_Byte();              //读取高 8 位温度值，其中高 5 位是符号位
13.     temp=b;
14.     temp=(temp<<8)+a;                   //合并低 8 位温度值
15.     if((temp&0xf800)==0xf800)
16.     {
17.         temp=(~temp)+1;
18.         value=temp*(-0.0625);
19.     }
20.     else
21.     {
22.         value=temp*0.0625;
23.     }
24.     return value;
25. }
```

4. 数码管显示温度

根据任务描述和图 6-13 所示内容，在得到实际温度以后，还要按照温度显示的格式在共阳极数码管中显示温度。

在通过 DS18B20_GetTemperture()函数获得 DS18B20 采集的实际温度后，还需要采用整除和求余相结合的方式，拆分要显示的温度值，获得待显示的温度百位、温度十位、温度个位、温度十分位及百分位，通过查表方式将其转换为对应的字形码，并送到显示缓冲区中。数码管设备文件为 smg.c，代码如下。

```
1.  #include "smg.h"
2.  #include "delay.h"
3.  #include <stdio.h>
4.  #include <stdarg.h>
5.  u8 const disply[]= {'0','1','2','3','4','5','6','7','8','9','A','B','C',
'D','E','F','.','-',' '};          //字符表
6.  /*共阳极数码管显示字符表中的字形码表*/
7.  u8 const duan[]=
8.  {0xc0,0xf9,0xa4,0xb0,0x99,0x92,0x82,0xf8,0x80,0x90,0x88,0x83,0xc6,0xa1,
0x86,0x8e,0x7f,0xbf,0xff};
9.  u8 const wei[]= {0x80,0x40,0x20,0x10,0x08,0x04,0x02,0x01}; //数码管位码表
10. void SMG_Init(void)
11. {
12.     GPIO_InitTypeDef GPIO_InitStructure;
13.     RCC_APB2PeriphClockCmd(RCC_APB2Periph_GPIOG, ENABLE);
14.     GPIO_InitStructure.GPIO_Mode=GPIO_Mode_Out_PP;
15.     GPIO_InitStructure.GPIO_Pin=GPIO_Pin_All;
16.     GPIO_InitStructure.GPIO_Speed=GPIO_Speed_50MHz;
17.     GPIO_Init(GPIOG,&GPIO_InitStructure);     //初始化 PG0～PG15 为输出引脚
18. }
19. void SMG_Show(char *str)      //str 接收要显示温度值的字符串（即要显示的温度值）
20. {
```

```
21.            uint16_t i,j,dian,temp;
22.        for(i=0; i<9; i++)
23.        {
24.            if(str[i]=='.')                         //获得小数点的位置，即 i 的值
25.                {
26.                dian = i;
27.                break;
28.            }
29.        }
30.        for(i=0; i<9; i++)
31.        {
32.            for(j=0; j<sizeof(disply)/sizeof(char); j++)
33.            {
34.                if(disply[j]==str[i])    //查找显示字符在字符表中的位置，即 j 的值
35.                {
36.                    if(i<dian-1)              //显示温度十位或百位或负号“-”
37.                    {
38.                            temp = (duan[j]<<8) | wei[7-i];
39.                            //根据 j 值获得显示字符字形码 duan[j]
40.                            GPIO_Write(GPIOG,temp); //在相应位数码管显示字符
41.                    }
42.                    if(i==dian-1)                       //显示温度的个位
43.                    {
44.                            temp = ((duan[j]&0x7f)<<8) | wei[7-i];
45.                            //在温度的个位上添加小数点“0x7f”
46.                            GPIO_Write(GPIOG,temp);
47.                    }
48.                    if(i>dian)                              //显示小数部分
49.                    {
50.                            temp = (duan[j]<<8) | wei[7-i+1];
51.                            GPIO_Write(GPIOG,temp);
52.                    }
53.                        delay_ms(1);
54.                }
55.            }
56.        }
57. }
```

6.3.4 基于 DS18B20 的温度采集远程监控设计与调试

基于 DS18B20 的温度采集远程监控设计与调试

上位机和下位机的 usart.c 文件和 usart.h 头文件与任务 13 的一样，在这里省略。

1. 编写下位机主文件

根据任务要求，下位机使用 DS18B20 采集当前温度，并通过 USART1 串口将当前温度数据传输给上位机，同时 LED1 指示灯闪烁，表示系统正在运行。主文件的代码如下。

```
1.  #include "led.h"
2.  #include "delay.h"
3.  #include "sys.h"
```

```
4.  #include "usart.h"
5.  #include "ds18b20.h"
6.  #include "smg.h"
7.  int main(void)
8.  {
9.      u8 tx = 0,len=0;
10.         float temper;
11.     u16 times=0;
12.     delay_init();                    //初始化延时函数
13.     NVIC_Configuration();//设置中断优先级分组为第 2 组: 2 位抢占优先级，2 位响应优先级
14.     uart_init(9600);                 //将串口波特率初始化为 9600
15.     LED_Init();                      //初始化 LED 端口
16.     while(1)
17.     {
18.         if(times%50==0)
19.         {
20.                 temper=DS18B20_GetTemperture();          //获取温度值
21.                 sprintf(USART1_TX_BUFF,"%.2fC",temper);
22                  //将温度值转换为字符串，并在后面添加单位 C
23.                 len = sizeof(USART1_TX_BUFF)/sizeof(char);//计算字符串长度
24.                 USART1_TX_BUFF[len]=0x0d;    //在发送的温度值后面添加回车符
25.                 USART1_TX_BUFF[len+1]=0x0a; //在回车符后面添加换行符
26.                 for(tx=0;tx<=len+1;tx++)
27.                 {
28.                     USART_SendData(USART1,USART1_TX_BUFF[tx]);
29.                     //向 USART1 串口发送数据
30.                 while(USART_GetFlagStatus(USART1,USART_FLAG_TC)!=SET);
31.                 //等待发送结束
32.                 }
33.             }
34.             times++;
35.             if(times%200==0)LED7=!LED7;      //闪烁 LED，表示系统正在运行
36.             delay_ms(1);
37.     }
38. }
```

2. 编写上位机主文件

根据任务要求，上位机通过 USART1 串口接收到温度数据后，在 4 位数码管上显示远程采集的温度数据，同时 LED1 指示灯闪烁，表示系统正在运行。主文件的代码如下.

```
1.  #include "led.h"
2.  #include "delay.h"
3.  #include "sys.h"
4.  #include "usart.h"
5.  #include "ds18b20.h"
6.  #include "smg.h"
7.  int main(void)
8.  {
9.      u16 times=0;
10.     delay_init();                    //初始化延时函数
11.     NVIC_Configuration();
```

```
12.         //设置中断优先级分组为第 2 组: 2 位抢占优先级, 2 位响应优先级
13.     uart_init(9600);               //将串口波特率初始化为 9600
14.     LED_Init();                    //初始化 LED 端口
15.     SMG_Init();                    //初始化数码管端口
16.     while(1)
17.     {
18.         if(USART_RX_STA&0x8000)  //接收标志位
19.         {
20.             USART_RX_STA = 0;    //接收完成标志位
21.         }
22.         else
23.         {
24.             times++;
25.             if(times%50==0)LED7=!LED7;       //LED 闪烁, 表示系统正在运行
26.             delay_ms(1);
27.             }
28.             SMG_Show((char*)USART_RX_BUF);
29.     }
30. }
```

3. 新建工程

（1）新建一个名为“任务 14 基于 DS18B20 的温度采集远程监控设计”工程目录。

（2）在“任务 14 基于 DS18B20 的温度采集远程监控设计”工程目录中，先新建 2 个子目录“温度采集远程监控_上位机”和“温度采集远程监控_下位机”，然后将“任务 13 USART 串口通信设计”中的所有子目录复制到这 2 个新建子目录里。

（3）在“温度采集远程监控_上位机”的 USER 子目录下，把“USART.uvprojx”工程名修改为“USART_swj.uvprojx”；在“温度采集远程监控_下位机”的 USER 子目录下，把“USART.uvprojx”工程名修改为“USART_xwj.uvprojx”。

（4）在“温度采集远程监控_上位机”的 HARDWARE 子目录下，将 smg.c 文件和 smg.h 头文件存放在新建的 SMG 子目录里；在“温度采集远程监控_下位机”的 HARDWARE 子目录下，将 ds18b20.c 文件和 ds18b20.h 头文件存放在新建的 DS18B20 子目录里。

4. 工程搭建、编译与调试

（1）把 2 个主文件分别添加到上位机和下位机工程里面，把“Project Targets”栏下的工程名分别修改为“USART_swj”和“USART_xwj”。

（2）在 USART_swj 工程的 HARDWARE 组中添加 ds18b20.c 文件，同时还要添加 ds18b20.h 头文件及编译文件的路径；在 USART_xwj 工程的 HARDWARE 组中添加 smg.c 文件，同时还要添加 smg.h 头文件以及编译文件的路径。

（3）分别完成 USART_swj 和 USART_xwj 工程的搭建和配置后，单击“Rebuild”按钮对工程进行编译，各自生成 USART_swj.hex 和 USART_xwj.hex 目标代码文件。若编译时发生错误，要进行分析检查，直到编译正确。

（4）通过串口下载软件 mcuisp，在上位机开发板上完成 USART_swj.hex 文件的下载，在下位机开发板上完成 USART_xwj.hex 文件的下载。

（5）先用串口连接线把上位机开发板的 USART1 串口和下位机开发板 USART1 串口连接起来，并按图 6-10（b）所示将 DS18B20 与开发板连接起来，然后给 2 个开发板上电。

基于 DS18B20 的温度采集远程监控设计，如图 6-14 所示。

图 6-14　基于 DS18B20 的温度采集远程监控设计

参考本书资源库的详细代码，完成基于 DS18B20 的温度采集远程监控设计，通过工程搭建、编译、运行与调试，观察运行结果是否与任务要求一致。若不一致，要对电路、程序进行分析检查，直到运行正确为止。

在学习过程中分组讨论，培养团队协作能力；将任务分解，遵循从易到难的思路，一步一个脚印，逐步完成实践内容。

【技能训练 6-2】基于串口调试工具的温度采集远程监控设计

利用 STM32F103ZET6 开发板和 DS18B20 采集环境温度，并将采集的温度值通过串口输出，同时 LED1 指示灯闪烁，表示系统正在运行，其中显示格式与任务 14 的一样。

根据技能训练要求，只使用一块开发板将采集的温度值通过串口输出。这里只给出主文件的代码，其他代码与任务 14 的基本一样，详细代码参考本书资源库。主文件的代码如下。

基于串口调试工具的温度采集远程监控设计

```
1.  #include "led.h"
2.  #include "delay.h"
3.  #include "sys.h"
4.  #include "usart.h"
5.  #include "ds18b20.h"
6.  int main(void)
7.  {
8.      u8 i;
9.      float temp;
10.     delay_init();                     //初始化延时函数
```

```
11.      NVIC_Configuration();
12.                          //设置中断优先级分组为第 2 组：2 位抢占优先级，2 位响应优先级
13.      uart_init(9600);                    //将串口波特率初始化为 9600
14.      LED_Init();                         //初始化 LED 端口
15.      while(DS18B20_Init())
16.      {
17.          printf("DS18B20 检测失败，请插好!\r\n");
18.          delay_ms(500);
19.      }
20.      printf("DS18B20 检测成功!\r\n");
21.      while(1)
22.      {
23.          i++;
24.          if(i%20==0)
25.          {
26.              LED1=!LED1;
27.          }
28.           if(i%50==0)
29.          {
30.              temp=DS18B20_GetTemperture();
31.              if(temp<0)
32.              {
33.                  printf("检测的温度为：-");
34.              }
35.              else
36.              {
37.                  printf("检测的温度为：");
38.              }
39.              printf("%.1f 摄氏度\r\n",temp);
40.          }
41.         delay_ms(10);
42.      }
43. }
```

通过工程搭建、编译、运行与调试，观察运行结果是否与要求一致。若不一致，则要对电路、程序进行分析检查，直到运行正确为止。运行结果如图 6-15 所示。

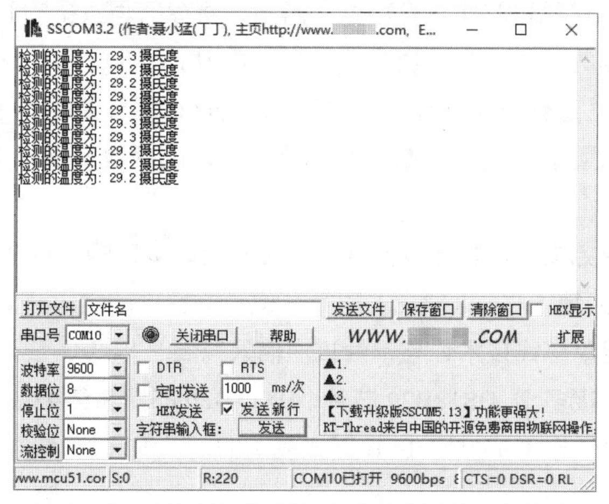

图 6-15　基于串口调试工具的温度采集远程监控

关键知识点小结

1. 在异步通信中，数据通常是以字符为单位组成字符帧进行传送的。字符帧由发送端一帧一帧地发送，每一帧的低位在前、高位在后，通过传输线被接收端一帧一帧地接收。发送端和接收端由各自独立的时钟来控制数据的发送和接收，这两个时钟彼此独立、互不同步。

2. 同步通信是一种连续串行传送数据的通信方式，一次通信只传输一帧数据。这里的字符帧和异步通信的字符帧不同，通常有若干个字符，由同步字符、数据字符和 CRC 这 3 部分组成。在同步通信中，同步字符可以采用统一的标准格式，也可以由用户自行约定。

3. USART（通用同步/异步串行接收/发送器）能够把二进制数据按位传送。STM32 的 USART 串口使用异步串行数据格式进行外设之间的全双工数据交换。串行通信方式有单工方式、半双工方式和全双工方式这 3 种。

4. STM32 拥有 3 个 USART 串口，USART 串口是通过 RX（接收数据串行输入）、TX（发送数据输出）和地这 3 个引脚与其他设备连接在一起的。USART 串口硬件连接方法如下。

（1）USART1 串口的 TX 和 RX 引脚使用的是 PA9 和 PA10 引脚。

（2）USART2 串口的 TX 和 RX 引脚使用的是 PA2 和 PA3 引脚。

（3）USART3 串口的 TX 和 RX 引脚使用的是 PB10 和 PB11 引脚。

这些引脚默认的功能都是 GPIO，在作为串口使用时，就要用到这些引脚的复用功能，在使用其复用功能前，必须对复用的端口进行设置。

5. 与 STM32 的 USART 串口编程相关的寄存器有分数波特率发生寄存器 USART_BRR、控制寄存器 USART_CR1、数据寄存器 USART_DR 和状态寄存器 USART_SR。

6. 通常的串口设置步骤：使能串口时钟，使能 GPIO 时钟；串口复位；设置 GPIO 的端口模式；初始化串口参数；开启中断并且初始化 NVIC（如果需要开启中断才需要这个步骤）；使能串口；编写中断服务函数。

7. STM32 的 USART 串口发送和接收数据是通过 USART_DR 寄存器实现的，它是一个双寄存器，包含 TDR 寄存器和 RDR 寄存器。当向该寄存器写数据的时候，串口会自动发送数据；当串口收到数据的时候，数据也存在该寄存器内。

（1）USART 串口发送数据是通过 USART_SendData()函数来操作 USART_DR 寄存器实现的；USART 串口接收数据是通过 USART_ReceiveData()函数来操作 USART_DR 寄存器实现的。

（2）判断串口是否完成发送和接收数据的方法：读取串口的 USART_SR 寄存器，然后根据 USART_SR 寄存器的第 5 位（RXNE）和第 6 位（TC）的状态来判断。

8. DS18B20 采用单总线技术，与单片机通信只需要一根 I/O 线，不需要外部元器件，在一根 I/O 线上可以挂接多个 DS18B20 芯片。DS18B20 的测量结果是用 16 位符号扩展的二进制补码读数形式提供，以 0.0625℃/LSB 形式表达的。以 12 位测量数据为例，其 16 位的高 5 位是符号位。

9. DS18B20 的单线通信功能是分时完成的，有着严格的时序概念，如果出现时序混乱，DS18B20 将不响应主机，因此读写时序很重要。对 DS18B20 的各种操作必须按照 DS18B20 通信协议进行，DS18B20 通信协议主要包括初始化、写操作、读操作、ROM 操作命令、内存操作命令等。DS18B20 初始化过程如下。

（1）主机首先发出一个 480 μs～960 μs 的低电平脉冲，然后释放总线变为高电平，并在随后的 480 μs 内对总线进行检测。

总线若有低电平出现，说明总线上有从机已做出应答；若无低电平出现，一直都是高电平，说明总线上无从机应答。

（2）从机一上电，就一直检测总线上是否有 480 μs～960 μs 的低电平出现。

若已检测到，就在总线转为高电平后，等待 15 μs～60 μs，将总线电平拉低 60 μs～240 μs，发出响应的存在脉冲，通知主机本从机已做好准备；若没有检测到，就一直检测、等待。

问题与讨论

6-1　串行通信分为异步通信和同步通信，简述异步通信和同步通信的区别。

6-2　串行通信方式有哪 3 种？简述这 3 种串行通信方式。

6-3　简述 STM32 的 USART 串口主要功能。

6-4　简述 USART 串口的硬件连接。

6-5　与 STM32 的 USART 串口编程相关的寄存器有哪几个？

6-6　STM32 的 USART 串口设置通常有哪几个步骤？

6-7　STM32 的 USART 串口发送和接收数据是通过哪个寄存器实现的？串口发送和接收数据又是通过哪两个函数实现的？

6-8　简述如何判断串口是否完成发送和接收数据。

6-9　本着精益求精的工匠精神，参考技能训练 6-1，采用 STM32 中 USART 串口的相关寄存器，完成 STM32 的 USART2 串口通信设计。

项目七

模数转换设计

07

学习目标

能力目标	能利用 STM32 中 ADC 的相关寄存器和库函数，通过程序控制 STM32F103ZET6 开发板的模数转换，实现模拟电压的采集及采样值和电压值的显示。
知识目标	1. 知道 STM32 中与 ADC 相关的寄存器和库函数。 2. 会使用 STM32 中 ADC 的相关寄存器和库函数，完成模数转换程序设计。 3. 会利用 STM32 的 ADC，实现模拟电压的采集及采样值和电压值的显示。
素养目标	引导读者精诚合作，培养读者的团队合作意识、交流和沟通能力，培养读者的工匠精神及不畏难、不怕苦、勇于创新的精神。

7.1 STM32 的模数转换

在 STM32 的数据采集应用中，外界物理量通常都是模拟信号，如温度、湿度、压力、速度、流量等，而 STM32 处理的均是数字信号，因此在 STM32 的输入端需要进行模数转换。

7.1.1 STM32 的模数转换简介

将模拟信号转换成数字信号的电路，称为模数转换器（Analog to Digital Converter，ADC）。模数转换的作用是将时间连续、幅值也连续的模拟量转换为时间离散、幅值也离散的数字信号，即将模拟信号转换成数字信号。

STM32 的模数转换简介

模数转换一般要经过采样、保持、量化及编码 4 个过程。在实际电路中，这些过程有的是合并进行的，例如，采样和保持、量化和编码往往都是在转换过程中同时实现的。

1. 认识 STM32 的模数转换

STM32 拥有 1～3 个 ADC，这些 ADC 可以独立使用，也可以使用双重模式（提高采样率）。STM32 的 ADC 是 12 位逐次逼近型的模数转换器。

（1）STM32F103 系列最少有 2 个 ADC，如 STM32F103ZET6 开发板有 3 个 ADC、

STM32F103RBT6 有 2 个 ADC。

（2）ADC 有 18 个通道，可测量 16 个外部信号源和 2 个内部信号源。各通道的模数转换过程能以单次、连续、扫描或间断模式执行。

（3）ADC 的结果能以左对齐或右对齐的方式存储在 16 位数据寄存器中。

（4）模拟看门狗特性允许应用程序检测输入电压是否超出用户定义的高/低阈值。

（5）ADC 的输入时钟是由 PCLK2 分频产生的，不能超过 14 MHz，否则将导致转换结果准确度下降。

2. STM32 中 ADC 的主要特征

STM32 中 ADC 的主要特征如下。

（1）具有 12 位分辨率，可以自校准，带内嵌数据一致的数据对齐方式。

（2）在规则通道的转换结束、注入通道的转换结束和发生模拟看门狗事件时会产生中断。

（3）提供单次和连续转换模式，以及从通道 0 到通道 n 的自动扫描模式。

（4）采样间隔可以按通道分别编程。

（5）规则转换和注入转换均有外部触发选项。

（6）间断模式，双重模式（带 2 个或以上 ADC 的元器件）。

（7）ADC 最大的转换速度为 1 MHz，即最快的转换时间为 1 μs。

（8）ADC 供电要求为 2.4 V ~ 3.6 V，ADC 输入范围为 V_{REF-} ~ V_{REF+}。

（9）在规则通道转换期间有 DMA 请求产生。

3. STM32 中 ADC 的结构

STM32 中 ADC 的结构如图 7-1 所示。

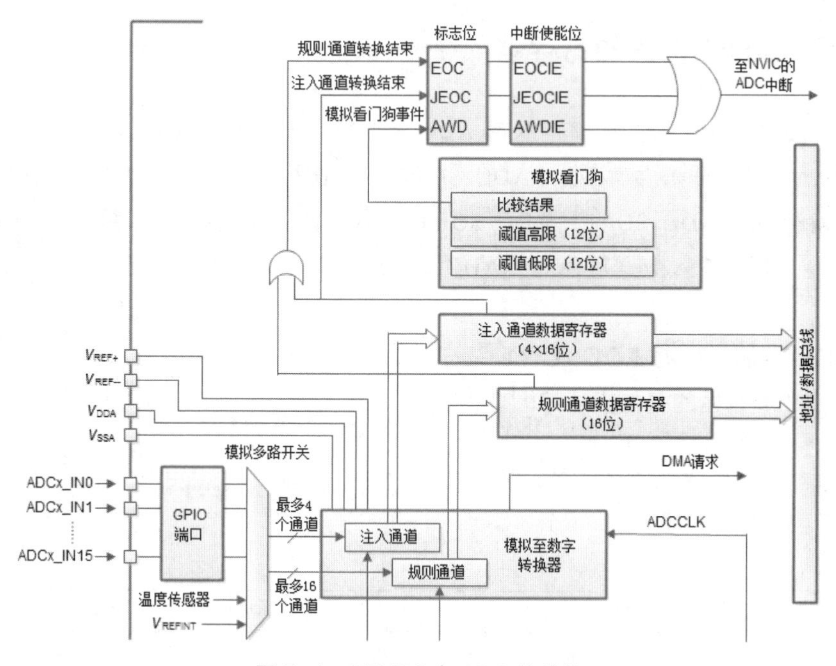

图 7-1　STM32 中 ADC 的结构

在图 7-1 中，STM32 把 ADC 的转换通道分为规则通道和注入通道，规则通道组最多包含 16 个通道，注入通道最多包含 4 个通道。

那么，规则通道和注入通道之间有什么关系呢?

规则通道相当于正常执行的程序，注入通道相当于中断。在正常执行程序（规则通道）时，中断（注入通道）可以打断正常程序的执行。注入通道的转换可以打断规则通道的转换，在注入通道转换完成之后，规则通道才得以继续转换。下面通过一个例子来说明规则通道和注入通道之间的关系。

比如在房间里面放 4 个温度传感器，将其设置为规则通道，用于循环扫描房间里面的 4 个温度传感器，并显示模数转换结果；在房间外面放 4 个温度传感器，将其设置为注入通道，用于并暂时显示房间外面的温度。通常，我们一直都是监控房间里面的温度的，若需要监控房间外面的温度，则通过一个按键启动注入通道即可。当松开这个按键后，系统又回到规则通道，继续监控房间里面的温度。

从上面的描述可以看出，监控房间外面温度的过程中断了监控房间里面温度的过程，即注入通道的转换中断了规则通道的转换。

还可以想一下，如果没有规则通道和注入通道的划分，当按下按键后，就需要重新配置 ADC 循环扫描的通道；在松开按键后，也需要重新配置 ADC 循环扫描的通道。

为此，在程序初始化时要设置好规则通道和注入通道。这样在程序执行时，就不需要重新配置 ADC 循环扫描的通道，从而达到两个任务之间互不干扰和快速切换的目的。在工业应用领域中，有很多检测和监视都需要较快地处理，通过对模数转换的分组，可以简化事件处理的程序，提高事件处理的速度。

7.1.2 ADC 相关的寄存器

与 STM32 中 ADC 相关的寄存器有 ADC 控制寄存器（ADC_CR1 和 ADC_CR2）、ADC 采样事件寄存器（ADC_SMPR1 和 ADC_SMPR2）、ADC 规则序列寄存器（ADC_SQR1 ~ ADC_SQR3）、ADC 规则数据寄存器（ADC_DR）、ADC 注入数据寄存器（ADC_JDRx）和 ADC 状态寄存器（ADC_SR）。

1. ADC 控制寄存器 ADC_CR1

ADC_CR1 寄存器的各位描述如图 7-2 所示。

31	30	29	28	27	26	25	24	23	22	21	20	19	18	17	16
保留								AWDEN	JAWDEN	保留		DUALMOD[3:0]			
								rw	rw			rw	rw	rw	rw

15	14	13	12	11	10	9	8	7	6	5	4	3	2	1	0
DISCNUM[2:0]			JDISCEN	DISCEN	JAUTO	AWDSGL	SCAN	JEOCIE	AWDIE	EOCIE	AWDCH[4:0]				
rw	rw	rw	rw	rw	rw	rw	rw	rw	rw	rw	rw	rw	rw	rw	rw

图 7-2 ADC_CR1 寄存器的各位描述

在这里，只对本项目用到的位进行介绍，后面也是这样，就不再说明了。

（1）位 8（SCAN）

该位用于设置扫描模式，由软件设置和清除。该位为 1 表示使用扫描模式，该位为 0 表示关闭扫描模式。

在扫描模式下，只有 ADC_SQRx 或 ADC_JSQRx 寄存器选中的通道被转换。若设置了 EOCIE 或 JEOCIE 位，只在最后一个通道转换完毕后，才产生 EOC 或 JEOC 中断。

（2）位 19:16（DUALMOD[3:0]）

这 4 位用于设置 ADC 的操作模式，详细的对应关系如图 7-3 所示。

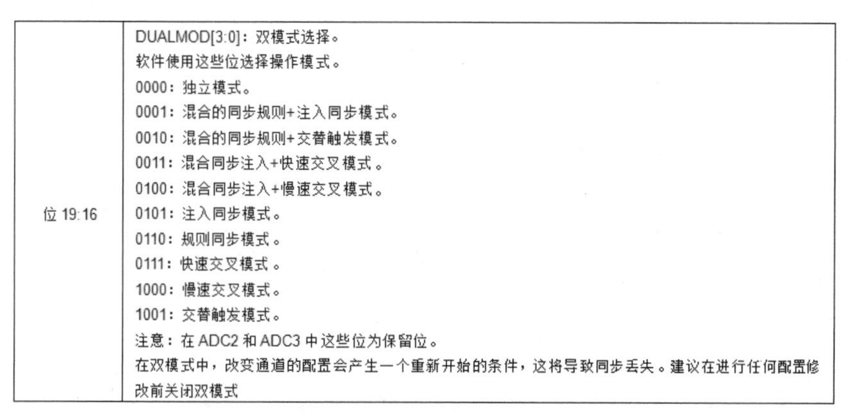

位 19:16	DUALMOD[3:0]：双模式选择。 软件使用这些位选择操作模式。 0000：独立模式。 0001：混合的同步规则+注入同步模式。 0010：混合的同步规则+交替触发模式。 0011：混合同步注入+快速交叉模式。 0100：混合同步注入+慢速交叉模式。 0101：注入同步模式。 0110：规则同步模式。 0111：快速交叉模式。 1000：慢速交叉模式。 1001：交替触发模式。 注意：在 ADC2 和 ADC3 中这些位为保留位。 在双模式中，改变通道的配置会产生一个重新开始的条件，这将导致同步丢失。建议在进行任何配置修改前关闭双模式

图 7-3　ADC 的操作模式

本项目使用的是独立工作模式，所以将这几位设置为 0 就可以了。

2. ADC 控制寄存器 ADC_CR2

ADC_CR2 寄存器的各位描述如图 7-4 所示。

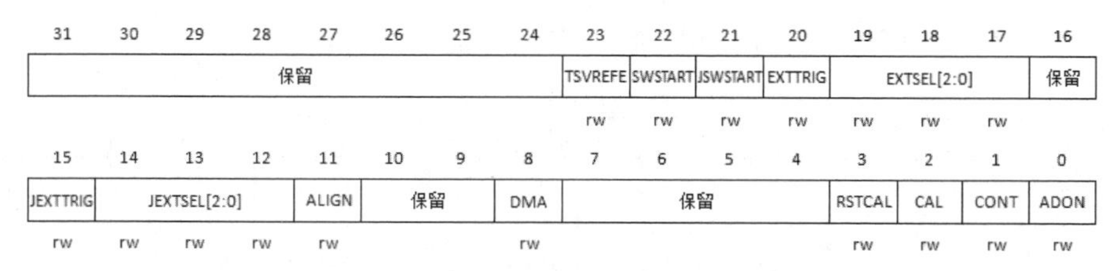

图 7-4　ADC_CR2 寄存器的各位描述

（1）位 0（ADON）

该位用于开启/关闭 ADC，由软件设置和清除。该位为 1 表示开启 ADC 并启动转换，该位为 0 表示关闭 ADC 的转换/校准，并进入断电模式。

（2）位 1（CONT）

该位用于设置是否进行连续转换，由软件设置和清除。该位为 1 表示连续转换模式，该位为 0 表示单次转换模式。本项目使用单次转换模式，CONT 位必须为 0。

（3）位 11（ALIGN）

该位用于设置数据对齐方式，由软件设置和清除。该位为 1 表示左对齐，该位为 0 表示右对齐。本项目使用右对齐，ALIGN 位必须为 0。

（4）位 19:17（EXTSEL[2:0]）

这 3 位用于选择启动规则通道转换的外部事件，详细的设置关系如图 7-5 所示。

本项目使用的是软件触发（SWSTART），这 3 位要设置为 111。

位 19:17	EXTSEL[2:0]：选择启动规则通道转换的外部事件。 这些位用于选择启动规则通道转换的外部事件。 ADC1 和 ADC2 的触发配置如下。 000：定时器 1 的 CC1 事件。 100：定时器 3 的 TRGO 事件。 001：定时器 1 的 CC2 事件。 101：定时器 4 的 CC4 事件。 010：定时器 1 的 CC3 事件。 110：EXTI 线 11/ TIM8_TRGO 事件，仅大容量产品具有 TIM8_TRGO 功能。 011：定时器 2 的 CC2 事件。 111：SWSTART。 ADC3 的触发配置如下。 000：定时器 3 的 CC1 事件。 100：定时器 8 的 TRGO 事件。 001：定时器 2 的 CC3 事件。 101：定时器 5 的 CC1 事件。 010：定时器 1 的 CC3 事件。 110：定时器 5 的 CC3 事件。 011：定时器 8 的 CC1 事件。 111：SWSTART

图 7-5 ADC 选择启动规则通道转换的外部事件设置

（5）位 22（SWSTART）

该位用于开始规则通道转换，由软件设置该位以启动转换，转换开始后硬件马上清除此位。如果在 EXTSEL[2:0]位中选择了 SWSTART 为触发事件，则该位用于启动规则通道转换。该位为 1 表示开始规则通道转换，该位为 0 表示复位状态。

在单次转换模式下，每次转换都需要向 SWSTART 位写 1。另外，位 2（CAL）和位 3（RSTCAL）都是用于模数校准的。

3. ADC 采样事件寄存器 ADC_SMPR1～ADC_SMPR2

ADC_SMPR1 寄存器的各位描述如图 7-6 所示。

31	30	29	28	27	26	25	24	23	22	21	20	19	18	17	16
保留								SMP17[2:0]			SMP16[2:0]			SMP15[2:1]	
					rw	rw	rw	rw	rw	rw	rw	rw	rw	rw	rw

15	14	13	12	11	10	9	8	7	6	5	4	3	2	1	0
SMP15_0	SMP14[2:0]			SMP13[2:0]			SMP12[2:0]			SMP11[2:0]			SMP10[2:0]		
rw	rw	rw	rw	rw	rw	rw	rw	rw	rw	rw	rw	rw	rw	rw	rw

位 31:24	保留，必须保持为 0
位 23:0	SMPx[2:0]：选择通道 x 的采样时间。 这些位用于独立地选择每个通道的采样时间。在采样周期中，通道选择位必须保持不变。 000：1.5 个周期。 100：41.5 个周期。 001：7.5 个周期。 101：55.5 个周期。 010：13.5 个周期。 110：71.5 个周期。 011：28.5 个周期。 111：239.5 个周期。 注意：ADC1 的模拟输入通道 16 和通道 17 在芯片内部分别连到温度传感器和 VREFINT； ADC2 的模拟输入通道 16 和通道 17 在芯片内部连到 VSS； ADC3 的模拟的输入通道 14、15、16、17 与 VSS 相连

图 7-6 ADC_SMPR1 寄存器的各位描述

ADC_SMPR2 寄存器的各位描述如图 7-7 所示。

31	30	29	28	27	26	25	24	23	22	21	20	19	18	17	16
保留		SMP9[2:0]			SMP8[2:0]			SMP7[2:0]			SMP6[2:0]			SMP5[2:1]	
		rw	rw	rw	rw	rw	rw	rw	rw	rw	rw	rw	rw	rw	rw

15	14	13	12	11	10	9	8	7	6	5	4	3	2	1	0
SMP5_0	SMP4[2:0]			SMP3[2:0]			SMP2[2:0]			SMP1[2:0]			SMP0[2:0]		
rw	rw	rw	rw	rw	rw	rw	rw	rw	rw	rw	rw	rw	rw	rw	rw

位	描述
位 31:30	保留，必须保持为 0
位 29:0	SMPx[2:0]：选择通道 x 的采样时间。 这些位用于独立地选择每个通道的采样时间。在采样周期中，通道选择位必须保持不变。 000：1.5 个周期。　100：41.5 个周期。 001：7.5 个周期。　101：55.5 个周期。 010：13.5 个周期。　110：71.5 个周期。 011：28.5 个周期。　111：239.5 个周期。 注意：ADC3 的模拟输入通道 9 与 VSS 相连

图 7-7　ADC_SMPR2 寄存器的各位描述

对于每个要转换的通道，采样时间要尽量设置得长一点，以获得较高的准确度，这样做也会降低 ADC 的转换速度。ADC 的转换时间可由下面的公式获得。

$$T_{covn}=采样时间+12.5\text{ 个周期}$$

其中，T_{covn} 为总转换时间，采样时间是由每个通道的 SMP 位决定的。

比如，当 ADCCLK=14 MHz 时，设置 1.5 个周期的采样时间，根据公式计算，可以得到总转换时间：T_{covn}=1.5 个周期+12.5 个周期=14 个周期=1 μs。

4. ADC 规则序列寄存器 ADC_SQR1～ADC_SQR3

ADC_SQR1～ADC_SQR3 寄存器的功能基本一样，这里只介绍 ADC_SQR1 寄存器，其各位描述如图 7-8 所示。

31	30	29	28	27	26	25	24	23	22	21	20	19	18	17	16
保留								L[3:0]				SQ16[4:1]			
								rw	rw	rw	rw	rw	rw	rw	rw

15	14	13	12	11	10	9	8	7	6	5	4	3	2	1	0
SQ16_0	SQ15[4:0]					SQ14[4:0]					SQ13[4:0]				
rw	rw	rw	rw	rw	rw	rw	rw	rw	rw	rw	rw	rw	rw	rw	rw

位	描述
位 31:24	保留，必须保持为 0
位 23:20	L[3:0]：规则通道序列长度。 这些位由软件来定义在规则通道序列中的通道数。 0000：1 个通道。 0001：2 个通道。 …… 1111：16 个通道
位 19:15	SQ16[4:0]：规则通道序列规则中的第 16 个通道。 这些位由软件来定义规则通道序列中的第 16 个通道的编号（0～17）
位 14:10	SQ15[4:0]：规则通道序列中的第 15 个通道
位 9:5	SQ14[4:0]：规则通道序列中的第 14 个通道
位 4:0	SQ13[4:0]：规则通道序列中的第 13 个通道

图 7-8　ADC_SQR1 寄存器的各位描述

（1）位 23:20（L [3:0]）

这 4 位用于设置规则通道序列长度，由软件来定义在规则通道序列中的通道数目。本项目只用了 1 个通道，这 4 位都设置为 0。

（2）位 4:0、位 9:5、位 14:10 和位 19:15（SQ13[4:0]～SQ16[4:0]）

这些位用于设置规则通道序列中的第 13～16 个通道，这些位由软件来定义规则通道序列中的第 13～16 个通道的编号（0～17）。

另外两个 ADC 规则序列寄存器 ADC_SQR2 和 ADC_SQR3 与 ADC_SQR1 寄存器大同小异，这里就不介绍了。

说明：本项目选择的是单次转换模式，在规则通道序列里面只有一个通道，由 ADC_SQR3 寄存器的最低 5 位（SQ1）来设置。

5. ADC 规则数据寄存器 ADC_DR 和 ADC 注入数据寄存器 ADC_JDRx

ADC_DR 寄存器的各位描述如图 7-9 所示。

31	30	29	28	27	26	25	24	23	22	21	20	19	18	17	16
ADC2DATA[15:0]															
r	r	r	r	r	r	r	r	r	r	r	r	r	r	r	r

15	14	13	12	11	10	9	8	7	6	5	4	3	2	1	0
DATA[15:0]															
r	r	r	r	r	r	r	r	r	r	r	r	r	r	r	r

位	描述
位 31:16	ADC2DATA[15:0]：ADC2 转换的数据。 （1）在 ADC1 中：在双模式下，这些位包含 ADC2 转换的规则通道数据。 （2）在 ADC2 和 ADC3 中：不使用这些位
位 15:0	DATA[15:0]：规则转换的数据。 这些位只能读，包含规则通道的转换结果。数据左对齐或右对齐

图 7-9　ADC_DR 寄存器的各位描述

ADC_JDRx（x 为 1～4）寄存器的各位描述如图 7-10 所示。

31	30	29	28	27	26	25	24	23	22	21	20	19	18	17	16
保留															

15	14	13	12	11	10	9	8	7	6	5	4	3	2	1	0
JDATA[15:0]															
r	r	r	r	r	r	r	r	r	r	r	r	r	r	r	r

位	描述
位 31:16	保留，必须保持为 0
位 15:0	JDATA[15:0]：注入转换的数据。 这些位只能读，包含注入通道的转换结果。数据左对齐或右对齐

图 7-10　ADC_JDRx 寄存器的各位描述

规则通道的模数转换结果都保存在 ADC_DR 寄存器的 DATA[15:0]位中，注入通道的模数转换结果都保存在 ADC_JDRx 寄存器的 JDATA[15:0]位中。

注意　在读取模数转换结果时，可以通过 ADC_CR2 寄存器的 ALIGN 位来设置数据是左对齐还是右对齐。

6. ADC 状态寄存器 ADC_SR

在 ADC_SR 寄存器中，保存了 ADC 转换时的各种状态，其各位描述如图 7-11 所示。

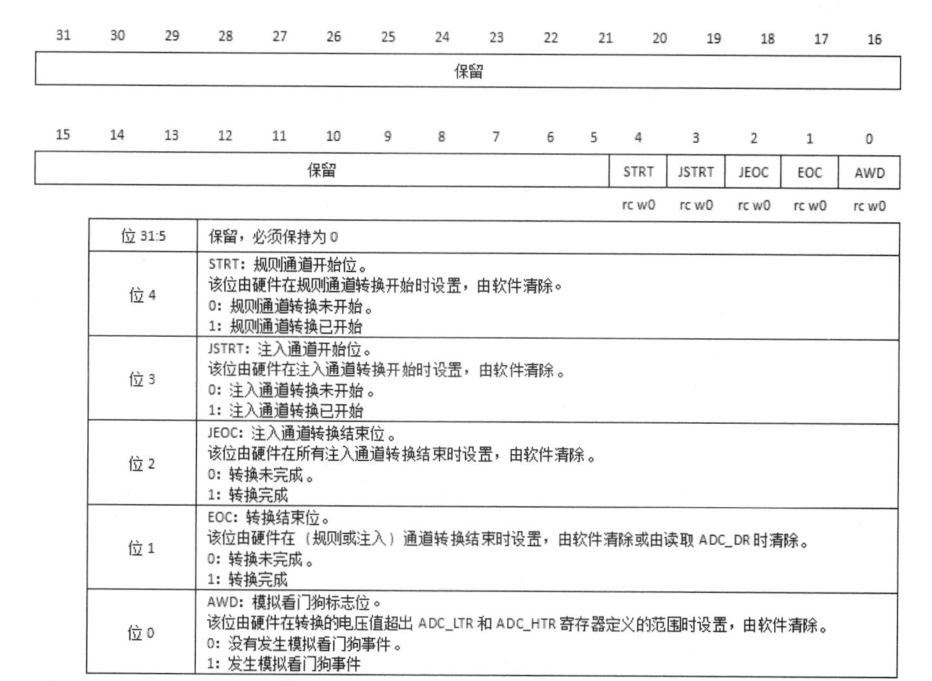

31	30	29	28	27	26	25	24	23	22	21	20	19	18	17	16
保留															

15	14	13	12	11	10	9	8	7	6	5	4	3	2	1	0
保留											STRT	JSTRT	JEOC	EOC	AWD
											rc w0	rc w0	rc w0	rc w0	rc w0

位	描述
位 31:5	保留，必须保持为 0
位 4	STRT：规则通道开始位。 该位由硬件在规则通道转换开始时设置，由软件清除。 0：规则通道转换未开始。 1：规则通道转换已开始
位 3	JSTRT：注入通道开始位。 该位由硬件在注入通道转换开始时设置，由软件清除。 0：注入通道转换未开始。 1：注入通道转换已开始
位 2	JEOC：注入通道转换结束位。 该位由硬件在所有注入通道转换结束时设置，由软件清除。 0：转换未完成。 1：转换完成
位 1	EOC：转换结束位。 该位由硬件在（规则或注入）通道转换结束时设置，由软件清除或由读取 ADC_DR 时清除。 0：转换未完成。 1：转换完成
位 0	AWD：模拟看门狗标志位。 该位由硬件在转换的电压值超出 ADC_LTR 和 ADC_HTR 寄存器定义的范围时设置，由软件清除。 0：没有发生模拟看门狗事件。 1：发生模拟看门狗事件

图 7-11　ADC_SR 寄存器的各位描述

本项目用到了 EOC 位，可以通过 EOC 位来判断本次规则通道的模数转换是否完成，若完成就从 ADC_DR 寄存器中读取转换结果，否则等待转换完成。

7.2 任务 15　基于寄存器的 STM32 模数转换设计

任务要求

通过 STM32 中 ADC 的相关寄存器，设计一个 STM32 的 ADC，完成模拟电压的采集，并将采样值和电压值通过串口输出。同时 LED1 指示灯闪烁，表示系统正在运行。要求在 STM32 的单次转换模式下，使用 ADC1 的通道 1 来进行模数转换。

7.2.1　STM32 的 ADC 设置

通过前面对 ADC 的相关寄存器的介绍，按照任务要求，使用 ADC1 的通道 1 进行模数转换，进而介绍 STM32 的单次转换模式的相关设置，设置步骤如下。

STM32 的 ADC 设置

1. 开启 GPIOA 口时钟，设置 PA1 为模拟输入引脚

STM32F103ZET6 开发板的 ADC1 的通道 1 在 PA1 引脚上，所以要先使能 GPIOA 时钟，然后设置 PA1 为模拟输入引脚，代码如下。

```
1.  RCC->APB2ENR|=1<<2;           //使能 GPIOA 时钟
2.  GPIOA->CRL&=0xFFFFFF0F;       //设置 PA1 为模拟输入引脚
```

2. 使能 ADC1 时钟，并设置分频因子

要使用 ADC1，第一步就是要使能 ADC1 时钟，在使能完时钟之后，进行一次 ADC1 复位。接着就可以通过 RCC_CFGR 寄存器设置 ADC1 的分频因子。设置分频因子时要确保 ADC1 时钟（ADCCLK）的频率不超过 14 MHz，否则会导致 ADC 准确度下降，代码如下。

```
1.  RCC->APB2ENR|=1<<9;           //使能 ADC1 时钟
2.  RCC->APB2RSTR|=1<<9;          //ADC1 复位
3.  RCC->APB2RSTR&=~(1<<9);       //复位结束
4.  RCC->CFGR&=~(3<<14);          //分频因子清零
5.  RCC->CFGR|=2<<14;             //ADC1 时钟的频率设置为 12 MHz
```

3. 设置 ADC1 的工作模式

在设置完分频因子之后，就可以开始 ADC1 的工作模式设置了，设置单次转换模式、触发模式、数据对齐方式等都在这一步实现，代码如下。

```
1.  ADC1->CR1&=0xF0FFFF;          //工作模式清零
2.  ADC1->CR1|=0<<16;             //独立工作模式
3.  ADC1->CR1&=~(1<<8);           //非扫描模式
4.  ADC1->CR2&=~(1<<1);           //单次转换模式
5.  ADC1->CR2&=~(7<<17);
6.  ADC1->CR2|=7<<17;             //软件控制转换
7.  ADC1->CR2|=1<<20;             //使用外部触发（SWSTART），必须使用一个事件来触发
8.  ADC1->CR2&=~(1<<11);          //右对齐
```

4. 设置 ADC1 规则通道序列的相关信息

接下来要设置规则通道序列的相关信息。本项目只有一个通道，并且是单次转换的，所以设置规则通道序列中通道数为 1，然后设置通道 1 的采样时间，代码如下。

```
1.  ADC1->SQR1&=~(0xF<<20);
2.  ADC1->SQR1|=0<<20;        //1 个通道在规则通道序列中，也就是只转换规则通道序列 1
3.  ADC1->SMPR2&=~(7<<3);     //通道 1 采样时间清空
4.  ADC1->SMPR2|=7<<3;        //通道 1 采样时间是 239.5 个周期，采样时间长能提高精确度
```

5. 开启 ADC 和校准设置

开启 ADC，使能复位校准和模数校准，注意这两步是必需的！不校准将导致结果不准确，代码如下。

```
1.  ADC1->CR2|=1<<0;              //开启 ADC
2.  ADC1->CR2|=1<<3;              //使能复位校准
3.  while(ADC1->CR2&1<<3);        //等待复位校准结束
4.  ADC1->CR2|=1<<2;              //使能模数校准
5.  while(ADC1->CR2&1<<2);        //等待模数校准结束
```

6. 读取 ADC 值

在校准完成之后，ADC 就准备好了。接下来要做的就是设置规则通道序列 1 里面的通道，然后启动 ADC。在转换结束后，读取 ADC1_DR 寄存器里面的值就可以了，代码如下。

```
1.  ADC1->SQR3&=0xFFFFFFE0;
2.  ADC1->SQR3|=ch;               //设置转换规则通道序列 1 的通道（ch）
```

```
3.  ADC1->CR2|=1<<22;           //启动规则通道转换
4.  while(!(ADC1->SR&1<<1));    //等待转换结束
5.  temp=ADC1->DR;              //读取 ADC 值
```

通过以上几个步骤，我们就可以正常地使用 STM32 的 ADC1 来完成模数转换的操作了。

基于寄存器的 STM32 模数转换设计

7.2.2 基于寄存器的 STM32 模数转换设计

根据任务要求，通过 STM32 中 ADC 的相关寄存器，在 STM32 的单次转换模式下，采集 ADC1 的通道 1 上的模拟电压，并将采样值和电压值通过串口输出。

1. STM32 模数转换电路设计

STM32 模数转换电路由 STM32F103ZET6 芯片电路和模拟电压采集电路等组成。

根据任务要求，STM32F103ZET6 芯片电路的 ADC1 的通道 1 在 PA1 引脚上，通道 1（PA1）采集的模拟电压可以通过电位器来获得。模拟电压采集电路如图 7-12 所示。

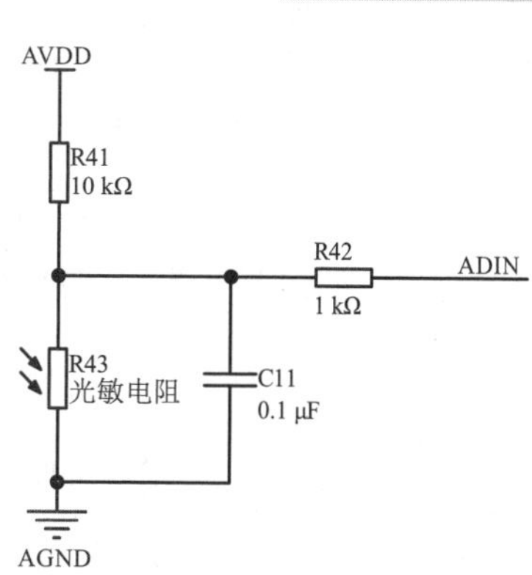

图 7-12　模拟电压采集电路

2. 编写 adc.h 头文件和 adc.c 文件

（1）编写 adc.h 头文件

adc.h 头文件的代码如下。

```
1.  #ifndef __ADC_H__
2.  #define __ADC_H__
3.  #include <sys.h>
4.  #define ADC_CH0  0                //通道 0
5.  #define ADC_CH1  1                //通道 1
6.  #define ADC_CH2  2                //通道 2
7.  #define ADC_CH3  3                //通道 3
8.  void Adc_Init(void);
9.  u16  Get_Adc(u8 ch);
10. u16 Get_Adc_Average(u8 ch,u8 times);
11. #endif
```

（2）编写 adc.c 文件

adc.c 文件的代码如下。

```
1.  #include "adc.h"
2.  #include "delay.h"
3.  /*初始化 ADC。采用规则通道，开启通道 1*/
4.  void  Adc_Init(void)
5.  {
6.      /*先初始化 I/O 口*/
7.      RCC->APB2ENR|=1<<2;             //使能 GPIOA 时钟
8.      GPIOA->CRL&=0xFFFFFF0F; //PA1 引脚为模拟输入
9.      /*通道 1 设置*/
10.     RCC->APB2ENR|=1<<9;             //使能 ADC1 时钟
```

```
11.     RCC->APB2RSTR|=1<<9;          //ADC1 复位
12.     RCC->APB2RSTR&=~(1<<9);       //复位结束
13.     RCC->CFGR&=~(3<<14);          //分频因子清零
14.     /*设置 ADC1 的分频因子，ADC1 时钟的频率设置为 12 MHz（SYSCLK/DIV2=12 MHz），
15.     ADC1 最大时钟频率不能超过 14 MHz！否则将导致 ADC 准确度下降*/
16.     RCC->CFGR|=2<<14;
17.     ADC1->CR1&=0xF0FFFF;          //工作模式清零
18.     ADC1->CR1|=0<<16;             //独立工作模式
19.     ADC1->CR1&=~(1<<8);           //关闭扫描模式
20.     ADC1->CR2&=~(1<<1);           //单次转换模式
21.     ADC1->CR2&=~(7<<17);          //选择启动规则通道转换的外部事件清零
22.     ADC1->CR2|=7<<17;             //选择 SWSTART（软件控制转换）
23.     ADC1->CR2|=1<<20;             //使用外部触发（SWSTART）！必须使用一个事件来触发
24.     ADC1->CR2&=~(1<<11);          //右对齐
25.     ADC1->SQR1&=~(0xF<<20);       //规则通道序列中的通道数清零
26.     ADC1->SQR1|=0<<20;            //规则通道序列中的通道数为 1
27.     /*设置通道 1 的采样时间*/
28.     ADC1->SMPR2&=~(7<<3);         //通道 1 采样时间清零
29.     ADC1->SMPR2|=7<<3;  //通道 1 采样时间为 239.5 个周期，延长采样时间能提高精确度
30.     ADC1->CR2|=1<<0;          //开启 ADC，并启动转换
31.     /*该位由软件设置并由硬件清除，在校准寄存器被初始化后该位将被清除*/
32.     ADC1->CR2|=1<<3;              //初始化校准寄存器（使能复位校准）
33.     while(ADC1->CR2&1<<3); //等待初始化结束。在校准寄存器被初始化后，该位将被清除
34.     /*该位由软件设置开始校准，并在校准结束时由硬件清除*/
35.     ADC1->CR2|=1<<2;              //开始模数校准
36.     while(ADC1->CR2&1<<2); //等待模数校准结束。在模数校准结束时，该位由硬件清除
37. }
38. /*获得规则通道序列 1 的通道（ch）的 ADC 值。ch：通道值 0~16。返回值：转换结果*/
39. u16 Get_Adc(u8 ch)
40. {
41.     /*设置规则通道序列*/
42.     ADC1->SQR3&=0xFFFFFFE0;       //清除规则通道序列中的第 1 个通道
43.     ADC1->SQR3|=ch;               //设置转换规则通道序列 1 的通道（ch）
44.     ADC1->CR2|=1<<22;             //启动（开始）规则通道转换
45.     while(!(ADC1->SR&1<<1)); //等待转换结束。转换完成：EOC=1（ADC1->SR.1=1）
46.     return ADC1->DR;              //返回 ADC 值
47. }
48. /*获取通道（ch）的 times 次转换结果平均值。ch：通道编号。times：获取次数，返回平均值*/
49. u16 Get_Adc_Average(u8 ch,u8 times)
50. {
51.     u32 temp_val=0;
52.     u8 t;
53.     for(t=0;t<times;t++)
54.     {
55.             temp_val+=Get_Adc(ch); //累加通道 ch 每次转换 ADC 值，共累加 times 次
56.             delay_ms(5);
57.     }
58.     return temp_val/times;
59. }
```

3. 编写主文件

使用 STM32 的 ADC1 的通道 1（PA1）采集模拟电压，通过模数转换，将采样值和电压值通过串口输出。主文件 main.c 的代码如下。

```
1.  #include "sys.h"
2.  #include "usart.h"
3.  #include "delay.h"
4.  #include "led.h"
5.  #include "adc.h"
6.  int main(void)
7.  {
8.      u16 adcx;
9.      float temp;
10.     Stm32_Clock_Init(9);                    //设置系统时钟
11.     uart_init(72,9600);                     //将串口波特率初始化为 9600
12.     delay_init(72);                         //初始化延时函数
13.     LED_Init();                             //初始化 LED 端口
14.     Adc_Init();                             //初始化 ADC
15.     while(1)
16.     {
17.             adcx=Get_Adc_Average(ADC_CH1,10);     //获取采样值
18.             printf("采样值: %d\r\n",adcx);        //显示采样值
19.             temp=((float)adcx*3.3)/4096;          //计算电压值
20.             printf("电压值: %.2f\r\n",temp);      //显示电压值
21.             LED1=!LED1;
22.             delay_ms(1000);
23.     }
24. }
```

7.2.3 基于寄存器的STM32模数转换运行与调试

在设计好基于寄存器的 STM32 模数转换电路和程序以后，还需要新建 ADC_R 工程，以及进行工程搭建、编译、运行与调试。

基于寄存器的STM32 模数转换运行与调试

1. 新建 ADC_R 工程

（1）建立一个“任务 15 基于寄存器的 STM32 模数转换设计”工程目录，然后在该目录下新建 4 个子目录，分别为 USER、SYSTEM、HARDWARE 和 OUTPUT。

（2）把前面介绍过的 delay、sys 和 usart 子目录复制到 SYSTEM 子目录下。

（3）在 HARDWARE 子目录下，新建 ADC 子目录，把 adc.c 和 adc.h 文件复制到 ADC 子目录下，最后把前面介绍过的 led 子目录复制到 HARDWARE 子目录下。

（4）把主文件 main.c 复制到 USER 子目录下。

（5）新建 ADC_R 工程，并将其保存在 USER 子目录下。

其中，OUTPUT 子目录专门用来存放编译生成的目标代码文件。

2. 工程搭建、编译、运行与调试

（1）在 ADC_R 工程中，新建 USER、SYSTEM 和 HARDWARE 这 3 个组，在 USER 组

中添加 main.c 和 startup_stm32f10x_hd.s 文件，在 SYSTEM 组中添加 delay.c、sys.c 和 usart.c 文件，在 HARDWARE 组中添加 led.c、adc.c 文件。具体方法在项目 1 中已介绍过。

（2）在 ADC_R 工程中，添加该任务的所有头文件及编译文件的路径。具体方法在项目 1 中已介绍过。

（3）完成了 ADC_R 工程的搭建和配置后，单击“Rebuild”按钮对工程进行编译，生成 ADC_R.hex 目标代码文件。若编译时发生错误，要进行分析检查，直到编译正确。

（4）通过串口下载软件 mcuisp 完成 ADC_R.hex 文件的下载。

（5）先连接好电路，然后上电运行。改变光照在光敏电阻上的亮度，观察通过串口是否输出采样值和电压值，以及随着光照亮度的变化，采样值和电压值是否也随着变化。若运行结果与任务要求不一致，要对程序进行分析检查，直到运行正确为止。

模拟电压采集运行结果如图 7-13 所示。

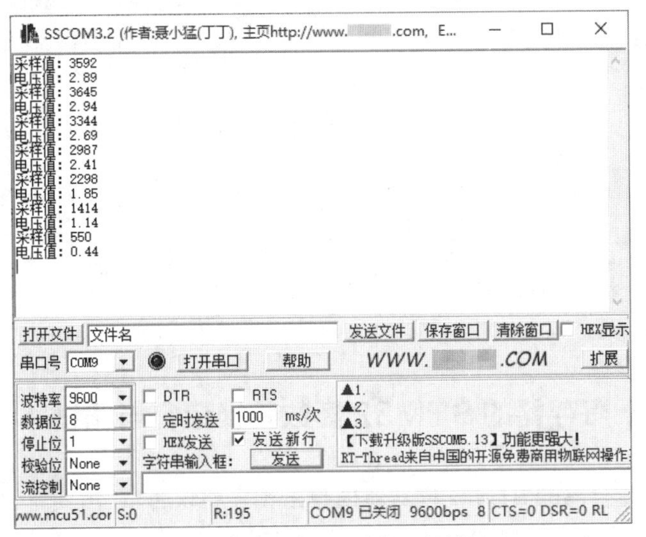

图 7-13 模拟电压采集运行结果

在本任务中，分小组合作探讨，小组成员要充分发挥团队协作精神，分工协作，提高工作效率。在调试过程中要有耐心、注意细节，态度决定一切，细节决定成败。

7.3 任务 16 基于库函数的 STM32 模数转换设计

任务要求

通过 STM32 中 ADC 的相关库函数，根据任务 15 的要求，完成基于库函数的 STM32 模数转换设计。

7.3.1 ADC 的相关库函数

与 STM32 中 ADC 相关的库函数位于 stm32f10x_adc.c 文件和

stm32f10x_adc.h 文件中。下面通过库函数来完成 STM32 模数转换设计。

1. 开启 GPIOA 口时钟和 ADC1 时钟，设置 PA1 为模拟输入引脚

STM32F103ZET6 开发板中 ADC1 的通道 1 在 PA1 引脚上，所以要先使能 GPIOA 口时钟和 ADC1 时钟，然后设置 PA1 为模拟输入引脚。库函数实现的方法如下。

```
1.  RCC_APB2PeriphClockCmd(RCC_APB2Periph_GPIOA |RCC_APB2Periph_ADC1,ENABLE );
2.  GPIO_InitStructure.GPIO_Pin = GPIO_Pin_1;
3.  GPIO_InitStructure.GPIO_Mode = GPIO_Mode_AIN;
4.  GPIO_Init(GPIOA, &GPIO_InitStructure);          //PA1 作为模拟输入引脚
```

2. 复位 ADC1 并设置分频因子

开启 ADC1 时钟之后，要复位 ADC1，将 ADC1 的全部寄存器重设为默认值之后，还要通过 RCC_CFGR 寄存器设置 ADC1 的分频因子。库函数实现的代码如下。

```
1.  ADC_DeInit(ADC1);                          //复位 ADC1
2.  RCC_ADCCLKConfig(RCC_PCLK2_Div6); //设置 ADC1 分频因子为 6, 72 MHz/6=12 MHz
```

3. 初始化 ADC1 参数，设置 ADC1 的工作模式及规则通道序列的相关信息

在设置完分频因子之后，就可以开始 ADC1 的工作模式设置了，即设置单次转换模式、触发模式、数据对齐方式等。还要设置 ADC1 规则通道序列的相关信息，在这里只有一个通道，又是单次转换，规则通道序列中的通道数要设置为 1。库函数实现的代码如下。

```
1.  ADC_InitStructure.ADC_Mode = ADC_Mode_Independent;  //ADC 的工作模式：独立工作模式
2.  ADC_InitStructure.ADC_ScanConvMode = DISABLE;     //非扫描模式（单通道模式）
3.  ADC_InitStructure.ADC_ContinuousConvMode = DISABLE;      //单次转换模式
4.  //软件控制转换
5.  ADC_InitStructure.ADC_ExternalTrigConv = ADC_ExternalTrigConv_None;
6.  ADC_InitStructure.ADC_DataAlign = ADC_DataAlign_Right;  //ADC 数据右对齐
7.  ADC_InitStructure.ADC_NbrOfChannel = 1;      //转换规则通道序列 1 的 ADC 通道的数目为 1
8.  ADC_Init(ADC1, &ADC_InitStructure);      //根据以上指定的参数，初始化外设 ADC1 的寄存器
```

4. 使能 ADC 和校准设置

开启 ADC，执行复位校准和模数校准，注意这两步是必需的！不校准将导致采样结果不准确。库函数实现的代码如下。

```
1.  ADC_Cmd(ADC1, ENABLE);                                //使能指定的 ADC1
2.  ADC_ResetCalibration(ADC1);                           //使能复位校准
3.  while(ADC_GetResetCalibrationStatus(ADC1));           //等待复位校准结束
4.  ADC_StartCalibration(ADC1);                           //开启模数校准
5.  while(ADC_GetCalibrationStatus(ADC1));                //等待模数校准结束
```

5. 读取 ADC 值

在校准完成之后，ADC 就准备好了。接下来要做的就是设置规则通道序列 1 的采样通道、采样顺序，以及通道的采样时间，然后启动 ADC。在转换结束后，读取 ADC1_DR 寄存器里面的值就可以了。库函数实现的代码如下。

```
1.  ADC_RegularChannelConfig(ADC1,ch,1,ADC_SampleTime_239Cycles5 );
2.  //ADC1 的通道 1 采样时间是 239.5 个周期
3.  ADC_SoftwareStartConvCmd(ADC1,ENABLE);   //使能指定的 ADC1 的软件转换启动功能
4.  while(!ADC_GetFlagStatus(ADC1, ADC_FLAG_EOC ));       //等待转换结束
```

```
5.   temp=ADC_GetConversionValue(ADC1);        //读取 ADC1 规则通道的转换结果
```

通过以上 ADC 的相关库函数，就可以正常地使用 STM32 的 ADC1 来完成模数转换的操作了。

7.3.2 基于库函数的 STM32 模数转换程序设计

根据任务要求，通过 STM32 中 ADC 的相关库函数，采集 ADC1 的通道 1 上的模拟电压，并通过串口显示采样值和电压值。

基于库函数的STM32模数转换程序设计

在这里，基于库函数的 STM32 模数转换电路、ADC 文件和主文件都与任务 15 的一样，就不做介绍了。

1. 编写 adc.h 头文件

adc.h 头文件的代码如下。

```
1.   #ifndef __ADC_H__
2.   #define __ADC_H__
3.   #include <sys.h>
4.   void Adc_Init(void);
5.   u16  Get_Adc(u8 ch);
6.   u16 Get_Adc_Average(u8 ch,u8 times);
7.   #endif
```

2. 编写 adc.c 文件

adc.c 文件的代码如下。

```
1.   #include "adc.h"
2.   #include "delay.h"
3.   /*初始化 ADC。采用规则通道，开启通道 1*/
4.   void  Adc_Init(void)
5.   {
6.       ADC_InitTypeDef ADC_InitStructure;
7.       GPIO_InitTypeDef GPIO_InitStructure;
8.       //使能 GPIOA 时钟和 ADC1 时钟
9.       RCC_APB2PeriphClockCmd(RCC_APB2Periph_GPIOA|RCC_APB2Periph_ADC1,
ENABLE );
10.      RCC_ADCCLKConfig(RCC_PCLK2_Div6); //设置 ADC1 分频因子为 6, 72 MHz/6=12 MHz
11.      GPIO_InitStructure.GPIO_Pin = GPIO_Pin_1;
12.      GPIO_InitStructure.GPIO_Mode = GPIO_Mode_AIN;     //设置引脚为模拟输入
13.      GPIO_Init(GPIOA, &GPIO_InitStructure);            //PA1 作为模拟输入引脚
14.      ADC_DeInit(ADC1);           //复位 ADC1，将 ADC1 的全部寄存器重设为默认值
15.      ADC_InitStructure.ADC_Mode = ADC_Mode_Independent;  //独立工作模式
16.      ADC_InitStructure.ADC_ScanConvMode = DISABLE;//非扫描模式（单通道模式）
17.      ADC_InitStructure.ADC_ContinuousConvMode = DISABLE; //单次转换模式
18.      ADC_InitStructure.ADC_ExternalTrigConv = ADC_ExternalTrigConv_ None;
19.      //软件控制转换
20.      ADC_InitStructure.ADC_DataAlign = ADC_DataAlign_Right;//ADC 数据右对齐
21.      ADC_InitStructure.ADC_NbrOfChannel = 1;   //规则通道序列 1 的 ADC 通道数为 1
22.      ADC_Init(ADC1, &ADC_InitStructure);                //初始化外设 ADC1 的寄存器
23.      ADC_Cmd(ADC1, ENABLE);                             //使能指定的 ADC1
24.      ADC_ResetCalibration(ADC1);                        //使能复位校准
25.      while(ADC_GetResetCalibrationStatus(ADC1)); //等待复位校准结束
```

```
26.      ADC_StartCalibration(ADC1);                        //开启模数校准
27.      while(ADC_GetCalibrationStatus(ADC1));             //等待模数校准结束
28. }
29. /*获得通道(ch)的 ADC 值。ch: 通道值 0~16。返回值: 转换结果*/
30. u16 Get_Adc(u8 ch)
31. {
32.      /*设置指定 ADC 的规则通道(一个序列),采样时间是 239.5 个周期*/
33.      ADC_RegularChannelConfig(ADC1,ch,1,ADC_SampleTime_239Cycles5 );
34.      ADC_SoftwareStartConvCmd(ADC1, ENABLE); //使能指定 ADC1 的软件转换启动功能
35.      while(!ADC_GetFlagStatus(ADC1, ADC_FLAG_EOC )); //等待转换结束
36.      return ADC_GetConversionValue(ADC1);                   //返回 ADC 值
37. }
38. /*获取通道(ch)的 times 次转换结果平均值。ch: 通道编号。times: 获取次数,返回平均值*/
39. u16 Get_Adc_Average(u8 ch,u8 times)
40. {
41.      ……            //与任务 15 的 Get_Adc_Average()函数的代码一样
42. }
```

3. 编写主文件

主文件 main.c 的代码如下。

```
1.  #include "led.h"
2.  #include "delay.h"
3.  #include "sys.h"
4.  #include "usart.h"
5.  #include "adc.h"
6.  int main(void)
7.  {
8.      u16 adcx;
9.      float temp;
10.     delay_init();
11.     LED_Init();
12.     Adc_Init();
13.     uart_init(115200);
14.     while(1)
15.         {
16.             adcx=Get_Adc_Average(ADC_Channel_1,10);
17.             printf("采样值: %d\r\n",adcx);
18.             temp=((float)adcx*3.3)/4096;
19.             printf("电压值: %.2f\r\n",temp);
20.             LED1=!LED1;
21.             delay_ms(1000);
22.         }
23. }
```

7.3.3 基于库函数的 STM32 模数转换运行与调试

在设计好基于库函数的 STM32 模数转换电路和程序以后，还需要新建 ADC_H 工程，以及进行工程搭建、编译、运行与调试。

基于库函数的
STM32 模数转
换运行与调试

1. 新建 ADC_H 工程

（1）将“任务 13 USART 串口通信设计”修改为“任务 16 基于库函数的 STM32 模数转换设计”。

（2）在 USER 子目录下，把主文件 main.c 复制到 USER 子目录下，并把“USART.uvprojx”工程名修改为“ADC_H.uvprojx”。

（3）在 HARDWARE 子目录下，新建 ADC 子目录，把 adc.c 和 adc.h 文件复制到 ADC 子目录下。

2. 工程搭建、编译、运行与调试

（1）运行 ADC_H.uvprojx，把“Project Targets”栏下的工程名修改为“ADC_H”。

（2）在 ADC_H 工程中，在 HARDWARE 组中添加 adc.c 文件，同时还要添加 adc.h 头文件以及编译文件的路径。

（3）完成了 ADC_H 工程的搭建和配置后，单击“Rebuild”按钮对工程进行编译，生成 ADC_H.hex 目标代码文件。若编译时发生错误，要进行分析检查，直到编译正确。

（4）通过串口下载软件 mcuisp 完成 ADC_H.hex 文件的下载。

（5）先连接好电路，然后上电运行。改变光照在光敏电阻上的亮度，观察通过串口是否输出采样值和电压值，以及随着光照亮度的变化，采样值和电压值是否也随着变化。若运行结果与任务要求不一致，要对程序进行分析检查，直到运行正确为止。运行结果如图 7-13 所示。

从在光敏电阻上改变光照亮度到换位思考，从成人到成才，处理问题需要注意换位思考，教育的本质是立德树人。

【技能训练 7-1】 内部温度传感器采集监控设计

通过 STM32 的 ADC1 的通道 16 采集内部温度传感器的电压值，并将采集的电压值和转换后的温度值通过串口输出，同时 LED 闪烁，表示系统正常运行。

内部温度传感器采集监控设计

1. 认识内部温度传感器

在图 7-1 中，STM32 的 ADC 内部有一个通道连接着芯片的温度传感器，那么如何监控 CPU 及周围的温度呢？

STM32F103 系列芯片的内部有一个温度传感器，可用来测量 CPU 及周围的温度。内部温度传感器与 ADC1 内部的输入通道相连接（连接在 ADC1_IN16 上），ADC1 可以将传感器输出的电压转换成数字值。

内部温度传感器支持的温度范围为−40℃～125℃，精度为±1.5℃左右。

2. STM32 的内部温度传感器配置

内部温度传感器的使用很简单，只要初始化 ADC1_IN16，并激活其内部温度传感器通道就可以了。ADC 初始化前面已经介绍过，这里主要介绍与内部温度传感器相关的配置操作。

内部温度传感器相关库函数位于 stm32f10x_adc.c 和 stm32f10x_adc.h 文件中。使用库函数对内部温度传感器进行配置，具体步骤如下。

（1）初始化 ADC1_IN16 相关参数，开启内部温度传感器。

要使用 STM32 的内部温度传感器，必须先激活 ADC 的内部通道。

设置 ADC_CCR 寄存器的 TSVREFE 位（位 23）：设置该位为 1，则开启内部温度传感器；否则关闭内部温度传感器。开启内部温度传感器的代码如下。

```
ADC_TempSensorVrefintCmd(ENABLE);        //开启 ADC 内部温度传感器
```

（2）读取 ADC1_IN16 的 AD 值，将其转换为对应的温度。

STM32F103ZET6 的内部温度传感器是固定连接在 ADC1_IN16 上的，在设置好 ADC1 之后，只要读取 ADC1_IN16 的 AD 值，就可获得内部温度传感器返回的电压值了。根据这个值可计算出当前温度，计算公式如下。

$$T(℃) = [(V25-Vsense)/Avg\_Slope] + 25$$

公式中：

① V25 是 Vsense 在 25℃时的数值，其典型值为 1.43 V。

② Avg_Slope 是温度与 Vsense 的曲线的平均斜率（单位为 mV/℃或 μV/℃），其典型值为 4.3 mV/℃。

③ Vsense 是内部温度传感器返回的电压值。

通过上面的公式，就可以方便地计算出当前内部温度传感器测量的温度。

3. 内部温度传感器采集程序设计

内部温度传感器采集程序主要包括内部温度传感器初始化函数、温度读取函数及主函数等。

（1）编写内部温度传感器初始化函数

使用内部温度传感器，要先对它进行配置。初始化函数 ADC_Temp_Init()的代码如下。

```
1.  void ADC_Temp_Init(void)
2.  {
3.      ADC_InitTypeDef       ADC_InitStructure;
4.      RCC_APB2PeriphClockCmd(RCC_APB2Periph_ADC1,ENABLE);
5.      RCC_ADCCLKConfig(RCC_PCLK2_Div6); //设置 ADC1 分频因子为 6,72 MHz/6=12 MHz
6.          ADC_TempSensorVrefintCmd(ENABLE);         //打开 ADC 内部温度传感器
7.      ADC_InitStructure.ADC_Mode = ADC_Mode_Independent;
8.      //ADC 工作模式：独立工作模式
9.      ADC_InitStructure.ADC_ScanConvMode = DISABLE;         //非扫描模式
10.     ADC_InitStructure.ADC_ContinuousConvMode = DISABLE; //关闭连续转换
11.     ADC_InitStructure.ADC_ExternalTrigConv = ADC_ExternalTrigConv_None;
12.                     //软件触发，禁止触发检测
13.     ADC_InitStructure.ADC_DataAlign = ADC_DataAlign_Right;  //右对齐
14.     ADC_InitStructure.ADC_NbrOfChannel = 1;   //规则通道序列 1 的 ADC 通道数为 1
15.     ADC_Init(ADC1, &ADC_InitStructure);                 //初始化 ADC
16.     ADC_Cmd(ADC1, ENABLE);                              //开启 ADC
17.     ADC_ResetCalibration(ADC1);            //重置指定的 ADC 的校准寄存器
18.     while(ADC_GetResetCalibrationStatus(ADC1)); //获取 ADC 重置校准寄存器的状态
19.     ADC_StartCalibration(ADC1);                    //开始指定 ADC 的校准状态
20.     while(ADC_GetCalibrationStatus(ADC1));         //获取指定 ADC 的校准程序
21.     ADC_SoftwareStartConvCmd(ADC1, ENABLE); //使能指定的 ADC 的软件转换启动功能
22. }
```

该函数初始化 ADC1_IN16，并调用 ADC_TempSensorVrefintCmd()函数，开启内部温度

传感器。

（2）编写温度读取函数

Get_ADC_Temp_Value()函数用于读取 ADC1_IN16 的 AD 值，该函数的代码如下。

```
1.  u16 Get_ADC_Temp_Value(u8 ch,u8 times)
2.  {
3.      u32 temp_val=0;
4.      u8 t;
5.      //设置指定 ADC 的规则通道（一个序列），采样时间
6.      //ADC1，ADC 通道，239.5 个周期，提高采样时间可以提高精确度
7.      ADC_RegularChannelConfig(ADC1, ch, 1, ADC_SampleTime_239Cycles5);
8.      for(t=0;t<times;t++)
9.      {
10.             ADC_SoftwareStartConvCmd(ADC1, ENABLE);
11.             //使能指定的 ADC1 的软件转换启动功能
12.             while(!ADC_GetFlagStatus(ADC1, ADC_FLAG_EOC ));//等待转换结束
13.             temp_val+=ADC_GetConversionValue(ADC1);
14.             delay_ms(5);
15.     }
16.     return temp_val/times;
17. }
```

计算当前内部温度的函数是 Get_Temperture()，该函数的代码如下。

```
1.  int Get_Temperture(void)
2.  {
3.      u32 adc_value;
4.      int temp;
5.      double temperture;
6.      adc_value=Get_ADC_Temp_Value(ADC_Channel_16,10);
7.                      //读取通道 16 内部温度传感器通道，10 次取平均
8.      temperture=(float)adc_value*(3.3/4096);                  //电压值
9.      temperture=(1.43-temperture)/0.0043+25;                  //转换为温度值
10.     temp=temperture*100;                                     //放大 100 倍
11.     return temp;
12. }
```

（3）编写主函数

主函数 main()的代码如下。

```
1.  #include "led.h"
2.  #include "delay.h"
3.  #include "sys.h"
4.  #include "usart.h"
5.  #include "adc.h"
6.  #include "adc_temp.h"
7.  int main(void)
8.  {
9.      u16 adcx;
10.     delay_init();               //初始化延时函数
11.     LED_Init();                 //初始化 LED 端口
12.     ADC_Temp_Init();            //初始化内部温度传感器
13.     uart_init(115200);
14.     while(1)
15.     {
```

```
16.                adcx=Get_Temperture();
17.                printf("MCU温度：%.2fC\r\n",(float)adcx/100);
18.                            //在读取时放大了100倍，在此要除以100
19.                LED0=!LED0;
20.                delay_ms(1000);
21.        }
22. }
```

关键知识点小结

1. 将模拟信号转换成数字信号的电路，称为 ADC。模数转换的作用是将时间连续、幅值也连续的模拟量转换为时间离散、幅值也离散的数字信号，即将模拟信号转换成数字信号。

2. STM32 拥有 1～3 个 ADC，这些 ADC 可以独立使用，也可以使用双重模式（提高采样率）。STM32 的 ADC 是 12 位逐次逼近型的模数转换器。

3. STM32 把 ADC 的转换分为规则通道和注入通道，规则通道最多包含 16 个通道，注入通道最多包含 4 个通道。

（1）规则通道相当于正常执行的程序，注入通道相当于中断。

（2）在程序初始化中要设置好规则通道和注入通道。

4. 与 STM32 的 ADC 相关的寄存器有 ADC 控制寄存器（ADC_CR1 和 ADC_CR2）、ADC 采样事件寄存器（ADC_SMPR1 和 ADC_SMPR2）、ADC 规则序列寄存器（ADC_SQR1～ADC_SQR3）、ADC 规则数据寄存器（ADC_DR），ADC 注入数据寄存器（ADC_JDRx）和 ADC 状态寄存器（ADC_SR）。

5. 与 STM32 的 ADC 相关的库函数位于 stm32f10x_adc.c 文件和 stm32f10x_adc.h 文件中。

6. 对 STM32 的 ADC1 设置经过以下几个步骤：开启 GPIOA 口时钟，设置 PA1 为模拟输入引脚；使能 ADC1 时钟，并设置分频因子；设置 ADC1 的工作模式；设置 ADC1 规则通道序列的相关信息；开启 ADC 和校准设置；读取 ADC 值。

问题与讨论

7-1　简述 ADC 和模数转换的作用。

7-2　STM32 中 ADC 的主要特征有哪些？

7-3　简述规则通道和注入通道之间的关系。

7-4　与 STM32 的 ADC 相关的寄存器有哪些？

7-5　STM32 的 ADC1 设置有哪几个步骤？

7-6　判断本次规则通道的模数转换是否完成，是通过哪个寄存器的哪一位判断的？

7-7　若模数转换完成，是通过哪个寄存器来读取转换结果的？

7-8　发挥创新精神，参考任务 15，试着采用 STM32 中 ADC 的相关寄存器，通过 ADC2 的通道 1 完成模数转换。

项目八

嵌入式智能车设计

学习目标

能力目标	利用全国职业院校技能大赛（高职组）“嵌入式技术应用开发”赛项的嵌入式智能车（竞赛平台），实现综合控制的设计、运行与调试
知识目标	1. 知道直流电机速度和方向的控制方法。 2. 知道嵌入式智能车巡航、标志物的控制方法。 3. 会编写嵌入式智能车的停止、前进、后退、左转、右转、速度和循迹等控制的功能函数。 4. 会编写嵌入式智能车对标志物控制的功能函数。
素养目标	提高读者自主学习、举一反三、勇于探索的创新能力，以及善于解决问题的实践能力，培养读者爱国、科技自强、吃苦耐劳、攻坚克难的精神及精益求精的工匠精神。

8.1 嵌入式智能车

8.1.1 认识嵌入式智能车

嵌入式智能车是全国职业院校技能大赛（高职组）“嵌入式技术应用开发”赛项的竞赛平台，该竞赛平台的摄像头由 Android 设备进行控制，在此不进行介绍。

1. 嵌入式智能车的组成

嵌入式智能车以小车为载体，采用双 12.6 V 锂电池供电，分为两路供电：电机供电和其他单元供电。嵌入式智能车的功能单元包括核心板、电机驱动板、通信显示板、任务板、循迹板和云台摄像头。嵌入式智能车的组成如图 8-1 所示。

2. 嵌入式智能车的系统架构

嵌入式智能车的系统架构如图 8-2 所示。为确保系统稳定性和实时性，各功能单元都由独立的处理器进行控制，各功能单元之间通过 CAN 总线进行数据交互，通信速度可高达 1MBd。

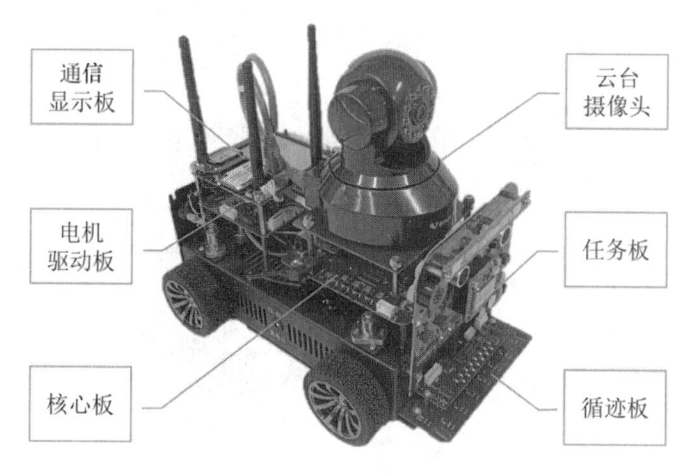

图 8-1　嵌入式智能车的组成

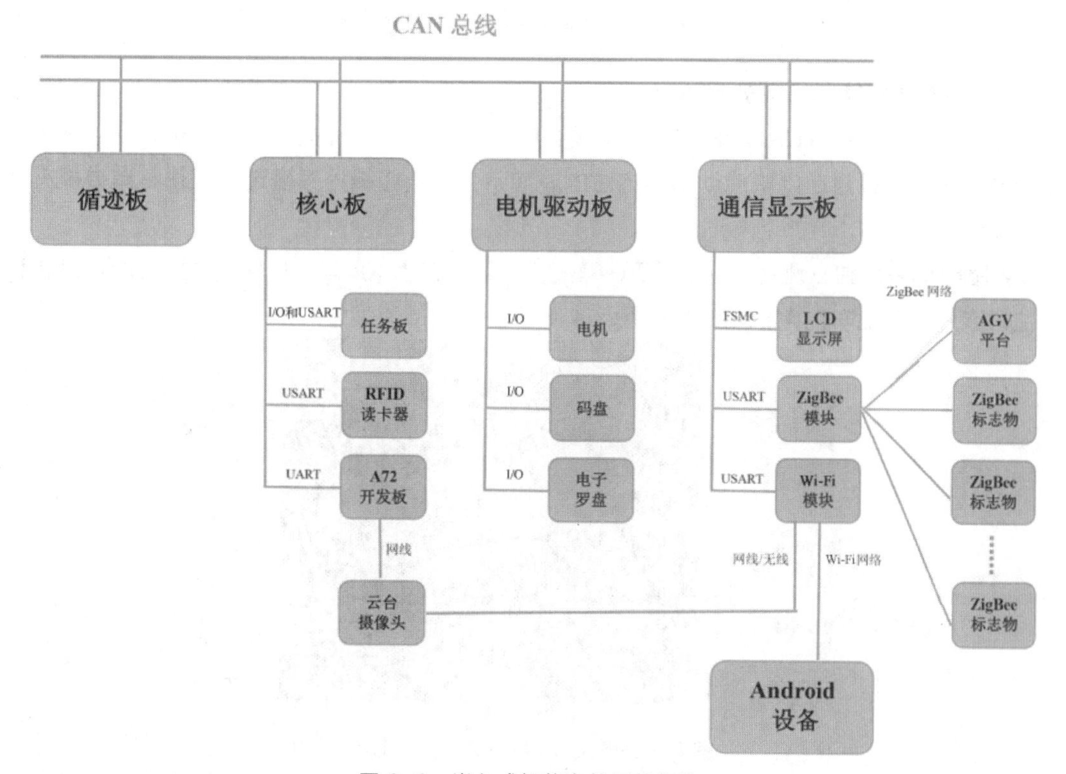

图 8-2　嵌入式智能车的系统架构

3. 嵌入式智能车的核心板

嵌入式智能车的核心板采用内核为 Cortex-M4 的 STM32F407IGT6 作为主控芯片，它的最高时钟频率可达 168 MHz，满足实时数据处理要求。核心板挂载有任务板、RFID 读卡器、A72 开发板等接口。核心板涉及的循迹数据、Wi-Fi 数据、ZigBee 数据、码盘数据等，均是通过 CAN 总线实现的。嵌入式智能车的核心板如图 8-3 所示。

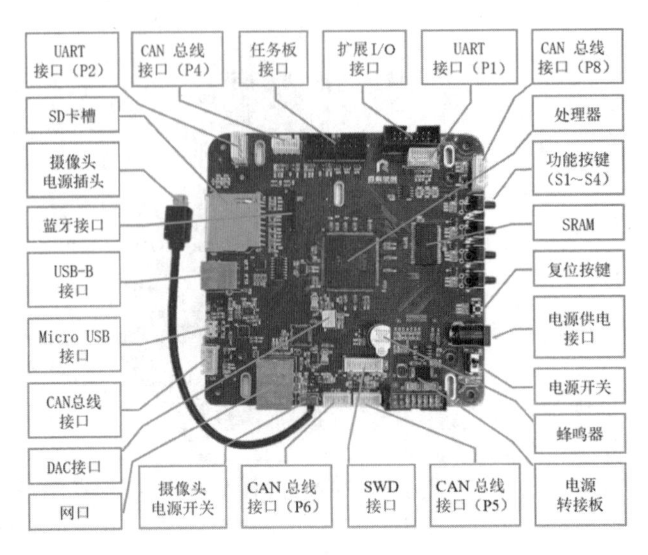

图 8-3　嵌入式智能车的核心板

4. 嵌入式智能车的电机驱动板

电机驱动板采用 STM32F103RCT6 处理器，其目的是与核心控制单元分离，使 4 路电机驱动更加高效，并且在电机启动瞬间产生的浪涌不会对核心板处理器造成损伤，有效提升了系统安全性。

4 路电机采用独立测速系统，实现 4 轮差速互补控制，提高了车辆运动控制的精度和稳定性。嵌入式智能车的电机驱动板如图 8-4 所示。

图 8-4　嵌入式智能车的电机驱动板

5. 嵌入式智能车的通信显示板

通信显示板采用 STM32F103VCT6 处理器，板载 3.5 英寸 LCD 显示屏，可显示循迹状态、码盘数据（仅显示左前轮与右前轮）、Wi-Fi 数据、ZigBee 数据、自定义 Debug 等，同时通过 CAN 总线接口与核心板连接。

通信显示板挂载有 ZigBee 无线通信模块（ZigBee 模块）和 Wi-Fi 无线通信模块（Wi-Fi 模块），支持与移动终端进行无线通信，实现嵌入式智能车与综合实训沙盘标志物、移动终端、网络摄像头和 AGV 智能移动机器人之间的交互控制。嵌入式智能车的通信显示板如图 8-5 所示。

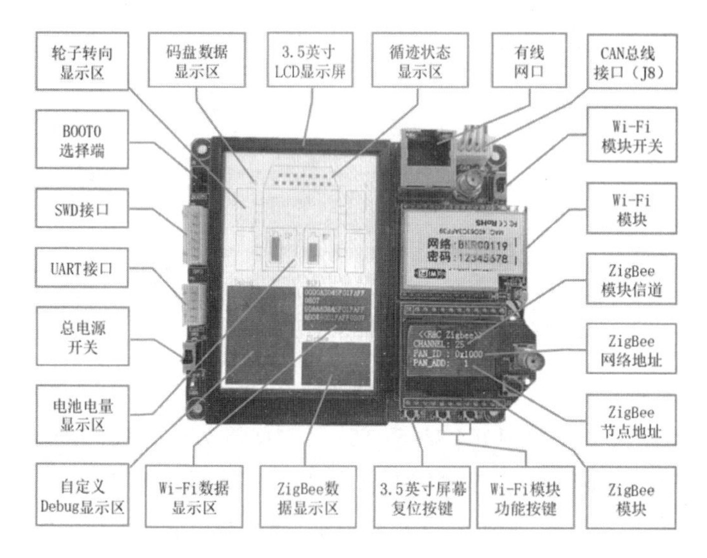

图 8-5 嵌入式智能车的通信显示板

8.1.2 嵌入式智能车的任务板

嵌入式智能车的任务板作为数据采集单元，集成了多种传感器，如超声波传感器、红外发射传感器、光敏电阻传感器和光强度传感器等，并配有 LED 和蜂鸣器等多个控制对象。为了便于控制，任务板还集成了多个逻辑芯片、方波发生单元等。嵌入式智能车的任务板如图 8-6 所示。

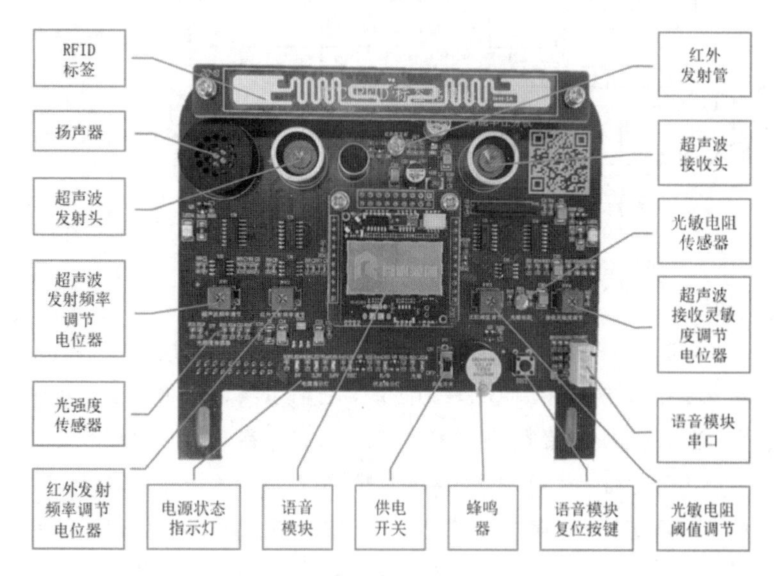

图 8-6 嵌入式智能车的任务板

嵌入式智能车的任务板涉及的电路如下。

1．超声波发射电路

任务板上的超声波发射电路如图 8-7 所示。

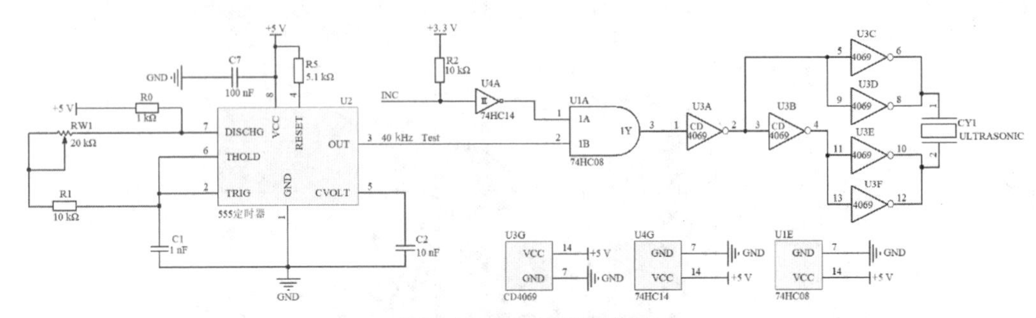

图 8-7　超声波发射电路

从图 8-7 可以看出，该电路由 ICL7555（555 定时器）、74HC08（与门）、74HC14（非门）、CD4069（反相器）和 CY1（超声波发射装置）等组成。通过调节电位器 RW1 可以调节 555 定时器芯片输出方波频率，输出频率不能超过 40 kHz，该频率可以通过数字示波器上看到。超声波实际的输出频率要根据超声波测距的误差来进行调节，通常为 38 kHz 左右。超声波测距信号发送脉冲由 INC（PA15）引脚控制，当 INC 引脚为低电平时超声波信号才可以发射出去。

2．超声波接收电路

任务板上的超声波接收电路如图 8-8 所示。

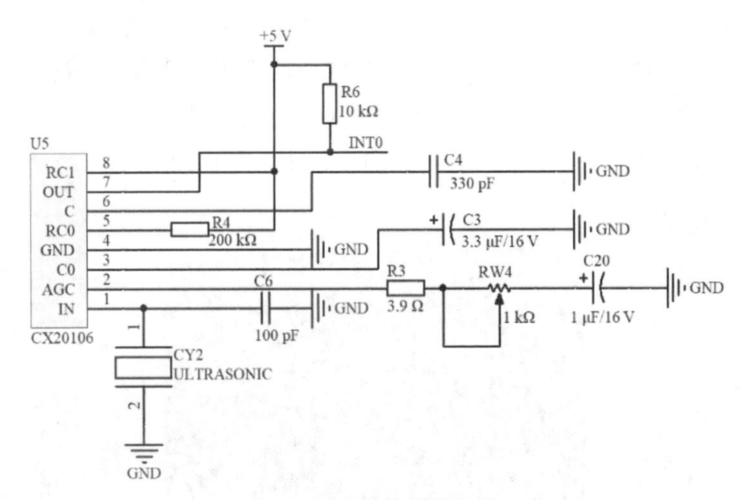

图 8-8　超声波接收电路

CX20106 是一种红外线检波接收的专用芯片，它可以实现对超声波探头接收到的信号放大、滤波等作用。当 CX20106 接收到 40 kHz 的信号时，会在第 7 引脚产生一个低电平下降脉冲，这个信号可以连接到单片机的外部中断引脚作为中断信号输入。

超声波接收电路通过调节任务板上的电位器 RW4 来调整接收解码器，接收信号输出至 INT0（PB4）引脚。

3. 红外发射电路

任务板上的红外发射电路如图 8-9 所示。

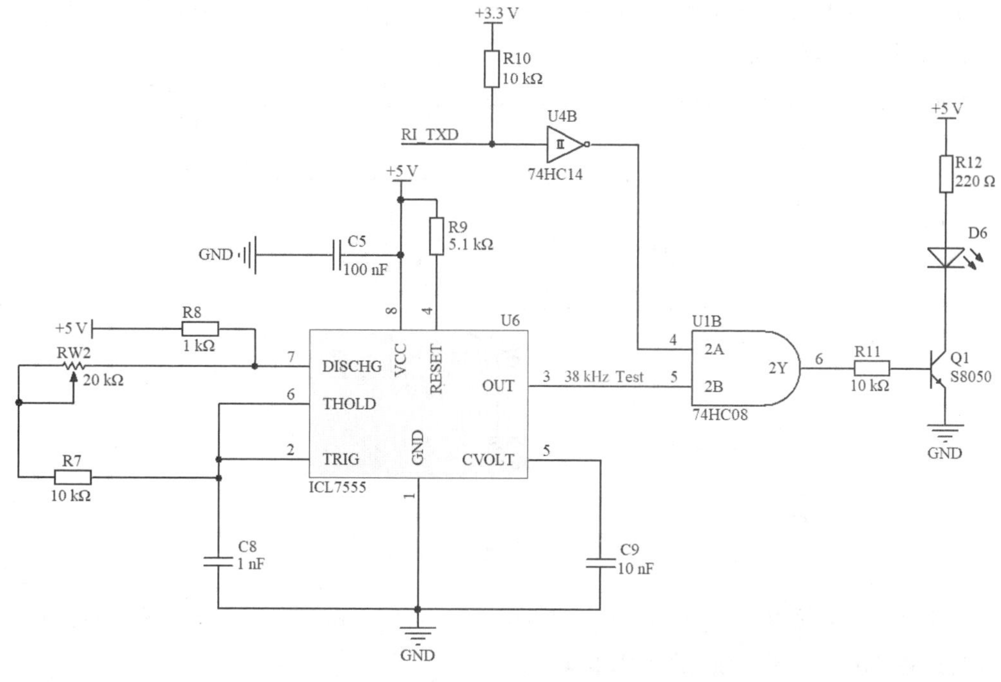

图 8-9　红外发射电路

从图 8-9 可以看出，555 定时器芯片用于产生 38 kHz 红外发射载波，通过电位器 RW2 可以调节载波频率；通过 D6 可以发射红外信号，该信号是由 RI_TXD（PF11）引脚控制输出的。

4. 光强度传感器电路

光强度传感器采用的是基于 IIC 总线的光强度传感器 BH1750FVI。任务板上的光强度传感器电路如图 8-10 所示。

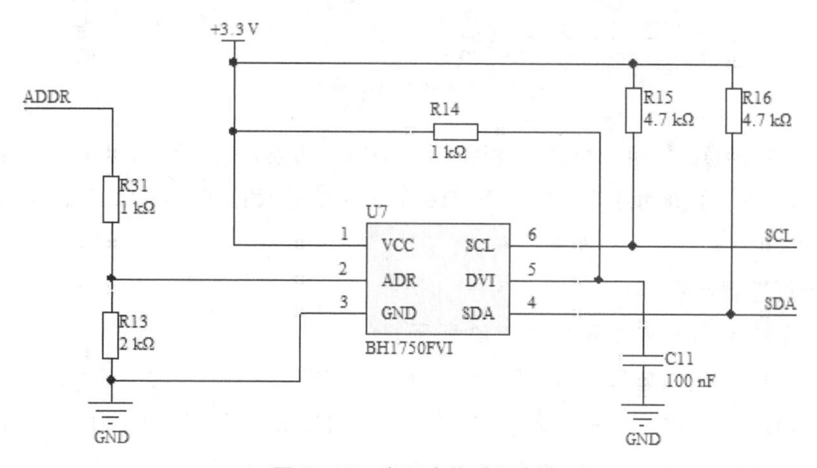

图 8-10　光强度传感器电路

在图 8-10 中，ADDR（PG15）引脚为高电平（ADDR≥0.7VCC）时，地址为“1011100”；ADDR 引脚为低电平（ADDR≤0.3VCC）时，地址为“0100011”；DVI 引脚的输出值为参考电压，当供电后，DVI 引脚至少延时 1 μs 后变为高电平。若 DVI 引脚持续低电平，则芯片不工作。

5. 光敏传感器电路

光敏传感器采用的是光敏电阻。任务板上的光敏传感器电路如图 8-11 所示。

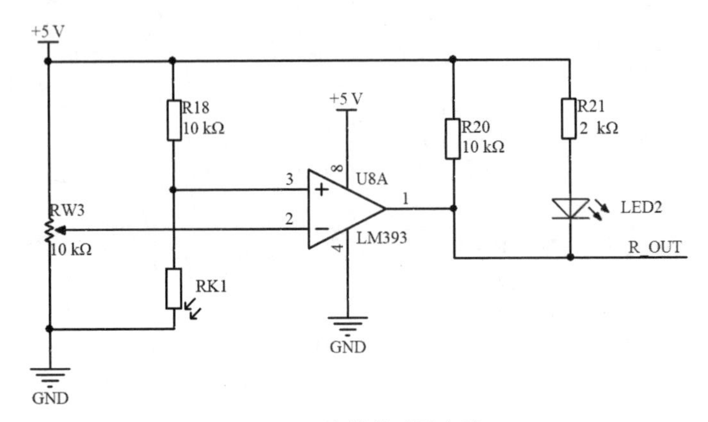

图 8-11 光敏传感器电路

在不同的光照强度下，调节图 8-11 中的电位器 RW3，即可调节电压比较器的基准电压，从而实现在不同环境下测试光照强度的功能。

6. 蜂鸣器控制电路

任务板上的蜂鸣器控制电路如图 8-12 所示。

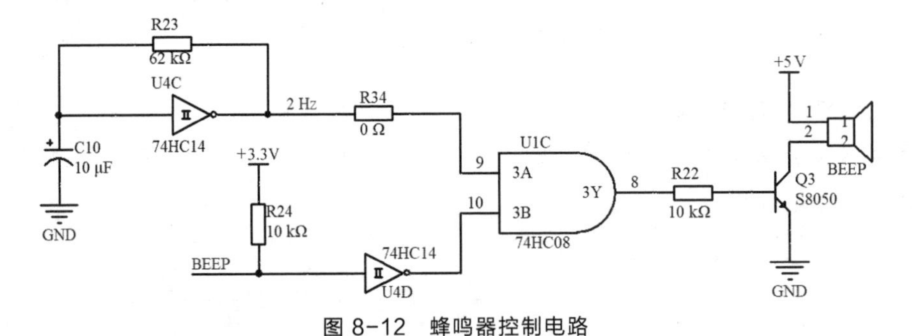

图 8-12 蜂鸣器控制电路

在图 8-12 中，通过施密特触发器振荡产生的 2 Hz 方波，送到与门 U1C 的第 9 引脚上；只要 BEEP（PC13）引脚为低电平，与门 U1C 的第 10 引脚为高电平，蜂鸣器便会以 2 Hz 的频率发出响声。

7. 指示灯控制电路

任务板上的指示灯控制电路如图 8-13 所示。

指示灯控制电路与蜂鸣器控制电路共用一组 2 Hz 方波信号。只要 LED_R（PH11）引脚为低电平，LED4 和 LED5（右转向灯）便以 2 Hz 的频率闪烁；只要 LED_L（PH10）引脚为低电平，LED1 和 LED3（左转向灯）便以 2 Hz 的频率闪烁。

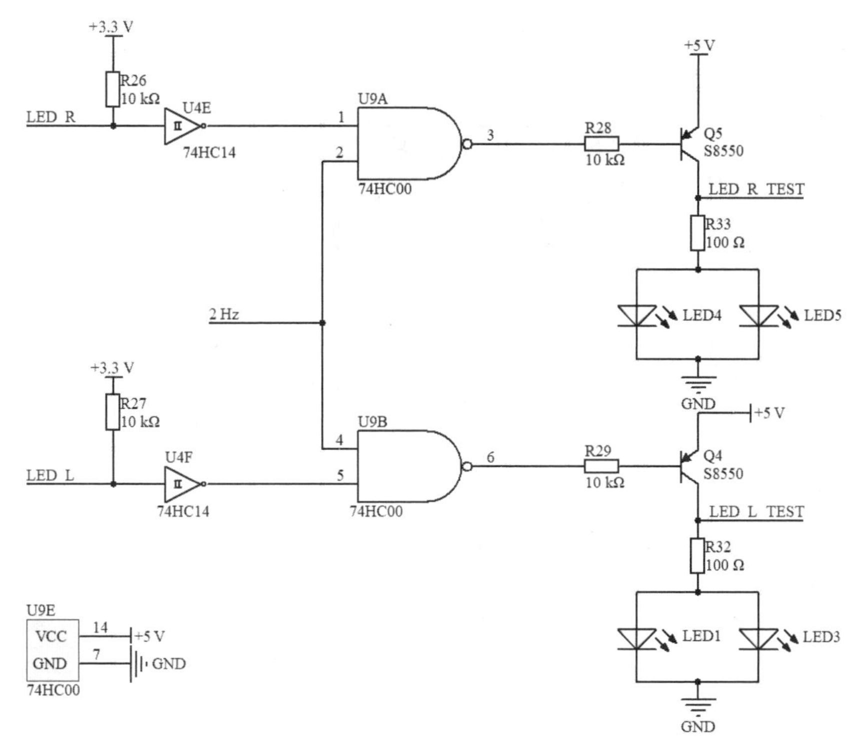

图 8-13 指示灯控制电路

8.1.3 嵌入式智能车的循迹板

嵌入式智能车的循迹板主要由嵌入式智能车循迹底板（上）和嵌入式智能车循迹底板（下）组成。

1. 循迹板的作用

在白底黑线、黑线宽度为 3 cm 的跑道上，嵌入式智能车的循迹板主要起到循迹作用。当红外对管照到黑白的跑道上时，会输出不同的电平，一般是高电平和低电平。若红外对管照到黑线上，则输出低电平；若红外对管照到黑线外，则输出高电平。这样就可以实现识别跑道上的黑色路线，起到循迹的作用。

在循迹板上，设有 15 个循迹指示灯，分别对应 15 组红外对管。当红外对管照在黑线上时，对应的循迹指示灯熄灭；当红外对管照在黑线外时，对应的循迹指示灯点亮。

2. 嵌入式智能车的循迹电路

循迹板采用反射式光电传感器，有独立的 STM32F103C8T6 处理器和 2 排 15 组红外对管，采用前 7 后 8 交叉排列的方式，实时检测当前循迹状态，并将数据传回至核心板进行处理，从而实现循迹，使嵌入式智能车能够安全、平稳行进。

循迹板前 7 组红外对管可实现对前进方向道路的预判，提高了循迹的精度，使嵌入式智能车行进的稳定性得到增强，实现循迹数据的实时采集、实时处理、实时传输。嵌入式智能车的循迹板如图 8-14 所示。

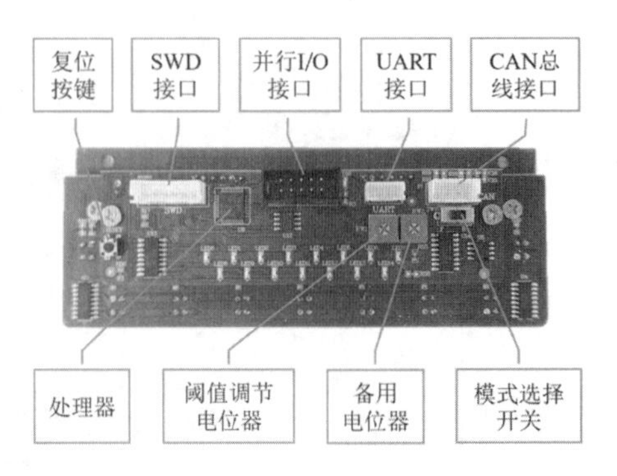

图 8-14　嵌入式智能车的循迹板

嵌入式智能车的循迹板主要说明如下。

复位按键：用于进行处理器硬件复位。

SWD 接口：作为处理器程序的下载接口。

并行 I/O 接口：并行输出循迹数据。

UART 接口：作为处理器的硬件串口（暂未使用）。

CAN 总线接口：通过 CAN 总线传输循迹数据。

模式选择开关：选择设置循迹板为前置循迹板或后置循迹板（F 为前置，B 为后置）。

备用电位器：暂未使用。

阈值调节电位器：用于调节红外发射管发送功率。

（1）循迹指示灯电路

循迹指示灯电路的 LED0 ~ LED14 采用前 7 后 8 交叉排列的方式，实时显示当前循迹的状态。循迹板的循迹指示灯电路如图 8-15 所示。

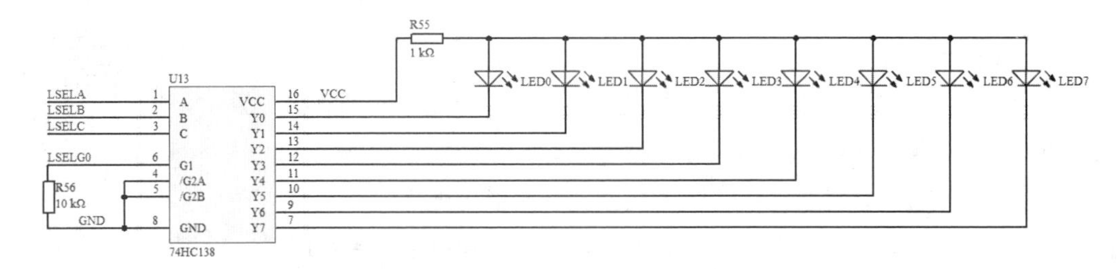

(a) 后 8 循迹指示灯电路

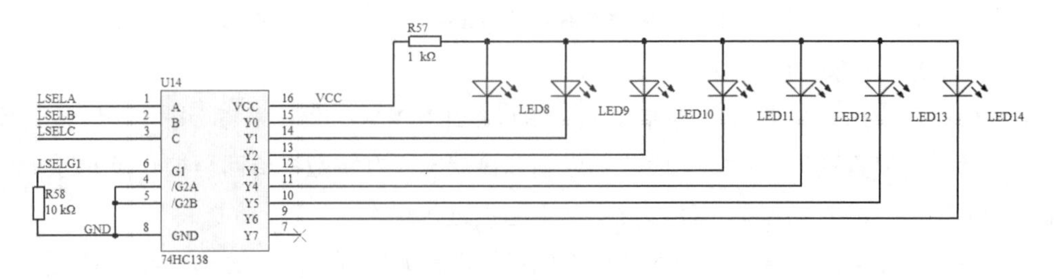

(b) 前 7 循迹指示灯电路

图 8-15　循迹板的循迹指示灯电路

在图 8-15 中，74HC138 为 3 线-8 线译码器芯片，是一款高速 CMOS（互补金属氧化物半导体）元器件。当选通端 G1 为高电平、G2A 和 G2B 为低电平时，可将地址输入端（A、B 和 C）以二进制数形式输入，然后转换成十进制数，在一个对应的输出端（Y0~Y7）以低电平译出（使得其对应的循迹指示灯点亮），其他的输出端均为高电平。

（2）红外发射电路

循迹板上的 15 个红外发射管采用前 7 后 8 交叉式排列的方式。红外发射电路由 2 个 74HC138 译码器芯片来控制 15 个红外发射管。循迹板的红外发射电路如图 8-16 所示。

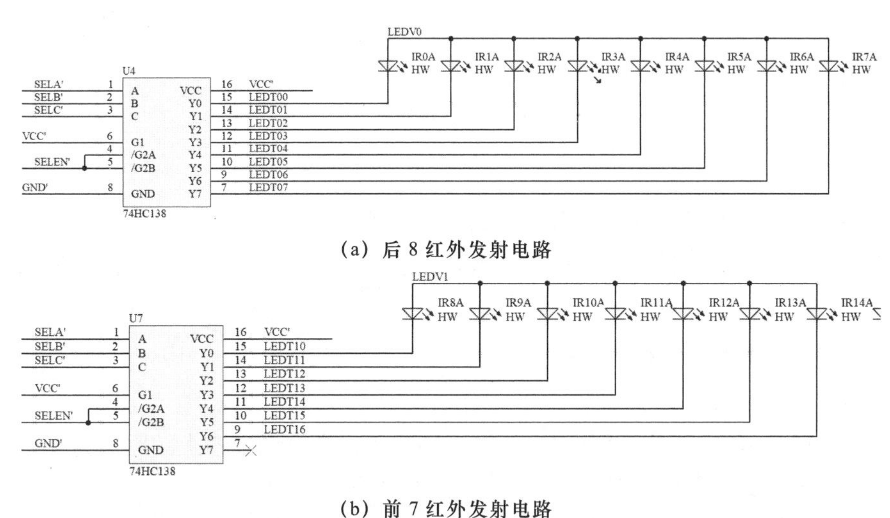

（a）后 8 红外发射电路

（b）前 7 红外发射电路

图 8-16 循迹板的红外发射电路

（3）红外接收电路

在红外接收电路中，采用 CD4051 来控制红外接收管。CD4051 是一个 8 选 1 模拟开关电路，即输入有 8 个通道、输出有 1 个通道。其中 A、B、C 是 3 位二进制地址输入端，3 位二进制地址的 8 种组合可用于选择 8 个通道；INH 是禁止输入端，其为高电平时，地址输入无效，即无通道被选通。循迹板的红外接收电路如图 8-17 所示。

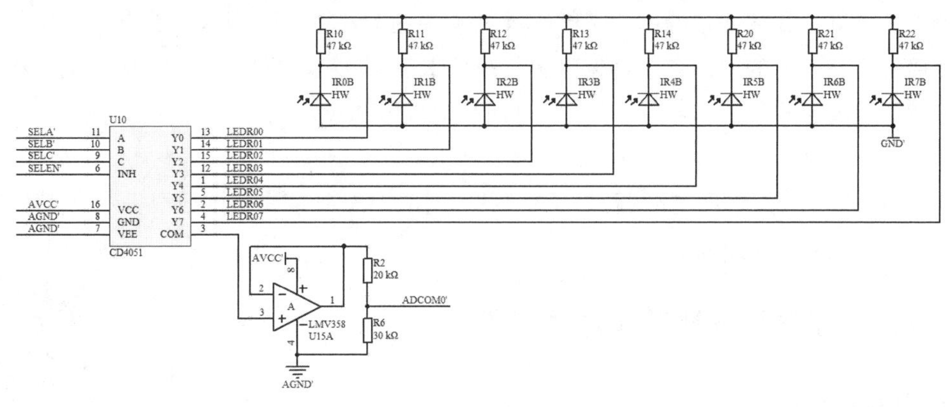

（a）后 8 红外接收电路

图 8-17 循迹板的红外接收电路

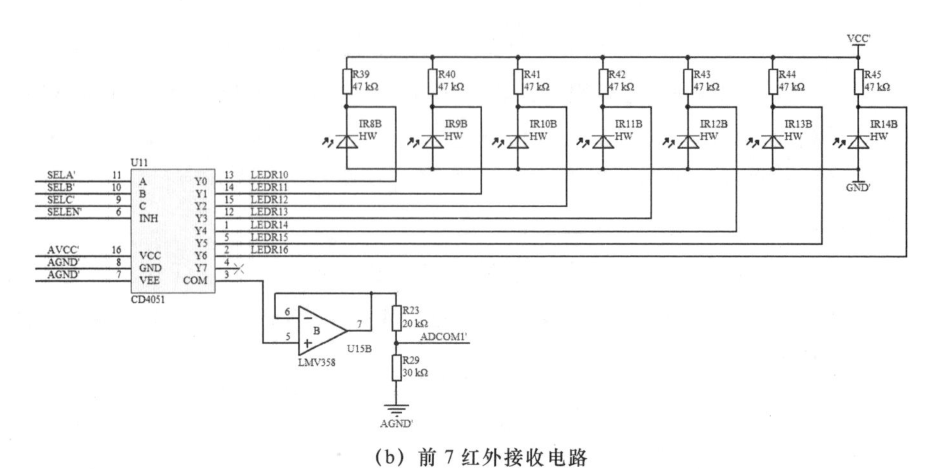

（b）前 7 红外接收电路

图 8-17 循迹板的红外接收电路（续）

（4）嵌入式智能车的循迹电路工作原理

当红外对管照到黑线时：没有光反射回来，运算放大器输出低电平，使得三极管截止，比较器输出低电平，LED 熄灭。

当红外对管没有照到黑线时：有光反射回来，运算放大器输出高电平，使得三极管导通，比较器输出高电平，LED 点亮。

这样嵌入式智能车就可以通过比较器输出的状态，来识别跑道上的黑色路线、十字路线等，实现循迹的功能。

3. 循迹板的调试方法

嵌入式智能车在跑道上进行循迹时，由于红外发射管的灵敏度和高度不一样，以及环境光照强度也不一样，还需要在跑道上进行调试。调试方法如下。

（1）把嵌入式智能车放在黑色跑道外（即前 7 组红外对管放在白色跑道上），调节电位器 RW1，让 7 个 LED 都点亮。

（2）让嵌入式智能车的前 7 组红外对管都处在黑色跑道上，观察 7 个 LED 是否都熄灭。若有 LED 点亮，就调节电位器 RW1，使其熄灭。

（3）先使嵌入式智能车的前 7 组红外对管处在白色跑道上，并与黑色跑道处于平行位置，然后向平行方向的黑色跑道慢慢推进，观察 7 个 LED 是否同时熄灭（即观察 7 组红外对管的灵敏度是否一致）。若不一致，则可调节电位器 RW1，使得前 7 组红外对管的灵敏度一致。

（4）按照以上 3 步调试完成后，还要不断观察嵌入式智能车循迹效果，对电位器 RW1 进行微调，以达到最佳效果。

8.1.4 STM32 处理器开发工具

STM32 处理器开发工具

1. 集成开发工具

可用于 STM32 开发的集成开发环境（Integrated Development Environment，

IDE）有很多，但目前较主流的 STM32 IDE 是 MDK-ARM 和 IAR，它们属于商业版软件。STM32CubeIDE 是 ST 公司推出的 IDE，是基于 Eclipse 开发的，其内部集成了所有的 STM32CubeMX 功能，可提供一体化工具体验并节省安装和开发时间。本书使用 MDK-ARM 作为 IDE。

2. 固件库

（1）STM32Snippets。它可以提供高度优化且立即可用的寄存器级代码段。寄存器级编程虽然可降低内存占用率，节省宝贵的处理器时钟周期，但通常需要设计人员花费很多时间和精力研究产品数据手册。

（2）标准外设库。它完整封装了 STM32 芯片的外设接口，为开发人员访问底层硬件提供了中间 API，通过使用固件函数库，就可以轻松应用每一个外设。相对于 HAL 库，标准外设库仍然接近于寄存器操作，主要就是将一些基本的寄存器操作封装成了 C 语言函数。

（3）STM32CubeMX+HAL。ST 公司推出的 STM32CubeMX 允许用户使用图形化向导生成 C 语言初始化代码。STM32CubeMX 几乎覆盖了 STM32 全系列芯片。STM32CubeMX 还可以结合使用 HAL 和 LL 库。

8.2 任务 17 嵌入式智能车巡航控制设计

任务要求

采用 STM32 的相关寄存器，完成嵌入式智能车停止、前进、后退、左转、右转、速度和循迹控制，实现嵌入式智能车巡航控制的设计、运行与调试。

8.2.1 嵌入式智能车的电机驱动电路

通过对嵌入式智能车的电机驱动板的了解可知，电机驱动板配备独立的 STM32F103RCT6 处理器和两组 DRV8848 电机驱动电路，可驱动 4 个带测速码盘的直流电机，这 4 个直流电机分别连接左前轮、左后轮、右前轮和右后轮。

嵌入式智能车的电机驱动电路

1. 认识 DRV8848

DRV8848 是一款双路 H 桥驱动器，可以驱动 2 个直流电机或 1 个双极性步进电机。利用一个简单的 PWM 接口，便可轻松连接到控制电路。

DRV8848 的主要特点：工作电压高，最高工作电压可达 18 V；每个输出驱动电流高达 2 A，在并联模式下驱动电流高达 4 A；额定功率为 25 W。

（1）DRV8848 的结构及工作过程

DRV8848 内含两个 H 桥的高电压、大电流全桥式驱动器，每路 H 桥输出都配置了 N 通道场效应管和 P 通道场效应管，用于驱动电机绕组。DRV8848 的内部基本结构如图 8-18 所示。

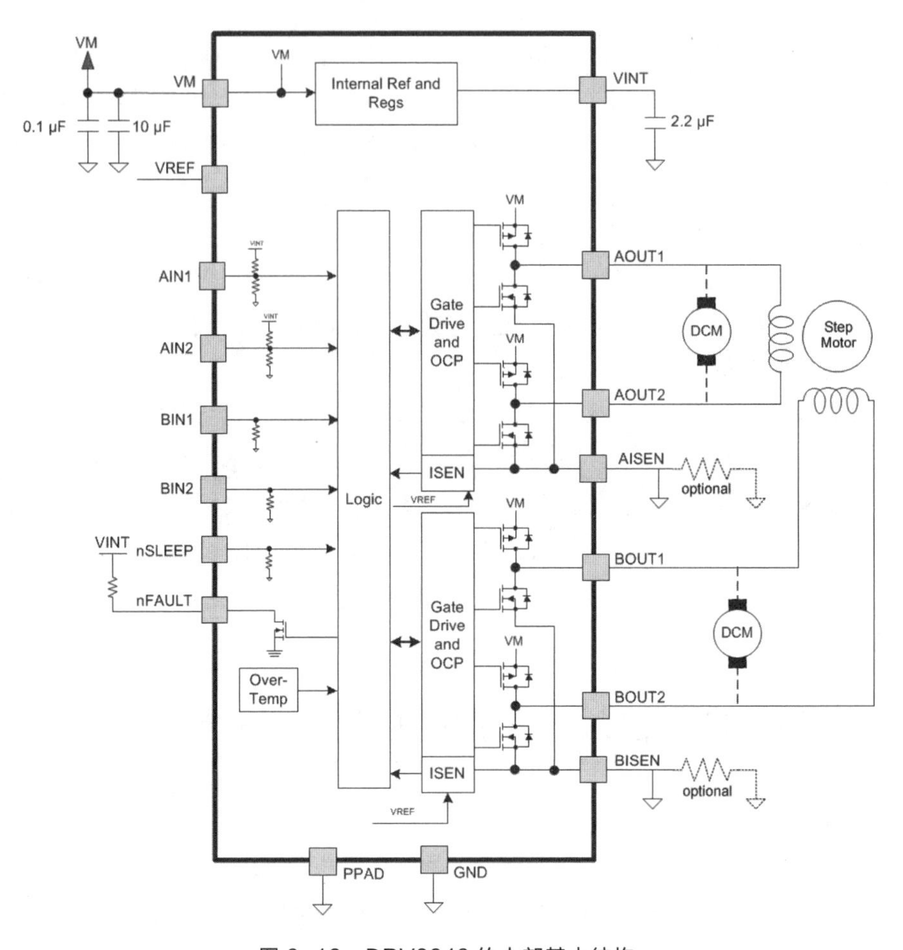

图 8-18　DRV8848 的内部基本结构

由图 8-18 可以看出，DRV8848 有一个 nSLEEP 引脚（用于设置低功耗睡眠模式，为高电平时使能元器件），其工作状态如下。

① 在 nSLEEP 引脚为高电平（1）时，A 桥和 B 桥处于使能状态，输入与输出状态保持相同。

② 在 nSLEEP 引脚为低电平（0）时，A 桥和 B 桥处于禁止状态。

DRV8848 的 A 桥和 B 桥控制直流电机，有制动、反转、正转及停止 4 种工作状态。A 桥和 B 桥的工作过程一样，直流电机与 A 桥有 4 种工作状态，如表 8-1 所示。

表 8-1　直流电机与 A 桥的 4 种工作状态的对应关系

nSLEEP	AIN1	AIN2	AOUT1	AOUT2	运行状态
1	0	0	0	0	停止
1	0	1	0	1	反转
1	1	0	1	0	正转
1	1	1	1	1	制动（刹车）
0	任意值	任意值	任意值	任意值	停止

（2）DRV8848 的引脚功能

DRV8848 的引脚分布，如图 8-19 所示。

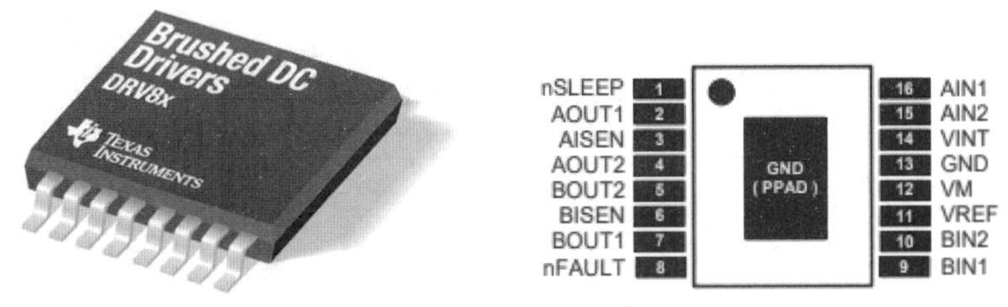

图 8-19　DRV8848 的引脚分布

① VM：电源，该引脚必须通过一个 100 nF 电容和一个 10 μF 电容（这两个电容是并联连接）连接到地。

② VINT：内部调节器，该引脚必须通过一个 2.2 μF 电容连接到地。

③ AIN1 和 AIN2：A 桥信号输入端。

④ BIN1 和 BIN2：B 桥信号输入端。

⑤ AOUT1 和 AOUT2：A 桥输出端，由这 2 个引脚到负载的电流由 AISEN 引脚监控。

⑥ BOUT1 和 BOUT2：B 桥输出端，由这 2 个引脚到负载的电流由 BISEN 引脚监控。

⑦ AISEN 和 BISEN：连接一采样电阻到地，以控制负载电流。

⑧ nSLEEP：设置低功耗睡眠模式，将内部部分电路关断，从而实现极低的静态电流和功耗。

⑨ nFAULT：故障指示，具有短路保护和过热保护的内部保护功能。

另外，VREF、GND 引脚分别是参考电压和接地端。

2. DRV8848 电机驱动电路

嵌入式智能车是通过 2 组 DRV8848 电机驱动电路来驱动 4 个直流电机的。每组 DRV8848 电机驱动电路驱动 2 个同侧直流电机，即驱动 2 个左侧电机或 2 个右侧电机。

DRV8848 电机驱动电路如图 8-20 所示。

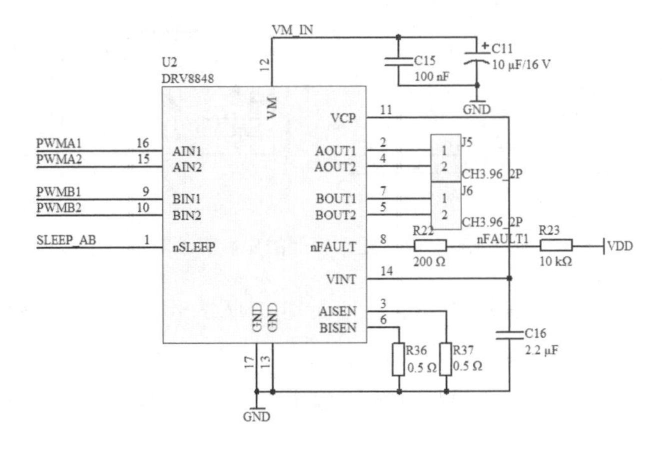

（a）左侧电机驱动电路

图 8-20　DRV8848 电机驱动电路

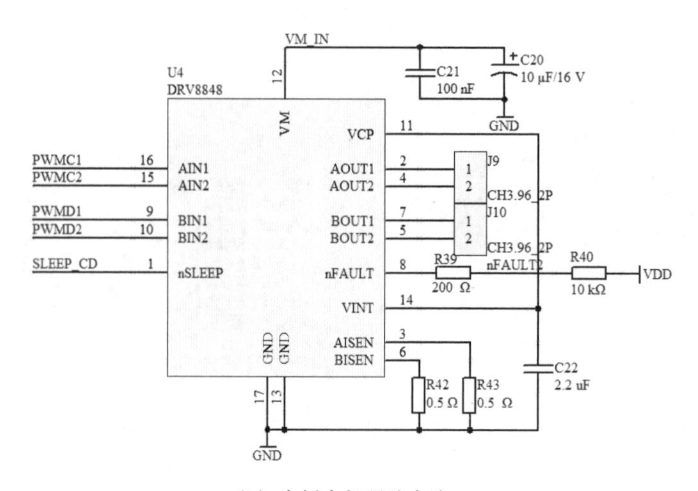

（b）右侧电机驱动电路

图 8-20　DRV8848 电机驱动电路（续）

在图 8-20 中，PWMA1 和 PWMA2 信号用于控制 J5 接口的直流电机（左前轮），PWMB1 和 PWMB2 信号用于控制 J6 接口的直流电机（左后轮），PWMC1 和 PWMC2 信号用于控制 J9 接口的直流电机（右前轮），PWMD1 和 PWMD2 信号用于控制 J10 接口的直流电机（右后轮）。

其中，SLEEP AB 和 SLEEP CD 为高电平时使能 DRV8848。

3．码盘驱动电路

电机驱动板上的码盘驱动电路如图 8-21 所示。

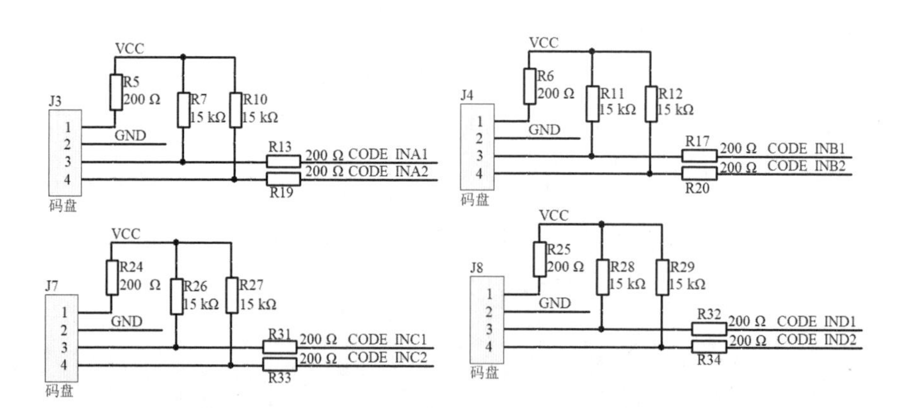

图 8-21　电机驱动板上的码盘驱动电路

从图 8-21 可以看出，CODE_INA1 和 CODE_INA2 端口可用于获取 J3 码盘的脉冲信号，CODE_INB1 和 CODE_INB2 端口可用于获取 J4 码盘的脉冲信号，CODE_INC1 和 CODE_INC2 端口可用于获取 J7 码盘的脉冲信号，CODE_IND1 和 CODE_IND2 端口可用于获取 J8 码盘的脉冲信号。

说明：嵌入式智能车的电机驱动板和核心板之间通过 CAN 总线进行连接（见图 8-2）。

8.2.2 嵌入式智能车的停止、前进和后退程序设计

要实现主车路径的自动识别，可利用嵌入式智能车的核心板，通过 CAN 总线的通信方式来获取电机驱动板上的码盘数据，以及采集循迹板上红外对管的数据。

嵌入式智能车的停止、前进和后退程序设计

1. 设置电机速度函数

设置电机速度是通过 CanP_HostCom.c 文件中的 Send_UpMotor(int x1,int x2)函数来实现的。设置电机速度函数的代码如下。

```
1.  void Send_UpMotor( int x1, int x2)
2.  {
3.          u8 txbuf[4];
4.      txbuf[0] = x1;
5.      txbuf[1] = x1;
6.      txbuf[2] = x2;
7.      txbuf[3] = x2;
8.      if(CanDrv_TxEmptyCheck())
9.      {
10.             CanDrv_TxData(txbuf,4,CAN_SID_HL(ID_MOTOR,0),0,_NULL);
11.         CanP_Cmd_Write(CANP_CMD_ID_MOTO,txbuf,0,CAN_SID_HL(ID_MOTOR,0),0);
12.     }
13.         else
14.         CanP_Cmd_Write(CANP_CMD_ID_MOTO,txbuf,4,CAN_SID_HL(ID_MOTOR,0),0);
15. }
```

第一个参数 x1 为左侧电机速度，当该参数赋值为负数时，电机会向相反的方向转动；第二个参数 x2 为右侧电机速度，当该参数赋值为负数时，电机会向相反的方向转动。

2. 限制电机速度函数

在设置电机速度时，通常会做一定的限制。限制电机速度是通过 roadway_check.c 文件中的 Control(int L_Spend,int R_Spend)函数来实现的。限制电机速度函数的代码如下。

```
1.  void Control(int L_Spend,int R_Spend)
2.  {
3.      if(L_Spend>=0)
4.          {
5.              if(L_Spend>100)
6.              L_Spend=100;
7.          if(L_Spend<5)
8.              L_Spend=5;                  //限制电机的速度参数
9.      }
10.         else
11.     {
12.             if(L_Spend<-100)
13.             L_Spend= -100;
14.         if(L_Spend>-5)
15.             L_Spend= -5;
16.     }
17.     if(R_Spend>=0)
18.         {
19.             if(R_Spend>100)
```

```
20.                 R_Spend=100;
21.             if(R_Spend<5)
22.                 R_Spend=5;
23.             }
24.     else
25.             {
26.                 if(R_Spend<-100)
27.                 R_Spend= -100;
28.             if(R_Spend>-5)
29.                 R_Spend= -5;
30.     }
31.             Send_UpMotor(L_Spend ,R_Spend);
32. }
```

Control()函数的参数含义和 Send_UpMotor()函数的一致。

3．获取当前码盘值函数

获取当前码盘值是通过 roadway_check.c 文件中的 Roadway_mp_syn(void)函数来实现的。获取当前码盘值函数的代码如下。

```
1.  void Roadway_mp_syn(void)
2.  {
3.          Roadway_cmp = CanHost_Mp;
4.  }
```

4．前进控制函数

在前进时，从嵌入式智能车左边看，轮子是逆时针旋转的；从右边看，轮子是顺时针旋转的。这样就可以通过控制左轮逆时针旋转、右轮顺时针旋转来实现嵌入式智能车前进。前进控制函数的代码如下。

```
1.  void Car_Go(uint8_t speed, uint16_t temp)   //主车前进参数：速度、码盘
2.  {
3.      Roadway_mp_syn();                        //码盘同步
4.      Stop_Flag = 0;                           //运行状态标志位
5.      Go_Flag = 1;                             //前进标志位
6.      wheel_L_Flag = 0;                        //左转标志位
7.      wheel_R_Flag = 0;                        //右转标志位
8.      wheel_Nav_Flag = 0;                      //码盘旋转标志位
9.      Back_Flag = 0;                           //后退标志位
10.     Track_Flag = 0;                          //循迹标志位
11.     temp_MP = temp;                          //码盘值
12.     Car_Spend = speed;                       //速度值
13.     Control(Car_Spend, Car_Spend);           //电机驱动函数
14.     while(Stop_Flag != 0x03);                //等待前进完成
15. }
```

5．后退控制函数

在后退控制设计中用到的一些函数在前面已经给出。在此只给出与后退控制相关但并未介绍的函数和代码。

在后退时，从嵌入式智能车左边看，轮子是顺时针旋转的；从右边看，轮子是逆时针旋转的。这样就可以通过控制左轮顺时针旋转、右轮逆时针旋转来实现嵌入式智能车后退。后

退控制函数的代码如下。

```
1.  void Car_Back(uint8_t speed, uint16_t temp) // 主车后退参数：速度、码盘
2.  {
3.      Roadway_mp_syn();                   //码盘同步
4.      Stop_Flag = 0;                      //运行状态标志位
5.      Go_Flag = 0;                        //前进标志位
6.      wheel_L_Flag = 0;                   //左转标志位
7.      wheel_R_Flag = 0;                   //右转标志位
8.      wheel_Nav_Flag = 0;                 //码盘旋转标志位
9.      Back_Flag = 1;                      //后退标志位
10.     Track_Flag = 0;                     //循迹标志位
11.     temp_MP = temp;                     //码盘值
12.     Car_Spend = speed;                  //速度值
13.     Control(-Car_Spend, -Car_Spend);            //电机驱动函数
14.     while(Stop_Flag != 0x03);             //等待后退完成
15. }
```

8.2.3 嵌入式智能车的循迹、左转和右转程序设计

前面完成了嵌入式智能车的停止、前进和后退程序设计，那么，如何完成嵌入式智能车的循迹、左转和右转程序设计呢？

嵌入式智能车的循迹、左转和右转程序设计

1. 嵌入式智能车循迹控制

嵌入式智能车循迹的目的是在规定的跑道上，能按照指定的路线进行循迹行驶。

（1）循迹功能实现分析

在 8.1.3 小节中介绍了循迹板上有 15 组红外对管，采用前 7 后 8 交叉排列的方式。红外对管照在黑线上时，没有光反射回来，该组红外对管输出低电平，对应的 LED 熄灭；红外对管未照到黑线上时，有光反射回来，该组红外对管输出高电平，对应的 LED 点亮。

这里以后 8 组红外对管为例，当智能车在十字路口处时，红外对管反馈的数据（循迹码）与智能车位置的对应关系如表 8-2 所示。

表 8-2　红外对管反馈的数据与智能车位置的对应关系

情况	第 1 组	第 2 组	第 3 组	第 4 组	第 5 组	第 6 组	第 7 组	第 8 组	循迹码	智能车位置
1	1	1	1	0	0	1	1	1	0xE7	居中
2	1	1	1	1	0	1	1	1	0xF7	偏右
	1	1	1	1	0	0	1	1	0xF3	
3	1	1	1	1	1	0	1	1	0xFB	偏右+
	1	1	1	1	1	0	0	1	0xF9	
4	1	1	1	1	1	1	0	1	0xFD	偏右++
	1	1	1	1	1	1	0	0	0xFC	

续表

情况	第1组	第2组	第3组	第4组	第5组	第6组	第7组	第8组	循迹码	智能车位置
5	1	1	1	1	1	1	1	0	0xFE	偏右+++
6	1	1	1	0	1	1	1	1	0xEF	偏左
	1	1	0	0	1	1	1	1	0xCF	
7	1	1	0	1	1	1	1	1	0xDF	偏左+
	1	0	0	1	1	1	1	1	0x9F	
8	1	0	1	1	1	1	1	1	0xBF	偏左++
	0	0	1	1	1	1	1	1	0x3F	
9	0	1	1	1	1	1	1	1	0x7F	偏左+++

注：“1”表示循迹指示灯点亮，并在黑线外；“0”表示循迹指示灯熄灭，并在黑线上。

在执行循迹任务时，若智能车位置居中，也就是反馈的数据是第1种情况时，可以全速前进，即Control（80，80）。

若智能车位置是偏右的，则需要调整智能车车身，如Control（60，80），左边速度降低20，右边速度高即可，将车身调至居中位置，再全速前进。

若智能车位置是偏左的，则需要调整智能车车身，如Control（80，60），左边速度高，右边速度降低20即可，将车身调至居中位置，再全速前进。

（2）循迹函数

循迹函数 Track_Correct()能识别跑道上的黑色路线、十字路口等，实现循迹的功能。在roadway_check.c 文件的 Track_Correct(uint8_t gd)函数中，gd 为循迹数据，函数代码如下。

```
1.  void Track_Correct(uint8_t gd)
2.  {
3.      if(gd == 0x00)     //全在黑线上，循迹指示灯全灭，停止，表示循迹到一个十字路口
4.      {
5.          Track_Flag = 0;             //循迹状态标志位为0
6.          Stop_Flag = 1;              //运行状态标志位 Stop_Flag=1，表示停止循迹
7.          Send_UpMotor(0,0);          //停止
8.      }
9.      else if(gd==0xE7)               //处在中间位置（4和5），全速运行
10.     {
11.         LSpeed=Car_Spend;
12.         RSpeed=Car_Spend;
13.     }
14.     else if((gd==0xF7) || (gd==0xF3))
15.                 //处在5（或5和6）位置（微偏右一点位置），左转小弯
16.     {
17.         LSpeed=Car_Spend+20;
18.         RSpeed=Car_Spend-40;
19.     }
20.     else if((gd==0xFB) || (gd==0xF9))
21.                    //处在6（或6和7）位置（偏右位置+），左转小弯+
```

```
22.         {
23.             LSpeed=Car_Spend+40;
24.             RSpeed=Car_Spend-60;
25.         }
26.         else if((gd==0xFD) || (gd==0xFC))
27.                              //处在 7（或 7 和 8）位置（偏右位置++），左转小弯++
28.         {
29.             LSpeed=Car_Spend+60;
30.             RSpeed=Car_Spend-90;
31.         }
32.         else if(gd==0xFE)                 //处在 8 位置（偏右位置+++），左转小弯+++
33.         {
34.             LSpeed=Car_Spend+80;
35.             RSpeed=Car_Spend-120;
36.         }
37.         else if((gd==0xEF) || (gd==0xCF))
38.                         //处在 4（或 4 和 3）位置（微偏左一点位置），右转小弯
39.         {
40.             RSpeed = Car_Spend+20;
41.             LSpeed = Car_Spend-40;
42.         }
43.         else if((gd==0xDF) || (gd==0x9F))
44.                         //处在 3（或 3 和 2）位置（偏左位置+），右转小弯+
45.         {
46.             RSpeed = Car_Spend+40;
47.             LSpeed = Car_Spend-60;
48.         }
49.         else if((gd==0xBF) || (gd==0x3F))
50.                         //处在 2（或 2 和 1）位置（偏左位置++），右转小弯++
51.         {
52.             RSpeed = Car_Spend+60;
53.             LSpeed = Car_Spend-90;
54.         }
55.         else if(gd==0x7F)             //处在 1 位置（偏左位置+++），右转小弯+++
56.         {
57.             RSpeed = Car_Spend+80;
58.             LSpeed = Car_Spend-120;
59.         }
60.         else
61.         {
62.             LSpeed = Car_Spend;
63.             RSpeed = Car_Spend;
64.         }
65.         if(gd==0xFF)                  //全在黑线外，循迹指示灯全亮，行驶一段时间停止
66.         {
67.             LSpeed = Car_Spend;
68.             RSpeed = Car_Spend;
69.             if(count > 1200)
70.             {
71.                 count=0;
72.                 Send_UpMotor(0,0);
73.                 Track_Flag=0;
74.                 Stop_Flag = 4;        //表示在黑线外停止
75.             }
```

```
76.         else
77.         {
78.             count++;
79.         }
80.     }
81.     else
82.     {
83.         count=0;
84.     }
85.     if(Track_Flag != 0)
86.     {
87.         Control(LSpeed,RSpeed);
88.     }
89. }
```

代码中的循迹数据是通过 CanP_HostCom.c 文件中的 Get_Host_UpTrack()函数来获取的，函数代码如下。

```
1.  uint16_t  Get_Host_UpTrack( u8 mode)                          //获取循迹数据
2.  {
3.      uint16_t Rt = 0;
4.      switch(mode)
5.      {
6.          case TRACK_ALL:
7.              Rt = (uint16_t)((Track_buf[0] <<8)+ Track_buf[1] );
8.              break;
9.          case TRACK_Q7:
10.             Rt = Track_buf[1] ;
11.             break;
12.         case TRACK_H8:
13.             Rt = Track_buf[0];
14.             break;
15.     }
16.     return Rt;
17. }
```

代码说明如下。

函数返回 uint16_t 类型的循迹数据。

参数 mode 为 TRACK_ALL 时，获取所有数据。

参数 mode 为 TRACK_Q7 时，获取前面 7 位数据。

参数 mode 为 TRACK_H8 时，获取后面 8 位数据。

TRACK_ALL= “0”，TRACK_Q7= “7”，TRACK_H8= “8”。

（3）循迹控制函数

嵌入式智能车循迹控制函数 Car_Track()的代码如下。

```
1.  void Car_Track(uint8_t speed)           //主车循迹参数：速度
2.  {
3.      Stop_Flag = 0;                      //运行状态标志位
4.      Go_Flag = 0;                        //前进标志位
5.      wheel_L_Flag = 0;                   //左转标志位
```

```
6.        wheel_R_Flag = 0;                  //右转标志位
7.        wheel_Nav_Flag = 0;                //码盘旋转标志位
8.        Back_Flag = 0;                     //后退标志位
9.        Track_Flag = 1;                    //循迹标志位
10.       Car_Spend = speed;                 //速度值
11.       Control(Car_Spend, Car_Spend);     //电机驱动函数
12.       while(Stop_Flag != 0x01);          //等待循迹完成
13. }
```

2. 左转控制函数

左转的目的是使嵌入式智能车在十字路口左转 90°，到达另一条黑线上。通过前面的介绍，左侧车轮给予向后的速度，右侧车轮给予向前的速度，即可进行左转动作，当再次发现黑线时停止，即可完成左转。左转控制函数的代码如下。

```
1.  void Car_Left(uint8_t speed)         //主车左转 参数：速度
2.  {
3.        delay_ms(100);
4.        Stop_Flag = 0;                     //运行状态标志位
5.        Go_Flag = 0;                       //前进标志位
6.        wheel_L_Flag = 1;                  //左转标志位
7.        wheel_R_Flag = 0;                  //右转标志位
8.        wheel_Nav_Flag = 0;                //码盘旋转标志位
9.        Back_Flag = 0;                     //后退标志位
10.       Track_Flag = 0;                    //循迹标志位
11.       Car_Spend = speed;                 //速度值
12.       Control(-Car_Spend, Car_Spend); //电机驱动函数
13.       while(Stop_Flag != 0x02);          //等待左转完成
14.       delay_ms(100);
15. }
```

3. 右转控制函数

右转的目的是使嵌入式智能车在十字路口右转 90°，到达另一条黑线上。通过前面的介绍，左侧车轮给予向前的速度，右侧车轮给予向后的速度，即可进行右转动作，当再次发现黑线时停止，即可完成右转。右转控制函数的代码如下。

```
1.  void Car_Right(uint8_t speed)        //主车右转 参数：速度
2.  {
3.        delay_ms(100);
4.        Stop_Flag = 0;                     //运行状态标志位
5.        Go_Flag = 0;                       //前进标志位
6.        wheel_L_Flag = 0;                  //左转标志位
7.        wheel_R_Flag = 1;                  //右转标志位
8.        wheel_Nav_Flag = 0;                //码盘旋转标志位
9.        Back_Flag = 0;                     //后退标志位
10.       Track_Flag = 0;                    //循迹标志位
11.       Car_Spend = speed;                 //速度值
```

```
12.     Control(Car_Spend, -Car_Spend);     //电机驱动函数
13.     while(Stop_Flag != 0x02);           //等待右转完成
14.     delay_ms(100);
15. }
```

【技能训练 8-1】嵌入式智能车巡航综合控制

嵌入式智能车巡航综合控制

在全国职业院校技能大赛（高职组）“嵌入式技术应用开发”赛项的竞赛地图上，利用竞赛平台（嵌入式智能车）的停止、前进、后退、左转、右转、速度和循迹等控制功能，完成以下嵌入式智能车巡航综合控制任务。

（1）嵌入式智能车从出发点 B1 出发（出车库）。

（2）嵌入式智能车前进到 B4 位置，然后左转前进。

（3）嵌入式智能车前进到 F4 位置，然后右转前进。

（4）嵌入式智能车前进到 F6 位置，然后调头后退到 F7 位置（进车库）。

竞赛地图如图 8-22 所示。

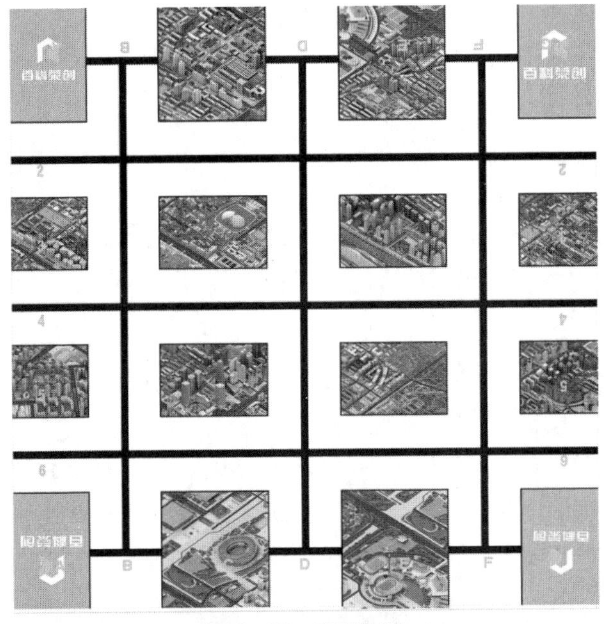

图 8-22　竞赛地图

1. 嵌入式智能车巡航综合控制任务实现分析

根据嵌入式智能车巡航综合控制任务要求，任务实现分析如下。

（1）从出发点 B1 出发（出车库），可使用循迹控制函数 Car_Track()，循迹到 B2 十字路口停止，此时循迹板处在 B2 十字路口的黑色横线上。

（2）使用前进控制函数 Car_Go()，过黑色横线。

（3）过黑色横线后，使用循迹控制函数 Car_Track()，到达下一个十字路口 B4 位置的黑色横线。

（4）使用前进控制函数 Car_Go()，使得 4 黑色横线处于车的中间位置，能使左转顺利完成。

（5）使用左转控制函数 Car_Left()，完成左转 90°。

（6）采用上面的方法，行驶到 F4 位置，并使 F 黑色横线处于车的中间位置。

（7）使用右转控制函数 Car_Right()，完成右转 90°。

（8）采用上面的方法，行驶到 F6 位置，并使 6 黑色横线处于车的中间位置。

（9）让嵌入式智能车调头，调头方法是左转 90° 两次，或右转 90° 两次。

（10）使用后退控制函数 Car_Back()，后退到 F7 位置（进车库）。

2. 嵌入式智能车巡航综合控制程序设计

下面只给出完成任务的控制代码，其他相关代码在前面已经介绍过，详细代码见本书资源库，代码如下。

```
1.  void Car_Task(void)
2.  {
3.      Car_Track(60);                    //起点是 B1，循迹到 B2 十字路口
4.      Car_Go(60,250);                   //过黑色横线，黑色横线处于车的中间位置
5.      Car_Track(60);                    //循迹到 B4 十字路口
6.      Car_Go(60,250);                   //过黑色横线
7.      Car_Left(90);                     //左转 90°
8.      Car_Track(60);
9.      Car_Go(60,250);
10.     Car_Track(60);                    //行驶到 F4 十字路口
11.     Car_Go(60,250);                   //过黑色横线
12.     Car_Right(90);                    //右转 90°
13.     Car_Track(); Car_Go(60,250);      //循迹到 F6 十字路口，并过黑色横线
14.     Car_Left(90);
15.     Car_Left(90);                     //左转 90°两次，完成调头
16.     Car_Time_Track(50,1000);
17.     Car_Back(60,1800);                //后退到 F7 位置（进车库）
18. }
```

说明：前进控制函数 Car_Go()和后退控制函数 Car_Back()中的参数为参考值，需要根据实际情况进行修改、调试。

8.3 任务 18　嵌入式智能车标志物控制设计

任务要求

通过嵌入式智能车，完成对道闸、LED 显示（计时器）等标志物的控制设计，并完成智能路灯控制设计和超声波测距设计。

8.3.1 道闸标志物控制设计

道闸标志物控制设计

道闸标志物的功能：控制通过道闸打开（道闸闸门初始角度的升降）

及车牌数据的识别，使得嵌入式智能车能顺利出库和入库。通过嵌入式智能车与道闸标志物之间的通信协议，如何完成对道闸的打开和关闭进行远程控制呢？

1．嵌入式智能车向道闸发送命令的数据结构

嵌入式智能车向道闸发送命令的数据结构如表 8-3 所示。

表 8-3　嵌入式智能车向道闸发送命令的数据结构

帧头		主指令	副指令			校验和	帧尾
0x55	0x03	0xXX	0xXX	0xXX	0xXX	0xXX	0xBB

该数据结构由以下 8 个字节组成。

第 1 个字节为 0x55，属于数据帧头，固定不变。

第 2 个字节为 0x03，是与道闸进行通信的固定数据帧头。

第 3 个字节为主指令，是控制道闸指令。

第 4 个字节～第 6 个字节为副指令。

第 7 个字节为校验和，是主指令和 3 个副指令进行求和并与 256 取余得到的校验值（以下校验和均是这样定义的）。

第 8 个字节为数据帧尾 0xBB，固定不变。

道闸标志物主指令和副指令数据说明如表 8-4 所示。

表 8-4　道闸标志物主指令和副指令数据说明

主指令	副指令 1	副指令 2	副指令 3	说明
0x01	0x01（开启） 0x02（关闭）	0x00	0x00	道闸闸门控制
0x09	0x01（闸门上升） 0x02（闸门下降）	0x00	0x00	道闸闸门初始角度调节
0x10	0xXX	0xXX	0xXX	车牌前 3 位数据（ASCII）
0x11	0xXX	0xXX	0xXX	车牌后 3 位数据（ASCII）
0x20	0xXX	0x00	0x00	请求回传道闸状态

2．道闸控制程序设计

嵌入式智能车与道闸标志物之间的通信是基于 ZigBee 模块的串行通信实现的。根据嵌入式智能车与道闸标志物之间的通信协议，道闸控制函数 Gate_Open_Zigbee()的代码如下。

```
1.  void Gate_Open_Zigbee(void)
2.  {
3.      Send_ZigbeeData_To_Fifo(Gate_Open, 8);                  //道闸开启
4.      delay_ms(300);
5.      Send_ZigbeeData_To_Fifo(Gate_GetStatus, 8);             //道闸状态查询
6.      delay_ms(100);
7.  #if 0
```

```
8.      tim_a = 0;
9.      tim_b = 0;
10.     Stop_Flag = 0;
11.     while(Stop_Flag != 0x05)
12.     {
13.         delay_ms(1);
14.         tim_a++;
15.         if(tim_a >= 500)
16.         {
17.             tim_a = 0;
18.             tim_b++;
19.             if (tim_b >= 5) { break;}
20.             Send_ZigbeeData_To_Fifo(Gate_Open, 8);        //道闸开启
21.             delay_ms(300);
22.             Send_ZigbeeData_To_Fifo(Gate_GetStatus, 8); //道闸状态查询
23.             delay_ms(100);
24.         }
25.         if(Zigbee_Rx_flag)                         //判读 ZigBee 数据回传
26.         {
27.             Zigbee_Rx_flag = 0;
28.             if(Zigb_Rx_Buf[1] == 0x03)             //道闸
29.             {
30.                 if(Zigb_Rx_Buf[2] == 0x01)
31.                 {
32.                     Stop_Flag = Zigb_Rx_Buf[4];
33.                 }
34.             }
35.         }
36.     }
37. #endif
38. }
```

说明：在实际使用中，道闸标志物打开 10 s 后会自动关闭，所以这里只给出打开道闸的控制函数。

8.3.2 LED 显示标志物控制设计

LED 显示标志物的功能：计时显示、距离显示和自定义数据显示。通过嵌入式智能车与 LED 显示标志物之间的通信协议，如何远程控制 LED 显示标志物显示计时的时间和超声波测量的距离呢？

LED 显示标志物控制设计

1. 嵌入式智能车向 LED 显示标志物发送命令的数据结构

嵌入式智能车向 LED 显示标志物发送命令的数据结构如表 8-5 所示。

表 8-5 嵌入式智能车向 LED 显示标志物发送命令的数据结构

帧头		主指令	副指令			校验和	帧尾
0x55	0x04	0xXX	0xXX	0xXX	0xXX	0xXX	0xBB

该数据结构由以下 8 个字节组成。

前 2 个字节为数据帧头，即 0x55 和 0x04，固定不变。

第 3 个字节为主指令。

第 4 个字节～第 6 个字节为副指令。

第 7 个字节为校验和，与道闸的一样。

第 8 个字节为数据帧尾 0xBB，固定不变。

（1）LED 显示标志物主指令

LED 显示标志物主指令数据说明如表 8-6 所示。

表 8-6 LED 显示标志物主指令数据说明

主指令	说明
0x01	第 1 排数码管显示指定数据
0x02	第 2 排数码管显示指定数据
0x03	第 1 排数码管显示计时模式
0x04	第 2 排数码管显示距离模式

（2）LED 显示标志物副指令

LED 显示标志物副指令功能如表 8-7 所示。

表 8-7 LED 显示标志物副指令功能

<table>
<tr><th>主指令</th><th colspan="3">副指令</th></tr>
<tr><td>0x01</td><td>数据[1]、数据[2]</td><td>数据[3]、数据[4]</td><td>数据[5]、数据[6]</td></tr>
<tr><td>0x02</td><td>数据[1]、数据[2]</td><td>数据[3]、数据[4]</td><td>数据[5]、数据[6]</td></tr>
<tr><td rowspan="3">0x03</td><td>0x00（计时关闭）</td><td rowspan="3">0x00</td><td rowspan="3">0x00</td></tr>
<tr><td>0x01（计时开启）</td></tr>
<tr><td>0x02（计时清零）</td></tr>
<tr><td>0x04</td><td>0x00</td><td>0x0X</td><td>0xXX</td></tr>
</table>

说明：LED 显示标志物在第 2 排数码管显示距离时，第 2 位和第 3 位副指令中的“X”代表要显示的距离值（注意：距离显示格式为十进制格式），距离单位为 mm。

2. LED 显示标志物控制程序设计

嵌入式智能车与 LED 显示标志物之间的通信是基于 ZigBee 模块的串行通信实现的。根据嵌入式智能车与 LED 显示标志物之间的通信协议，对 LED 显示标志物控制有开始计时、停止计时和显示超声波测量的距离。

（1）开始计时函数

控制 LED 显示标志物的开始计时函数 LED_Open_Zigbee()的代码如下。

```
1.  void LED_Open_Zigbee(void)
2.  {
3.      Zigbee[0] = 0x55;
4.      Zigbee[1] = 0x04;    //数据帧头（0x55 和 0x04），其中 0x04 是 LED 显示标志物
5.      Zigbee[2] = 0x03;    //第 3 个字节为 0x03，控制 LED 显示标志物进入计时模式
6.      Zigbee[3] = 0x01;    //第 4 个字节为 0x01，控制 LED 显示标志物开始计时
```

```
7.        Zigbee[4] = 0x00;
8.        Zigbee[5] = 0x00;                        //第 5 个和第 6 个字节默认为 0x00
9.        Zigbee[6] = (0x03 + 0x01 + 0x00 + 0x00) % 256;   //第 7 个字节为校验和
10.       Zigbee[7] = 0xBB;                        //第 8 个字节为数据帧尾
11.       Send_ZigbeeData_To_Fifo(Zigbee, 8);
12.       delay_ms(100);
13. }
```

（2）停止计时函数

控制 LED 显示标志物的停止计时函数 LED_Close_Zigbee()的代码如下。

```
1.  void LED_Date_Zigbee(void)
2.  {
3.        Zigbee[0] = 0x55;
4.        Zigbee[1] = 0x04;
5.        Zigbee[2] = 0x03;
6.        Zigbee[3] = 0x00;          //第 4 个字节为 0x00，控制 LED 显示标志物停止计时
7.        Zigbee[4] = 0x00;
8.        Zigbee[5] = 0x00;
9.        Zigbee[6] = (0x03 + 0x01 + 0x00 + 0x00) % 256;
10.       Zigbee[7] = 0xBB;
11.       Send_ZigbeeData_To_Fifo(Zigbee, 8);
12.       delay_ms(100);
13. }
```

说明：在 LED 显示标志物的停止计时函数中，只需把 LED 显示标志物的开始计时函数的第 4 个字节 0x01 修改为 0x00 即可。

（3）LED 显示标志物清零

对 LED 显示标志物进行清零的函数 LED_ Reset_Zigbee()的代码如下。

```
1.  void LED_Reset_Zigbee(void)
2.  {
3.        Zigbee[0] = 0x55;
4.        Zigbee[1] = 0x04;
5.        Zigbee[2] = 0x03;
6.        Zigbee[3] = 0x02;              //第 4 个字节为 0x02，控制 LED 显示标志物清零
7.        Zigbee[4] = 0x00;
8.        Zigbee[5] = 0x00;
9.        Zigbee[6] = (0x03 + 0x01 + 0x00 + 0x00) % 256;
10.       Zigbee[7] = 0xBB;
11.       Send_ZigbeeData_To_Fifo(Zigbee, 8);
12.       delay_ms(100);
13.       Zigbee[0] = 0x55;
14.       Zigbee[1] = 0x04;
15.       Zigbee[2] = 0x02;              //第 3 个字节为 0x02，第 2 排数码管显示指定数据
16.       Zigbee[3] = 0x00;
17.       Zigbee[4] = 0x00;
18.       Zigbee[5] = 0x00;
19.       Zigbee[6] = (0x03 + 0x01 + 0x00 + 0x00) % 256;
20.       Zigbee[7] = 0xBB;
21.       Send_ZigbeeData_To_Fifo(Zigbee, 8);
22.       delay_ms(100);
23. }
```

说明：LED _Reset_Zigbee()函数中对 LED 显示标志物的第 2 排数码管清零的代码，实际

上是对 LED 显示标志物第 2 排数码管写 0。我们可以试一试，对它们单独写一个函数，可以完成向第 2 排数码管写数据。

8.3.3 基于红外线的标志物控制设计

基于红外线控制的标志物有立体显示、智能路灯、烽火台报警等，那么，如何完成对它们的控制呢？

基于红外线的标志物控制设计

1. 红外发射控制

在嵌入式智能车的红外发射电路中，红外线是由 RI_TXD（PF11）引脚控制输出的。

（1）红外发射控制数组

红外发射控制数组是在主文件中定义的，代码如下。

```
static uint8_t Infrared[6];                //红外发送数据缓存
```

（2）编写 Infrared.h 头文件。

Infrared.h 头文件的代码如下。

```
1.  #ifndef __INFRARED_H
2.  #define __INFRARED_H
3.  #define RI_TXD PFout(11)
4.  void Infrared_Init(void);
5.  void Infrared_Send(uint8_t *s,int n);
6.  #endif
```

（3）编写 Infrared.c 文件。

在嵌入式智能车的红外发射电路中，红外线是由 RI_TXD（PF11）引脚控制输出的，需要对红外发射端口进行初始化和红外发射控制。

红外发射端口初始化函数的代码如下。

```
1.  void Infrared_Init()
2.  {
3.      GPIO_InitTypeDef GPIO_InitStructure;
4.      RCC_AHB1PeriphClockCmd(RCC_AHB1Periph_GPIOF,ENABLE);
5.      GPIO_InitStructure.GPIO_Pin = GPIO_Pin_11;            //PF11 引脚
6.      GPIO_InitStructure.GPIO_Mode = GPIO_Mode_OUT;         //输出模式
7.      GPIO_InitStructure.GPIO_OType = GPIO_OType_PP;        //推挽输出
8.      GPIO_InitStructure.GPIO_PuPd = GPIO_PuPd_UP;          //上拉模式
9.      GPIO_InitStructure.GPIO_Speed = GPIO_Speed_100MHz;
10.     GPIO_Init(GPIOF,&GPIO_InitStructure);
11.     RI_TXD=1;
12. }
```

红外发射控制函数的代码如下。

```
1.  void Infrared_Send(uint8_t *s,int n)
2.  {
3.      uint8_t i,j,temp;
4.      RI_TXD=0;
5.      delay_ms(9);
6.      RI_TXD=1;
7.      delay_ms(4);
```

```
8.      delay_us(560);
9.      for(i=0; i<n; i++)
10.     {
11.         for(j=0;j<8;j++)
12.         {
13.             temp = (s[i]>>j)&0x01;
14.             if(temp==0)                 //发射 0
15.             {
16.                 RI_TXD=0;
17.                 delay_us(500);          //延时 0.5 ms
18.                 RI_TXD=1;
19.                 delay_us(500);          //延时 0.5 ms
20.             }
21.             if(temp==1)                 //发射 1
22.             {
23.                 RI_TXD=0;
24.                 delay_us(500);          //延时 0.5 ms
25.                 RI_TXD=1;
26.                 delay_ms(1);
27.                 delay_us(800);          //延时 0.8 ms
28.             }
29.         }
30.     }
31.     RI_TXD=0;                           //结束
32.     delay_us(560);                      //延时 0.56 ms
33.     RI_TXD=1;                           //关闭红外发射
34. }
```

2. 立体显示标志物控制程序设计

在红外线控制的标志物中，立体显示标志物与嵌入式智能车之间可通过通信协议，完成立体显示标志物显示车牌的程序设计。显示其他信息，可以参考显示车牌的程序来完成。

（1）嵌入式智能车向立体显示标志物发送命令的数据结构

嵌入式智能车向立体显示标志物发送命令的数据结构如表 8-8 所示。

表 8-8　嵌入式智能车向立体显示标志物发送命令的数据结构

起始位	模式编号	数据[1]	数据[2]	数据[3]	数据[4]
0xFF	0xXX	0xXX	0xXX	0xXX	0xXX

该数据结构由以下 6 个字节组成。

第 1 个字节为起始位 0xFF，固定不变。

第 2 个字节为模式编号。

第 3 个字节～第 6 个字节为可变数据。

智能立体显示标志物的模式如表 8-9 所示。

表 8-9　智能立体显示标志物的模式

模式编号	模式说明
0x20	前 4 位车牌字符显示模式

续表

模式编号	模式说明
0x10	后 2 位车牌字符及坐标显示模式
0x11	距离显示模式
0x12	图形显示模式
0x13	颜色显示模式
0x14	交通警示牌显示模式
0x15	交通标志显示模式
0x16	显示默认信息
0x17	设置文字显示颜色

车牌显示模式的数据说明如表 8-10 所示。

表 8-10　车牌显示模式的数据说明

模式	数据[1]	数据[2]	数据[3]	数据[4]	说明
0x20	车牌[1]	车牌[2]	车牌[3]	车牌[4]	显示车牌字符及坐标
0x10	车牌[5]	车牌[6]	横坐标	纵坐标	

说明：在车牌显示模式下，车牌包括 6 个车牌字符和在地图上某个位置的坐标，共 8 个字符（注意：车牌格式为字符串格式）。

距离显示模式的数据说明如表 8-11 所示。

表 8-11　距离显示模式的数据说明

模式	数据[1]	数据[2]	数据[3]	数据[4]
0x11	距离十位	距离个位	0x00	0x00

说明：在距离显示模式下，数据[1]和数据[2]为需要显示的距离（注意：距离显示格式为十进制格式）。其余位为 0x00，保留不用。

其他模式需结合 Android 设备才能使用，这里就不介绍了，详细介绍可参见全国职业院校技能大赛（高职组）“嵌入式技术应用开发”赛项的通信协议。

（2）显示车牌的程序设计

立体显示标志物显示车牌函数 Rotate_show_Inf()的代码如下。

```
1.  void Rotate_show_Inf(char* src, char x, char y)
2.  {
3.      Infrared[0] = 0xFF;             //起始位
4.      Infrared[1] = 0x20;             //模式编号
5.      Infrared[2] = *(src + 0);       //数据[1]
6.      Infrared[3] = *(src + 1);       //数据[2]
7.      Infrared[4] = *(src + 2);       //数据[3]
8.      Infrared[5] = *(src + 3);       //数据[4]
9.      Infrared_Send(Infrared, 6);
10.     delay_ms(500);
11.     Infrared[1] = 0x10;             //模式编号
```

```
12.     Infrared[2] = *(src + 4);       //数据[1]
13.     Infrared[3] = *(src + 5);       //数据[2]
14.     Infrared[4] = x;                //数据[3]
15.     Infrared[5] = y;                //数据[4]
16.     Infrared_Send(Infrared, 6);
17.     delay_ms(10);
18. }
```

例如，发送给立体显示标志物显示的车牌是 A123B4C5，其中车牌字符是 A123B4，坐标是 C5。显示车牌的代码如下。

```
Rotate_show_Inf("A123B4",'C','5');      //把车牌发送给立体显示标志物
```

3. 基于红外线控制的标志物控制程序设计

前面已经对基于红外线控制的标志物（立体显示、智能路灯、烽火台报警等）的红外发射控制数组进行了定义，其中智能路灯（即光强度测量）放在后面介绍。那么，如何完成对它们的控制呢?

烽火台报警打开函数 AlARM_Open()的代码如下。

```
1.  Static u8 HW_K[6] = {0x03,0x05,0x14,0x45,0xDE,0x92};     //报警器打开
2.  Static u8 HW_K[6] = {0x67,0x34,0x78,0xA2,0xFD,0x27};     //报警器关闭
3.  void AlARM_Open(void)
4.  {
5.      Infrared_Send(HW_K,6);         //HW_K是打开烽火台报警的红外发射控制数组
6.      delay_ms(300);
7.  }
```

8.3.4 智能路灯控制设计

利用数字型光强度传感器 BH1750FVI，采集环境光强度数据，对道路灯光进行控制，完成智能路灯的控制设计。

智能路灯控制设计

1. 认识 BH1750FVI

BH1750FVI 是一种两线式串行总线接口的数字型光强度传感器。BH1750FVI 可以探测光强度，并具有较大范围的光强度变化（1 lx ~ 65535 lx），可以根据采集到的光强度值来控制路灯的亮度。BH1750FVI 的内部结构如图 8-23 所示。

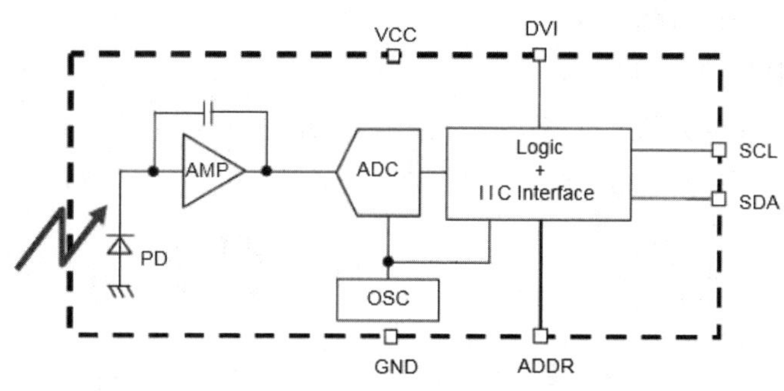

图 8-23　BH1750FVI 的内部结构

BH1750FVI 的内部结构的主要说明如下。

（1）PD：具有近似人眼反应的光电二极管（将光信号转换为电信号）。

（2）AMP：集成运算放大器（将 PD 电流转换为电压）。

（3）ADC：16 位模数转换器（将电信号转换为数字信号）。

（4）Logic+IIC Interface：环境光计算和 IIC 总线接口。其包括如下 2 个寄存器。

数据寄存器：用于环境光数据的存储，初值为 0000000000000000。

测量时间寄存器：用于测量时间的存储，初值为 01000101。

（5）OSC：内部振荡器（典型值为 320 kHz），它是内部逻辑的时钟。

（6）ADDR：BH1750FVI 的芯片地址。

ADDR 引脚为高电平（ADDR≥0.7VCC）时，地址为 1011100。

ADDR 引脚为低电平（ADDR≤0.3VCC）时，地址为 0100011。

（7）DVI：参考电压。当供电后，DVI 引脚至少延时 1 μs 后变为高电平。若 DVI 引脚一直为低电平，则 BH1750FVI 不工作。

BH1750FVI 的测量模式有 3 种，如表 8-12 所示。

表 8-12 测量模式

测量模式	测量时间/ms	分辨率/lx
L-分辨率模式	16	4
H-分辨率模式 1	120	1
H-分辨率模式 2	120	0.5

在 H-分辨率模式下，有足够长的测量时间（积分时间），就能够抑制一些噪声。H-分辨率模式 1 的分辨率在 1 lx 以下，适用于黑暗场合，同样 H-分辨率模式 2 也适用于黑暗场合。

下面以 H-分辨率模式 2 为例，说明完成从“发送指令”到“读出测量结果”的测量步骤。

第 1 步：发送“连续高分辨率模式”指令。

第 2 步：等待完成第一次高分辨率的测量（最大时间为 180 ms）。

第 3 步：读出测量结果。

当数据的高字节为 10000011、低字节为 10010000 时，通过计算得到如下结果。

$$(2^{15}+2^{9}+2^{8}+2^{7}+2^{4})/1.2 = 28067\ \text{lx}$$

具体的控制指令可以参考 BH1750FVI 的参考手册。

2. 编写 BH1750.h 头文件

在嵌入式智能车的光强度测量电路中，BH1750FVI 的 ADDR 、SCL 和 SDA 引脚分别接 PG15、PB6 和 PB7 引脚。BH1750.h 头文件的代码如下。

```
1.  #ifndef __BH1750_H
2.  #define __BH1750_H
3.  #include "sys.h"
4.  /*宏定义 I/O 位操作*/
5.  #define  IIC_SCL    PBout(6)              //SCL 输出
```

```
6.  #define  IIC_SDA     PBout(7)              //SDA 输出
7.  #define  READ_SDA    PBin(7)               //SDA 输入
8.  #define  ADDR        PGout(15)             //ADDR 输出
9.  void BH1750_Configure(void);
10. uint16_t Get_Bh_Value(void);
11. #endif
```

3. 编写 BH1750.c 文件

BH1750.c 文件的代码如下。

```
1.  #include "stm32f4xx.h"
2.  #include "delay.h"
3.  #include "bh1750.h"
4.  #define  SlaveAddress  0x46
5.           //定义元器件在 IIC 总线中的从地址，根据地址引脚不同进行修改
6.  uint8_t  BUF[4];                  //接收数据缓存区
7.  void BH1750_PortInit()            //初始化 SCL、ADDR 引脚：PB6 和 PG15 引脚为推挽输出
8.  {
9.      GPIO_InitTypeDef GPIO_InitStructure;
10.     RCC_AHB1PeriphClockCmd(RCC_AHB1Periph_GPIOB|RCC_AHB1Periph_GPIOG, 
ENABLE);
11.     GPIO_InitStructure.GPIO_Pin = GPIO_Pin_6;              //PB6: SCL
12.     GPIO_InitStructure.GPIO_Mode = GPIO_Mode_OUT;          //输出模式
13.     GPIO_InitStructure.GPIO_OType = GPIO_OType_PP;         //推挽输出
14.     GPIO_InitStructure.GPIO_Speed = GPIO_Speed_100MHz;
15.     GPIO_Init(GPIOB,&GPIO_InitStructure);
16.     GPIO_InitStructure.GPIO_Pin = GPIO_Pin_15;             //PG15: ADDR
17.     GPIO_InitStructure.GPIO_Mode = GPIO_Mode_OUT;
18.     GPIO_InitStructure.GPIO_OType = GPIO_OType_PP;
19.     GPIO_InitStructure.GPIO_Speed = GPIO_Speed_100MHz;
20.     GPIO_Init(GPIOG,&GPIO_InitStructure);
21. }
22. void SDA_OUT()                    //设置 SDA 引脚：PB7 引脚为推挽输出
23. {
24.     GPIO_InitTypeDef GPIO_InitStructure;
25.     GPIO_InitStructure.GPIO_Pin = GPIO_Pin_7;              // PB7: SDA
26.     GPIO_InitStructure.GPIO_Mode = GPIO_Mode_OUT;
27.     GPIO_InitStructure.GPIO_OType = GPIO_OType_PP;
28.     GPIO_InitStructure.GPIO_Speed = GPIO_Speed_100MHz;
29.     GPIO_Init(GPIOB,&GPIO_InitStructure);
30. }
31. void SDA_IN()                     //设置 SDA 引脚：PB7 引脚为上拉输入
32. {
33.     GPIO_InitTypeDef GPIO_InitStructure;
34.     GPIO_InitStructure.GPIO_Pin = GPIO_Pin_7;              // PB7: SDA
35.     GPIO_InitStructure.GPIO_Mode = GPIO_Mode_IN;
36.     GPIO_InitStructure.GPIO_PuPd = GPIO_PuPd_UP;
37.     GPIO_Init(GPIOB,&GPIO_InitStructure);
38. }
39. /*产生 IIC 起始信号*/
```

```
40. void BH1750_Start()
41. {
42.     SDA_OUT();                          //SDA 输出
43.     IIC_SDA=1;
44.     IIC_SCL=1;
45.     delay_us(4);
46.     IIC_SDA=0;              //起始信号：当 CLK 为高电平时，DATA 从高电平到低电平
47.     delay_us(4);
48.     IIC_SCL=0;                          //保持 IIC 总线，准备发送或接收数据
49. }
50. /*产生 IIC 停止信号*/
51. void BH1750_Stop()
52. {
53.     SDA_OUT();                          //SDA 输出
54.     IIC_SDA=0;              //停止信号：当 CLK 为高电平时，DATA 从低电平到高电平
55.     IIC_SCL=1;
56.     delay_us(4);
57.     IIC_SDA=1;                          //发送 IIC 停止信号
58.     delay_us(4);
59. }
60. /*产生 IIC 应答信号*/
61. void BH1750_SendACK(uint8_t ack)
62. {
63.     SDA_OUT();                          //SDA 输出
64.     if(ack)IIC_SDA=1;                   //写应答信号
65.     else IIC_SDA=0;
66.     IIC_SCL=1;                          //拉高时钟线
67.     delay_us(2);                        //延时
68.     IIC_SCL=0;                          //拉低时钟线
69.     delay_us(2);                        //延时
70. }
71. /*产生 IIC 接收信号*/
72. uint8_t BH1750_RecvACK()
73. {
74.     uint8_t data;
75.         SDA_IN();                       //SDA 输入
76.     IIC_SCL=1;                          //拉高时钟线
77.     delay_us(2);                        //延时
78.     data = READ_SDA;                    //读应答信号
79.     IIC_SCL=0;                          //拉低时钟线
80.     delay_us(2);                        //延时
81.      return data;                       //返回读到的应答信号
82. }
83. /*向 IIC 总线发送一个字节数据*/
84. void BH1750_SendByte(uint8_t dat)
85. {
```

```
86.     uint8_t i,bit;
87.     SDA_OUT();                          //SDA 输出
88.     for (i=0; i<8; i++)                 //8 位计数器
89.     {
90.             bit=dat&0x80;
91.             if(bit) IIC_SDA=1;
92.             else IIC_SDA=0;
93.         dat <<= 1;                      //移出数据的最高位
94.         IIC_SCL=1;                      //拉高时钟线
95.         delay_us(2);                    //延时
96.         IIC_SCL=0;                      //拉低时钟线
97.         delay_us(2);                    //延时
98.     }
99.     BH1750_RecvACK();
100.}
101./*从 IIC 总线接收一个字节数据*/
102.uint8_t BH1750_RecvByte()
103.{
104.    uint8_t i;
105.    uint8_t dat = 0;
106.    SDA_IN();                           //SDA 输入
107.    IIC_SDA=1;                          //使能内部上拉，准备读取数据
108.    for (i=0; i<8; i++)                 //8 位计数器
109.    {
110.        dat <<= 1;
111.        IIC_SCL=1;                      //拉高时钟线
112.        delay_us(2);                    //延时
113.            if(READ_SDA) dat+=1;
114.        IIC_SCL=0;                      //拉低时钟线
115.        delay_us(2);                    //延时
116.    }
117.    return dat;                         //返回接收到的字节数据
118.}
119./*向 BH1750FVI 写入命令*/
120.void Single_Write_BH1750(uint8_t REG_Address)
121.{
122.    BH1750_Start();                     //起始信号
123.    BH1750_SendByte(SlaveAddress);      //发送设备地址+写信号
124.    BH1750_SendByte(REG_Address);       //内部寄存器地址
125.    BH1750_Stop();                      //发送停止信号
126.}
127./*连续读出 BH1750FVI 内部数据*/
128.void Multiple_Read_BH1750(void)
129.{
130.    uint8_t i;
131.    BH1750_Start();                     //起始信号
```

```
132.     BH1750_SendByte(SlaveAddress+1);      //发送设备地址+读信号
133.     for (i=0; i<3; i++)                   //连续读取 2 个地址数据，存储在 BUF 中
134.     {
135.         BUF[i] = BH1750_RecvByte();       //BUF[0]存储 0x32 地址中的数据
136.         if (i == 3)
137.         {
138.             BH1750_SendACK(1);            //最后一个数据需要回 NOACK
139.         }
140.         else
141.         {
142.                 BH1750_SendACK(0);        //回应 ACK
143.         }
144.     }
145.     BH1750_Stop();                        //停止信号
146.}
147./*初始化 BH1750FVI*/
148.void BH1750_Configure(void)
149.{
150.     BH1750_PortInit();
151.     Single_Write_BH1750(0x01);
152.     ADDR = 0;                             //将 ADDR 位初始化拉低
153.}
154./*读取光强度值*/
155.uint16_t Get_Bh_Value(void)
156.{
157.         float temp;
158.     unsigned int data;
159.     int dis_data;
160.         Single_Write_BH1750(0x01);        //开电源
161.     Single_Write_BH1750(0x10);            //H-分辨率模式
162.     Multiple_Read_BH1750();               //连续读出数据，存储在 BUF 中
163.     dis_data=BUF[0];
164.     dis_data=(dis_data<<8)+BUF[1];        //合成数据，即光强度数据
165.     temp=(float)(dis_data/1.2);
166.     data=(int)temp;
167.     return data;                          //返回光强度值
168.}
```

4．红外发射智能路灯的光挡控制函数

前面定义的红外发射控制数组有光挡加 1、光挡加 2 和光挡加 3。红外发射智能路灯的光挡控制函数 Light_Gear()的代码如下。

```
1.  void Light_Gear(u8 temp)
2.  //temp=1 表示光挡加 1，temp=2 表示光挡加 2，temp=3 表示光挡加 3
3.  {
4.      if(temp==1)
5.      {
6.          Transmition(H_1,4);       //H_1 是光挡加 1 的红外发射控制数组，有 4 个字节
```

```
7.      }
8.      else if(temp==2)
9.      {
10.         Transmition(H_2,4);      //H_2 是光挡加 2 的红外发射控制数组，有 4 个字节
11.     }
12.     else if(temp==3)
13.     {
14.         Transmition(H_3,4);      //H_3 是光挡加 3 的红外发射控制数组，有 4 个字节
15.     }
16.     delay_ms(1000);
17. }
```

其中，光挡加 1、光挡加 2 和光挡加 3 的红外发射控制数组是在主文件中定义的，代码如下。

```
1.  u8 H_1[4]={0x00,0xFF,0x0C,~(0x0C)};           //光挡加 1
2.  u8 H_2[4]={0x00,0xFF,0x18,~(0x18)};           //光挡加 2
3.  u8 H_3[4]={0x00,0xFF,0x5E,~(0x5E)};           //光挡加 3
```

5. 智能路灯的光挡控制函数

通过 BH1750FVI 获得光强度值后，通过冒泡排序法即可得知当前光挡。智能路灯的光挡控制函数 Light_Inf()的代码如下。

```
1.  uint8_t Light_Inf(uint8_t gear)
2.  {
3.          uint8_t i;
4.      uint8_t gear_init = 0;                        //初始挡位值
5.          uint16_t array[2];                        //缓存自学习的红外发射控制数组
6.      if((gear > 0) && (gear < 5))
7.          {
8.              delay_ms(100);
9.              array[0] = Get_Bh_Value();//读取当前光强度值，保存在 array[0]中
10.             for(i=0; i<4; i++)
11.             {
12.                 gear_init++;
13.                 Infrared_Send(Light_plus1,4);    //光挡加 1
14.                 delay_ms(500);
15.                 delay_ms(500);
16.                 delay_ms(500);                    //延时 1.5 s 等待采集
17.                 array[1] = Get_Bh_Value();
18.                    //读取光源加 1 挡后的光强度值，并保存在 array[1]中
19.                 if (array[0] < array[1])      //通过冒泡排序法，获得当前光挡
20.                 {
21.                     array[0] = array[1];
22.                     array[1] = 0;
23.                 }
24.                 else
25.                 {
26.                     gear_init = 5 - gear_init;
27.                     break;
28.                 }
29.             }
```

```
30.              if(gear==2)
31.              {
32.                  Infrared_Send(Light_plus1,4);        //光挡加 1
33.              }
34.          else if(gear==3)
35.              {
36.                  Infrared_Send(Light_plus2,4);        //光挡加 2
37.              }
38.          else if(gear==4)
39.              {
40.                  Infrared_Send(Light_plus3,4);        //光挡加 3
41.              }
42.          }
43.          return gear_init;                            //返回当前光挡
44. }
```

说明：代码中只有光挡加 1、光挡加 2 和光挡加 3 的红外发射控制数组。光挡有光挡 1、光挡 2、光挡 3 和光挡 4，若超过光挡 4，则从光挡 1 开始。

8.3.5 超声波测距设计

利用超声波传感器，来测量嵌入式智能车与障碍物之间的距离，完成嵌入式智能车避障功能的设计。

超声波测距设计

1. 超声波测距原理

超声波测距是通过记录超声波发射器发出超声波与超声波接收器接收到超声波的时间差，来获得距离的。

超声波发射器向某一方向发射超声波，在发射的同时开始计时，超声波在空气中传播，途中碰到障碍物就立即返回来，超声波接收器收到反射波则立即停止计时。超声波在空气中的传播速度为 V，计时器记录并计算发射和接收回波的时间差 Δt，这样就可以计算出发射点到障碍物的距离 S，计算公式如下。

$$S = V \cdot \Delta t / 2$$

由于超声波也是一种声波，其传播速度与温度有关。传播速度与温度的关系如表 8-13 所示。

表 8-13 传播速度与温度的关系

温度/℃	−30	−20	−10	0	10	20	30	100
传播速度/（$m \cdot s^{-1}$）	313	319	325	332	338	344	349	386

表 8-13 列出了几种不同温度下的传播速度。常温下超声波的传播速度是 334 m/s，如果温度变化不大，则可以认为传播速度基本不变。

超声波的传播速度易受到空气中温度、湿度、压力等因素的影响，其中受温度的影响较大。温度每升高 1℃，传播速度就增加约 0.6 m/s。如果测距精度要求很高，则应通过温度补偿的方法加以校正。已知现场环境温度 T 时，超声波的传播速度 V 的计算公式如下。

$$V = 331.45 + 0.607T$$

传播速度确定后，再测得超声波往返的时间，即可求得距离。这就是超声波测距的原理。

2. 编写 ultrasonic.h 头文件

在嵌入式智能车的超声波测距电路中，PB4 引脚是发送超声波引脚，PA15 引脚是超声波中断输入引脚。

ultrasonic.h 头文件的代码如下。

```
1.  #ifndef __ULTRASONIC_H
2.  #define __ULTRASONIC_H
3.  #include "stm32f4xx.h"
4.  #include "sys.h"
5.  #define INC PAout(15)
6.  void Ultrasonic_Init(void);
7.  void Ultrasonic_Ranging(void);
8.  extern uint16_t dis;
9.  #endif
```

3. 编写 ultrasonic.c 文件

ultrasonic.c 文件的代码如下。

```
1.  #include "stm32f4xx.h"
2.  #include "ultrasonic.h"
3.  #include "delay.h"
4.  #include "cba.h"
5.  float Ultrasonic_Value = 0;                              //读回值
6.  uint32_t Ultrasonic_Num = 0;                             //计数值
7.  uint16_t dis = 0;                                        //距离计算值
8.  void Ultrasonic_Port(void)
9.  {
10.         GPIO_InitTypeDef GPIO_InitStructure;
11.     RCC_AHB1PeriphClockCmd(RCC_AHB1Periph_GPIOA|RCC_AHB1Periph_GPIOB,ENABLE);
12.     GPIO_PinAFConfig(GPIOA,GPIO_PinSource14,GPIO_AF_SWJ);
13.         GPIO_PinAFConfig(GPIOA,GPIO_PinSource13,GPIO_AF_SWJ);
14.     GPIO_InitStructure.GPIO_Pin = GPIO_Pin_15;      //GPIOA15---INC--RX
15.         GPIO_InitStructure.GPIO_Mode = GPIO_Mode_OUT;
16.     GPIO_InitStructure.GPIO_OType = GPIO_OType_PP; //推挽输出
17.     GPIO_InitStructure.GPIO_PuPd = GPIO_PuPd_UP;   //上拉输入
18.     GPIO_InitStructure.GPIO_Speed = GPIO_Speed_100MHz;
19.     GPIO_Init(GPIOA,&GPIO_InitStructure);
20.         GPIO_InitStructure.GPIO_Pin = GPIO_Pin_4;   //GPIOB4---INT0--TX
21.     GPIO_InitStructure.GPIO_Mode = GPIO_Mode_IN;
22.     GPIO_InitStructure.GPIO_PuPd = GPIO_PuPd_UP;    //上拉输入
23.     GPIO_Init(GPIOB,&GPIO_InitStructure);
24. }
25. /*定时器 6 中断初始化。arr：自动重装载值。psc：时钟预分频数*/
26. void Ultrasonic_TIM(uint16_t arr,uint16_t psc)
27. {
28.         TIM_TimeBaseInitTypeDef TIM_InitStructure;
29.         NVIC_InitTypeDef NVIC_InitStructure;
30.     RCC_APB1PeriphClockCmd(RCC_APB1Periph_TIM6,ENABLE); //使能定时器6时钟
31.     TIM_InitStructure.TIM_Period = arr;
```

```
32.         TIM_InitStructure.TIM_Prescaler = psc;
33.         TIM_InitStructure.TIM_CounterMode = TIM_CounterMode_Up;  //向上计数模式
34.     TIM_TimeBaseInit(TIM6,&TIM_InitStructure);                  //初始化定时器 6
35.     NVIC_InitStructure.NVIC_IRQChannel = TIM6_DAC_IRQn;//TIM6_DAC_IRQn 中断
36.     NVIC_InitStructure.NVIC_IRQChannelPreemptionPriority = 0;     //抢占优先级 0
37.         NVIC_InitStructure.NVIC_IRQChannelSubPriority = 8;        //响应优先级 8
38.         NVIC_InitStructure.NVIC_IRQChannelCmd = ENABLE;  //IRQ 通道使能
39.         NVIC_Init(&NVIC_InitStructure);                          //初始化 NVIC
40.     TIM_ITConfig(TIM6,TIM_IT_Update,ENABLE);                     //允许更新中断
41.         TIM_Cmd(TIM6, DISABLE);                                  //定时器 6 停止
42. }
43. /*外部中断初始化*/
44. void Ultrasonic_EXTI()
45. {
46.         EXTI_InitTypeDef EXTI_InitStructure;
47.     NVIC_InitTypeDef NVIC_InitStructure;
48.     NVIC_PriorityGroupConfig(NVIC_PriorityGroup_1);
49.     RCC_APB2PeriphClockCmd(RCC_APB2Periph_SYSCFG, ENABLE);
50.         SYSCFG_EXTILineConfig(EXTI_PortSourceGPIOB,EXTI_PinSource4);
51.         EXTI_InitStructure.EXTI_Line = EXTI_Line4;//将中断映射到中断线 EXTI4 上
52.         EXTI_InitStructure.EXTI_Mode = EXTI_Mode_Interrupt;  //设置为中断模式
53.     EXTI_InitStructure.EXTI_Trigger = EXTI_Trigger_Falling;   //设置为下降沿触发
54.         EXTI_InitStructure.EXTI_LineCmd = ENABLE;          //中断使能
55.     EXTI_Init(&EXTI_InitStructure);
56.         NVIC_InitStructure.NVIC_IRQChannel = EXTI4_IRQn; //EXTI4_IRQn 中断
57.         NVIC_InitStructure.NVIC_IRQChannelPreemptionPriority = 0; //抢占优先级 0
58.     NVIC_InitStructure.NVIC_IRQChannelSubPriority = 7;    //响应优先级 7
59.         NVIC_InitStructure.NVIC_IRQChannelCmd = ENABLE;
60.         NVIC_Init(&NVIC_InitStructure);                     //中断优先级初始化
61. }
62. /*超声波初始化*/
63. void Ultrasonic_Init(void)
64. {
65.         Ultrasonic_Port();          //超声波硬件端口初始化
66.     Ultrasonic_TIM(9,83);           //超声波计数定时器初始化，定时时间约为 10 μs
67.         Ultrasonic_EXTI();          //超声波接收引脚中断初始化
68. }
69. /*超声波测距*/
70. void Ultrasonic_Ranging()
71. {
72.     INC = 1;
73.         delay_us(3);
74.     INC = 0;                          //INC（PA15）引脚为低电平，发送超声波信号
75.     TIM_Cmd(TIM6,ENABLE);                                 //开启定时器 6
76.     TIM_ClearITPendingBit(TIM6,TIM_IT_Update);  //清除定时器 6 中断标志位
77.     Ultrasonic_Num  = 0;                                  //定时计数器清零
```

```
78.       delay_ms(30);                        //等待一段时间，等待发送超声波控制信号完成
79.       INC = 1;
80.           delay_ms(5);
81.       TIM_Cmd(TIM6,DISABLE);                       //关闭定时器 6
82. }
83.
84. void TIM6_DAC_IRQHandler()
85. {
86.       if(TIM_GetITStatus(TIM6,TIM_IT_Update) == SET)//判断定时器 6 是否产生中断
87.           {
88.               Ultrasonic_Num++;    //定时计数器加 1（每次加 1 的时间间隔是 10 μs）
89.           }
90.           TIM_ClearITPendingBit(TIM6,TIM_IT_Update);//清除定时器 6 中断标志位
91. }
92.
93. void EXTI4_IRQHandler(void)
94. {
95.       if(EXTI_GetITStatus(EXTI_Line4) == SET)
96.       {
97.               if(GPIO_ReadInputDataBit(GPIOB,GPIO_Pin_4) == RESET)
98.               {
99.                   TIM_Cmd(TIM6,DISABLE);                        //关闭定时器 6
100.                  Ultrasonic_Value = (float)Ultrasonic_Num;
101.                  Ultrasonic_Value = (float)Ultrasonic_Value*1.72f - 20.0f;
102.                    //计算距离，减 20 是误差补偿
103.                  dis = (uint16_t) Ultrasonic_Value;
104.                  //返回超声波测得的距离，单位是 mm
105.              }
106.              EXTI_ClearITPendingBit(EXTI_Line4); //清除 LINE4 上的中断标志位
107.          }
108.}
```

4. 编写超声波测量距离的显示函数

控制 LED 显示标志物显示超声波测量距离的函数 LED_Dis_Zigbee()的代码如下。

```
1.  void LED_Dis_Zigbee(uint16_t dis)
2.  {
3.      Zigbee[0] = 0x55;
4.      Zigbee[1] = 0x04;
5.      Zigbee[2] = 0x04;
6.      Zigbee[3] = 0x00;
7.      Zigbee[4] = dis % 256;                               //超声波数据低 8 位
8.      Zigbee[5] = ((dis / 256;                             //超声波数据高 8 位
9.      Zigbee[6] = (Zigbee[2] + Zigbee[3] + Zigbee[4] + ZigBee[5]) % 256;
10.     Zigbee[7] = 0xBB;
11.     Send_ZigbeeData_To_Fifo(Zigbee, 8);                  //发送 Zigbee 数据
12.     delay_ms(100);
13. }
```

说明：LED_Dis_Zigbee()函数中的 dis 是距离返回值，距离单位是 mm，距离显示格式为十进制格式。

【技能训练 8-2】嵌入式智能车标志物综合控制

在全国职业院校技能大赛（高职组）“嵌入式技术应用开发”赛项的竞赛地图上，利用竞赛平台（嵌入式智能车）的 ZigBee 模块和红外线等无线数据传输的控制功能，完成嵌入式智能车对标志物的综合控制任务。嵌入式智能车任务流程如表 8-14 所示。

表 8-14　嵌入式智能车标志物综合控制任务流程

序号	任务要求
1	嵌入式智能车在出发点 A2 位置，打开计时器，开始计时
2	控制 B1 位置的智能路灯标志物亮度挡位为 3 挡
3	控制 A3 位置的智能立体显示标志物显示指定车牌
4	行驶到 B4 位置，识别 C5 位置的智能交通灯
5	行驶到 F4 位置，中间过 E4 位置的特殊地形
6	行驶到 F6 位置，控制 G6 位置的语音播报标志物，随机语音播报
7	行驶到 D6 位置，控制 C7 位置的烽火台报警标志物
8	倒车入库至 D7 位置，点亮左右双闪灯，计时结束

1. 嵌入式智能车标志物综合控制任务实现分析

根据嵌入式智能车标志物综合控制任务要求，任务不仅涉及标志物控制，还涉及巡航控制。嵌入式智能车标志物综合控制任务实现分析如表 8-15 所示。

表 8-15　嵌入式智能车标志物综合控制任务实现分析

实现步骤	任务要求
1	在 A2 位置，出发前打开计时器，开始计时
2	行驶到 B2 位置
3	左转 90°，控制 B1 位置的智能路灯亮度挡位为 3 挡
4	调头：右转 90°两次，右转 45°一次或左转 90°一次，左转 45°一次
5	打开 A3 位置的智能立体显示标志物，左转 90°
6	行驶到 B4 位置，右转 90°
7	识别 C5 位置的智能交通灯 A，行驶至 D4 位置
8	控制 E4 位置的 ETC（电子收费）系统，行驶至 F4 位置
9	右转 90°，行驶到 F6 位置
10	左转 90°，控制语音播报标志物随机语音播报
11	调头：左转 90°两次或右转 90°两次
12	行驶到 D6 位置，左转 90°
13	右转 45°，控制烽火台报警标志物
14	左转 90°

续表

实现步骤	任务要求
15	左转 45°，控制智能立体显示标志物显示指定车牌
16	调头：左转 90°两次
17	进入 D7 位置
18	点亮左右双闪灯 1 s，计时停止

2. 嵌入式智能车标志物综合控制程序设计

下面只给出完成任务的控制代码，详细代码见本书资源库。代码如下。

```
1.  void Car_Thread(void)
2.  {
3.          switch(make)
4.      {
5.              case 0x01:                   //出库
6.              {
7.                  Send_ZigbeeData_To_Fifo(SEG_TimOpen,8);
8.                  delay_ms(300);
9.                  Send_ZigbeeData_To_Fifo(SEG_TimOpen,8);
10.                 Car_Track(60);
11.                 Car_Go(60,250);
12.                 make++;
13.                 break;
14.             }
15.             case 0x02:                   //智能路灯
16.             {
17.                 Car_Left(80);            //stop_flag=0x03;
18.                 Light_Inf(3);
19.                 Car_Right(80);
20.                 make++;
21.                 break;
22.             }
23.             case 0x03:                   //智能立体显示标志物
24.             {
25.                 Car_Right(80);
26.                 Car_R45(80,450);
27.                 TFT_Show_Zigbee('A',"A123B4");
28.                 delay_ms(300);
29.                 Car_Left(80);
30.                 make++;
31.                 break;
32.             }
33.             case 0x04:                   //到 B4 位置
34.             {
35.                 Car_Track(60);
36.                 Car_Go(60,250);
37.                 make++;
38.                 break;
39.             }
40.             case 0x05:                   //在 B4 位置识别智能交通灯
```

```
41.             {
42.                 Car_Left(80);
43.                 Send_ZigbeeData_To_Fifo(TrafficA_Open,8);
44.                 delay_ms(500);
45.                 Send_ZigbeeData_To_Fifo(TrafficA_Open,8);
46.                 Car_Track(60);
47.                 Car_Go(60,250);
48.                 delay_ms(500);
49.                 make++;
50.                 break;
51.             }
52.             case 0x06:                  //过 ETC 系统
53.             {
54.                 ETC_Get_Zigbee();
55.                 make++;
56.                 break;
57.             }
58.             case 0x07:                  //到 F4 位置
59.             {
60.                 Car_Track(60);
61.                 Car_Go(60,250);
62.                 make++;
63.                 break;
64.             }
65.             case 0x08:                  //右转
66.             {
67.                 Car_Right(80);
68.                 make++;
69.                 break;
70.             }
71.             case 0x09:                  //到 F6 位置
72.             {
73.                 Car_Track(60);
74.                 Car_Go(60,250);
75.                 make++;
76.                 break;
77.             }
78.             case 0x0A:              //语音播报标志物
79.             {
80.                 Car_Left(80);
81.                 YY_Comm_Zigbee(0x20,0x01);
82.                 delay_ms(300);
83.                 make++;
84.                 break;
85.             }
86.             case 0x0B:              //立体显示标志物
87.             {
88.                 Car_Right(80);
89.                 Car_R45(80,450);
90.                 Rotate_show_Inf("A123B4",'C','5');
91.                 Car_Right(80);
92.                 make++;
```

```
93.                     break;
94.                 }
95.                 case 0x0C:              //到 D6 位置
96.                 {
97.                     Car_Track(60);
98.                     Car_Go(60,250);
99.                     make++;
100.                    break;
101.                }
102.                case 0x0D:
103.                {
104.                    Car_L45(80,450);
105.                    Infrared_Send(AlARM_Open,6);
106.                    delay_ms(300);
107.                    Infrared_Send(AlARM_Open,6);
108.                    delay_ms(300);
109.                    Infrared_Send(AlARM_Open,6);
110.                    Car_Right(80);
111.                    make++;
112.                    break;
113.                }
114.            case 0x0E:                  //入库
115.                {
116.                    Car_Right(80);
117.                    Car_Time_Track(50,1000);
118.                    Car_Back(60,1800);
119.                    Send_ZigbeeData_To_Fifo(SMG_TimClose,8);
120.                    delay_ms(500);
121.                    Send_ZigbeeData_To_Fifo(Charge_Open,8);
122.                    Send_ZigbeeData_To_Fifo(SMG_TimClose,8);
123.                    delay_ms(500);
124.                    Send_ZigbeeData_To_Fifo(Charge_Open,8);
125.                    Set_tba_WheelLED(L_LED,SET);
126.                    Set_tba_WheelLED(R_LED,SET);
127.                    delay_ms(500);
128.                delay_ms(500);
129.                    Set_tba_WheelLED(L_LED,RESET);
130.                    Set_tba_WheelLED(R_LED,RESET);
131.                    make++;
132.                    Auto_Flag=0;
133.                    break;
134.                }
135.            }
136.}
```

8.4 任务 19 嵌入式智能车综合控制设计

任务要求

在全国职业院校技能大赛（高职组）“嵌入式技术应用开发”赛项的竞赛地图上，通过竞赛平台（嵌入式智能车），完成嵌入式智能车在竞赛地图上行驶的任务，以及对标志物进行控制的任务。

标志物摆放位置如表 8-16 所示。

表 8-16　标志物摆放位置

序号	标志物名称	摆放位置
1	LED 显示标志物	A4
2	道闸标志物	G6
3	语音播报标志物	A5
4	智能路灯标志物	B7
5	静态标志物	D1
6	LCD 动态显示标志物	B1
7	智能立体显示标志物	C3
8	烽火台报警标志物	G4
9	嵌入式智能车车库	F7
10	AGV 智能移动机器人车库	D7

嵌入式智能车综合控制任务流程如表 8-17 所示。

表 8-17　嵌入式智能车综合控制任务流程

<table>
<tr><th>序号</th><th>任务要求</th><th>说明</th></tr>
<tr><td>1</td><td>嵌入式智能车在出发点 F7 位置（车库），通过 ZigBee 模块向 LED 显示标志物发送计时指令，并语音播报</td><td rowspan="4">（1）嵌入式智能车的启动通过核心板按键完成。
（2）转弯时，对应的转向灯需要点亮。</td></tr>
<tr><td>2</td><td>打开 G6 位置的道闸，并语音播报</td></tr>
<tr><td>3</td><td>出库行驶到 B6 位置，通过红外线控制 B7 位置的智能路灯标志物，将其光照强度挡位打开到 2 挡</td></tr>
<tr><td>4</td><td>行驶到 B2 位置，通过红外线控制 B1 位置的 LCD 动态显示标志物上翻图片</td></tr>
<tr><td>5</td><td>行驶到 D2 位置，对 D1 位置的静态标志物进行超声波测距</td><td rowspan="8">（3）停止时，双色灯为红色。
（4）在 AGV 智能移动机器人执行任务期间，嵌入式智能车的双向灯一直闪烁</td></tr>
<tr><td>6</td><td>将距离发送到 LED 显示标志物第二行，并语音播报</td></tr>
<tr><td>7</td><td>通过红外将车牌 BJ2089F4 发送到 C3 位置的智能立体显示标志物</td></tr>
<tr><td>8</td><td>行驶到 D4 位置</td></tr>
<tr><td>9</td><td>行驶到 F4 位置，打开 G4 位置的烽火台报警标志物</td></tr>
<tr><td>10</td><td>嵌入式智能车通过 ZigBee 模块控制 AGV 智能移动机器人从 D7 位置的车库出发，完成任务后回到 D7 位置的车库。AGV 智能移动机器人的行驶路线和任务省略</td></tr>
<tr><td>11</td><td>AGV 智能移动机器人任务完成后，嵌入式智能车从 F4 位置回到 F7 位置（车库）</td></tr>
<tr><td>12</td><td>通过 ZigBee 模块向 LED 显示标志物发送停止计时指令，并语音播报</td></tr>
</table>

8.4.1 语音播报标志物控制设计

语音播报标志物控制设计

语音播报标志物的功能：随机语音播报、指定文本播报（包括汉字、字母、数字等信息）。通过嵌入式智能车与语音播报标志物之间的通信协议，如何远程控制语音播报标志物的随机语音播报和指定文本播报呢？

1. 语音播报标志物控制指令的数据结构

所有语音控制指令都需要用“帧”的方式进行封装后传输。

（1）语音播报标志物基本控制指令的数据结构如表 8-18 所示。

表 8-18 语音播报标志物基本控制指令的数据结构（不包含语音控制指令）

帧头		主指令	副指令			校验和	帧尾
0x55	0x06	0xXX	0xXX	0xXX	0xXX	0xXX	0xBB

语音播报标志物的基本控制指令由 8 个字节组成，前 2 个字节为帧头，固定不变；第 3 个字节为主指令；第 4 个字节～第 6 个字节为副指令；第 7 个字节为校验和；第 8 个字节为帧尾，固定不变。

主指令数据说明如表 8-19 所示。

表 8-19 主指令数据说明

主指令	说明
0x10	播报指定语音
0x20	播报随机语音
0x30	设置 RTC 起始日期
0x31	查询 RTC 当前日期
0x40	设置 RTC 起始时间
0x41	查询 RTC 当前时间

主指令与副指令数据说明如表 8-20 所示。

表 8-20 主指令与副指令数据说明

<table>
<tr><th>主指令</th><th>副指令 1</th><th>副指令 2</th><th>副指令 3</th><th>说明</th></tr>
<tr><td rowspan="7">0x10</td><td>0x01</td><td rowspan="7">0x00</td><td rowspan="7">0x00</td><td>播报“富强路站”（编号：01）</td></tr>
<tr><td>0x02</td><td>播报“民主路站”（编号：02）</td></tr>
<tr><td>0x03</td><td>播报“文明路站”（编号：03）</td></tr>
<tr><td>0x04</td><td>播报“和谐路站”（编号：04）</td></tr>
<tr><td>0x05</td><td>播报“爱国路站”（编号：05）</td></tr>
<tr><td>0x06</td><td>播报“敬业路站”（编号：06）</td></tr>
<tr><td>0x07</td><td>播报“友善路站”（编号：07）</td></tr>
<tr><td>0x20</td><td>0x01（年）</td><td>0x00（月）</td><td>0x00（日）</td><td>随机播报语音编号 01～07</td></tr>
</table>

续表

主指令	副指令 1	副指令 2	副指令 3	说明
0x30	0xXX	0xXX	0xXX	设置 RTC 起始日期
0x31	0x01	0x00	0x00	查询 RTC 当前日期
0x40	0xXX（时）	0xXX（分）	0xXX（秒）	设置 RTC 起始时间
0x41	0x01	0x00	0x00	查询 RTC 当前时间

例如：将语音播报标志物 RTC 日期设置为 2021 年 5 月 20 日，ZigBee 控制指令为“0x55,0x06,0x30,0x21,0x05,0x20,0xB4,0xBB”。

（2）语音播报标志物的语音合成控制指令数据帧如表 8-21 所示。

表 8-21　语音播报标志物的语音合成控制指令数据帧

帧头	数据区长度		数据区
	高字节	低字节	
0xFD	0xXX	0xXX	……

语音播报标志物语音合成控制指令数据帧由帧头、数据区长度和数据区 3 个部分组成。通信方式为 ZigBee 无线通信。

（3）语音播报标志物的语音合成指令数据帧如表 8-22 所示。

表 8-22　语音播报标志物的语音合成指令数据帧

帧头	数据区长度		数据区		
	高字节	低字节	指令字	文本编码格式	待合成文本
0xFD	0xXX	0xXX	0x01	0xXX	……

当语音播报标志物处于语音合成状态时，若再次接收到有效语音合成指令，语音播报标志物将立刻停止合成当前语音指令，开始合成新的语音指令。语音合成指令数据帧的文本编码格式说明如表 8-23 所示。

表 8-23　语音合成指令数据帧的文本编码格式说明

	取值参数	文本编码格式
1 字节表示文本的编码格式，取值为 0～3	0x00	GB2312 编码
	0x01	GBK 编码
	0x02	BIG5 编码
	0x03	Unicode 编码

说明：当语音芯片正在合成文本时，若又接收到一个有效的合成指令数据帧，语音芯片就会立即停止当前正在合成的文本，转去合成新收到的文本。

（4）语音播报标志物的停止合成语音指令数据帧如表 8-24 所示。

表 8-24 语音播报标志物的停止合成语音指令数据帧

帧头	数据区长度		数据区
0xFD	高字节	低字节	指令字
	0x00	0x01	0x02

其中，指令字 0x02 是停止合成语音指令。

（5）语音播报标志物的暂停合成语音指令数据帧如表 8-25 所示。

表 8-25 语音播报标志物的暂停合成语音指令数据帧

帧头	数据区长度		数据区
0xFD	高字节	低字节	指令字
	0x00	0x01	0x03

其中，指令字 0x03 是暂停合成语音指令。

（6）语音播报标志物的回复合成语音指令数据帧如表 8-26 所示。

表 8-26 语音播报标志物的回复合成语音指令数据帧

帧头	数据区长度		数据区
0xFD	高字节	低字节	指令字
	0x00	0x01	0x04

其中，指令字 0x04 是恢复合成语音指令。

（7）语音播报标志物状态回传指令的数据结构如表 8-27 所示。

表 8-27 语音播报标志物状态回传指令的数据结构

帧头		主指令	副指令			校验和	帧尾
0x55	0x06	0xXX	0xXX	0xXX	0xXX	0xXX	0xBB

语音播报标志物状态回传指令的数据结构与基本控制指令的数据结构一致，通信方式相同。其主指令与副指令数据说明如表 8-28 所示。

表 8-28 主指令与副指令数据说明

主指令	副指令 1	副指令 2	副指令 3	说明
0x01	0x4E	0x00	0x00	语音忙碌，正在合成语音
	0x4F			语音空闲
0x02	0xXX（年）	0xXX（月）	0xXX（日）	返回 RTC 日期
0x03	0xXX（时）	0xXX（分）	0xXX（秒）	返回 RTC 时间

2. 语音播报程序设计

通过对语音播报标志物的语音合成指令数据帧分析，向语音播报标志物发送语音播报内容的程序主要包括帧头、数据长度（高 8 位和低 8 位）、指令字、指令格式及语音播报等内容。发送语音播报内容的函数 YY_Comm_Zigbee()的代码如下。

```
1.  void YY_Comm_Zigbee(uint8_t Primary, uint8_t Secondary)
2.  {
3.      Zigbee[0] = 0x55;
4.      Zigbee[1] = 0x06;
5.      Zigbee[2] = Primary;
6.      Zigbee[3] = Secondary;
7.      Zigbee[4] = 0x00;
8.      Zigbee[5] = 0x00;
9.      Zigbee[6] = (Zigbee[2] + Zigbee[3] + Zigbee[4] + Zigbee[5]) % 256;
10.     Zigbee[7] = 0xBB;
11.     Send_ZigbeeData_To_Fifo(Zigbee, 8);
12. }
```

8.4.2 嵌入式智能车控制 AGV 智能移动机器人设计

在嵌入式智能车综合控制设计中，我们只需知道嵌入式智能车如何向 AGV 智能移动机器人发送控制指令即可，至于 AGV 智能移动机器人如何完成任务，这与嵌入式智能车完成任务的代码基本类似，可以参考嵌入式智能车的代码来完成。

嵌入式智能车控制 AGV 智能移动机器人设计

1. 嵌入式智能车向 AGV 智能移动机器人发送命令的数据结构

嵌入式智能车向 AGV 智能移动机器人发送命令的数据结构如表 8-29 所示。

表 8-29 嵌入式智能车向 AGV 智能移动机器人发送命令的数据结构

帧头		主指令	副指令			校验和	帧尾
0x55	0x02	0xXX	0xXX	0xXX	0xXX	0xXX	0xBB

2. 嵌入式智能车控制 AGV 智能移动机器人程序设计

嵌入式智能车通过 ZigBee 模块向 AGV 智能移动机器人发送控制命令，来控制它开始执行任务。

例如，主指令为 0x90，副指令都为 0x00。语音识别控制命令关闭的控制函数 YY_Com_Close() 的代码如下。

```
1.  void YY_Com_Close(void)
2.  {
3.      Zigbee[0] = 0x55;
4.      Zigbee[1] = 0x02;                          //发送给 AGV 智能移动机器人
5.          Zigbee[2] = 0x90; //主指令为 0x90，控制 AGV 智能移动机器人开始执行任务
6.      Zigbee[3] = 0x00;                          //以下 3 个副指令都为 0x00
7.      Zigbee[4] = 0x00;
8.      Zigbee[5] = 0x00;
9.      Zigbee[6] = (0x90+0x00+0x00+0x00)%256;   //校验和
10.         Zigbee[7] = 0xBB;
11.     delay_ms(500);
12. }
```

AGV 智能移动机器人通过 ZigBee 模块接收到嵌入式智能车发来的开始执行任务控制命

令后，即可执行完成任务的代码。

3. AGV 智能移动机器人回传数据到主车指令的程序设计

AGV 智能移动机器人回传数据到主车指令，运行状态如表 8-30 所示。

表 8-30 运行状态

帧头		主指令	副指令			校验和	帧尾
0x55	0x02	0x80	0x00/0x01（关闭/打开）	0x00	0x00	0xXX	0xBB

说明：AGV 智能移动机器人返回的数据帧含运行状态、光敏状态、超声波数据、光照数据和码盘值。

通过上面的通信协议即可完成 AGV 智能移动机器人的行驶控制和数据获取，而将数据发送至 ZigBee 模块的函数是 Send_ZigBeeData_To_Fifo()函数。

8.4.3 编写嵌入式智能车综合控制的任务文件

嵌入式智能车综合控制的任务文件主要包括：能完成嵌入式智能车基本任务的函数，如嵌入式智能车前进、后退、打开道闸等任务函数；完成本任务的嵌入式智能车综合控制函数。

编写嵌入式智能车综合控制的任务文件

1. 嵌入式智能车综合控制程序设计

在嵌入式智能车综合控制任务中，根据标志物摆放位置和嵌入式智能车综合控制任务流程，嵌入式智能车综合控制任务实现分析如表 8-31 所示。

表 8-31 嵌入式智能车综合控制任务实现分析

实现步骤	任务要求
1	在 F7 位置，出发前打开计时器开始计时，并语音播报
2	打开 G6 位置的道闸，并语音播报
3	出库行驶到 F6 位置，左转 90°，左转的转向灯点亮
4	行驶到 B6 位置，左转 90°，左转的转向灯点亮
5	控制 B7 位置的智能路灯标志物将光照强度挡位打开到 2 挡
6	调头：左转 90°两次或右转 90°两次
7	行驶到 B2 位置
8	控制 B1 位置的 LCD 动态显示标志物上翻图片
9	右转 90°，右转的转向灯点亮
10	行驶到 D2 位置，左转 90°，左转的转向灯点亮
11	对 D1 位置的静态标志物进行超声波测距
12	将距离发送到 LED 显示标志物第二行，并语音播报距离
13	左转 90°，左转的转向灯点亮

续表

实现步骤	任务要求
14	左转 45°，左转的转向灯点亮
15	将车牌 BJ2089F4 发送到 C3 位置的智能立体显示标志物
16	左转 45°，左转的转向灯点亮
17	行驶到 D4 位置，左转 90°，左转的转向灯点亮
18	打开 E4 位置的隧道标志物的隧道风扇
19	行驶到 F4 位置，打开 G4 位置的烽火台报警标志物
20	等待 AGV 智能移动机器人完成任务期间，双向灯一直闪烁
21	控制 AGV 智能移动机器人开始执行任务
22	查询 AGV 智能移动机器人完成任务的运行状态
23	AGV 智能移动机器人完成任务后，双向灯熄灭
24	右转 90°，右转的转向灯点亮
25	嵌入式智能车从 F4 位置回到 F7 位置（车库）
26	向 LED 显示标志物发送停止计时指令，并语音播报
27	双色灯为红色，嵌入式智能车任务完成

嵌入式智能车综合控制函数 Car_Task()的代码如下。

```
1.  void Car_Task(void)
2.  {
3.          LED_Time_Open();                          //打开计时器，开始计时
4.          Voice_send("计时开始");                    //语音播报：计时开始
5.      delay_ms(1200);
6.      Gate_Open();                                  //打开 G6 位置的道闸
7.          delay_ms(1200);
8.          Voice_send("道闸打开");                    //语音播报：道闸打开
9.      delay_ms(1200);
10.     Car_Track();                                  //起点是 F7，循迹到 F6 十字路口
11.     Car_Go(100);                          //过黑色横线，黑色横线处于车的中间位置
12.         LED_L=0; Car_Left(); LED_L=1;             //左转 90°，左转的转向灯点亮
13.     Car_Track();Car_Go(100);                      //循迹到 D6 十字路口
14.         Car_Track();Car_Go(100);                  //循迹到 B6 十字路口
15.         LED_L=0; Car_Left(); LED_L=1;
16.     Light_Control(2);                     //控制 B7 位置的智能路灯标志物亮度挡位为 2 挡
17.     delay_ms(1500);
18.         Car_Left(); Car_Left();                   //调头
19.     Car_Track();Car_Go(100);                      //循迹到 B4 十字路口
20.         Car_Track();Car_Go(100);                  //循迹到 B2 十字路口
21.     LCD_Upturn();                         //控制 B1 位置 LCD 动态显示标志物上翻图片
22.         LED_R=0; Car_Right();  LED_R=1;           //右转 90°，右转的转向灯点亮
23.         Car_Track();Car_Go(100);                  //循迹到 D2 十字路口
24.         LED_L=0; Car_Left(); LED_L=1;
25.         CSB_Send();                       //对 D1 位置的静态标志物进行超声波测距
26.         delay_ms(1500);
27.     CSB_Display();                            //将距离发送到 LED 显示标志物第二行
```

```
28.     Voice_Send_Dis();                    //语音播报：超声波距离为×××
29.         LED_L=0;
30.         Car_Left();                      //左转 90°
31.         Car_Left45();                    //左转 45°
32.     LED_L=1;
33.         Stereo_Display("BJ2089F4");      //智能立体显示标志物显示 BJ2089F4
34.     delay_ms(1500);
35.         LED_L=0; Car_Left45 (); LED_L=1;
36.     delay_ms(1500);
37.         Car_Track();
38.         Car_Go(100);                     //循迹到 D4 十字路口
39.     LED_L=0; Car_Left(); LED_L=1;
40.         TunnelFan_Open();                //打开 E4 位置的隧道风扇
41.     Car_Track();Car_Go(100);             //循迹到 F4 十字路口
42.         AlARM_Open();                    //打开 G4 位置的烽火台报警标志物
43.         LED_L=0; LED_R=0;        //双向灯闪烁，等待 AGV 智能移动机器人完成任务
44.         TransportCar_Start();        //控制 AGV 智能移动机器人开始执行任务
45.     while(TransportCar_Status()==0);//等待 AGV 智能移动机器人完成任务
46.         LED_L=1; LED_R=1;                //双向灯熄灭
47.     LED_R=0; Car_Right();  LED_R=1;
48.     Gate_Open();                         //打开 G6 位置的道闸
49.     delay_ms(1200);
50.         Car_Track();Car_Go(100);         //循迹到 F6 十字路口
51.     Car_Track();Car_Go(100);             //循迹到 F7 横线上，入库
52.         LED_Time_Close();                //停止计时
53.     delay_ms(1500);
54.     Voice_send("任务完成");              //语音播报：任务完成
55.         Write_595(0x55);                 //双色灯全亮红灯，任务完成
56.     while(1);
57. }
```

在完成本任务的过程中，一定要按照嵌入式智能车综合控制的任务要求认真分析，规划出任务实现的流程。

2. 编写 drive.h 头文件

drive.h 头文件的代码如下。

```
1.  #ifndef __DRIVE_H_
2.  #define __DRIVE_H_
3.  #include "sys.h"
4.  #endif
```

3. 编写 drive.c 文件

drive.c 文件主要包括前面介绍过的能完成嵌入式智能车基本任务的函数，以及完成本任务的嵌入式智能车综合控制函数，代码如下。

```
1.  #include "bh1750.h"
2.  #include "power_check.h"
3.  #include "can_user.h"
4.  #include "data_base.h"
5.  #include "roadway_check.h"
6.  #include "tba.h"
7.  #include "data_base.h"
8.  #include "swopt_drv.h"
```

```
9.  #include "uart_a72.h"
10. #include "Can_check.h"
11. #include "delay.h"
12. #include "can_user.h"
13. #include "Timer.h"
14. #include "Rc522.h"
15. static uint8_t Zigbee[8];                               //ZigBee 发送数据缓存
16. static uint8_t Infrared[6];                             //红外发送数据缓存
17. static uint8_t YY_Init[5] = {0xFD, 0x00, 0x00, 0x01, 0x01};
18. uint16_t tim_a,tim_b;
19. /*嵌入式智能车前进控制函数*/
20. void Car_Go(uint8_t speed, uint16_t temp)             //参数为预设码盘值
21. {
22.     ……                                                 //嵌入式智能车前进控制代码
23. }
24. /*嵌入式智能车后退控制函数*/
25. void Car_Back(uint8_t speed, uint16_t temp)
26. {
27.     ……                                                 //嵌入式智能车后退控制代码
28. }
29. /*嵌入式智能车左转控制函数*/
30. void Car_Left(uint8_t speed)
31. {
32.     ……                                                 //嵌入式智能车左转控制代码
33. }
34. /*嵌入式智能车右转控制函数*/
35. void Car_Right(uint8_t speed)
36. {
37.     ……                                                 //嵌入式智能车右转控制代码
38. }
39. /*嵌入式智能车左转 45°控制函数*/
40. void Car_L45(int8_t speed, uint16_t times)            //左旋转参数：旋转时间
41. {
42.         delay_ms(100);
43.         Send_UpMotor(-speed ,speed);
44.         delay_ms(times);
45.     Send_UpMotor(0 ,0);
46.         delay_ms(100);
47. }
48. /*嵌入式智能车右转 45°控制函数*/
49. void Car_R45(int8_t speed, uint16_t tims)       //右旋转参数：旋转时间
50. {
51.     delay_ms(100);
52.         Send_UpMotor(speed,-speed);                 //电机驱动函数
53.         delay_ms(tims);
54.     Send_UpMotor(0 ,0);                             //停车
55.     delay_ms(100);
56. }
57. /*嵌入式智能车循迹控制函数*/
58. void Car_Track(uint8_t speed)
59. {
60.     ……                                              //嵌入式智能车循迹控制代码
61. }
```

```
62. /*LED显示标志物开始计时控制函数*/
63. void  LED _Open_Zigbee(void)
64. {
65.      ……                                  //LED显示标志物开始计时控制代码
66. }
67. /*LED显示标志物停止计时控制函数*/
68. void  LED_ Close_Zigbee(void)            //停止计时
69. {
70.      ……                                  //LED显示标志物停止计时控制代码
71. }
72. /*LED显示标志物清零函数*/
73. void  LED_ Reset_Zigbee(void)
74. {
75.      ……                                  //LED显示标志物清零代码
76. }
77. /*LED显示标志物显示超声波测量距离控制函数*/
78. void LED_Dis_Zigbee(uint16_t dis)
79. {
80.      ……                          //在LED显示标志物的第二排数码管显示距离的代码
81. }
82. /*打开道闸控制函数*/
83. void Gate_Open_Zigbee(void)
84. {
85.      ……                                  //打开道闸控制代码
86. }
87. /*智能立体显示标志物控制函数*/
88. void TFT_Test_Zigbee(char Device,uint8_t Pri,uint8_t Sec1,uint8_t Sec2,
uint8_t Sec3)
89. {
90.      ……                                  //智能立体显示标志物控制代码
91. }
92. /*智能立体显示标志物显示距离函数*/
93. void TFT_Dis_Zigbee(char Device,uint16_t dis)
94. {
95.          ……                              //智能立体显示标志物显示距离代码
96. }
97. /*打开烽火台报警标志物控制函数*/
98. void  AlARM_Open(void)
99. {
100.     ……                                  //打开烽火台报警控制代码
101.}
102./*智能路灯标志物的光挡控制函数。参数a：指定要调节到的挡位*/
103.uint8_t Light_Inf(uint8_t gear)
104.{
105.     ……                                  //智能路灯标志物的光挡控制代码
106.}
107./*智能立体显示标志物显示车牌函数*/
108.void Rotate_show_Inf(char* src, char x, char y)
109.{
110.     ……                                  //智能立体显示标志物显示车牌代码
111.}
112./*语音播报函数，发送语音播报的内容*/
```

```
113.void YY_Comm_Zigbee(uint8_t Primary, uint8_t Secondary)
114.{
115.    ……                                          //发送语音播报内容的代码
116.}
117./*语音播报指定文本函数*/
118.void YY_Play_Zigbee(char *p)
119.{
120.    uint16_t p_len = strlen(p);                     //文本长度
121.    YY_Init[1] = 0xff & ((p_len + 2) >> 8);         //数据区长度，高 8 位
122.    YY_Init[2] = 0xff & (p_len + 2);                //数据区长度，低 8 位
123.    Send_ZigbeeData_To_Fifo(YY_Init, 5);
124.    Send_ZigbeeData_To_Fifo((uint8_t *)p, p_len);
125.    delay_ms(100);
126.}
127./*嵌入式智能车综合控制函数*/
128.void Car_Thread(void)
129.{
130.    ……                                          //嵌入式智能车综合控制任务实现的代码
131.}
```

8.4.4 编写嵌入式智能车综合控制的主文件

嵌入式智能车综合控制的主文件主要包括：能完成嵌入式智能车基本任务的函数，如嵌入式智能车前进、后退、打开道闸等任务函数；完成本任务的嵌入式智能车综合控制函数。

编写嵌入式智能车综合控制的主文件

1. 编写 main.h 头文件

main.h 头文件的代码如下。

```
1.  #include <stdio.h>
2.  #include "stm32f4xx.h"
3.  #include "delay.h"
4.  #include "infrared.h"
5.  #include "cba.h"
6.  #include "ultrasonic.h"
7.  #include "canp_hostcom.h"
8.  #include "hard_can.h"
9.  #include "bh1750.h"
10. #include "power_check.h"
11. #include "can_user.h"
12. #include "data_base.h"
13. #include "roadway_check.h"
14. #include "tba.h"
15. #include "data_base.h"
16. #include "swopt_drv.h"
17. #include "uart_a72.h"
18. #include "Can_check.h"
19. #include "delay.h"
20. #include "can_user.h"
21. #include "Timer.h"
22. #include "Rc522.h"
23. #include "drive.h"
24. static uint8_t Go_Speed = 50;                           //前进速度值
```

```
25. static uint8_t wheel_Speed = 90;                    //转弯速度值
26. static uint16_t Go_Temp = 450;                      //码盘转弯速度值
27. static uint32_t Power_check_times;                  //电量检测周期
28. static uint32_t LED_twinkle_times;                  //LED 闪烁周期
29. static uint32_t WIFI_Upload_data_times;             //通过 Wi-Fi 上传数据周期
30. static uint32_t RFID_Init_Check_times;              //RFID 初始化检测时间周期
31. uint8_t make = 0;                                   //全自动驾驶标志位
32. uint8_t Terrain_Flag = 0;                           //地形监测标志位
33. uint8_t Auto_Flag=0;
34. uint8_t RFID_addr = 0;                              //RFID 有效数据块地址
35. uint16_t dis_size = 0;                              //超声波测距值缓存
36. uint8_t number = 0;                                 //计数值
37. static void Car_Thread(void);                       //全自动函数
38. static void KEY_Check(void);                        //按键检测函数
39. static void Hardware_Init(void);                    //硬件初始化函数
```

2. 编写 main.c 主文件

main.c 主文件的代码如下。

```
1.  /*主函数*/
2.  int main(void)
3.  {
4.      uint16_t Light_Value = 0;                              //光强度值
5.      uint16_t CodedDisk_Value = 0;                          //码盘值
6.      uint16_t Nav_Value = 0;                                //角度值
7.          Hardware_Init();                                   //硬件初始化
8.          LED_twinkle_times = gt_get() + 50;
9.      Power_check_times = gt_get() + 200;
10.     WIFI_Upload_data_times = gt_get() + 200;
11.     RFID_Init_Check_times = gt_get() + 200;
12.     Principal_Tab[0] = 0x55;                //主车数据上传指令帧头
13.     Principal_Tab[1] = 0xAA;
14.     Follower_Tab[0] = 0x55;                 //AGV智能移动机器人数据上传指令帧头
15.     Follower_Tab[1] = 0x02;
16.     Send_UpMotor(0, 0);
17.    while(1)
18.    {
19.        KEY_Check();                         //按键检测
20.        Can_WifiRx_Check();                  //Wi-Fi 交互数据处理
21.        Can_ZigBeeRx_Check();                //ZigBee 交互数据处理
22.            while(Auto_Flag)
23.            {
24.                Car_Thread();
25.            }
26.        if(gt_get_sub(LED_twinkle_times) == 0)        //运行指示灯
27.        {
28.            LED_twinkle_times = gt_get() + 50;        //LED4 状态取反
29.            LED4 = !LED4;
30.        }
31.        if(gt_get_sub(Power_check_times) == 0)        //电池电量检测
```

```
32.            {
33.                Power_check_times = gt_get() + 200;
34.                Power_Check();
35.            }
36.  #if 1
37.            if(gt_get_sub(RFID_Init_Check_times) == 0)   //RFID 初始化检测
38.            {
39.                RFID_Init_Check_times =  gt_get() + 200;
40.                if(Rc522_GetLinkFlag() == 0)
41.                {
42.                    Readcard_daivce_Init();
43.
44.                }
45.                else
46.                {
47.                        MP_SPK = 0;
48.                        LED1 = !LED1;
49.                        Rc522_LinkTest();
50.                }
51.            }
52.  #endif
53.            if(gt_get_sub(WIFI_Upload_data_times) == 0)       //数据上传
54.            {
55.                WIFI_Upload_data_times =  gt_get() + 500;
56.                if(Host_AGV_Return_Flag == RESET)             //主车数据上传
57.                {
58.                    Principal_Tab[2] = Stop_Flag;             //运行状态
59.                    Principal_Tab[3] = Get_tba_phsis_value(); //光敏状态
60.                    Ultrasonic_Ranging();                     //超声波数据采集
61.                    Principal_Tab[4] = dis % 256;             //超声波数据低8位
62.                    Principal_Tab[5] = dis / 256;         //超声波数据高 8 位
63.                    Light_Value = Get_Bh_Value();         //光强度传感器数据采集
64.                    Principal_Tab[6] = Light_Value % 256;    //光强度数据低8位
65.                    Principal_Tab[7] = Light_Value / 256;    //光强度数据高8位
66.                    CodedDisk_Value = CanHost_Mp;             //码盘值
67.                    Principal_Tab[8] = CodedDisk_Value % 256;
68.                    Principal_Tab[9] = CodedDisk_Value / 256;
69.                    Nav_Value = CanHost_Navig;                //角度值
70.                    Principal_Tab[10] = Nav_Value % 256;
71.                    Principal_Tab[11] = Nav_Value / 256;
72.                    Send_WifiData_To_Fifo(Principal_Tab, 12);
73.                    //通过 Wi-Fi 上传主车数据
74.                    UartA72_TxClear();
75.                    UartA72_TxAddStr(Principal_Tab, 12);//通过串口上传主车数据
76.                    UartA72_TxStart();
77.                }
78.                else if((Host_AGV_Return_Flag == SET) && (AGV_data_Falg == SET))
79.                {
80.                    UartA72_TxClear();
81.                    UartA72_TxAddStr(Follower_Tab, 50); //通过串口上传主车数据
82.                    UartA72_TxStart();
83.                    Send_WifiData_To_Fifo(Follower_Tab, 50);
```

```
84.                     //通过 Wi-Fi 上传主车数据
85.                     AGV_data_Falg = 0;
86.                 }
87.             }
88.         }
89. }
90. /*初始化核心板使用的端口*/
91. void Hardware_Init(void)
92. {
93.     NVIC_PriorityGroupConfig(NVIC_PriorityGroup_0);      //中断分组
94.     delay_init(168);                                     //延时函数初始化
95.     Tba_Init();                                          //任务板初始化
96.     Infrared_Init();                                     //红外线初始化
97.     Cba_Init();                                          //核心板初始化
98.     Ultrasonic_Init();                                   //超声波初始化
99.     Hard_Can_Init();                                     //CAN 总线初始化
100.    BH1750_Configure();                          //BH1750FVI 初始化
101.    Electricity_Init();                          //电量检测初始化
102.    UartA72_Init();                              //A72 硬件串口通信初始化
103.    Can_check_Init(7, 83);                       //CAN 总线定时器初始化
104.    roadway_check_TimInit(999, 167);             //路况检测
105.    Timer_Init(999, 167);                        //串行数据通信时间帧
106.    Readcard_daivce_Init();                      //RFID 初始化
107.}
```

8.4.5 嵌入式智能车综合控制工程搭建、编译、运行与调试

在设计好嵌入式智能车综合控制程序之后，还需要新建 Car 工程，以及进行工程搭建、编译、运行与调试。

嵌入式智能车综合控制工程搭建、编译、运行与调试

1．新建 Car 工程

（1）建立一个“任务 19 嵌入式智能车综合控制”工程目录，然后在该目录下新建 7 个子目录，分别为 USER、SYSTEM、HARDWARE、FWLIB、CMSIS、my_lib 和 CAN。

（2）把 delay、sys 和 timer 子目录复制到 SYSTEM 子目录下。

（3）在 HARDWARE 子目录下，新建 infrared、BH1750、tab、ultrasonic、cba、usart、power_check、uart_a72、bkrc_voice、uart_drv、rc522 和 drive 子目录，然后把已经编写好的文件复制到相应的子目录下。

（4）把 main.c 和 main.h 文件复制到 USER 子目录下，并将工程名改为“Car”。

（5）把 drive.c 和 drive.h 文件复制到 HARDWARE 子目录下。

2．工程搭建、配置与编译

（1）在 Car 工程中，新建 HARDWARE、CAN、my_lib、SYSTEM 和 USER 这 5 个组。在 my_lib 组中添加 my_lib.c、data_base.c、roadway_check.c 和 data_filtering.c 文件；在

SYSTEM 组中添加 delay.c、sys.c 和 timer.c 文件；在 HARDWARE 组中添加 infrared.c、tab.c、drive.c、bh1750.c、cba.c、ultrasonic.c、usart.c、uart_a72.c、bkrc_voice.c、uart_drv.c、rc522.c 和 power_check.c 文件；在 CAN 组中添加 can_drv.c、CanP_HostCom.c、fifo_drv.c、Hard_Can.c、can_user.c 和 can_check.c 文件；在 USER 组中添加 main.c 文件。

（2）在 Car 工程中，添加该任务的所有头文件及编译文件的路径。具体方法在前文已介绍过。

（3）完成了 Car 工程搭建和配置后，单击“Rebuild”按钮对工程进行编译，生成 Car.hex 目标代码文件。若编译时发生错误，要进行分析检查，直到编译正确。

（4）单击“Load”按钮，完成 Car.hex 文件的下载。

3. 工程运行与调试

在完成 Car 工程的搭建、配置与编译后，就开始对 Car 工程进行运行与调试了，步骤如下。

（1）按照表 8-16，放好所有的标志物。

（2）对嵌入式智能车的每个基本功能函数进行运行与调试，如循迹、前进、打开道闸以及语音播报等的函数。

（3）对嵌入式智能车行驶路线（即从出发点到终点的路程）进行运行与调试，直到运行结果与任务要求一致为止。

（4）按照表 8-31，结合行驶路线，对标志物控制进行运行与调试，直到运行结果与任务要求一致为止。

8.4.6 嵌入式智能车综合控制设计经验和技巧

下面主要围绕全国职业院校技能大赛（高职组）“嵌入式技术应用开发”赛项，对如何完成嵌入式智能车底层代码设计、运行与调试，介绍一些经验和技巧。

嵌入式智能车综合控制设计经验和技巧

1. 准备工作

在比赛前要做好以下准备工作。

（1）检查嵌入式智能车的轮子是否松动，防止在行驶过程中脱落。

（2）检查嵌入式智能车各个连接线是否连接好、锂电池是否充满电等。

（3）保持循迹性能良好，否则需要进一步调试，如何调试循迹性能见前文的介绍。

（4）调试好嵌入式智能车的每个基本功能函数，若需要重新调试，只要微调其功能函数的参数即可。

2. 规划好任务实现的流程

（1）认真阅读任务书，分析任务书中的每个任务点。

（2）按照任务实现的流程，进一步细化到每个任务点对应的功能函数。同时还要参考表 8-31，制定嵌入式智能车综合控制任务实现分析表。

（3）根据任务点的难易程度，对嵌入式智能车综合控制任务实现分析表进行标注，规划好任务点完成的顺序。

3. 程序设计、运行与调试

（1）嵌入式智能车行驶路线设计

按照嵌入式智能车综合控制任务实现分析表，对行驶路线（即从出发点到终点的路程）进行程序设计，使嵌入式智能车巡航方面的功能函数与任务点一一对应即可。行驶路线程序设计完后进行运行与调试，直到运行结果与任务要求一致为止。

（2）标志物控制任务设计

结合嵌入式智能车综合控制任务实现分析表，按照控制标志物的完成顺序，把控制标志物的功能函数逐步写进行驶路线程序中。完成后对程序进行运行与调试，直到运行结果与任务要求一致为止。

（3）完成任务的原则是先易后难

刚开始不要加入控制不稳定的标志物，先确保整体行进路线的稳定性；当行进路线没问题时，再加入控制不稳定的标志物，循序渐进，不要因小失大。

关键知识点小结

1. 嵌入式智能车以小车为载体，采用双 12.6 V 锂电池供电，分为两路供电：电机供电和其他单元供电。嵌入式智能车功能单元包括核心板、电机驱动板、任务板、循迹板、通信显示板和云台摄像头。

（1）核心板采用内核为 Cortex-M4 的 STM32F407IGT6 作为主控芯片，最高时钟频率可达 168 MHz，满足实时数据处理要求。

（2）电机驱动板与核心控制单元分离，使 4 路电机驱动更加高效，并且在电机启动瞬间产生的浪涌不会对核心板处理器造成损伤，有效提升了系统安全性。4 路电机采用独立测速系统，实现 4 轮差速互补控制，提高了车辆运动控制的精度和稳定性。

（3）通信显示板采用 STM32F103VCT6 处理器，板载 3.5 英寸 LCD 显示屏，可显示循迹状态、码盘数据（仅显示左前轮与右前轮）、Wi-Fi 数据、ZigBee 数据、自定义 Debug 等。

（4）任务板板载多种传感器模块与控制单元，从而感知和影响当前环境，例如超声波传感器、红外发射传感器、光敏电阻传感器、LED、蜂鸣器等。

（5）循迹板底部的红外对管采用前 7 后 8 交叉排列的方式，提高了循迹精度，前 7 组红外对管灯可实现对前进方向道路的预判，使智能车循迹的稳定性得到增强。循迹板采用 STM32F103C8T6 作为控制器，实现循迹数据的实时采集、实时处理、实时传输。

通信显示板板载 ZigBee 模块和 Wi-Fi 模块，支持与移动终端进行无线通信，实现基于嵌入式智能车与综合实训沙盘标志物、移动终端、网络摄像头 AGV 和智能移动机器人之间的交互控制。

（6）为确保系统稳定性和实时性，各功能单元都由独立的处理器进行控制，各功能单元之间通过 CAN 总线进行数据交互，通信速度可高达 1MBd。

2．嵌入式智能车电机驱动板包含独立的 STM32F103RCT6 处理器和两组 DRV8848 电机驱动电路，可驱动 4 个带测速码盘的直流电机，这 4 个直流电机分别连接左前轮、左后轮、右前轮和右后轮。

（1）直流电机的转动方向是由直流电机上所加电压的极性来控制的，一般使用桥式电路来控制直流电机的转动方向。

（2）改变直流电机的速度，最方便、有效的方法是对直流电机的电压进行控制。控制电压的方法有多种，通常是使用 PWM 技术来控制直流电机的电压。

3．设计对嵌入式智能车的停止、前进、后退、左转、右转、速度和循迹等进行控制的功能函数。

4．设计嵌入式智能车对 AGV 智能移动机器人、道闸、语音播报、LED 显示（计时器）等标志物进行控制的功能函数。

5．设计智能路灯控制和超声波测距的功能函数。

（1）智能路灯控制是利用 BH1750FVI，采集环境光强度数据，对道路灯光进行控制。

（2）超声波测距是通过超声波发射器发出超声波与超声波接收器接收到超声波的时间差，来获得距离的。计算公式如下。

$$S = V \cdot \triangle t / 2$$

这是时间差测距法。由于超声波也是一种声波，其传播速度与温度有关。

6．嵌入式智能车综合控制实现的主要步骤。

（1）保持循迹性能良好，否则需要进一步调试。

（2）对嵌入式智能车的每个基本功能函数进行运行与调试，如循迹、前进、打开道闸及语音播报等的函数。

（3）根据嵌入式智能车综合控制要求，进一步细化每个任务点对应的功能函数，制定嵌入式智能车综合控制任务实现分析表。

（4）按照嵌入式智能车综合控制任务实现分析表，对行驶路线（即从出发点到终点的路程）进行程序设计，使嵌入式智能车巡航方面的功能函数与任务点一一对应即可。行驶路线程序设计完后进行运行与调试，直到运行结果与任务要求一致为止。

（5）结合嵌入式智能车综合控制任务实现分析表，按照控制标志物的完成顺序，把控制标志物的功能函数逐步写进行驶路线程序中。完成后对程序进行运行与调试，直到运行结果与任务要求的一致为止。

问题与讨论

8-1　试一试，利用超声波测距功能，完成嵌入式智能车避障功能的设计。设计要求：在障碍物前 200 cm 处，嵌入式智能车停止、蜂鸣器响及双向灯闪烁。

8-2　试一试，使用核心板上的按键 KEY1 和按键 KEY2，分别控制技能训练 8-1 和技能训练 8-2 中嵌入式智能车控制程序的运行。